T0224887

Fabrikbetriebslehre 1

Thomas Bauernhansl

(Hrsg.)

Fabrikbetriebslehre 1

Management in der Produktion

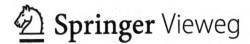

Springer Vieweg

Hrsg.
Thomas Bauernhansl
Universität Stuttgart
Stuttgart, Deutschland

ISBN 978-3-662-44537-2   ISBN 978-3-662-44538-9   (eBook)
https://doi.org/10.1007/978-3-662-44538-9

Springer Vieweg

Springer Vieweg ist ein Imprint der eingetragenen Gesellschaft Springer-Verlag GmbH, DE und ist ein Teil von Springer Nature.
Die Anschrift der Gesellschaft ist: Heidelberger Platz 3, 14197 Berlin, Germany

Vorwort

Liebe Leserinnen und Leser,

Die Produktion leistet einen entscheidenden Beitrag zum Wohlstand unserer Gesellschaft und wird dies, entgegen der bisherigen Annahme vieler Volkswirte, auch und wieder vermehrt in Zukunft tun. Innovative Produkte sind der Motor entwickelter Volkswirtschaften. Diese möglichst effizient – auch Sinne der Nachhaltigkeit – herzustellen, obliegt dem Management der Produktion, auf das dieses Buch den Schwerpunkt legt. Trotz bzw. gerade wegen ihrer globalen Bedeutung steht die Produktion aktuell vor enormen Herausforderungen:

- Die Industrie gilt als einer der Treiber der drohenden Rohstoffknappheit und des Klimawandels, deren Folgen für die Menschen derzeit kaum absehbar sind. Wegen der damit einhergehenden, teilweise drastischen Preissteigerungen, vor allem aber auch, um die Zerstörung unsere Lebensgrundlage zu vermeiden, muss die Produktion Ressourcen effektiver und effizienter nutzen oder ganz substituieren.
- Darüber hinaus führt die demografische Entwicklung in entwickelten Ländern zu einem Älterwerden der Belegschaft. Arbeitsplätze und Tätigkeiten müssen dahingehend angepasst werden. Auf Nachfrageseite steigen zudem die Ansprüche an eine Personalisierung von Produkten. Es gilt nun, sich diesen Ansprüchen zu stellen und die Prozesse möglichst flexibel zu gestalten.

Um langfristig wettbewerbsfähig wirtschaften zu können, müssen produzierende Unternehmen die wachsende Komplexität erfolgreich bewirtschaften und benötigen hierzu hervorragend ausgebildeten Nachwuchs.

An dieser Stelle setzt das vorliegende Buch an. Es richtet sich an Studierende am Ende des Bachelorstudiums mit grundlegenden Vorkenntnissen zu Fertigungsverfahren und Fabrikorganisation. Dabei ist das Buch kein wissenschaftliches Werk. Vielmehr soll es Leserinnen und Lesern auf verständliche Weise ein vertieftes Wissen über die Produktion, ihre Bedeutung, Prozesse, Auswirkungen sowie deren innerbetriebliche Zusammenhänge vermitteln. Zur besseren Orientierung zeigt das in Abb. 1 dargestellte Wertschöpfungsmodell die einzelnen im Unternehmen betroffenen Bereiche und Ebenen.

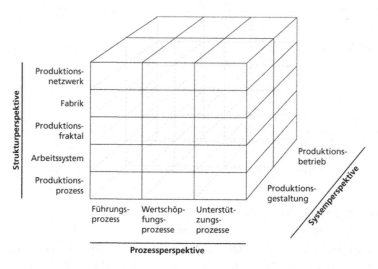

Abb. 1 Wertschöpfungsmodell

Der Betrachtungsumfang jeden Kapitels ist jeweils darin eingeordnet. Eine detaillierte Beschreibung zum Aufbau des Modells erfolgt in Kap. 2 (Strategien und Struktur produzierender Unternehmen).

Grundsätzlich lassen sich drei Perspektiven auf ein produzierendes Unternehmen unterscheiden:

1. Die **Strukturperspektive** – Welche Strukturen existieren im Unternehmen? Dabei unterscheiden wir fünf Betrachtungsebenen, die sich in Anlehnung an das Stuttgarter Unternehmensmodell vom einzelnen Produktionsprozess (bspw. Fertigung, Montage oder Intralogistik) über die ganze Fabrik bis zum Produktionsnetzwerk (also ein Zusammenschluss mehrerer Fabriken) erstrecken.
2. Die **Prozessperspektive** – Welche Prozesse existieren im Unternehmen? In Anlehnung an das St. Galler Managementmodell werden hier Führungsprozesse (Sie bestimmen die Organisationsstruktur und organisieren das Unternehmen strategisch und operativ.) Wertschöpfungsprozesse (Sie erzeugen unmittelbaren Kundennutzen.) und Unterstützungsprozesse (Sie stellen die Infrastruktur bereit.) unterschieden.
3. Die **Systemperspektive** – Welche Systemaspekte sind betroffen? Hier nimmt der Betrachter in gewisser Weise eine externe Perspektive ein, indem er das ganze System betrachtet. Dabei wird zwischen der Gestaltung (Planung und Aufbau) und dem Betrieb (inkl. Optimierung) des Systems unterschieden.

Dieses Buch beschreibt die Grundzusammenhänge, für Vertiefungen steht eine umfangreiche Literatur zur Verfügung. Diese umfasst auch Standardwerke, auf die der Text jeweils verweist.

Das Buch entstand als Gemeinschaftsprojekt am Institut für Industrielle Fertigung und Fabrikbetrieb (IFF) und dem Fraunhofer-Institut für Produktionstechnik und Automatisierung IPA unter der meiner Leitung. Mein Dank gilt allen fachkundigen Experten, die sich aktiv in Konzeption und Durchführung eingebracht haben und als Autoren zur Verfügung standen, den inhaltlichen Koordinatoren Robert Miehe und Hans-Hermann Wiendahl sowie Steffi Rieck und Birgit Spaeth für die gestalterische Ausarbeitung und Endkorrektur. Ohne ihre Hilfe wäre es nicht gelungen, dieses Buch zu realisieren. Dem Springer-Verlag, insbesondere Thomas Lehnert und Ulrike Butz sowie Eva Hestermann-Beyerle und Birgit Kollmar-Thoni, danke ich für die gute Zusammenarbeit und die zügige Veröffentlichung dieses Buches.

Stuttgart   Thomas Bauernhansl
im April 2019

Inhaltsverzeichnis

Autorenverzeichnis

Viktor Balzer Fraunhofer-Institut für Produktionstechnik und Automatisierung IPA, Stuttgart, Deutschland

Prof. Dr.-Ing. Thomas Bauernhansl Fraunhofer-Institut für Produktionstechnik und Automatisierung IPA, Stuttgart, Deutschland und Institut für Industrielle Fertigung und Fabrikbetrieb IFF Universität Stuttgart

Timo Denner Fraunhofer-Institut für Produktionstechnik und Automatisierung IPA, Stuttgart, Deutschland

Dr. phil. Klaus Erlach Fraunhofer-Institut für Produktionstechnik und Automatisierung IPA, Stuttgart, Deutschland

Dr.-Ing. Philipp Holtewert Fraunhofer-Institut für Produktionstechnik und Automatisierung IPA, Stuttgart, Deutschland

Michael Lickefett Fraunhofer-Institut für Produktionstechnik und Automatisierung IPA, Stuttgart, Deutschland und Institut für Industrielle Fertigung und Fabrikbetrieb IFF Universität Stuttgart

Dr.-Ing. Robert Miehe Fraunhofer-Institut für Produktionstechnik und Automatisierung IPA, Stuttgart, Deutschland

Hans Reinerth Fraunhofer-Institut für Produktionstechnik und Automatisierung IPA, Stuttgart, Deutschland

Maren Röhm Fraunhofer-Institut für Produktionstechnik und Automatisierung IPA, Stuttgart, Deutschland

Dr.-Ing. Alexander Schloske Fraunhofer-Institut für Produktionstechnik und Automatisierung IPA, Stuttgart, Deutschland

Oliver Schöllhammer Fraunhofer-Institut für Produktionstechnik und Automatisierung IPA, Stuttgart, Deutschland

Thomas Schrodi Fraunhofer-Institut für Produktionstechnik und Automatisierung IPA, Stuttgart, Deutschland

Dr.-Ing. habil. Hans-Hermann Wiendahl Fraunhofer-Institut für Produktionstechnik und Automatisierung IPA, Stuttgart, Deutschland und Institut für Industrielle Fertigung und Fabrikbetrieb IFF Universität Stuttgart

Industrielle Produktion – Historie, Treiber und Ausblick

1

Thomas Bauernhansl und Robert Miehe

Zusammenfassung

Die Produktion ist von essenzieller Bedeutung für den Wirtschaftsstandort Deutschland. Entgegen der Annahme vieler Volkswirte wurde ihr Beitrag zum bundesweiten Bruttoinlandsprodukt auch langfristig nicht geschmälert. Neben der Bereitstellung zahlreicher Arbeitsplätze liefert sie entscheidende Beiträge zur Produktivität, zum Export sowie zur Forschung & Entwicklung. Deutlich wurde ihre Bedeutung während der weltweiten Finanzkrise in den Jahren 2007 und 2008, als Deutschland (mit einem hohen Industrieanteil) sich vergleichsweise schnell von den Auswirkungen erholen konnte, während andere Länder (z. B. Frankreich, mit einem niedrigen Industrieanteil) heute noch die Folgen spüren. Auch die großen umweltpolitischen Herausforderungen unserer Zeit, der Klimawandel und die Ressourcenverknappung, erfordern weiterhin das Know-how der Industrie in einem hochentwickelten Land wie Deutschland. Dieses Kapitel führt in das Lehrbuch Fabrikbetriebslehre I – Management in der Produktion ein. Es beginnt mit der Einordnung der Fabrikbetriebslehre in den Gesamtkontext der Wissenschaften. Darauf folgt eine Vorstellung der Historie der Produktion, die sich im Wesentlichen in die vorindustrielle und industrielle Produktion unterteilt. Den Anschluss bildet eine Erläuterung der volkswirtschaftlichen Bedeutung der Produktion bezogen auf den Wirtschaftsstandort Deutschland. Die sechs Haupttreiber der heutigen Produktion sowie die zentralen Herausforderungen an Unternehmen werden herausgearbeitet. Abschließend behandelt das Kapitel heute verbreitete Verbesserungsphilosophien.

T. Bauernhansl · R. Miehe (✉)
Fraunhofer-Institut für Produktionstechnik und Automatisierung IPA,
Stuttgart, Deutschland
E-Mail: robert.miehe@ipa.fraunhofer.de

T. Bauernhansl
E-Mail: thomas.bauernhansl@ipa.fraunhofer.de

© Springer-Verlag GmbH Deutschland, ein Teil von Springer Nature 2020
T. Bauernhansl (Hrsg.), *Fabrikbetriebslehre 1,*
https://doi.org/10.1007/978-3-662-44538-9_1

1.1   Lernziele

▶   Nach dem Lesen dieses Kapitels, kennen/können/haben Sie …
- die Fabrikbetriebslehre und Produktionswirtschaft in den wissenschaftlichen Gesamtkontext einordnen.
- die Begriffe Produktion, Fertigung und Wertschöpfung definieren und voneinander abgrenzen.
- einen Überblick über die Historie der industriellen Produktion.
- die bisherigen drei industriellen Revolutionen und kann sie erklären.
- die grundlegenden Fertigungsprinzipien der vorindustriellen und industriellen Produktion.
- die Produktion sowohl aus volkswirtschaftlicher als auch aus globaler Perspektive einordnen und bewerten.
- die Bedeutung der Produktion für heutige Hochlohnländer erklären.
- die Treiber der industriellen Produktion, können ihre Auswirkungen auf produzierende Unternehmen beschreiben.
- die wichtigsten Verbesserungsphilosophien der Produktion und können sie erläutern.

1.2   Einführung

Die Produktion hat seit der ersten industriellen Revolution einen erheblichen Einfluss auf die Leistungsfähigkeit einer Volkswirtschaft und somit im Besonderen auf die Beschäftigung. In Deutschland sind rund 30 % der Arbeitnehmer direkt in der Industrie beschäftigt. Hinzu kommt ein Großteil der Beschäftigten des Dienstleistungssektors, die indirekt wie z. B. Engineering-Dienstleister, von der Industrie profitieren.

Die zentrale Fragestellung der heutigen Produktion lässt sich wie folgt zusammenfassen: Wie sind produzierende Unternehmen zu gestalten, damit diese in globalen Märkten nachhaltig erfolgreich sind? Dabei muss ein Produktionsingenieur eine Vielzahl von Einflussfaktoren berücksichtigen und entsprechende Methoden kennen, sie erfolgreich anwenden und (weiter-)entwickeln.

Aus wissenschaftlicher Perspektive werden die wesentlichen Fragestellungen der Produktion in der Produktionswirtschafts- und Fabrikbetriebslehre diskutiert. Da sich die Produktionswirtschaftslehre nahezu ausnahmslos mit innerbetrieblichen Sachverhalten auseinandersetzt, ist sie neben der Finanzwirtschaft, dem Marketing sowie der Unternehmensführung und -rechnung der Betriebswirtschaftslehre zuzuordnen. Sie ist somit Teil der Realwissenschaften (Abb. 1.1). Ihr Forschungsgegenstand bilden also reale Sachverhalte. Dennoch lassen sich viele Fragestellungen der Produktionswirtschaftslehre nur durch Heranziehen volkswirtschaftlicher Perspektiven und Methoden abschließend klären, vgl. Ulrich und Hill (1976) und Azenbacher (1981).

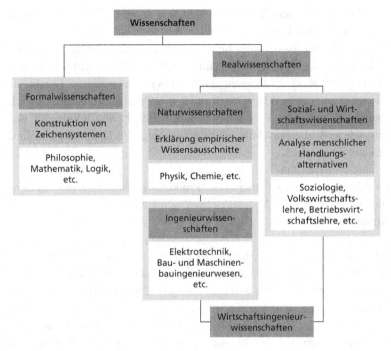

Abb. 1.1 Klassifizierung der Wissenschaften.
(In Anlehnung an Ulrich und Hill; Azenbacher)

Im Gegensatz dazu befasst sich die Fabrikbetriebslehre mit der systematischen Gestaltung von wirtschaftlichen Strukturen und Prozessen produzierender Unternehmen aus organisatorischer PerspekWestkämptive unter Beachtung technologischer Möglichkeiten und dem Einfluss des Menschen. Sie ist somit als wirtschaftsingenieurwissenschaftliche Disziplin an der Nahtstelle zwischen den Ingenieurwissenschaften und den Sozial- und Wirtschaftswissenschaften positioniert. Das verbindende Element zwischen der Produktionswirtschaft und Fabrikbetriebslehre ist ein gemeinsames Verständnis der Wertschöpfung. Während die Produktionswirtschaftslehre oder auch die Industriebetriebslehre der Betriebswirtschaftslehre zugeordnet werden kann, ist die Fabrikbetriebslehre eine Disziplin der Ingenieurwissenschaften.

Die Begriffe Produktion (lat.: producere = hervor führen) und Fertigung sind nicht trennscharf voneinander abzugrenzen. Daher existieren bis heute keine universell gültigen Definitionen. Dieser Begriff kann aus zwei Perspektiven unterschiedlich definiert werden:

- Die *Volkswirtschaftslehre* beschreibt die Produktion als Kombination von Produktionsfaktoren zur Herstellung von Gütern (materiell) und Dienstleistungen (immateriell). Volkswirtschaftliche Produktionsfaktoren sind Arbeit, Kapital und

Boden. Eine angenommene Knappheit der Güter führt zur Arbeitsteilung und damit zum Grundsatz der Allokation.

- Die *Betriebswirtschaftslehre* stellt hingegen den innerbetrieblichen Wertschöpfungsgedanken in den Vordergrund. Sie definiert den Begriff Produktion als einen vom Menschen (Produzent) gesteuerten Prozess der planmäßigen Kombination von Produktionsfaktoren (Input) zur Transformation in Produkte (Output). In der Betriebswirtschaftslehre wird die Produktion somit lediglich als Teilbereich des Unternehmens, wie z. B. die Forschung und Entwicklung, die Unternehmensführung oder das Marketing, betrachtet.

▶ Die Produktion ist ein vom Menschen (Produzent) gesteuerter Prozess der planmäßigen Kombination von Produktionsfaktoren (Input) zur Transformation in Güter und Dienstleistungen (Output).

Der Term Fertigung ist gegenüber der Produktion enger gefasst. Während die Produktion neben der Erstellung von Gütern auch Dienstleistungen, Rechte sowie die Einbindung von Kunden und Lieferanten im Sinne der Supply Chain (engl. Lieferkette) umfasst, beschreibt die Fertigung lediglich die Herstellung materieller Güter in Industrieunternehmen unter Einsatz der Ressourcen Material, Energie, Maschinen, Menschen, Kapital, Information und Wissen. Darüber hinaus charakterisiert der Begriff Montage das zielgerichtete Zusammenfügen von Komponenten. Je nach Betrachtungsebene können dies Bauteile, Baugruppen bis hin zu kompletten Produkten sein.

▶ Der Begriff Fertigung (auch Teilefertigung) bezeichnet die Herstellung materieller Güter unter dem Einsatz der Ressourcen Material, Energie, Produktionsmittel, Menschen, Kapital, Information und Wissen.

▶ Der Begriff Montage charakterisiert das zielgerichtete Zusammenfügen von Komponenten.

Weiterhin unterscheidet die Betriebswirtschaftslehre die Produktionsfaktoren nach Gutenberg (1983) in Elementarfaktoren, bestehend aus Repetier- und Potenzialfaktoren, sowie dispositive Faktoren: Während die *Elementarfaktoren* die Gesamtheit der Werkstoffe sowie die direkte Arbeit am Erzeugnis umfassen, beschreiben die *dispositiven Faktoren* organisatorische Aspekte wie Leitung, Planung, Organisation und Überwachung. Nach Gutenberg (1983) und Heinen (1992) beschreibt ein *Repetierfaktor* diejenigen Faktoren, die in einem Produktionsprozess direkt verbraucht werden, d. h. Roh-, Hilfs- und Betriebsstoffe. *Potenzialfaktoren* stellen hingegen diejenigen Faktoren dar, die allein indirekt aufgewendet werden. Diese sind sowohl materielle als auch immaterielle Betriebsmittel sowie die Arbeit am Erzeugnis.

Wie oben erläutert, steht die Wertschöpfung im Mittelpunkt der Fabrikbetriebslehre. Auch hier kann zwischen der betriebswirtschaftlichen und der volkswirtschaftlichen Perspektive differenziert werden. Der Begriff Wertschöpfung beschreibt im Allgemeinen die Schaffung eines Mehrwerts durch planmäßige Kombination von Produktionsfaktoren im Rahmen eines Transformationsprozesses:

- Aus *volkswirtschaftlicher Sicht* wird dabei alleine der monetäre Wert betrachtet. Die Summe aller innerhalb Deutschlands erwirtschafteten Wertschöpfung wird im Bruttoinlandsprodukt (BIP), dem zentralen Maß für die Leistungsfähigkeit einer Volkswirtschaft, zusammengefasst.
- Aus *betriebswirtschaftlicher Sicht* kann der Mehrwert, der durch den Produktionsprozess generiert wird, monetärer oder funktionaler Natur sein. Das heißt, das gefertigte Endprodukt hat einen höheren Wert als die Summe seiner Bestandteile oder die Kombination der Produktionsfaktoren ermöglicht dem Endprodukt Funktionen, die die einzelnen Inputfaktoren nicht haben.

Abb. 1.2 verdeutlicht den Wertschöpfungsprozess eines Unternehmens aus der betriebswirtschaftlichen Sicht, vgl. Westkämper et al. (2006).

▶ Der Begriff Wertschöpfung bezeichnet die Schaffung eines Mehrwerts durch planmäßige Kombination von Produktionsfaktoren im Rahmen eines Transformationsprozesses. Der Mehrwert kann sowohl monetärer als auch funktionaler Natur sein.

Bei der betrieblichen Leistungserstellung ist nun das Verhältnis von Input (Aufwand an Produktionsfaktoren) zu Output (Ergebnis an Erzeugnissen) relevant. Ist ein Prozess so

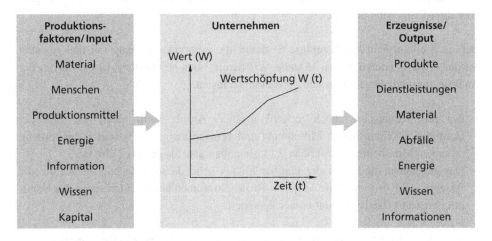

Abb. 1.2 Betriebliche Leistungserstellung.
(In Anlehnung an Westkämper)

organisiert, dass er bei demselben Ergebnis weniger Aufwand als ein zweiter Vergleichs-prozess erfordert, ist der erste Prozess offensichtlich überlegen. Die Produktivität quanti-fiziert das Verhältnis.

▶ Produktivität beschreibt das Verhältnis von Output zu Input. Die Volks- und Betriebswirtschaftslehre definiert sie als das (Mengen-)Verhältnis zwischen dem, was produziert wird (Output), und den dafür beim Produktionsprozess eingesetzten Mitteln (Produktionsfaktoren – Input) Corsten (2007, S. 45 ff.), Domschke und Scholl (2008, S. 8, 93).

Heute findet die Produktion in *Fabriken* statt.

> „Allgemein wird unter einer Fabrik ein Gewerbebetrieb verstanden, in dem gleichzeitig und regelmäßig Arbeitskräfte außerhalb ihrer Wohnung in geschlossenen Räumen beschäftigt sind. Die Produktion in der Fabrik beruht sowohl auf systematischer Arbeitsordnung als auch auf Anwendung von Werkzeugen und Maschinen. Es wird also ein Produktionssystem zusammengefasst, das unter Einbeziehung von Handarbeit und Maschinenarbeit gewerb-liche Erzeugnisse nach einem vorgegebenen Ordnungsprinzip fertigt." Spur (1994, S. 3).

Unter einem *System* ist ein ganzheitlicher Zusammenhang von Elementen zu ver-stehen, die nach einem Prinzip geordnet und durch die Wechselbeziehungen unter-einander gegenüber ihrer Umgebung abzugrenzen sind. Wenn etwas nicht durch seine Bestandteile, sondern durch deren zusammengehörige Einheit bestimmt ist und so über das Einzelne hinausgreift und einen größeren Zusammenhang impliziert, ist es *ganzheitlich.*

▶ Ein **System** beschreibt einen ganzheitlichen Zusammenhang von Elementen. Sie sind nach einem Prinzip geordnet, haben Wechselbeziehungen untereinander und sind gegen-über ihrer Umgebung abgegrenzt.

Demnach bilden Fabriken komplexe Systeme, die systematisch analysiert und gestaltet werden müssen. Hierzu dienen *Modelle*. Wie bereits oben beschrieben, ist hierbei das der Analyse zugrunde liegende Systemverständnis relevant:

- Ein rein technischer (auch technokratischer) Ansatz stellt allein das Ziel der Leistungserstellung in den Mittelpunkt und vernachlässigt das Verhalten der Akteure (Kunden, Mitarbeiter, Shareholder, …), sie gelten also als *passive Subjekte.*
- Demgegenüber modelliert der darüber hinaus gehende sozio-technische Ansatz die Akteure als *aktiv handelnde Subjekte*. Reale Zusammenhänge bilden somit das Hand-lungsergebnis (begrenzt) autonomer Personen,

Abb. 1.3 klassifiziert das Systemverständnis und ordnet typische Modelle ein und nennt Beispiele (vgl. dazu ausführlich Wiendahl H-H (2011, S. 30 ff.) und die dort zitierte Literatur):

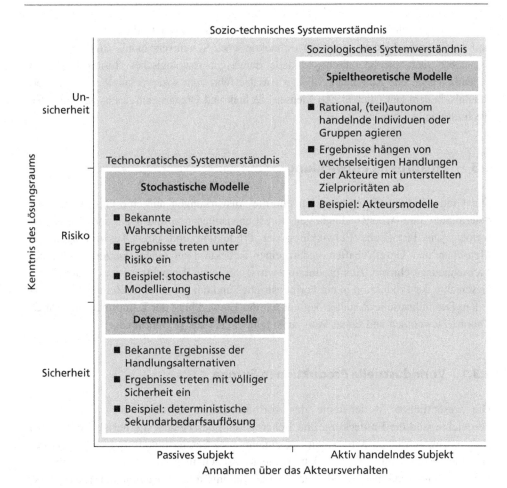

Abb. 1.3 Modellklassifikation nach dem Systemverständnis.
(Wiendahl H-H, H R Schübel)

- *Deterministische Modelle* unterstellen, dass alle dem Modell zugrunde liegenden Informationen mit Sicherheit bekannt sind. Somit treten alle Ergebnisse mit 100 % Wahrscheinlichkeit ein, die Ergebnisse der Handlungsalternativen sind ebenfalls vollständig bekannt und die Organisation ist passiv, denn die Teilnehmer verfolgen keine Individualziele.
- *Stochastische Modelle* unterstellen demgegenüber eine Risikosituation für den Entscheider. Diese ist durch Zufallsvariablen beschrieben, deren Wahrscheinlichkeitsmaße bekannt sind.
- *Spieltheoretische Modelle* unterstellen, dass für die Variablen keine Wahrscheinlichkeiten angegeben werden können. Um dennoch Ergebnisse zu erhalten, sind Annahmen über das Verhalten von Individuen oder Gruppen zu treffen (z. B. rationales Handeln). Ein solcher Modellierungsansatz verwischt die Trennlinie zwischen Unsicherheit und Risiko und rückt den Akteur mit seinen Handlungsmotiven in den Mittelpunkt der Analyse.

Gleichzeitig visualisiert Abb. 1.3 das zugrunde liegende Systemverständnis: Deterministische und stochastische Modelle legen ein technokratisches Systemverständnis zugrunde. Demgegenüber sind spieltheoretische Modelle durch ein soziologisches Systemverständnis gekennzeichnet. Die Kombination beider Ansätze führt zum sozio-technischen Systemverständnis, in dem laut Ulich (1999) Mensch, Technik und Organisation das Systemverhalten wechselseitig bestimmen.

1.3   Historische Entwicklung

Der Grad der Industrialisierung hat enorme Auswirkungen auf eine Gesellschaft. Er determiniert ihre Arbeitsbedingungen, ihre Lebensumstände und sogar ihre Umgangsformen. Die historische Entwicklung der Produktion und ihrer Auswirkungen auf Menschen und Gesellschaften bedarf einer Reflektion an einem kurzen Abriss der Menschheitsgeschichte. Aus produktionswirtschaftlicher Perspektive ist es sinnvoll, die Geschichte der Produktion in ein vorindustrielles und ein industrielles Zeitalter zu unterteilen. Das industrielle Zeitalter beginnt mit der Entwicklung der Dampfmaschine durch Thomas Newcomen und James Watt zu Anfang (1712) des 18. Jahrhunderts.

1.3.1   Vorindustrielle Produktion in Europa

Die wesentlichen Meilensteine des vorindustriellen Zeitalters der Menschheitsgeschichte sind die Entdeckung und Beherrschung des Feuers, die bereits dem Homo Erectus zugeschrieben wird, sowie die zunehmende Sesshaftigkeit. Seit Anbeginn der Geschichte des Homo Sapiens lebten die Menschen in nomadisierenden Stämmen. Ihre Existenzgrundlage war das Jagen und Sammeln. Der Beginn der letzten Eiszeit vor etwa 110.000 Jahren läutete eine langsame Änderung der gesellschaftlichen Strukturen und Lebensweisen hin zu einer von Ackerbau und Viehzucht dominierten Gemeinschaft ein.

Schon in dieser frühen Phase erfanden Menschen Verfahren, die ihnen die Herstellung von Werkzeugen und Geräten für den täglichen Gebrauch ermöglichten. So wurde beispielsweise das Schleifen, welches heute noch eine hohe Bedeutung in der industriellen Produktion hat, schon in dieser Frühzeit genutzt. Die Geschichte der Produktion begann mit der handwerklichen Fertigung einfacher Werkzeuge und Geräte also bereits in der Steinzeit.

Bis zur ersten industriellen Revolution war die frühzeitliche Produktion durch die handwerkliche Fertigung gekennzeichnet. Dominiert von der Verfügbarkeit von Rohstoffen und den daraus gewonnenen Werkstoffen, wurden ihre Prozesse zunächst durch das handwerkliche Geschick der Menschen, durch die menschliche Kraft und die Nutzung einfachster Werkzeuge bestimmt. In späteren Jahren, bedingt durch die Domestizierung von Wildtieren, konnten Prozesse wie das Pflügen eines Ackers mit Hilfe von

Vieh und entsprechenden Vorrichtungen deutlich verbessert werden. Das Aufkommen produzierender Wirtschaftsweisen, befördert durch Viehzucht und Ackerbau, zählt zu den wichtigsten Umbrüchen in der Menschheitsgeschichte (sog. neolithische Revolution).

Die handwerkliche Herstellung von Produkten verlangte Geschicklichkeit, Erfahrung und Organisation. So entstand bereits im Mittelalter eine Handwerkskultur mit eigenen Regeln der Qualifizierung und der Organisation (Handwerksinnungen). Auch bildeten sich technologische Zentren, zum Beispiel an Orten, an denen Erze verarbeitet wurden (z. B. im Harz oder im Erzgebirge).

Da Produkte aus handwerklicher Fertigung immer Einzelanfertigungen darstellen, wird sie als Einzelfertigung bezeichnet, die ihr zugrunde liegende Arbeitsweise ist das Werkstättenprinzip. Als Werkstättenprinzip gelten diejenigen Arbeitsweisen, die die Herstellung an einem Ort konzentrieren und einen unstrukturierten Werkstückfluss aufweisen. Alle zur Fertigstellung eines Bauteils oder Produktes benötigten Ressourcen sind also in einem Raum bzw. an einer Produktionsstätte zusammengefasst. Auf diese Weise haben die Mitarbeiter Zugang zu den Werkzeugen, Maschinen und zu dem zu verarbeitenden Material. Die Betriebsmittel (alle Geräte, die direkt oder indirekt für einen Arbeitsschritt notwendig sind, z. B. Hammer beim Nageln) können daher von jedem Mitarbeiter – sofern er dazu befähigt ist – für alle Prozesse eingesetzt werden. Infolge des hohen Maßes an Flexibilität dieses Fertigungsprinzips ist die handwerkliche Herstellung in Werkstätten auch heute noch in vielen Wirtschaftszweigen präsent (z. B. Uhrenherstellung, Schreinereien, etc.). Zum Einsatz kommt sie überwiegend dann, wenn eine schnelle, individuelle Herstellung gefordert wird (z. B. Prototypen- oder Spezialmaschinenbau). Die Anwendung in heutigen Fertigungs- und Montagesystemen diskutiert Kap. 5.

Der Mensch betreibt seit jeher Handel in Form eines Tauschgeschäfts (Ware gegen Ware). Tauschgeschäfte dieser Form scheiterten jedoch oftmals, da entweder einer der Tauschpartner nichts anbieten konnte, was der andere benötigte oder aber die Tauschgüter unterschiedliche Werte hatten. Als Alternativen wurden daher um ca. 1000 v. Chr. Güter mit anerkannten Werten (z. B. Perlen, Muscheln, Metalle, etc.) als Zahlungsmittel verwendet. Die heute bekannte Form des Handelsgeschäfts im Rahmen einer Geldwirtschaft (Ware gegen Geld) mithilfe geprägter Münzen ist erstmals um ca. 600 v. Chr. bekannt. Während in frühester Zeit der Austausch der produzierten Güter zwischen Wirtschaftssubjekten nahezu ausschließlich innerhalb der Stämme stattfand, bildeten sich mit der Zeit immer weitreichendere logistische Netze aus Herstellung und Vertrieb. Somit konnten die in Europa produzierten Waren zum Beispiel über die Seidenstraße oder per Schiff in ferne Länder transportiert werden.

Diese ersten Produktions-, Handels- und Vertriebsnetze werden auch als logistische Systeme bezeichnet. Von besonderer Bedeutung für Deutschland war in diesem Zusammenhang das schwäbische Kaufmannsgeschlecht der Fugger, die besonders im 16. Jahrhundert europaweiten Einfluss durch den Aufbau eines logistischen Netzes aus Fabriken für Haushaltswaren und Textilien sowie eines Transportwesen erlangten. Ähnlichen Einfluss ebenfalls auf Grundlage des Textilhandels erlangte in Italien das Geschlecht der Medici.

▶ Der Begriff Logistik beschreibt ein System aus Transport und Lagerung von Gütern sowie allen mobilen Betriebsmitteln innerhalb und außerhalb der Fabriken. Die Logistik ist somit ein wesentlicher Bestandteil der Produktion und wird – je nach Betrachtungsperspektive – in eine fabrikinterne und -externe Komponente unterschieden:

- Die *Intralogistik* umfasst die Materialbereitstellung im inneren der Fabrik (vom Lager zum Prozess und wieder zum Lager).
- Die *Interlogistik* ist zweigeteilt: Die Materialbeschaffung außerhalb der Fabrik (vom Lieferanten in das Lager) heißt Inbound-Logistik. Die Outbound-Logistik beinhaltet die Logistik vom Lager bis zum Kunden.

1.3.2 Industrielle Produktion

Das industrielle Zeitalter beginnt mit der Entwicklung der Dampfmaschine durch Thomas Newcomen und James Watt zu Anfang des 18. Jahrhunderts. Nachträglich gilt dieses Ereignis als erste industrielle Revolution. Heute werden vier industrielle Revolutionen unterschieden (Abb. 1.5).

1.3.2.1 Erste industrielle Revolution

Getrieben durch die Entwicklung der Dampfmaschine zu Anfang des Jahrhunderts, startete die erste industrielle Revolution um das Jahr 1750. Die Mechanisierung von Arbeit, die vormals von Menschen oder Vieh unter enormer Kraftanstrengung ausgeübt wurde, ermöglichte eine wesentlich effektivere Produktion von Gütern. Erstmals konnte die gesamte Bevölkerung vergleichsweise günstig mit Kleidung und Nahrung versorgt werden, da insbesondere das Transportsystem (Dampfschifffahrt, Eisenbahn) erheblich verbessert wurde. Mit Hilfe dieser Arbeits- und Kraftmaschinen konnten in den neu-industrialisierten Ländern somit jedwede strukturell bedingten Hungerkatastrophen vermieden werden, was wiederum zu einer exponentiellen Zunahme der Bevölkerung führte. Abb. 1.4 verdeutlicht die Bevölkerungsentwicklung seit 10.000 v. Chr in Anlehnung and Brynjolfsson und McAfee (2014).

Andererseits hatte die erste industrielle Revolution erhebliche Auswirkungen auf die Gesellschaft: Die angesprochene Produktivitätssteigerung in der Herstellung von Grundversorgungsgütern, z. B. in der Landwirtschaft, führte zu einer starken Reduktion der Beschäftigung in Bereichen des klassischen Handwerks und der Landwirtschaft. War das vorindustrielle Zeitalter noch durch drei soziale Schichten (Klerus, Adel, Bürger/Bauer) geprägt, so entstanden durch die industrielle Revolution zwei neue Schichten: Die Fabrikarbeiterschaft und die Fabrikbesitzer. Durch geschicktes Wirtschaften war es immer mehr Menschen möglich, zu Reichtum zu gelangen. Diese Perspektive zog viele Menschen in die Städte, wo sie auf gut bezahlte Arbeit in eine der vielen neu entstehenden Fabriken hofften. Das dramatische Bevölkerungswachstum, gepaart mit einer zunehmenden Verstädterung,

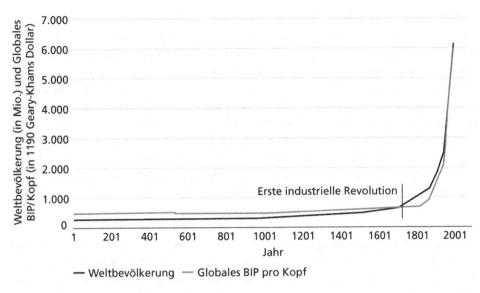

Abb. 1.4   Bevölkerungsentwicklung seit 10.000 v. Chr.
(In Anlehnung and Brynjolfsson und McAfee)

führte oftmals zu katastrophalen hygienischen Zuständen in den Städten des früh-industriellen Zeitalters. Krankheiten und Epidemien waren häufige Todesursachen. Hinzu kamen die widrigen Arbeitsbedingungen in den Fabriken. Kinderarbeit, hohe Schadstoffbelastungen und kaum bis gar kein Arbeitsschutz führte zu hohen Sterberaten unter den Fabrikarbeitern. Die Ausbeutung der Fabrikarbeiter und die damit einhergehende strukturelle Armut der Arbeiterschaft werden heute als Pauperismus bezeichnet. Diese Entwicklung führte schließlich am Übergang zur zweiten Industriellen Revolution auch zu einer bürgerlichen Revolution, dem Aufkeimen sozialer Denkweisen und Ansichten, die zur Bildung von Gewerkschaften und der Philosophie des Marxismus führten.

1.3.2.2 Zweite industrielle Revolution

Wie die Namen Newcomen und Watt untrennbar mit der ersten industriellen Revolution verbunden werden, sind dies Thomas A. Edison, Frederick W. Taylor und Henry Ford mit der zweiten industriellen Revolution. Während die erste industrielle Revolution die reine Mechanisierung der Arbeit ermöglichte, basiert die zweite industrielle Revolution auf der Elektrifizierung. Um das Jahr 1870 ermöglicht sie die Einführung der arbeitsteiligen Massenproduktion und somit eine weitere Mechanisierung der Arbeit. Die Entwicklung elektrischer Antriebe und Verbrennungsmotoren ließ erstmals eine Dezentralisierung der Arbeitsmaschinen zu. Die Produktion war also nicht länger auf zentrale Kraftmaschinen angewiesen. Damit einher geht auch die zunehmende Bedeutung von Erdöl als Grundstoff der chemischen Industrie sowie als Treibstoff für mobile Systeme – allen voran für die in dieser Zeit entwickelten Automobile.

Das elektrisch betriebene Fließband, zunächst als Transportband in Schlachthöfen, später in der Automobilproduktion des Ford Modell T, gilt als herausragende Innovation dieser Zeit. Dennoch war die Automatisierung nicht die einzige Innovation, die Ford in seinen Werken umsetzte. Ihm werden zudem der stringente Aufbau einer arbeitsteiligen Organisation, die erstmalige konsequente Umsetzung von Skaleneffekten in einem einzelwirtschaftlichen Maßstab und die Schaffung eines Nachfragemarktes zugute gehalten. Der Gedanke der Arbeitsteilung geht auf die Arbeiten von Adam Smith und Fredrick W. Taylor zurück: Nachdem Smith die Vorteile der Arbeitsteilung auf volks-wirtschaftlicher Ebene skizzierte, übertrug Taylor den Gedanken auf einzelne Unter-nehmen indem er die wissenschaftliche Betriebsführung (engl. Scientific Management) als ideales Instrumentarium der Unternehmensführung erkannte, vgl. Smith (2005), Taylor (1909, 1913).

Die wesentlichen Ansätze der wissenschaftlichen Betriebsführung umfassten die Trennung von ausführender und planender Arbeit (Arbeitsvorbereitung), Arbeitsteilung und Taktung der Abläufe, Zeitstudien zur Ablaufverbesserung und Ermittlung von Vor-gabezeiten, Differenzial-Lohnsystem, Vorgaben des täglichen Arbeitspensums sowie die Einführung des Funktionsmeistersystems (mehrere Funktionsmeister statt ein Universal-meister). Der Fertigungsprozess wurde also in kleinste, simple Tätigkeiten aufgeteilt, die jeweils von unterschiedlichen Arbeitern auszuführen waren. Zwar reduzierte dies sowohl Arbeitsinhalt als auch Flexibilität des Einzelnen dramatisch, jedoch konnten somit ungeahnte Produktivitätsgewinne verzeichnet werden. Ford erkannte den praktischen Wert von Taylors zunächst theoretisch formulierter Arbeit und übertrug den Gedanken auf seine eigene Produktion. Während die Konkurrenz ihre Automobile in Manufak-turen fertigte, realisierte Ford damit die erste Massenproduktion, die es ihm wiederum erlaubte, seine Fixkosten (z. B. für Forschung & Entwicklung) auf eine Vielzahl von Pro-dukten zu verteilen (Fixkostendegression oder Skaleneffekte).

Ford erkannte, dass die zu dieser Zeit existierenden enormen Einkommensunter-schiede – Automobile konnten sich ausschließlich wohlsituierte Käufer leisten – den Erfolg der Massenproduktion verhindern würden. Statt also die Gewinne der Massen-produktion abzuschöpfen, steigerte er das Einkommen seiner Mitarbeiter: Überstieg ihr Einkommen die existenziellen Bedürfnisse, konnten sie darüber hinausgehendes Ein-kommen bspw. in das T-Modell investieren. Damit verbreitete er die Absatzchancen und erschloss die Arbeiterschaft als neue Kunden. In Deutschland verfolgte Robert Bosch dieselbe Grundidee sehr konsequent und zahlte seinen Mitarbeitern ebenfalls erheblich mehr als die Konkurrenz.

Zentral für diese Ansätze ist eine auf wissenschaftlichen Grundlagen und Wissen-schaft beruhende Vorbereitung der Produktionsprozesse. Diese betreffen sowohl die Leistung der Mitarbeiter (Arbeitsleistung, Entgelt) als auch die Gestaltung der Arbeits-plätze nach arbeitswissenschaftlichen Aspekten (Ergonomie, physische Belastung, Einsatz von Betriebsmitteln und Betriebsstoffen, Beleuchtung, Lärmschutz, Gesund-heitsschutz). In Deutschland wurde 1924 in Berlin in der Tradition des Scientific Managements der REFA – Verband für Arbeitsgestaltung, Betriebsorganisation und

Unternehmensentwicklung – von Arbeitgebern und Arbeitnehmern gegründet. Der Verband entwickelt methodische Standards, welche die berechtigten Interessen bei divergierenden Zielen ausgleichen. Jahrzehnte lang bestimmten sie die methodischen Standards in der Arbeitsvorbereitung und des Industrial Engineering und trugen maßgeblich zur Rationalisierung der Produktion bei. Eine Reihe von Grundsätzen floss in die Gesetzgebung wie beispielsweise in die Arbeitszeitregelungen sowie in das deutsche Betriebsverfassungsgesetzt ein. Ferner regeln sie die Verfahrensweisen in der innerbetrieblichen Mitbestimmung. Die in der REFA-Methodenlehre verankerten Verfahren der Zeitermittlung, Arbeitsbewertung und -messung wenden ausgebildete REFA-Fachleute mit dem „Ziel der Schaffung eines wirtschlichen und humanen Betriebsgeschehens" (REFA 1991, Teil 3, S. 73) an. Die Besetzung der entsprechenden Gremien durch Arbeitgeber- und Arbeitnehmervertreter (Gewerkschaften und Betriebsrat) sichert die Akzeptanz und damit den Betriebsfrieden (gleicher Lohn für gleiche Leistung) in den Unternehmen. Dieser bildet wesentliche Voraussetzung für einen erfolgreichen Industriebetrieb. Bis heute finden sich beide Aspekte in den Verbandszielen wieder: „(…) dient der Förderung dem Aufbau und der Erhaltung einer wettbewerbsfähigen Wirtschaft (…). Gleichrangig und gleichgewichtig sind die Förderung und Weiterentwicklung der menschengerechten Arbeit für die in diesen Bereichen Beschäftigten." REFA (2017).

Diese Grundhaltung einer konstruktiven Zusammenarbeit von Arbeitgeber- und Arbeitsnehmervertretern (Betriebsrat) im Sinne des Gesamtunternehmens ist bis heute im überwiegenden Teil der deutschen Unternehmen verankert und trägt zu einer höheren Wettbewerbsfähigkeit bei. Demgegenüber haben amerikanische Unternehmen hier ein deutlich anderes – eher konfrontatives – Grundverständnis, was dann auch immer wieder (vorhersehbare) Eskalationen verursacht.

Weitreichende Auswirkungen hatte die zweite industrielle Revolution auf die Branchen des Maschinenbaus, der Automobilindustrie sowie der Chemie- und Elektroindustrie. Die Nutzung von Skaleneffekten (die Produktionsmenge steigt stärker als die eingesetzten Faktoren) mithilfe der Massenproduktion ermöglichte eine kostengünstige Produktion von Gütern und führte somit zu breiterem Wohlstand in der Gesellschaft und legte die Basis für weiteres Bevölkerungswachstum.

1.3.2.3 Dritte industrielle Revolution

Nach anfänglichen Nutzungen von Computern in der Produktion in den 1960er Jahren, läutete ihr stark zunehmender Einsatz ab spätestens den 1970er Jahren die dritte industrielle Revolution ein. Die Erfindung des Mikrochips und dessen kontinuierliche Leistungssteigerung ermöglichte eine fortschreitende Automatisierung der Produktionsprozesse (deshalb auch digitale oder elektronische Revolution). Viele Arbeiten, die vormals von Menschen durchgeführt wurden, konnten nun von programmierten Maschinen bzw. Robotern ausgeübt werden. Mithilfe der Elektronik sowie der Informations- und Kommunikationstechnologie konnten Unternehmen einerseits die Rationalisierung weiter vorantreiben und anderseits wesentlich variantenreicher produzieren.

Es wird angenommen, dass diese Entwicklung weitaus früher hätte beginnen können, die zwei Weltkriege zu Anfang und Mitte des 20. Jahrhunderts allerdings hemmend wirkten. In Deutschland begann nach dem zweiten Weltkrieg, ab den 1950er Jahren, ein unerwartet schnelles und nachhaltiges Wirtschaftswachstum, das heute als Wirtschaftswunder gilt. Dieser Aufschwung verlief bis zur ersten Ölkrise im Jahr 1973 im Wesentlichen stabil. Nach den Jahren der Zerstörung durch den zweiten Weltkrieg, konnten auf diese Weise zunächst die Grundbedürfnisse der Gesellschaft befriedigt werden. In Deutschland entwickelte sich eine Wohlstands- bzw. Konsumgesellschaft. Letztendlich führte diese Entwicklung in den 1980er Jahren jedoch zu einer Übersättigung der Märkte, da ab dann nahezu alle Grundbedürfnisse der Gesellschaft gedeckt waren.

▶ Der Begriff Markt bezeichnet das Aufeinandertreffen von Angebot und Nachfrage nach einem ökonomischen Gut.

Nach der Macht die Vertragsbedingungen eines Marktes festzulegen unterscheidet man Käufer- und Verkäufermärkte:

- *Verkäufermärkte:* Vor und in Zeiten des Wirtschaftswunders waren Märkte noch von Verkäufern dominiert, d. h. das Angebot bestimmt die Nachfrage. So produzierten Unternehmen häufig „ins Blaue", da sie sich sicher sein konnten, dass alles was produziert wurde auch verkauft werden konnte.
- *Käufermärkte:* In einer Wohlstands- bzw. Konsumgesellschaft dominieren jedoch typischerweise die Konsumenten. In heutigen Märkten bestimmt die Nachfrage das Angebot zunehmend. Kundenwünsche, wie hohe Qualität oder Individualität, haben also eine gesteigerte Bedeutung. Man spricht hier von Käufermärkten.

Nach dem Wirtschaftswunder gingen die Verkäufer- in Käufermärkten über.

Mit dem Wechsel zur Konsumgesellschaft ging ein Wandel in vielen Lebensbereichen einher. Neue betriebswirtschaftliche Disziplinen wie das Marketing existieren nahezu ausschließlich, um Bedürfnisse in der Bevölkerung zu generieren, die die Grundbedürfnisse übersteigen. Der Konsumgedanke führte seit den 1970er und 1980er Jahren dazu, dass viele industrialisierte Volkswirtschaften anfingen, über Ihre Verhältnisse zu leben, d. h. es wird mehr verbraucht als produziert. Als zentrales volkswirtschaftliches Maß hierfür gilt die Leistungsbilanz. Viele Länder, z. B. USA, Spanien, Griechenland, etc., wiesen in den vergangenen Dekaden ein Leistungsbilanzdefizit auf, d. h. es wurde mehr importiert als exportiert. Auf diese Weise entsteht ein Rückgang des Vermögens bzw. eine Aufnahme von Schulden. Besonders deutlich wurde diese Problematik zu Zeiten der Finanzkrise um die Jahre 2007 und 2008, deren Auswirkungen noch immer nicht vollständig abgeklungen sind.

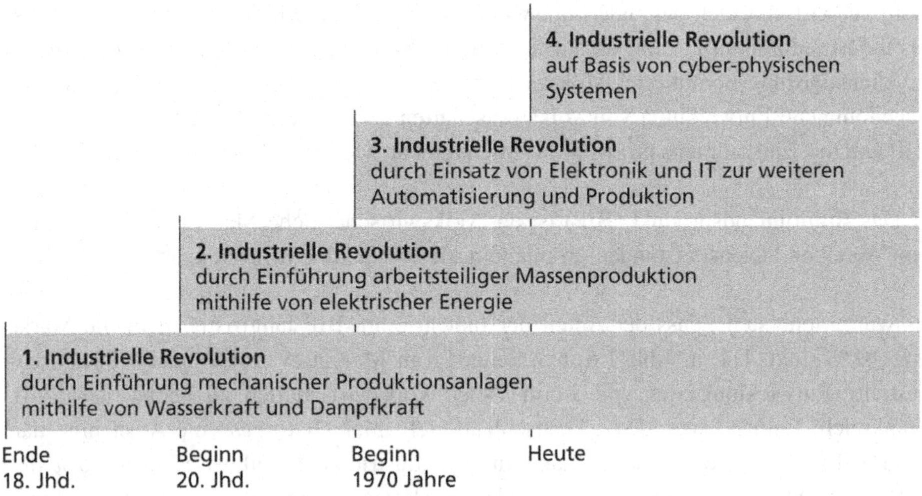

Abb. 1.5 Die vier industriellen Revolutionen.
(In Anlehnung an Bauernhansl)

1.3.2.4 Vierte industrielle Revolution

Nach der dritten industriellen Revolution sprechen wir seit etwa 2011 von einer vierten Revolution. Unter dem Synonym Industrie 4.0 verbirgt sich im Kern die Integration von cyber-physischen Systemen (CPS) in die Produktion und Logistik. Der Terminus cyber-physisches System beschreibt die Verbindung von Softwarekomponenten, die in Produkten selbst oder als Dienste im Internet zur Verfügung stehen, mit mechanischen, elektronischen oder mechatronischen Komponenten mithilfe einer vernetzten Dateninfrastruktur (z. B. das Internet). CPS sind also smarte Objekte auf Basis von eingebetteten Systemen, die mit dem Internet der Dienste verbunden sind und somit in Echtzeit untereinander kommunizieren (Abb. 1.5).

Eine Vielzahl von Studien belegt, dass die intelligente Kombination von CPS im Rahmen des Hyperonyms Industrie 4.0, der Produktion neue Perspektiven ermöglicht und Fähigkeiten generiert. So ist es beispielsweise vorstellbar, dass Produkte noch während des Produktionsprozesses Änderungswünsche der Kunden direkt empfangen und den eigenen Fertigungsprozess entsprechend anpassen, vgl. Bauernhansl et al. (2014, S. 6).

1.4   Volkswirtschaftliche Bedeutung der Produktion

Das zentrale Maß für Leistungsfähigkeit einer Volkswirtschaft ist das Bruttoinlandsprodukt (BIP). Als Maß für die vollständige ökonomische Leistung einer Volkswirtschaft in einem bestimmten Zeitabschnitt (normalerweise ein Jahr), setzt es sich – vereinfacht dargestellt – aus der Wertschöpfung der drei Sektoren Landwirtschaft, Industrie und Dienstleistung zusammen. In der Volkswirtschaftslehre galt lange Zeit die Maxime, dass sich landwirtschaftlich geprägte Volkswirtschaften durch die Industrialisierung zunächst in industriedominierte und daraufhin, aufgrund steigender Löhne und Ansprüche, in dienstleistungsdominierte Volkswirtschaften wandeln. Abb. 1.6 verdeutlicht die angenommene Entwicklung von Volkswirtschaften als Vergleich des Industrieanteils am BIP und des Einkommens pro Kopf in Anlehnung an McKinsey & Company (2012).

▶ Das Bruttoinlandsprodukt (BIP) ist das volkswirtschaftliche Maß für die Produktion von Waren und Dienstleistungen im Inland nach Abzug aller Vorleistungen.

Es wurde unterstellt, dass der Anteil der Industrie am BIP langfristig unter die Marke von 10 % sinkt. Die in Abb. 1.6 in Anlehnung an McKinsey & Company (2012) dargestellte Entwicklung war und ist in vielen Volkswirtschaften zu beobachten, z. B. Frankreich, England und USA. Deutschland stellt hier allerdings eine Ausnahme dar. Während in den angesprochenen Ländern die Industrie heute teilweise knapp 10 % des BIP ausmacht, hat Deutschland es seit der Wiedervereinigung im Jahr 1990 geschafft, den Industrieanteil stabil bei rund 25 % zu halten. Was vor der Finanzkrise noch als rückständig galt, wird heute als Hauptgrund für die wirtschaftliche Stärke Deutschlands identifiziert. Während viele Volkswirtschaften noch heute mit den Auswirkungen der Finanzkrise ringen, erholte sich Deutschland sehr schnell.

▶   Ein angemessener Industrieanteil am BIP ist essenziell für den Erfolg einer
      Volkswirtschaft im globalen Wettbewerb.

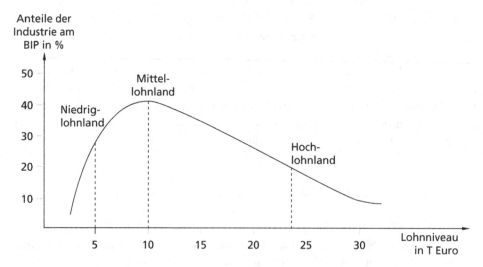

Abb. 1.6 Entwicklung des Industrieanteils von Volkswirtschaften.
(In Anlehnung an McKinsey & Company)

Mittlerweile ist unumstritten, dass die Industrie maßgeblich zum Erfolg einer Volkswirtschaft beiträgt. Viele Volkswirtschaften, z. B. die USA, versuchen daher, das deutsche Modell zu übernehmen und ihren Industrieanteil wieder zu steigern. Neben der Sicherung von Wachstum und Beschäftigung gründet die Vorteilhaftigkeit des hohen Industrieanteils auf drei Teilaspekten:

1. dem Exportbeitrag,
2. dem Innovationsbeitrag und
3. dem Produktivitätsbeitrag.

1.4.1 Exportbeitrag

Über 80 % der aller exportierten Güter und Leistungen Deutschlands stammen aus dem Industriesektor. Alleine Automobile, Maschinen, Chemieerzeugnisse und schwere elektrische Geräte machen knapp 50 % der Exportgüter aus. Die Industrie trägt also deutlich stärker zur Leistungsbilanz bei als der Dienstleistungssektor. Hohe Exporte führen zu einer ausgeglichenen Handelsbilanz – oder sogar, wie der Fall Deutschland zeigt, zu einem Handelsüberschuss. Volkswirtschaften mit einem niedrigen industriellen Anteil am BIP und einem niedrigen Exportbeitrag haben hingegen häufig eine negative Handelsbilanz. Sie müssen sich daher verschulden, um das Handelsdefizit auszugleichen.

1.4.2 Innovationsbeitrag

Der Hauptteil aller Investitionen in Forschung und Entwicklung in der Bundesrepublik stammt mit rund 85 % aus der Industrie. Innovationen sind in entwickelten Volkswirtschaften essenziell für das nachhaltige Wachstum einer Volkswirtschaft. Einem Land mit entsprechend niedrigem Industrieanteil fehlt dieser Innovationsbeitrag. Dann kann die notwendige kontinuierliche Erneuerung der Volkswirtschaft nicht in ausreichendem Maße betrieben werden.

1.4.3 Produktivitätsbeitrag

Die Produktivität beschreibt das Verhältnis zwischen produzierten Gütern und eingesetzten Produktionsfaktoren. Aus volkswirtschaftlicher Perspektive bildet das Produktivitätswachstum ein elementarer Beitrag zum Wirtschaftswachstum einer Volkswirtschaft. Das Produktivitätswachstum der deutschen Industrie lag in der vergangenen Dekade bei rund 30 % und damit doppelt so hoch wie im Dienstleistungssektor. Dieser wesentlich höhere Beitrag der Industrie zum Produktivitätswachstum beruht auf der Tatsache, dass industrielle Produktion rationalisiert werden kann. Während eine Dienstleistung immer im Zusammenspiel von Menschen entsteht, stellt die industrielle Produktion ein fortwährendes Zusammenwirken von Mensch und Maschine dar. Produktivitätsgewinne sind aufgrund des technischen Fortschritts deutlich leichter möglich.

1.5   Treiber der Produktion

Globale Entwicklungen haben einen erheblichen Einfluss auf die Industrie in Deutschland und nahezu jedes Unternehmen muss sich ihnen stellen. Die derzeit dominierenden Treiber der Produktion sind:

- Demografische Entwicklung,
- Urbanisierung,
- Globalisierung,
- Wirtschaftswachstum in Schwellenländern,
- Nachhaltigkeit und
- Individualisierung.

Diese Entwicklungen beeinflussen sich zwar teilweise gegenseitig, dennoch werden sie in den nachfolgenden Abschnitten einzeln vorgestellt.

1.5.1   Demografische Entwicklung

Unternehmen sind soziale Systeme und als solche Teil der Gesellschaft. Veränderungen in der Bevölkerung beeinflussen produzierende Unternehmen sowohl auf der Leistungsseite (Produktportfolio) als auch auf der Ressourcenseite (Mitarbeiter, Art der Organisation, etc.). Somit bildet die demografische Entwicklung der Gesellschaft ein wichtiger Einflussfaktor. Die Veränderungen der Altersstruktur in der Bevölkerung, des Anteils von Männern und Frauen, von Aus- und Inländern sowie von Geburten- und Sterberaten in den für Unternehmen relevanten Märkten bzw. Regionen sind von hoher Bedeutung.

Seit dem „Babyboom" nach dem zweiten Weltkrieg ging – durch hohen Bildungsstandard und die Verbesserung der Familienplanung durch die Entwicklung der Anti-Baby-Pille – in Industrienationen die Geburtenrate zurück. Zudem steigerte die konstante Verbesserung der medizinischen Versorgung in diesen Ländern die Lebenserwartung. Diese Entwicklung erhöhte in Industrienationen das Bevölkerungsaltern. Neben der zunehmenden Belastung der Sozialsysteme, müssen sich Unternehmen in entwickelten Ländern auf die veränderte Altersstruktur, den Rückgang jüngerer Erwerbsfähiger und die Veränderung von Märkten einstellen.

Der weltweite demografische Trend deutet hingegen auf ein kontinuierliches Bevölkerungswachstum aufgrund der immer noch hohen Geburtenraten in weniger entwickelten Ländern hin. Sind derzeit noch asiatische Länder (z. B. Indien, China, etc.) hauptverantwortlich für den raschen Bevölkerungsanstieg, so wird in Zukunft besonders in Afrika eine hohe Zunahme erwartet. Dennoch wird auch global mit einem Rückgang der Wachstumsrate und eine Zunahme des Durchschnittsalters gerechnet. Verschiedenen Studien prognostizieren bis zum Ende dieses Jahrhunderts eine steigende Weltbevölkerung (auf über 10 Mrd. Menschen) und erst danach wieder eine schrumpfende. Alleine die Befriedigung der veränderten Bedürfnisse dieser Menge von Menschen bietet enorme Potenziale für die Industrie und nimmt diese gleichzeitig in die Pflicht, innovative und nachhaltige Konzepte zu entwickeln.

1.5.2 Urbanisierung

Die Ausbreitung städtischer Lebensformen, die Urbanisierung, ist ein altbekanntes Phänomen. Schon im Zuge der ersten industriellen Revolution zog die Aussicht auf gut bezahlte Arbeit die Menschen in die Städte. Die abnehmende Bedeutung der Landwirtschaft in einer entwickelten Volkswirtschaft führt dazu, dass in ländlichen Gegenden kaum Arbeitsplätze zur Verfügung stehen. Daher wandern bis heute immer mehr junge Erwerbstätige in die Städte. Langfristig wird deshalb einer steigenden Anzahl an Megastädten (Städte über 10 Mio. Einwohner) gerechnet. Existierten im Jahr 1960 mit New York und Tokio lediglich zwei dieser Städte, so lebte im Jahr 2015 bereits jeder fünfte Mensch in einer dieser Megastädte. Bis 2050 soll der Anteil der Städter auf rund 70 % steigen.

Städte werden aus ökonomischer Perspektive also immer bedeutender. Zeitgleich ist das menschliche Bedürfnis nach einem lebenswerten Umfeld zu erfüllen. Städte sind oft Zentren erhöhter Umweltbelastung. Die Industrie ist aufgefordert, Konzepte zur Befriedigung der Grundbedürfnisse (z. B. saubere Luft, reines Trinkwasser, eine verlässliche Energieversorgung und sichere Verkehrssysteme) bereitzustellen. Zudem verändern sich die Anforderungen an Produkte und Dienstleistungen in urbanisierten Märkten. Ein Beispiel hierfür sind die veränderten Mobilitätsbedürfnisse.

1.5.3 Globalisierung

▶ Der Begriff Globalisierung beschreibt die internationale Verflechtung zwischen Individuen, Gesellschaften, Institutionen und Staaten in den Bereichen Wirtschaft, Politik, Kultur, Umwelt und Kommunikation.

Der Begriff Globalisierung entstand in den 1960er Jahren: Er meinte eine zunehmende internationale Verflechtung in verschiedenen Bereichen. Dennoch beschrieb er schon damals kein neuartiges Phänomen. Die Handelsbeziehungen zwischen einzelnen Kaufleuten und Unternehmen nehmen seit Jahrhunderten zu und damit entsteht ein kontinuierliches Wirtschaftswachstum.

Wichtige Meilensteine der Globalisierung waren u. a. die Entstehung der Seiden-straße, die Entdeckung Amerikas und die Kolonialisierung. Bereits zwischen dem 17. und 19. Jahrhundert fand starker transatlantischer und -pazifischer Handel statt. Auf den transatlantischen Handelsrouten wurden vor allem Zucker, Kaffee, Edelmetalle und auch Sklaven gehandelt, während auf den asiatischen Handelsrouten Waren wie Stoffe, Gewürze, Tee, Opium dominierten. Damals waren die regional unterschiedlichen Pro-dukte die Grundlage des Handels, heute sind Marktzugänge und Kostenvorteile die dominanten Argumente für Unternehmen, Außenhandel zu betreiben.

Nach dem Fall der Mauer in Deutschland und dem Zusammenbruch der Sowjet-union sowie der veränderten Wirtschaftspolitik in China stieg die Globalisierungs-geschwindigkeit. Heute sind global aufgestellte Wertschöpfungsketten typisch; sie sollen Wachstum und Profitabilität steigern. Neben den stark gesunkenen Transport- und Kommunikationskosten verstärken wegfallende Handelsbarrieren und ein verbesserter Zugang zu Bildung in den Schwellenländern diesen Trend. Haupttreiber für Wert-schöpfungsverlagerungen waren in der Vergangenheit vor allem die Lohnkosten. Aktuell verlieren die Lohnkosten jedoch an Bedeutung und der Marktzugang sowie marktnahe Wertschöpfung werden zunehmend wichtiger.

1.5.4   Wirtschaftswachstum in Schwellen- und Entwicklungsländern

Das Wirtschaftswachstum in Schwellen- und Entwicklungsländern stellt einen weiteren Treiber der Produktion in Hochlohnländern wie Deutschland dar. Der mit Abstand größte Teil dieses Wachstums findet seit geraumer Zeit in den BRICS Staaten (Brasilien, Russland, Indien, China und Südafrika) statt. Weitere aufstrebende Schwellenländer sind Mexiko und die ASEAN (Association of Southeast Asian Nations) Region. Ihre langfristigen Erfolgsaus-sichten beruhen auf der fortschreitenden Industrialisierung gepaart mit einer hohen und wei-ter wachsenden Bevölkerungsanzahl. Verschiedene Studien gehen davon aus, dass sich im Jahr 2050 nur noch fünf der heute führenden Industrieländer unter den zwölf größten Wirt-schaftsnationen der Welt befinden. Westliche Länder und somit auch deren Unternehmen müssen langfristig also mit einem erheblichen Verlust an wirtschaftlichem und politischem Einfluss rechnen. Stark betroffen von dieser Entwicklung sind insbesondere kleinere Volks-wirtschaften (z. B. Schweden, Norwegen, Österreich), deren Einfluss langfristig praktisch verschwindet. Aus diesen Gründen spielt der Aufbau von gemeinsamen Handelszonen sowie politische und wirtschaftliche Verbünde, z. B. die EU, eine große Rolle.

1.5.5   Nachhaltigkeit

Zwei der größten Herausforderungen der Menschheit im 21. Jahrhundert – der Klima-wandel und die Ressourcenverknappung – erfordern erhebliche Maßnahmen hin zu einer nachhaltigen Wirtschaftsweise aller Volkswirtschaften. Seit der ersten industriellen

Revolution wurden Konsumverhalten und -erwartungen stark von einem niedrigen Ölpreis beeinflusst. Langzeitfolgen, im Sinne sozialer Kosten, werden seit jeher externalisiert. Deutlich wird dies am Beispiel der Kernenergie. Die Nutzung dieser Technologie führt zu enormen, kaum abzusehenden Folgekosten für die Zwischen- und Endlagerung der Brennelemente. Diese wurden jedoch zu keinem Zeitpunkt im Strompreis berücksichtigt und sind somit langfristig von der Gesellschaft zu tragen. Neben der Ressourcenverknappung steigert die Decarbonisierung der Energieerzeugung die Energiepreise stark. Allein deshalb müssen Unternehmen umdenken und Nachhaltigkeitsaspekten eine immer größere Rolle bei unternehmerischen Entscheidungen einräumen.

Der Begriff Nachhaltigkeit wurde erstmals von Hans Carl von Carlowitz Anfang des 18. Jahrhunderts eingeführt. Carlowitz verwies auf dabei alleine auf den verantwortungsvollen Umgang mit der Ressource Holz, dessen Abbau sich an der natürlichen Regenerationsfähigkeit zu orientieren habe. Weltweit kontroverse Diskussionen löste allerdings erst zwei Jahrhunderte später – im Jahr 1972 – der Bericht *Limits to Growth* an den Club of Rome aus, der erstmals auf die Ressourcenknappheit und die Langzeitfolgen einer ausschließlich auf Wachstum ausgelegten Wirtschaftsweise aufmerksam machte. Getrieben durch die beiden Öl-Krisen in den Jahren 1973 und 1978 sowie der Kernreaktor-Katastrophe in Tschernobyl im Jahr 1986, entwickelte die Brundtland-Kommission im Jahr 1987 die bis heute anerkannte Definition von nachhaltiger Entwicklung: „Nachhaltige Entwicklung ist Entwicklung, die die Bedürfnisse der Gegenwart befriedigt, ohne zu riskieren, dass künftige Generationen ihre eigenen Bedürfnisse nicht befriedigen können."

▶ Eine nachhaltige Entwicklung befriedigt die Bedürfnisse der Gegenwart, ohne künftigen Generationen die Möglichkeit zu nehmen, ihre eigenen Bedürfnisse zu befriedigen.

In der Folge entbrannte eine Diskussion um die Interpretation des Begriffs, die in dem Verständnis von zwei Extremen, starker und schwacher Nachhaltigkeit, mündete. Grundlage ihrer Unterscheidung ist die für die industrielle Produktion essentielle Austauschlegitimierung von Human-, Sach- und Naturkapital. In diesem Kontext, verstehen Vertreter der starken Nachhaltigkeit das Naturkapital als einzig schützenwertes Subjekt. Aus ihrer Sicht ist ein Austausch daher nicht vorgesehen. Vertreter der schwachen Nachhaltigkeit gehen hingegen von einer generellen Austauschbarkeit aus. Ihr Ziel ist die Schaffung eines optimalen Nutzens durch bestmögliche Kombination von Natur-, Human- und Sachkapital. Die derzeit verbreitete Interpretation orientiert sich in erster Linie an der schwachen Nachhaltigkeit. Bei unternehmerischen Entscheidungen sollen die Bedürfnisse der Gesellschaft, der Ökologie und der Ökonomie in gleichem Maße beachtet werden. In diesem Zusammenhang wird häufig von den drei Säulen der Nachhaltigkeit gesprochen. Abb. 1.7 verdeutlicht die Säulen in einem Nachhaltigkeitsdreieck, nach Enquete Kommission des deutschen Bundestag (1998).

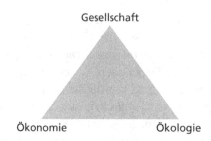

Abb. 1.7 Nachhaltigkeitsdreieck.
(Nach Enquete Kommission des deutschen Bundestags)

Ziel eines jeden Projektes im Bereich der Nachhaltigkeit muss es also sein, die Auswirkungen auf alle drei Säulen zu beachten. Dies erfordert geeignete Indikatoren. Auf volkswirtschaftlicher Ebene können dies beispielsweise Generationengerechtigkeit, sozialer Zusammenhalt, Lebensqualität oder reduzierter Treibhausgasausstoß sein. Für einzelne Unternehmen können dies Mitarbeiterzufriedenheit, Energieverbrauch u. v. m. sein.

1.5.6 Individualisierung

Der Individualisierungsgedanke des Menschen prägt die gegenwärtige hochentwickelte und vernetzte Gesellschaft. Dies drückt sich u. a. in einem Wunsch nach individuell gestalteten Produkten und einem entsprechenden Leben aus. Die Literatur beschreibt den Prozess weg von der Fremdbestimmung hin zu einem selbstbestimmenden und sich selbstverwaltenden Wesen als Individualisierung. Der Mensch gestaltet seine eigene soziale Realität. Um diese Selbstgestaltung auch im Bereich Konsum zu ermöglichen, fordert der Konsument Produktvielfalt und individuelle -konfiguration. Die Konfigurationsmöglichkeiten eines heutigen Automobils verdeutlichen dies: War das Model T von Ford im Jahre 1913 lediglich in einer Farbe und Ausstattungsvariante verfügbar, wählt der Käufer heute in der Regel zwischen mehreren tausend Konfigurationen. Derzeit zeichnen sich zwei Trends ab:

- In *entwickelten Ländern* erscheint der Trend zu individuelleren Produkten ungebrochen: Hier beschreibt der Begriff der „Mass Personalization", dass Produkte für einen einzigen Kunden entwickelt und zu Kosten der Massenproduktion produziert werden.
- Demgegenüber zeigen *sich entwickelnde Länder* (z. B. China oder Indien) einen Trend zur Produktregionalisierung: Als Folge sind Produkte für die Bedürfnisse von Regionen, z. B. hinsichtlich kultureller Unterschiede, herzustellen. Hier bietet sich eine Entwicklung und Produktion in den jeweiligen Regionen an.

1.6 Herausforderungen und Lösungsansätze

Die oben beschriebenen globalen Treiber der Produktion erhöhen einerseits die Anforderungen an Produktionsunternehmen, anderseits führen sie zu neuen Lösungsansätzen. Sowohl steigende Anforderungen als auch neue Lösungsansätze stehen in Wechselwirkung und erhöhen die Komplexität der Produktion.

1.6.1 Komplexität als zentrale Herausforderung

Begegneten sich Unternehmen früher auf stabilen Märkten mit variantenarmen Produkten vornehmlich im nationalen Wettbewerb, sind heutige Anforderungen wesentlich vielschichtiger. Neben dem internationalen Handel dominieren hohe Umfeldturbulenzen – z. B. Währungskrisen, Klimawandel, steigende Rohstoffpreise, etc. – und die Produktion möglichst kundenindividueller Produkte den Markt. Ein weiteres Merkmal gestiegener Komplexität sind stark verkürzte Produktlebenszyklen und eine enorme Vielfalt an Technologien.

Die Berücksichtigung einer Vielzahl individueller Kundenwünsche erfordert es, Prozesse und Wertschöpfungsnetzwerke entsprechend anzupassen, um flexibel auf Änderungen reagieren zu können. Dazu steigt die Zahl der einsetzbaren Fertigungsverfahren. Abb. 1.8 stellt die gestiegene Komplexität innerhalb eines Wertschöpfungsnetzwerks beispielhaft dar. Die deutlich tiefere und komplexere Struktur heutiger Wertschöpfungsnetze sowie die starke Reduktion von Lagerbeständen und Auftragsdurchlaufzeiten in den Unternehmen reduzieren letztlich den Wertschöpfungsanteil und erhöhen den Spezialisierungsgrad (Konzentration auf Kernkompetenzen) jedes Einzelunternehmens.

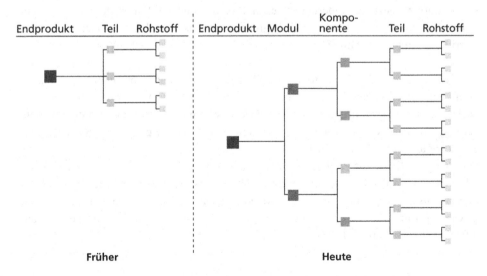

Abb. 1.8 Produktionsnetzwerke früher und heute

1.6.2 Flexibilität und Wandlungsfähigkeit

Neben grundlegenden Anforderungen an langfristig wettbewerbsfähige Unternehmen, wie bspw. Innovationsfähigkeit oder Liquidität, erfordern die oben diskutierte Komplexität und Ziel-Dilemmata auf heutigen Märkten flexible und wandlungsfähige Unternehmen. Dies gilt insbesondere für Fabriken dieser Unternehmen, die durch Rationalisierung und Automatisierung in den vergangenen Jahren oftmals bereits erhebliche Effizienz- und Flexibilitätsgewinne verzeichnen konnten.

Flexibilität beschreibt die Geschwindigkeit sowie den Aufwand, eine Produktion entsprechend geänderter Rahmenbedingungen umzustellen. Ihr Aufwand ist im Rahmen von Umrüstzeiten messbar. Wandlungsfähigkeit ist hingegen ein vergleichsweise abstrakter Begriff, der eine Systemeigenschaft beschreibt, die nur schwer messbar ist. Ein System wird als wandlungsfähig bezeichnet, wenn es selbstständig, in gleichem Maße reaktiv wie antizipativ, gezielte Änderungen seiner Prozesse und Strukturen durchführen kann. Einige Autoren beschreiben die Wandlungsfähigkeit auch als eine Dimension der Flexibilität, im Sinne eines Potenzials zur schnellen Anpassung eines Systems außerhalb begrenzter organisatorischer und/oder technischer Korridore. Generell wird ein System nur als wandlungsfähig bezeichnet, wenn die Wandlung mit einem vergleichsweise geringen Investitionsaufwand möglich ist.

▶ Flexibilität beschreibt die Geschwindigkeit sowie den Aufwand, eine Produktion entsprechend geänderter Rahmenbedingungen umzustellen. Ihr Aufwand ist durch Umrüstzeiten messbar.

▶ Ein System gilt als wandlungsfähig, wenn es selbstständig, in gleichem Maße reaktiv wie antizipativ, gezielte Änderungen seiner Prozesse und Strukturen durchführen kann. Diese Änderungen finden außerhalb begrenzter organisatorischer und/oder technischer Korridore statt und sind mit geringem finanziellen Aufwand zu realisieren.

Abb. 1.9 unterscheidet Flexibilität und Wandlungsfähigkeit vereinfachend: Zunächst greift bei einem Veränderungsimpuls (z. B. ein plötzlicher Anstieg der vom Kunden nachgefragten Stückzahl) im Rahmen einer bestimmten Ober- und Untergrenze die dem System eigene Flexibilität. Da die Veränderung die Grenzen des Systems nicht überschreitet, ist weder ein Rück- noch Umbau erforderlich. Man spricht von Flexibilitätskorridoren (z. B. vor Produktionsbeginn festgelegter Korridor an Stückzahlen). Überschreitet eine Anforderung aus einem Veränderungsimpuls jedoch die vorgedachten Flexibilitätsgrenzen, muss sich das System wandeln Abb. 1.9. Dazu steht ihm ein gewisser Lösungsraum zur Verfügung. In diesem Fall ist eine strukturelle Veränderung erforderlich, Reinhart G (1997), Spath (2009, S. 15, 16).

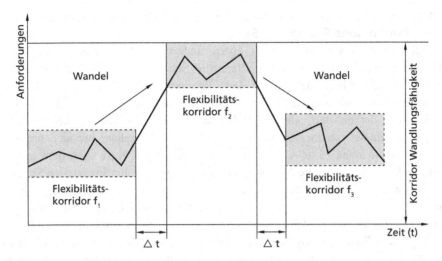

Abb. 1.9 Gegenüberstellung von Flexibilität und Wandlungsfähigkeit. (Nach Reinhart)

1.7 Verbesserungsphilosophien

In der Produktionstechnik existiert eine Vielzahl an Ansätzen zur Optimierung von Produktionsprozessen. Zur Verbesserung eines Prozesses ist im ersten Schritt immer die Bezugsgröße zu wählen, d. h. es muss klar sein, mit welchem Ziel der Prozess verbessert werden soll (z. B. Verkürzung der Durchlaufzeit, Minimierung des Ressourcenverbrauchs, Kosten, etc.). Die nachfolgenden Abschnitte skizzieren eine Auswahl der wichtigsten Optimierungsphilosophien. Eine tiefergehende Beschreibung einzelner Methoden folgt im weiteren Verlauf dieses Buches.

1.7.1 Lean Management/Lean Production

Der Terminus *Lean Production* (dt.: schlanke Produktion) umfasst einen aus Japan stammenden Ansatz zur Optimierung von Produktionsprozessen mithilfe einer klaren Ausrichtung auf die Wünsche des Kunden sowie der Vermeidung jeglicher Verschwendung. Man spricht hierbei von einer schlanken Produktion. Lean Management umfasst die Gesamtheit aller Denkprinzipien, Methoden und Verfahrensweisen zur effektiven und effizienten Gestaltung der gesamten Wertschöpfungskette.

1.7.1.1 Entwicklung des Lean Managements im Rahmen des Toyota-Produktions-Systems (TPS)

Nach dem zweiten Weltkrieg erhielt Japan, anders als Deutschland, kaum finanzielle Hilfen von den Siegermächten. Daraufhin schottete die japanische Regierung einzelne Wirtschaftsbereiche, die auf dem Weltmarkt nicht konkurrenzfähig waren ab und etablierte planwirtschaftliche Ansätze zur langfristigen Entwicklung. Eine weitere Besonderheit der japanischen Wirtschaft sind die sogenannten Keiretsu, Zusammenschlüsse von Firmen aus verschiedensten Bereichen, die sich praktisch selbst mit finanziellen Mitteln, Rohstoffen u. ä. versorgen. Kurz nach dem zweiten Weltkrieg konnten japanische Automobilhersteller aufgrund der finanziellen Situation nicht mit bahnbrechenden Innovationen aufwarten. Unter diesen Bedingungen fokussierte sich insbesondere Toyota auf die Optimierung ihrer Fertigungsprozesse und entwickelte das Toyota-Produktions-System (TPS), das noch heute als Basis für alle Ganzheitlichen Produktionssysteme in Unternehmen weltweit dient (Kap. 8). Nachdem die japanische Regierung die Märkte langsam wieder öffnete, verzeichneten japanische Automobilhersteller schnell enorme Marktanteilsgewinne weltweit. Die Verbreitung des Lean-Gedanken wurde maßgeblich beeinflusst durch eine vom Massachusetts Institute of Technology (MIT) publizierte Studie zur Automobilproduktion in Japan in den 1980er Jahren. Dabei stellte sich heraus, dass japanische Automobilhersteller bei mindestens gleicher Qualität wesentlich kostengünstiger und flexibler, fertigen konnten als ihre Konkurrenten in Europa und den USA.

1.7.1.2 Ziel, Prinzipien und Umsetzung

Ziel des Lean Managements ist es, den Kunden zur gewünschten Zeit, in geforderter Qualität und Menge an den gewünschten Ort zu beliefern. Während in europäischen und amerikanischen Unternehmen traditionell hohe Lagerbestände zur Sicherstellung einer maximalen Lieferfähigkeit vorherrschten, setzen moderne Produktionssysteme im Sinne des TPS auf eine kurze Reaktionszeit mithilfe kurzer Durchlaufzeiten (Zeit von Beginn der Bearbeitung bis zur Fertigstellung eines Erzeugnisses). Die aus dem Gesamtziel Kundennutzen abgeleiteten Ziele der Produktion sind:

- Produktivität durch die Beseitigung von jeglicher Form von Verschwendung,
- Flexibilität durch geringe Lagerbestände, reaktionsfähige Prozesse und Mitarbeiter
- Qualität durch sichere, selbststeuernde Prozesse und
- Humanität durch Einbeziehung der Mitarbeiter.

Im Sinne des Lean-Gedanken soll die angestrebte Wertschöpfung je Produkt mit einem möglichst geringen Einsatz von Betriebsmitteln, Material, Teilen, Platz und Arbeitszeit realisiert werden. Jede Form der Arbeit, die nicht zur Wertsteigerung beiträgt, wird als Verschwendung bezeichnet. Wie Tab. 1.1 darstellt, existieren drei Formen der Arbeit.

Kap. 8 behandelt das Lean Management im Detail.

Tab. 1.1 Aufteilung des Arbeitsprozesses und Ansätze

Arbeit	Ansatz
Arbeit mit offensichtlicher Verschwendung	Arbeiten, die nicht notwendig sind, um einem Produkt einen Mehrwert hinzuzufügen. Diese Tätigkeiten müssen eliminiert werden
Arbeit mit verdeckter Verschwendung	Arbeiten, die keinen Wertzuwachs bringen, aber getan werden müssen. Diese Tätigkeiten sollten soweit wie möglich reduziert werden
Arbeit mit Wertzuwachs	Tätigkeiten, durch die ein Produkt einen Mehrwert erhält bzw. für die der Kunde bereit ist zu zahlen. Diese Tätigkeiten sollten gefördert werden

1.7.2 Nachhaltigkeitsstrategien

Wie oben diskutiert, wird Nachhaltigkeit für die Produktion künftig von zentraler Bedeutung sein. Die wesentlichen Konzepte sind im Folgenden beschrieben.

1.7.2.1 Compliance Management

Weltweit erkannten Regierungen den Bedarf, Menschen und Umwelt vor den Auswirkungen einer nicht nachhaltigen Wirtschaftsweise zu schützen. Deutlich wird dies an der nahezu exponentiell ansteigenden Zahl an Umweltgesetzen weltweit. Insbesondere global tätige Unternehmen sehen sich daher mit immer mehr Herausforderungen konfrontiert, die nicht direkt den Wertschöpfungsprozess betreffen. Der Terminus Compliance (engl. für Konformität) Management beschreibt die Anstrengungen von Unternehmen, regelkonform zu produzieren. Nicht-konforme Produkte können zu erheblichen Imageverlust, Strafzahlungen bis hin zum Marktausschluss führen. In Einzelfällen drohen den Verantwortlichen eines Unternehmens, bei nachweislich grober Fahrlässigkeit, Gefängnisstrafen und Schadensersatzforderungen.

1.7.2.2 Green/Sustainable Manufacturing

Für die englische Bezeichnung *Green bzw. Sustainable Manufacturing* (Nachhaltige Produktion) existiert keine einheitliche Definition. In der Regel bezieht sich der Terminus auf die Minimierung jeglicher Umwelteinwirkungen und Gefahren für Menschen durch ein industriell gefertigtes Produkt. Dies beginnt bei der Produktentwicklung (z. B. effiziente Verwendung von Materialien, Auswahl eines Prozesses mit geringer Energieintensität) und endet bei der Verwertung (Upcycling, Downcycling, Reuse, Recycling, etc.). Green Manufacturing betrifft also den gesamten Produktlebenszyklus. Abb. 1.10 fasst die wesentlichen Aspekte des Sustainable Manufacturing in sieben Schritten in Anlehnung an OECD (2011) zusammen.

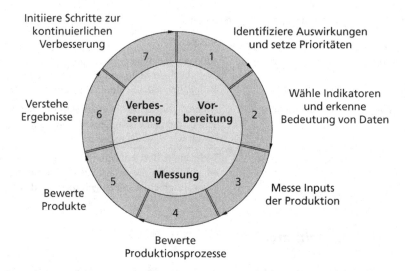

Abb. 1.10 Sieben Schritte des Sustainable Manufacturing.
(In Anlehnung an OECD)

1.7.2.3 Cradle-to-Cradle

Der Cradle-to-Cradle (engl. für ‚von der Wiege bis zur Wiege') Ansatz beschreibt eine gesteigerte Form des Green Manufacturing. Hierbei soll – im Sinne einer zyklischen Ressourcennutzung – jedweder Abfall der bei der Herstellung und Nutzung eines Produktes anfällt wieder auf gleicher oder höherer Wertschöpfungsstufe genutzt werden. Darüber hinaus ist jede Form der ineffizienten Nutzung von Energie zu vermeiden.

Wie in Abb. 1.11 nach Braungart und McDonough (2003) dargestellt, unterscheidet der Ansatz zwei Kreisläufe, den biologischen und den technischen:

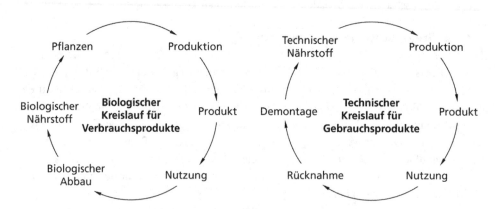

Abb. 1.11 Biologischer und technischer Kreislauf des Cradle-to-Cradle-Ansatzes.
(In Anlehnung an Braungart und McDonough)

1. Alle Materialien eines Produktes, die sich während der Nutzung verbrauchen, sind für biologische Kreisläufe optimiert. Sie dienen als biologische Nährstoffe (gewöhnlich basieren biologische Nährstoffe auf Kohlenstoffverbindungen). Diese Materialien können bedenkenlos in die Umwelt gelangen.
2. Alle Materialien eines Produktes, die während der Nutzung nur gebraucht werden – also erhalten bleiben – sind für geschlossene technische Kreisläufe konzipiert. Diese dienen als technische Nährstoffe (z. B. Metalle und verschiedene Polymere) für neue Produkte und sollen nicht in biologische Kreisläufe geraten.

Hierauf basierend unterteilen sich Güter in drei Kategorien:

1. Verbrauchsgüter (z. B. Reinigungsmittel oder Shampoos) können aus „biologischen Nährstoffen" gefertigt werden. Eine sichere Entsorgung dieser Produkte in die Umwelt ist jederzeit möglich.
2. Gebrauchsgüter (z. B. Autos, Waschmaschinen, etc.) enthalten „technische Nährstoffe". Diese Produkte sollten am Ende ihres Produktlebenszyklus ein Recycling ihrer Bestandteile ermöglichen.
3. Güter, die nach Gebrauch nicht mehr zu recyceln sind (z. B. gefährlicher Abfall), die eine Gefahr für Gesundheit und Umwelt darstellen. Diese Güter sollten ersetzt werden.

1.8   Ausblick auf die folgenden Kapitel

Nachdem dieses Kapitel in die Grundlagen der industriellen Produktion einführte, folgt in den weiteren Kapiteln dieses Lehrbuchs eine detaillierte Erläuterung ihrer wesentlichen Bestandteile. Dafür umreißt Kap. 2 zunächst die grundlegenden Strukturen und Strategien produzierender Unternehmen. Kap. 3 nähert sich der Produktion daraufhin aus Sicht der Innovation und Entwicklung von Produkten und Dienstleistungen.

Im weiteren Verlauf fokussiert das Buch auf den tatsächlichen Fabrikbetrieb: Hierzu startet Kap. 4 mit der Planung eines Fabrikgebäudes und seiner Materialströme, um in Form der Fertigungs- und Montagesystemplanung (Kap. 5) sowie der Arbeitsplanung (Kap. 6) fortgeführt zu werden. Kap. 7 beschreibt daraufhin das Auftragsmanagement, unterteilt in die innerbetriebliche Planung und Steuerung (PPS) sowie die überbetriebliche Planung und Steuerung (SCM) der Auftragsabwicklung. Kap. 8 erläutert die Entwicklung und den Einsatz ganzheitlicher Produktionsmanagementsysteme. Das Lehrbuch schließt in Kap. 9 mit einer ausführlichen Beschreibung der Wertstrommethode, dem zentralen Instrument der zielgerichteten Auslegung und Steuerung von Wertschöpfungsprozessen. Abb. 1.12 illustriert die Kapitelstruktur.

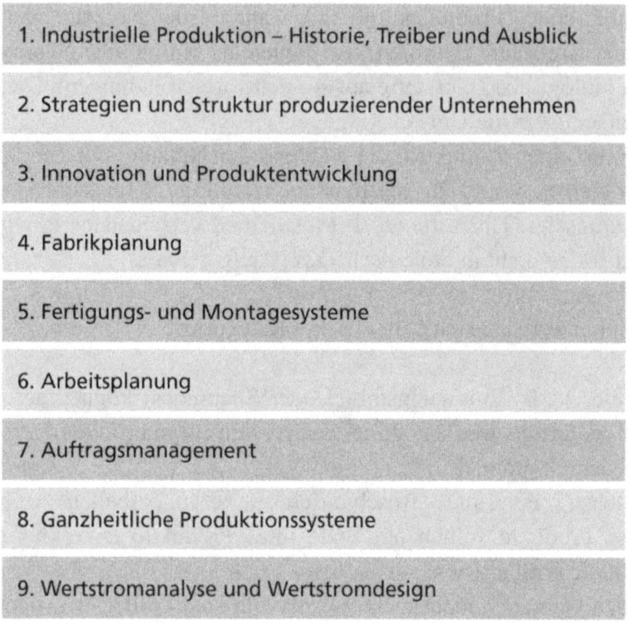

1. Industrielle Produktion – Historie, Treiber und Ausblick

2. Strategien und Struktur produzierender Unternehmen

3. Innovation und Produktentwicklung

4. Fabrikplanung

5. Fertigungs- und Montagesysteme

6. Arbeitsplanung

7. Auftragsmanagement

8. Ganzheitliche Produktionssysteme

9. Wertstromanalyse und Wertstromdesign

Abb. 1.12 Kapitelstruktur des Lehrbuchs

1.9   Lernerfolgsfragen

Fragen

1. Wie viele industrielle Revolutionen gibt es? Erläutern Sie diese.
2. Obwohl Deutschland ein Hochlohnland ist, hat die Industrie in Deutschland weiterhin eine hohe Bedeutung. Erklären Sie warum?
3. Definieren Sie den Begriff Produktion in Ihren eigenen Worten.
4. Definieren und erläutern Sie die Begriffe Transformation und Wertschöpfung in einem Unternehmen.
5. Auf welchen Märkten bewegen sich produzierende Unternehmen? Nennen Sie diese und veranschaulichen Sie Güter- und Warenströme zwischen Unternehmen und Märkten.
6. Nennen Sie die Treiber der industriellen Produktion und erläutern Sie diese kurz.
7. Diskutieren Sie die Zunahme der Komplexität von Produkten und der Produktion an einem Beispiel.
8. Welche drei Aspekte müssen vor dem Hintergrund des Nachhaltigkeitsgedankens im Sinne einer nachhaltigen Produktion integriert werden? Erklären Sie kurz an einem Beispiel, wie sich mindestens zwei der geforderten Aspekte wechselseitig beeinflussen.

9. Erläutern Sie die Zielsetzung einer wandlungsfähigen Produktion. Grenzen Sie dabei die Begriffe Flexibilität und Wandlungsfähigkeit voneinander ab.
10. Nennen Sie zwei Optimierungsphilosophien der industriellen Produktion und erläutern Sie diese kurz.
11. Nennen Sie Charakteristika eines schlanken Unternehmens. Welches zentrale Ziel eines schlanken Unternehmens soll dadurch erreicht werden?

Literatur

Azenbacher A (1981) Einführung in die Philosophie. Herder, Kerle. ISBN 978-3-210-24627-7

Bauernhansl T, ten Hompel M, Vogel-Heuser B (Hrsg) (2014) Industrie 4.0 in Produktion, Automatisierung und Logistik – Anwendung, Technologien, Migration. Springer, Wiesbaden. ISBN 978-3658046811

Braungart M, McDonough W (2003) Cradle to cradle – remaking the way we make things, 1. Aufl. North point press, Macmillan. ISBN 978-0865475878

Brynjolfsson E, McAfee A (2014) The second machine age – work, progress, and prosperity in a time of brilliant technologies, 1. Aufl. Norton, New York. Inc. ISBN 978-0-393-23935-5

Corsten H (2007) Produktionswirtschaft – Einführung in das industrielle Produktionsmanagement, 13. Aufl. De Gruyter, Oldenbourg. ISBN 978-3486705690

Deutscher Bundestag (1998) Konzept Nachhaltigkeit: Vom Leitbild zur Umsetzung. Abschlussbericht der Enquete-kommission „Schutz des Menschen und der Umwelt" des 13. Bundestages. http://dipbt.bundestag.de/doc/btd/13/112/1311200.pdf. Zugegriffen: 14. Juli 2015

Domschke W, Scholl A (2008) Grundlagen der Betriebswirtschaftslehre – Eine Einführung aus entscheidungsorientierter Sicht, 3. Aufl. Springer-Lehrbuch, Berlin. ISBN 978-3-540-85077-9. S 8, 93

Gutenberg E (1983) Grundlagen der Betriebswirtschaftslehre – Bd 1: Die Produktion. Springer, Berlin. ISBN 3540056947

Heinen E (1992) Einführung in die Betriebswirtschaftslehre, 9. Aufl. Gabler, Wiesbaden. ISBN 3-409-32750-9

McKinsey & Company (Hrsg) (2012) Manufacturing the future – the next era of global growth and innovation. McKinsey Global Institute

Organisation for Economic Co-operation and Development (Hrsg) (2011) OECD sustainable manufacturing toolkit – seven steps to environmental exelence. OECD, Paris. http://www.oecd.org/innovation/green/toolkit/48661768.pdf. 30.7.2014

REFA-Verband (Hrsg) (1991) Methodenlehre der Betriebsorganisation: Planung und Steuerung, Teil 1 bis 6. Hanser, München

REFA (2017) http://www.refa.de/service/wir/refa-bundesverband. Zugegriffen: 5. Okt. 2017

Reinhart G (1997) Innovative Prozesse und Systeme. Der Weg zu Flexibilität und Wandlungsfähigkeit. In: Milberg J, Reinhart G (Hrsg) Mit Schwung zum Aufschwung. Münchener Kolloquium. Landsberg/Lech. Verl. Moderne Industrie

Smith A (2005) An inquiry into the nature and causes of the wealth of Nations. 1776 (dt.: Untersuchung über Wesen und Ursachen des Reichtums der Völker). UTB, Stuttgart. ISBN 3-8252-2655-7

Spath D (2009) Grundlagen der Informationsgestaltung. In: Bullinger H-J, Spath D, Warnecke H-J, Westkämper E (Hrsg) Handbuch Unternehmensorganisation – Strategien, Planung, Umsetzung, 3. Aufl. Springer, Berlin, S 3–24. ISBN 978-3540721369

Spur G (1994) Fabrikbetrieb. Hanser, München. ISBN 3-446-17714-0

Taylor FW (1909) Die Betriebsleitung insbesondere der Werkstätten (Shop Management). Springer, Berlin

Taylor FW (1913) Die Grundsätze wissenschaftlicher Betriebsführung (The principles of scientific management). Oldenbourg, München

Ulich E (1999) Mensch – Technik – Organisation: Ein europäisches Produktionskonzept. Betonw Fertigtl -Tech 65(22):26–31

Ulrich P, Hill W (1976) Wissenschaftstheoretische Grundlagen der Betriebswirtschaftslehre, Teil I. Wirtschaftswissenschaftliches Studium: Z Ausbild Hochschulkontakt 5:304–309

Westkämper E, Decker M, Jendoubi L (2006) Einführung in die Organisation der Produktion, 1. Aufl. Springer, Berlin. ISBN 3-540-26039-0

Wiendahl H H (2011) Auftragsmanagement der industriellen Produktion: Grundlagen, Konfiguration, Einführung. Springer-Verlag, Berlin

Weiterführende Literatur

Binner HF (2005) Handbuch der prozessorientierten Arbeitsorganisation: Methoden und Werkzeuge zur Umsetzung (REFA Fachbuchreihe Unternehmensentwicklung), 3. Aufl. Hanser, Hannover. ISBN 978-3-446-41627-7

Brecher C (Hrsg) (2011) Integrative Produktionstechnik für Hochlohnländer, 1. Aufl. Springer, Berlin. ISBN 978-3-642-20692-4

Dyckhoff H, Spengler TS (2010) Produktionswirtschaft – Eine Einführung, 3. Aufl. Springer, Berlin. ISBN 978-3-642-13683-2

Günther H-O, Tempelmeier H (2012) Produktion und Logistik, 9. Aufl. Springer, Berlin. ISBN 978-3-642-25165-8

Häberlein M, Jeggle C (2014) Vorindustrielles Gewerbe 1. Aufl. UVK, Konstanz. ISBN 978-3-89669-692-2

Hemming F-W (1994) Das vorindustrielle Deutschland 800 bis 1800. 1. Aufl. UTB, Stuttgart. ISBN 978-3825203986

Liedtke R (2012) Die industrielle Revolution 1. Aufl. UTB, Stuttgart. ISBN 978-3825233501

Liker J-K (2006) Der Toyota: Weg 14 Managementprinzipien des weltweit erfolgreichsten Automobilkonzerns, 1. Aufl. FinanzBuch, München. ISBN 3-89879-188-2

Naumann G (2008) Deutsche Geschichte: Von 1806 bis heute. 1. Aufl. Matrix, Wiesbaden. ISBN 978-3865399403

Nyhuis P, Wiendahl H-P (2012) Logistische Kennlinien – Grundlagen, Werkzeuge und Anwendungen. 3. Aufl. Springer, Berlin. ISBN 978-3-540-92838-6

Nyhuis P, Reinhart G, Abele E (2008) Wandlungsfähige Produktionssysteme – Heute die Industrie von morgen gestalten, 1. Aufl. TEWISS, München. ISBN 978–3-939026-96-9

Ohno T (1988) Toyota production system: beyond large-scale production, 1. Aufl. Productivity Press, New York. ISBN 978-0915299140

Pfeiffer W, Weiß E (1992) Lean Management – Grundlagen der Führung und Organisation lernender Unternehmen. 1. Aufl. Schmidt, Berlin. ISBN 3–503-03678-4

Rifkin J (2011) Die dritte industrielle Revolution: Die Zukunft der Wirtschaft nach dem Atomzeitalter, 1. Aufl. Campus, Frankfurt a. M. ISBN 978-3593394527

Roberts A (2012) Die Anfänge der Menschheit – Vom aufrechten Gang bis zu den frühen Hochkulturen, 1. Aufl. Dorling Kindersley, München. ISBN 978-3831022236

Schaper M (Hrsg) (2008) GEO Epoche 30/08: Die industrielle Revolution – Von der Spinnmaschine zum Fließband. 1. Aufl. Gruner + Jahr, Hamburg. ISBN 978-3570197813

Schenk M, Wirth S, Müller E (2014) Fabrikplanung und Fabrikbetrieb – Methoden für die wandlungsfähige, vernetzte und ressourceneffiziente Fabrik, 2. Aufl. Springer, Berlin. ISBN 978-3-642-05458-7

Schuh G (Hrsg) (2006) Produktionsplanung und -steuerung: Grundlagen, Gestaltung und Konzepte, 3. Aufl. Springer, München. ISBN 978-3-540-40306-7

Syska A, Lièvre P (2016) Illusion 4.0 – Deutschlands naiver Traum von der smarten Fabrik, 1. Aufl. CETPM, Wien. ISBN 978-3940775184

Walther G (2010) Nachhaltige Wertschöpfungsnetzwerke – Überbetriebliche Planung und Steuerung von Stoffströmen entlang des Produktlebenszyklus, 1. Aufl. Gabler, Wiesbaden. ISBN 978-3-8349-2228-1

Wiendahl H-P, Nyhuis P, Reichardt J (2009) Handbuch Fabrikplanung – Konzept, Gestaltung und Umsetzung wandlungsfähiger Produktionsstätten, 1. Aufl. Hanser, München. ISBN 978-3446224773

Wissenschaftliche Gesellschaft für Produktionstechnik (WGP) e. V. (2016) WGP-Standpunkt Industrie 4.0. http://www.wgp.de/uploads/media/WGP-Standpunkt_Industrie_4-0.pdf. Zugegriffen: 6. Okt. 2016

Womack J, Jones D, Roos D (1990) The machine that changed the world – the story of lean production, 1. Aufl. Harper Collins, New york. ISBN 978-0-06097-417-6

Ziegler D (2012) Die industrielle Revolution: Geschichte – Kompakt. 3. Aufl. WBG, Darmstadt. ISBN 978-3534256044

Strategien und Struktur produzierender Unternehmen

2

Viktor Balzer, Thomas Schrodi und Hans-Hermann Wiendahl

Zusammenfassung

Dieses Kapitel behandelt den betriebs- und volkswirtschaftlichen Kontext produzierender Unternehmen und erläutert Strategien, Ziele und Strukturen produzierender Unternehmen näher. Zunächst wird die Produktion als Leistungseinheit in die volkswirtschaftliche Leistungserstellung eingeordnet und deren Bedeutung dargestellt. Den Anschluss bildet eine Übersicht zu den Rechtsformen produzierender Unternehmen. Darauf folgend warden Aufbau- und Ablauforganisation eines Produktionsunternehmens anhand des St. Galler Management-Modells und des Stuttgarter Unternehmensmodells Ansätze beschrieben, die einen ganzheitlichen und generischen Rahmen liefern. Den Abschluss bilden Strategien und Ziele, die aus verschiedenen Perspektiven und auf unterschiedlichen Ebenen des Unternehmens diskutiert werden.

Im Wertschöpfungsmodell der Produktion (Abschn. 2.4.3.3) behandelt die Produktionsstrategie die Ebenen Produktionsnetz und Fabrik (Strukturperspektive). Sie betrachtet (und gestaltet) den Wertschöpfungsprozess (Prozessperspektive). Die Produktionsstrategie gestaltet zunächst das Unternehmen, im laufenden Betrieb ist die erarbeitete Strategie dann konsequent umzusetzen (Systemperspektive). Abb. 2.1 visualisiert den Betrachtungsgegenstand.

V. Balzer · T. Schrodi · H.-H. Wiendahl (✉)
Fraunhofer-Institut für Produktionstechnik und Automatisierung IPA,
Stuttgart, Deutschland
E-Mail: hans-hermann.wiendahl@ipa.fraunhofer.de

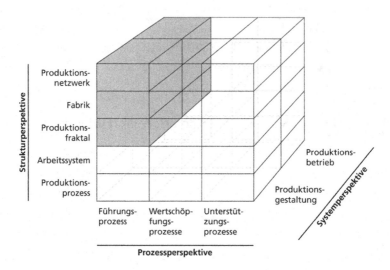

Abb. 2.1 Einordung Produktionsstrategien im Wertschöpfungsmodell der Produktion

2.1 Lernziele

▶ Nach dem Lesen dieses Kapitels, kennen/können Sie…
- die betriebswirtschaftliche Perspektive auf ein produzierendes Unternehmen.
- Ablauf- und Aufbauorganisation eines produzierenden Unternehmens beschreiben.
- den strategischen Kontext produzierender Unternehmen.
- die Produktionsstrategie in den Unternehmenskontext einordnen.
- zwischen Strategie und operativer Exzellenz unterscheiden (Abb. 2.1).

2.2 Einführung und Definitionen

Dieser Abschnitt definiert die Produktion zunächst als Leistungseinheit der Volkswirtschaft, um sie anschließend von anderen Leistungseinheiten der Volkswirtschaft abzugrenzen. Anschließend werden die wichtigsten Bestandteile und Vorgänge der Leistungserstellung eines produzierenden Unternehmens behandelt.

2.2.1 Betriebe vs. Haushalte

Im volkswirtschaftlichen Leistungserstellungsprozess gelten Betriebe als Leistungseinheiten und sind wie folgt definiert:

▶ Betriebe sind sozio-technische Leistungseinheiten, die einen wirtschaftlichen Zweck verfolgen und einen Bezug zur Umwelt haben mit dem Ziel Bedarfe zu decken. Sie treffen selbstständig Entscheidungen und tragen eigene Risiken.

Betriebe sind hinsichtlich ihrer wirtschaftlichen Aktivität nach zwei Arten zu unterscheiden – den konsumierenden Haushalten (Konsumtionsbetriebe) und den produzierenden Unternehmen (Produktionsbetriebe). Während Konsumtionsbetriebe das Ziel der Eigenbedarfsdeckung verfolgen, haben Produktionsbetriebe die Fremdbedarfsdeckung zur Aufgabe. Produktionsbetriebe können weiter nach Art der Leistungserstellung in Sach- und Dienstleistungsbetriebe unterteilt werden. Der Industriebetrieb ist sowohl den Sach- als auch den Dienstleistungsbetrieben zuzuordnen. Demnach ist der Industriebetrieb folgendermaßen definiert:

▶ Industriebetriebe sind sozio-technische Leistungseinheiten, die einen wirtschaftlichen Zweck verfolgen und einen Bezug zur Umwelt haben mit dem Ziel der Fremdbedarfsdeckung durch Sachgüterproduktion und der Erbringung industrieller Dienstleistungen.

Die Fabrik ist gegenwärtig die maßgebende industrielle Betriebsform. Sie impliziert im Sprachgebrauch den Industriebetrieb.

▶ Fabriken sind räumlich zentrierte sozio-technische Systeme zur industriellen Produktion. Sie sind durch Arbeitsteilung und Aufgabenspezialisierung sowie hohen Mechanisierungsgrad, hohe Anlagenintensität und hohen Kapitaleinsatz zur Produktion materieller Güter mit niedrigen Stückkosten gekennzeichnet.

Zusammenfassend ist die Fabrik ein Produktionsbetrieb, im Speziellen eine Form des industriellen Betriebs zur Sachgüterproduktion. Er unterscheidet sich durch die in der Definition genannten Eigenschaften von anderen Betriebsformen, wie z. B. von Handwerksbetrieben.

2.2.2 Mikro-ökonomische Beziehungen

In einem Produktionsbetrieb arbeiten Menschen. Diese bringen ihre Arbeitskraft in das Unternehmen ein und verwenden die für die Leistungserstellung notwendige Technik in Form von Produktionsmitteln. Sie wirken auf Basis der Organisation der Leistungserstellung zusammen mit der Technik.

Wie in Kap. 1 dargestellt, erfolgt die Leistungserstellung durch Transformationen verschiedener Inputfaktoren in verschiedene Outputfaktoren. Im Zuge des Transformationsprozesses kommt es zu einer Veredelung, d. h. zu einer Wertzunahme der Inputfaktoren. Die Veredelung bzw. Wertzunahme heißt Wertschöpfung und ist eine Funktion der Zeit (Kap. 1):

- Den *Input* bilden dabei alle Produktionsfaktoren, die einem Produktionsbetrieb zugeführt werden wie z. B. Rohstoffe, Halbzeuge, Maschinen, Energie und Personal.
- Den *Output* stellen demnach diejenigen Faktoren dar, die in dem Produktionsbetrieb entstehen. Dabei kann der Output sowohl materielle und immaterielle Leistungen als auch gewollte und ungewollte Nebenprodukte umfassen.

Input bzw. Produktionsfaktoren beziehen Unternehmen von Beschaffungsmärkten, d. h. das Unternehmen kauft z. B. Rohstoffe von Rohstoffmärkten, Halbzeuge von Zuliefermärkten, stellt Personal von Arbeitsmärkten ein oder nimmt Kapital von Finanzmärkten auf. Somit erbringt das Unternehmen monetär bewertbare Vorleistungen. Den produzierten Output verkauft das Unternehmen wiederum am Absatzmarkt und generiert dadurch Erlöse. Somit beginnt die Wertschöpfung mit dem Zukauf von Produktionsfaktoren bzw. von Input und endet mit dem Verkauf der hergestellten Leistungen.

Die Wertschöpfung hat dabei dem ökonomischen Prinzip (auch: Wirtschaftlichkeits- oder Rationalprinzip) zu folgen, das dem Unternehmen die Steigerung der Produktivität, also dem Verhältnis von Aufwand und Ertrag bzw. Nutzen, auferlegt. Für das Rationalprinzip existieren zwei Auslegungen, das Minimum- und Maximumprinzip. Ersteres beschreibt die Minimierung des Aufwands für einen gegebenen Nutzen. Letzteres charakterisiert die Generierung eines maximalen Ertrags mit einem gegebenen Aufwand. Beispielhaft hierfür stehen zwei klassische studentische Erfolgsstrategien. Student A versucht seinen Abschluss mit möglichst wenig Arbeitsaufwand zu schaffen. Sein Nutzen ist der Abschluss, unabhängig von der Note. Entsprechend wird er versuchen, seinen Aufwand gering zu halten. Er handelt also nach dem Minimumprinzip. Student B versucht hingegen einen möglichst guten Abschluss in der ihm zur Verfügung stehenden Zeit zu erreichen. Sein Nutzen ist die Abschlussnote. Entsprechend wird er versuchen, die ihm gegebene Zeit möglichst zielwirksam zu nutzen. Er handelt also nach dem Maximumprinzip. Übertragen auf produktionswirtschaftliche Handlungen steht hier zumeist das Verhältnis von hergestellter Menge und eingesetzten Produktionsfaktoren zur Diskussion.

Theoretisch könnten Unternehmen die gesamte Wertschöpfung in ihren eigenen Fabriken erbringen. Allerdings eröffnet eine Spezialisierung Kostenvorteile. Deshalb konzentrieren sich viele Unternehmen auf Teile des Wertschöpfungsprozesses. Als Folge davon sinken die Eigenleistungsanteile im Unternehmen und der Wertschöpfungsprozess findet zunehmend in einem Netzwerk miteinander kooperierender interner und externer Leistungseinheiten statt. Diese Entwicklung steigert die Bedeutung der Kooperation zwischen Unternehmen.

2.3   Rechtsformen produzierender Unternehmen

Unternehmen werden nicht nur hinsichtlich ihrer Wirtschafts- oder Betriebszweige unterschieden, sondern auch nach ihrer Rechtsform, also die rechtliche Organisation eines Unternehmens. Sie bestimmt die rechtlichen Beziehungen innerhalb eines Unternehmens und die zu seiner Umwelt. Sie hat somit einen wesentlichen Einfluss auf die Innen- und Außenverhältnisse eines Unternehmens. Die Rechtsform muss bei der Unternehmensgründung festgelegt werden. Dabei ist die gewählte Rechtsform nicht fix, sie kann an sich ändernde Verhältnisse und Rahmenbedingungen angepasst werden. Jede Rechtsform ist gekennzeichnet durch folgende Charakteristiken und unterscheidet sich entsprechend:

▶ • Anzahl und Haftungsumfang der Unternehmensteilhaber
   • Arten der Kapitalbeschaffung (Eigenkapital oder Fremdkapital)
   • Leitungsbefugnis
   • Gewinn- und Verlustbeteiligung der Unternehmensteilhaber
   • Rechnungslegungs- und Publizitätspflicht
   • Höhe der Steuerbelastung

Typische Rechtsformen sind Personenunternehmungen, Kapitalgesellschaften und Mischformen davon.

Personenunternehmung
Einzelunternehmungen und Personengesellschaften gelten als Personenunternehmungen. Merkmale dieser Rechtsform sind die unbeschränkte Haftung einer oder mehrerer natürlicher Personen; Gesellschafter haften also nicht nur mit dem Gesellschaftervermögen, sondern auch mit ihrem Privatvermögen. Der Gesellschafter trägt somit ein hohes Risiko, allerdings steht ihm allein auch der Gewinn zu. Das Kapital für die Gründung bringen die Gesellschafter auf, dabei ist kein Mindestkapital vorgeschrieben.

Wichtige Rechtsformen der Personenunternehmung sind die Offene Handelsgesellschaft (OHG) und die Kommanditgesellschaft (KG).

Kapitalgesellschaften
Kapitalgesellschaften sind juristische Personen, zu denen sich aus juristischer Sicht mehrere natürliche Personen zusammenschließen können. Innerhalb der Kapitalgesellschaft haben die natürlichen Personen nur Rechte und Pflichten gegenüber der juristischen Person und nicht direkt gegenüber der Gemeinschaft der Gesellschaft.

Im Gegensatz zu den Personenunternehmen haftet die Kapitalgesellschaft nur mit dem Vermögen der Gesellschaft, weshalb zur Gründung ein Mindestkapital vorgeschrieben ist. Darüber hinaus besteht für Kapitalgesellschaften Berichtpflicht über Gewinne und Verluste, ihre jährliche Bilanz sowie zu wirtschaftlich relevanten Unternehmensdaten. Wichtige Vertreter der Kapitalgesellschaften sind die Gesellschaft mit beschränkter Haftung (GmbH) und die Aktiengesellschaft (AG).

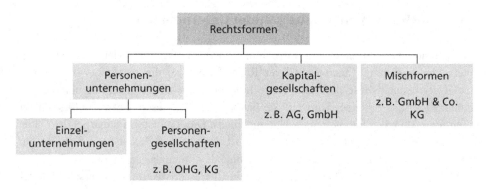

Abb. 2.2 Rechtsformen deutscher Unternehmen.
(In Anlehnung an von Werder)

Abb. 2.2 zeigt eine stark vereinfachte Übersicht deutscher Rechtsformen, vgl. u. a. v. Werder (1996, S. 2–21). Die zugrundeliegende Rechtsform ist eine wichtige Prämisse für das Management, da sie wiederum deren Rechte und Pflichten festlegt.

2.4 Struktur produzierender Unternehmen

Unternehmen bestehen aus einer Ablauf- oder Aufbauorganisation. Erstere beschreibt die Prozesse, zweitere die Verantwortlichkeiten.

2.4.1 Ablauforganisation

Die Ablauforganisation, und damit einhergehend die Gestaltung von Prozessen, hat seit den 1990er Jahren zunehmend an Bedeutung gewonnen. Die Betrachtung eines Unternehmens aus der Prozessperspektive geht davon aus, dass der Kunde (bzw. der Markt) am Anfang und am Ende aller relevanten Geschäftsprozesses steht. So ermöglicht es diese Betrachtungsweise, die Unternehmensaktivitäten durchgängig vom Kunden zum Kunden zu begreifen und sämtliche Leistungen mit dem Ziel einer Maximierung des Kundennutzens zu optimieren.

Vereinfacht werden in einem produzierenden Unternehmen drei verschiedene Prozessbereiche unterschieden, Rüegg-Stürm (2003, S. 70 ff.):

▶ • Managementprozesse
  • Wertschöpfungsprozesse
  • Unterstützungsprozesse

Managementprozesse dienen der langfristigen Unternehmensausrichtung. Sie legen eine zweckorientierte Organisationsstruktur fest, gestalten und lenken diese, d. h. sie tragen zur Führung des Unternehmens bei. Hierbei gelten drei Prozessausprägungen, Capaul und Steingruber (2010, S. 200):

- Die *normativen Orientierungsprozesse* (Warum?) legen die ethische Legitimation der unternehmerischen Handlung fest.
- Im Rahmen der *strategischen Entwicklungsprozesse* (Was?) erfolgt die Strategieentwicklung und -umsetzung.
- Die *operativen Führungsprozesse* (Wie?) führen die unterstützenden Prozesse und die Wertschöpfungsprozesse. Sie beinhalten die Mitarbeiterführung, die finanzielle Führung, operative Planungs- und Steuerungsprozesse sowie das Qualitätsmanagement.

Wertschöpfungsprozesse erzeugen Kundenutzen. Für diesen Wert ist der Kunde bereit, einen Preis zu zahlen. Grundsätzlich kann zwischen Vertriebs- und Marketing-, Innovations- und Entwicklungs- und den Leistungserstellungsprozessen unterschieden werden:

- Die Aufgabe von *Vertrieb und Marketing* ist es, Kunden zum Kauf zu bewegen. Damit sind die Kundenakquise und die Kundenbindung wesentliche Prozesse. Teilaufgaben hiervon sind z. B. Marktanalysen, Marktbearbeitungen oder das Aufbauen von Kommunikationsbeziehungen zu Kunden.
- *Innovations- und Entwicklungsprozesse* dienen der Produkt- und Prozessinnovation und sind, nicht ausschließlich aber im Wesentlichen, Aktivitäten im Unternehmensbereich Forschung und Entwicklung.
- Der *Leistungserstellungsprozess* versorgt letzten Endes den Kunden mit der von ihm nachgefragten und mit ihm vertraglich vereinbarten Leistung. Teilprozesse sind z. B. die Beschaffung, die Logistik oder die Fertigung und Montage.

Unterstützungsprozesse haben keinen direkten Bezug zum Kundenutzen bzw. zur Wertschöpfung. Sie stellen für die Wertschöpfungsprozesse die Infrastruktur zur Verfügung, sodass diese effektiv und effizient durchgeführt werden können. Unterstützungsprozesse sind z. B. Personalwesen, das externe Rechnungswesen, die Instandhaltung oder das Bereitstellen geeigneter Informations- und Kommunikationstechnologie.

2.4.2 Aufbauorganisation

Die Aufbauorganisation strukturiert die Verantwortungsbereiche eines Unternehmens und insbesondere die disziplinarischen Befugnisse sowie die Budgetverantwortung. Um Markt- und Kundenbedürfnisse möglichst effektiv zu befriedigen, müssen Unternehmensstrukturen entsprechend gestaltet sein. Interne und externe Einflüsse führen zu einem ständigen Wandel der Aufbauorganisation.

Im Folgenden werden die drei Strukturtypen Linien-, Matrixorganisation und die organische Organisation näher beschrieben (Abb. 2.3). Sie unterscheiden sich vor allem hinsichtlich der Art, wie Weisungen vollzogen werden und wie Informations- und Kommunikationswege gestaltet sind, Westkämper et al. (2006, S. 48):

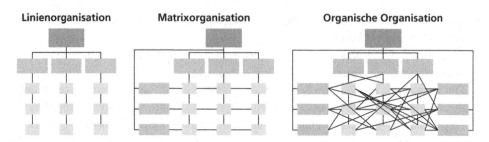

Abb. 2.3 Organisationsstrukturen produzierender Unternehmen.
(Nach Westkämper)

Die *Linienorganisation* ist nach funktionalen Gesichtspunkten strukturiert. So steht für jede Funktion eine Abteilung. Dieser sind wiederum Unterabteilungen und Gruppen zugeordnet. Entscheidungsprozesse verlaufen ausschließlich vertikal über mehrere Hierarchiestufen. Einerseits ist hierdurch eine klare Abgrenzung von Befugnissen und Zuständigkeiten gegeben, wodurch Arbeitsinhalte und -beziehungen klar geregelt sind. Andererseits folgt daraus, dass zunehmende Hierarchiestufen den Entscheidungsprozess verzögern und dass diese Strukturen zu Bürokratismus neigen. Zudem erschweren funktionale Strukturen die Prozessorientierung und somit auch die Kundenorientierung.

Gestiegene Marktanforderungen verlangten flexiblere und reaktivere Strukturformen mit kürzeren Entscheidungswegen und führten so zu den *Matrixorganisationen*. Die Matrixorganisation kann als eine Linienorganisation aufgefasst werden, bei der die hierarchische vertikale Struktur noch zusätzlich von einer und mehreren horizontalen überlappt wird. Bei mehreren horizontalen Strukturen handelt es sich um sog. Multi-Layer-Organisationen. Meist bilden Produktbereiche die Grundstruktur, die von funktionalen Bereichen (vertikale Struktur) überlagert werden. In dieser Strukturform können sogenannte Produktmanager eingesetzt werden, die die Verantwortung für alle Funktionen (Entwicklung, Produktion, Vertrieb) innerhalb einer Produktgruppe innehaben. So können Abläufe kundenorientierter gestaltet und marktspezifische Vorgänge beschleunigt werden. Matrixorganisationen sind somit flexibler und haben kürzere Entscheidungswege als Linienorganisationen. Jedoch sind Verantwortlichkeiten in einer Matrixorganisation nicht so klar geregelt wie in einer Linienorganisation und Mitarbeiter können verschiedene Vorgesetzte zu gleicher Zeit haben. Dies führt zu Konfliktpotenzial bei höherem Kommunikations- und Koordinationsaufwand.

Die gestiegene Komplexität der Unternehmensumwelt, der hohe Spezialisierungsgrad sowie die Diffusion von Technologien und technischer Fortschritt in der Informations- und Kommunikationstechnik führen dazu, dass Unternehmen zunehmend in Netzwerken organisiert sind. So bildete sich die *organische Organisation* heraus, deren weitestgehend eigenständige Unternehmensbereiche, auf das Unternehmensziel verpflichtet, je nach Aufgabenstellung selbstständig mit anderen Unternehmensbereichen kommunizieren und arbeiten können. Bevor das Prinzip der organischen Organisation auf das gesamte Unternehmen ausgeweitet wurde, entwickelte es sich zunächst in der Fabrik im Kontext der Fraktalen Fabrik.

▶ Eine Fraktale Fabrik ist ein offenes System, bestehend aus Fraktalen. Fraktale sind in ihrer Zielausrichtung selbstähnliche und selbstständig agierende Einheiten mit dynamischer Organisationsstruktur. Wesentliche Eigenschaften eines Fraktals sind demnach:

- Selbstorganisation
- Selbstähnlichkeit
- Dynamik

Ausgeweitet auf das gesamte Unternehmen können die Grundprinzipien der organischen Organisation folgendermaßen zusammengefasst werden:

- eigenverantwortliche und selbstorganisierte Unternehmensbereiche
- selbstähnliche Strukturen und Verhaltensweisen
- gemeinsame Kultur
- übergeordnetes Ziel- und Kontrollsystem
- lernfähige Unternehmensbereiche
- vertikal und horizontal kooperationsfähige Hierarchie

Um die Funktionsfähigkeit organischer Organisationen zu gewährleisten, müssen die Schnittstellen zwischen den Unternehmensbereichen aufeinander abgestimmt sein. Diese sind in der Praxis die Schnittstellen im physischen Materialfluss sowie im Informations- und Kommunikationssystem.

Die Aufbauorganisation eines Unternehmens hängt letzten Endes vom Unternehmenszweck, seinen Zielen, seiner Kultur und der Umwelt ab, in der es sich bewegt.

2.4.3 Betriebswirtschaftliche Ansätze

Ein Unternehmen befindet sich in einem permanenten Wandel und ist ständig umgeben von Herausforderungen. Es kann nur erfolgreich sein, wenn es alle Anspruchsgruppen zufriedenstellt und diese zusammenwirken können. Das Unternehmen muss auf Änderungen in verschiedenen Umweltsphären reagieren können. So führt z. B. die Globalisierung zu neuen Konkurrenten in einem Markt, sodass das Unternehmen u. U. gezwungen ist, sich neu zu positionieren. Ein Unternehmen muss Entscheidungen zu Märkten, Produkten, Technologien und zur strategischen Ausrichtung treffen. Um diese komplexen Zusammenhänge geordnet darzustellen, werden Managementmodelle entwickelt, die einen Orientierungsrahmen für alle Entscheider in einem Unternehmen bieten. Folgend werden mit dem St. Galler Management- und dem Stuttgarter Unternehmensmodell zwei verbreitete Managementmodelle vorgestellt. Abschließend wird, basierend auf den beiden Managementmodellen, das Wertschöpfungsmodell beschrieben.

2.4.3.1 St. Galler Management-Modell

Das St. Galler Management-Modell stellt einen Bezugsrahmen dar, der den Entscheidungsträgern in einem Unternehmen Orientierung bietet und ein gemeinsames Erwartungsbild und Verständnis zur aktuellen Situation schafft, Rüegg-Stürm (2003, S. 22).

Das St. Galler Management-Modell erklärt mit folgenden Kategorien die Komplexität eines Unternehmens im Kontext seiner Umwelt ganzheitlich (Abb. 2.4):

▶ - Umweltsphären
   - Anspruchsgruppen
   - Interaktionsthemen
   - Ordnungsmomente
   - Prozesse
   - Entwicklungsmodi

Umweltsphären sind die unterschiedlichen Bezugsgruppen, mit denen ein Unternehmen in einem Austauschverhältnis steht. Sie sind die Treiber für die Entwicklungsdynamik in einem Markt. Deshalb müssen ihre Veränderungen und Trends stets wahrgenommen

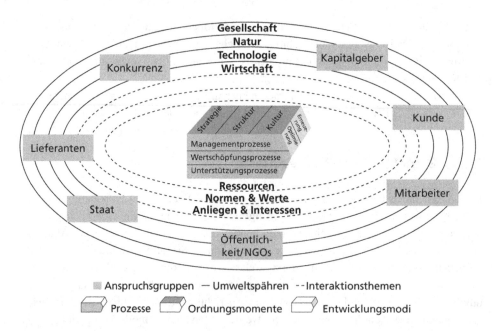

Abb. 2.4 St. Galler Management-Modell.
(Nach Rüegg-Stürm)

werden. *Anspruchsgruppen,* auch Stakeholder genannt, sind Bestandteil der Umweltsphären. Sie unterscheiden sich von ihnen durch den direkten Bezug zur Wertschöpfung des Unternehmens. Die *Interaktionsthemen* beschreiben die Kommunikation zwischen den Anspruchsgruppen und dem Unternehmen. Sie setzen sich aus den Themen „Anliegen und Interessen", „Normen und Werte" sowie „Ressourcen" zusammen. Somit handelt es sich um personen- und kulturgebundene und auch um handelbare Güter, die den Inhalt des kommunikativen Prozesses zwischen den Anspruchsgruppen und dem Unternehmen festlegen.

Ordnungsmomente sorgen für eine Struktur und effektive Abläufe in einem Unternehmen. Sie richten alle Bestandteile und Aktivitäten eines Unternehmens auf gemeinsame Ziele aus und bringen so Prozesse und Unternehmensbereiche in Kohärenz. Die *Prozesse* bilden das Unternehmen mit seinen Bereichen aus der prozessualen Perspektive ab. Entwicklungen eines Unternehmens finden durch die sogenannten *Entwicklungsmodi* ebenfalls Berücksichtigung. Unternehmensentwicklungen vollziehen sich im Wechsel zwischen kontinuierlichen Verbesserungen und sprunghaften Veränderungen. Hier unterscheidet das St. Galler Management-Modell zwischen Optimierung und Erneuerung: Erstere bezieht sich auf kontinuierliche Verbesserungen letztere auf sprunghafte Veränderungen.

Die beschriebenen Bestandteile verdeutlichen den Vollständigkeitsanspruch des St. Galler Management-Modells. So erstellen zunächst Prozesse, Ordnungsmomente und Entwicklungsmodi ein ganzheitliches internes Bild eines Unternehmens. Dabei bilden die Prozesse alle Unternehmensbereiche prozessorientiert ab; Ordnungsmomente bringen diese in Einklang. Die Entwicklungsmodi stellen eine Verbesserungsdynamik der Prozesse sicher. Interaktionsthemen verknüpfen das interne Bild mit der Unternehmensumwelt. Die Umwelt ist entsprechend der Nähe zum Unternehmen wiederum in Anspruchsgruppen und Umweltsphären verfeinert. Zusammenfassend wird so die interne und externe Komplexität eines Unternehmens abgebildet.

2.4.3.2 Stuttgarter Unternehmensmodell

Das Stuttgarter Unternehmensmodell beschreibt das Unternehmen basierend auf der Systemtheorie. Ein System besteht aus Elementen mit deren Beziehungen zueinander. Ein Element kann wiederum als System verstanden werden, das sich in einem Umsystem befindet. Damit wird diese Element auch zum Subsystem für das Umsystem. Systeme verfügen also über Grenzen und sind ein Konstrukt des Betrachtenden.

Aufbau- und Ablauforganisation prägen das Unternehmen als System. Elemente eines Unternehmens können als Prozesse aufgefasst werden (z. B. Arbeitsstationen). Beziehungen zwischen den Elementen entstehen durch den Arbeitsablauf und die Produktionsaufgabe, dementsprechend basieren Beziehungen auf Material-, Informations- und Finanzflüssen. Grundsätzlich sind die Systemgrenzen eines Unternehmens willkürlich festgelegt, i. d. R. richten sie sich aber nach aufbauorganisatorischen Gesichtspunkten. Elemente, Subsysteme und Systeme gelten im Stuttgarter Unternehmensmodell als Leistungseinheiten und sind wie folgt definiert:

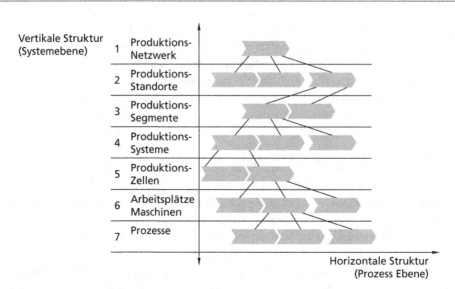

Abb. 2.5 Systemstruktur des Stuttgarter Unternehmensmodells.
(Nach Westkämper)

▶ Eine Leistungseinheit ist ein offenes, veränderbares System mit eigenen Ressourcen, Führungs- und Leitungsaufgaben mit gewisser Autonomie, das einen Transformationsprozess durchführt und einen Beitrag zur Wertschöpfung leistet.

Entsprechend der Systemtheorie beschreibt das Stuttgarter Unternehmensmodell das Unternehmen als ein skalierbares System. Die Skalierbarkeit wird im Rahmen des Unternehmensmodells konkretisiert, indem Systemgrenzen und Verknüpfungen zwischen Leistungseinheiten vordefiniert sind. So sind Leistungseinheiten horizontal und vertikal miteinander verknüpft zu Leistungseinheiten höherer Ordnung bzw. Netzwerken. Abb. 2.5 verdeutlicht die vertikale und horizontale Struktur des Modells, vgl. Westkämper et al. (2006, S. 56).

Die horizontale Verknüpfung bildet die Prozessketten, die vertikale Verknüpfung führt zum beschriebenen hierarchischen Systemzusammenhang mit unterschiedlichen Systemebenen.

- Ein *Produktionsnetzwerk* ist die Gesamtheit aller Werke und Fabriken, die an der Herstellung eines Produktes beteiligt sind. Es umfasst den gesamten Wertschöpfungsprozess, vom Kundenauftrag bis zur Auslieferung.
- Die *Produktionsstandorte* als Subsystem des Produktionsnetzwerks sind die lokalen Standorte, auf die sich die Wertschöpfung verteilt.
- Produktionsstandorte können mehrere *Produktionssegmente* als Subsysteme beinhalten. Produktionssegmente sind das Ergebnis einer Segmentierung eines Produktionsstandorts. Die Segmentierung kann z. B. nach Technologien, Produktgruppen oder Märkten erfolgen.

- *Produktionssegmente* sind an einem Standort i. d. R. durch abgegrenzte Gebäude oder Flächen gekennzeichnet. Als Fertigungs- und Montagesysteme gelten technische Konzepte der Herstellung (Maschinen, Anlagen, Ver- und Entsorgungssysteme). Diese sind durch einen hohen Automatisierungsgrad gekennzeichnet.
- *Produktionszellen* (Fertigungs- und Montagezellen) sind zu einer lokalen Einheit zusammengefasst. Meist betreibt eine Arbeitsgruppe die Maschinen und Arbeitsplätze, um Transportwege und Durchlaufzeiten zu verkürzen.
- Fertigungs- und Montagezellen bestehen wiederum aus *Maschinen und Arbeitsplätzen,* die autonome Leistungseinheiten bilden.
- Die unterste Systemebene bildet der *Prozess,* der wertschöpfend oder nicht wertschöpfend, technisch oder organisational sein kann.

Alle Ebenen sind eigenständige Leistungseinheiten, die ein *Managementsystem* in Einklang bringt. Mit dem Managementsystem bildet das Stuttgarter Unternehmensmodell eine Entität ab, die alle Leistungseinheiten unter Berücksichtigung der vertikalen Struktur steuert, verbessert und deren zukünftige Leistungsfähigkeit sichert. Es besteht aus fünf Ebenen, die sich hinsichtlich der Tragweite ihrer getroffenen Entscheidungen differenzieren.

▶ 1. Ebene: Steuerung kurzfristiger Aufgaben
   2. Ebene: Abgleichen von Synergien innerhalb einer Leistungseinheit
   3. Ebene: Optimierung bei unveränderlichen Rahmenbedingungen
   4. Ebene: Optimierung bei veränderbaren Rahmenbedingungen
   5. Ebene: Strategische Planung

Es zeigt sich, dass das Managementsystem innerhalb des Modells ebenso skalierbar ist wie die Leistungseinheit, vom Topmanagement bis zu den technischen Prozessen.

Das Stuttgarter Unternehmensmodell bildet, ausgehend von der Systemtheorie, die Elemente, Beziehungen, Struktur und Eigenschaften eines produzierenden Unternehmens ab. Die Skalierbarkeit des Modells ermöglicht die ganzheitliche Darstellung eines Produktionsunternehmens.

2.4.3.3 Das Wertschöpfungsmodell
Ausgehend vom Stuttgarter Unternehmensmodell und dem St. Galler Management-Modell setzt sich das Wertschöpfungsmodell der Produktion (Abb. 2.6) aus folgenden drei Perspektiven zusammen:

- Strukturperspektive
- Prozessperspektive
- Systemperspektive

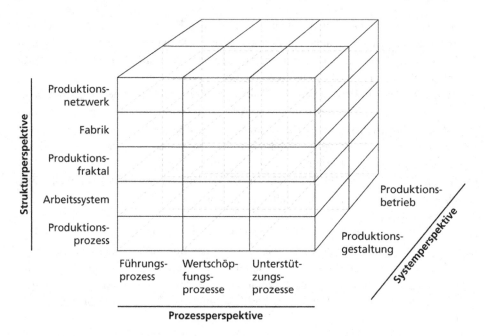

Abb. 2.6 Wertschöpfungsmodell der Produktion.
(Bauernhansl, Miehe, H-H Wiendahl)

Diese bedeuten:

- Mit der *Strukturperspektive* greift das Wertschöpfungsmodell den system-hierarchischen Zusammenhang der Leistungseinheiten aus dem Stuttgarter Unternehmensmodell auf (Abschn. 2.4.3.2). Sie beschreibt das Unternehmen in fünf Ebenen vom Produktionsnetzwerk (umfasst den gesamten Wertschöpfungsprozess aller Werke und Fabriken, die an der Herstellung eines Produktes beteiligt sind), bis hin zum einzelnen Produktionsprozess (bspw. Fertigung, Montage oder Intralogistik).
- Die *Prozessperspektive,* also die horizontale bzw. prozessuale Verknüpfung der Leistungseinheiten wird in Anlehnung an das St. Gallener Management-Modell durch die drei Prozessbereiche Führungs-, Wertschöpfungs-, und Unterstützungsprozesse Abschn. (2.4.1) konkretisiert. Sie ermöglicht eine differenziert prozessuale Betrachtung der Leistungseinheiten auf unterschiedlichen Strukturebenen.
- Die *Systemperspektive* beschreibt den Systemzustand. Demnach sind Produktionsgestaltungs- und -betriebszustand (bzw. -phase) zu unterscheiden.

Das Wertschöpfungsmodell ordnet die verschiedenen Aufgaben eines Produktionsunternehmens ein. Diese Einordnung erfolgt zu jedem Kapitelbeginn.

2.5 Strategien produzierender Unternehmen

Die Mission, Vision und strategischen Ziele eines Unternehmens bilden die Grundlage einer Strategie. Der Weg, in Form der Leitlinie, ausgehend von der heutigen Situation des Unternehmens zu einer angestrebten Situation in der Zukunft – der Vision – bildet die Unternehmensstrategie. Das folgende Kapitel gibt einen Überblick über strategisches Management produzierender Unternehmen.

2.5.1 Mission

Die Mission drückt aus, welchen Zweck das Unternehmen verfolgt und für welche Werte es steht, warum das Unternehmen existiert und welchen Sinn es stiften möchte. Daher weist die Mission häufig bereits Elemente einer strategischen Position, d. h. Elemente der Wettbewerbsstrategie und der Gliederung von strategischen Geschäftsfeldern aus (Abschn. 2.5.4). Die Mission ist weniger auf die Zukunft gerichtet, sie setzt sich oft ausschließlich mit der Gegenwart auseinander. Sie bringt die Grundsätze des Unternehmens für die Wertschöpfung und den Umgang mit den Stakeholdern und der Unternehmensumwelt zum Ausdruck und zeigt die notwendigen Handlungen zu ihrer Realisierung auf. Die Daimler AG formuliert ihre Mission wie folgt:

Beispiel

„Wir begeistern unsere Kunden mit faszinierenden Marken, erstklassigen Premium-Pkw, die Maßstäbe setzen, Nutzfahrzeugen, die die Besten in ihrer Klasse sind, und herausragenden Serviceleistungen. Als Unternehmen mit Anspruch auf Spitzenleistung streben wir nachhaltiges Wachstum und Profitabilität auf dem Niveau der Branchenbesten an. Wir wollen die erste Wahl für unsere Geschäftspartner sein. Wir werden unserer Verantwortung für Gesellschaft und Umwelt gerecht und halten uns an hohe ethische Standards. Unsere Unternehmenswerte Begeisterung, Wertschätzung, Integrität und Disziplin stärken und leiten uns. Wir setzen auf Vielfalt, um unser volles Potenzial als globales Team zum Tragen zu bringen." Daimler (2014).

Eine prägnante Formulierung der Mission spiegelt die Unternehmenskultur wider, und legt eindeutig fest, was das Unternehmen ausmacht, was es tut und wofür es steht. Die Mission füllt somit eine normative und damit langfristig lenkende Funktion aus, sowohl im operativen als auch im strategischen Verhalten eines Unternehmens.

2.5.2 Vision

Als Unternehmensvision kann eine Leitidee zur eigenen Entwicklung, also eine richtungsweisende, handlungsleitende Vorstellung eines zentralen Ziels, verstanden werden. Die Vision gibt dem Unternehmen und jedem Mitarbeiter Leitlinien, sowohl für die langfristigen Maßnahmen als auch für das Tagesgeschäft vor. Das Zukunftsbild des Unternehmens soll einen klaren Realitätsbezug aufweisen und den Mitarbeitern ihre Rolle der Verwirklichung bewusst machen. Henry Ford formulierte seine Vision, ein Automobil herzustellen, mit folgenden Sätzen:

Beispiel

„[…] es wird groß genug sein, um die Familie mitzunehmen, aber klein genug, dass es ein einzelner Mann lenken und versorgen kann. Es wird aus allerbesten Material gebaut, von den allerbesten Arbeitskräften gefertigt und nach den einfachsten Methoden, die die moderne Technik zu erringen vermag, gebaut sein. Trotzdem wird sein Preis so niedrig gehalten werden, dass jeder, der ein anständiges Gehalt verdient, sich ein Auto leisten kann", Ford (1923, S. 84).

Im Idealfall formuliert eine Vision also ein Zukunftsbild des Unternehmens genau und eindeutig, das auch den erforderlichen Zeithorizont umfasst. Aus diesem werden die einzelnen Unternehmensziele und -strategien abgeleitet. Eine Vision kann sowohl auf der Unternehmensebene und der Geschäftsfeldebene als auch im Rahmen funktionaler Strategien entwickelt werden. Eine Unternehmensvision gibt demnach die grundsätzliche Entwicklungsrichtung bzw. die strategische Zielsetzung des Unternehmens vor.

2.5.3 Ansätze der Strategieentwicklung

Bei der Festlegung der strategischen Ausrichtung bedienen sich Unternehmen zweier unterschiedlicher Perspektiven. Abb. 2.7 zeigen die Zusammenhänge, Gausemeier et al. (2014, S. 192 f.):

- Einerseits besteht die Möglichkeit, von externen Gegebenheiten des Marktes auszugehen und zu überlegen, welche strategischen Kompetenzen zur Besetzung der gewünschten Position, z. B. eines strategischen Geschäftsfeldes, benötigt werden (Pfeil oben). Dieser Ansatz repräsentiert die *Marktperspektive.*
- Andererseits kann das Unternehmen, ausgehend von bestehenden Kernkompetenzen, die Entscheidung über die strategische Position auf dem Markt durch Ausbau entsprechender Geschäftsfelder treffen (Pfeil unten). Der zweite Ansatz bildet demnach die *Ressourcenperspektive.*

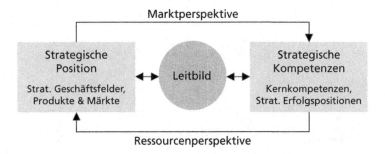

Abb. 2.7 Perspektiven der Strategieentwicklung.
(Nach Gausemeier)

Im Folgenden werden die Perspektiven eingehender beschrieben:

Marktperspektive
Der Marktperspektive (engl. Market-based view), liegt die marktorientierte Sichtweise des ökonomischen Handelns zugrunde. Der Erfolg und das Wachstum des Unternehmens hängen von der Branchenstruktur des Marktes ab, in dem das Unternehmen agiert. Die Bedürfnisse dieses Marktes richten das Handeln des strategischen Managements aus. Der Unternehmenserfolg resultiert aus der besseren Anpassung an veränderte Rahmenbedingungen. In diesem Zusammenhang ist vor allem das von Michael Porter entwickelte Konzept der Wettbewerbsstrategie von besonderer Bedeutung.

Das sogenannte Fünf-Kräfte-Modell (Abb. 2.8) untersucht die Branchenstruktur bzw. das Wettbewerbsumfeld. Das Modell unterstellt, dass der Unternehmenserfolg von der Attraktivität der Branche und der Positionierung abhängt. Die fünf Kräfte „neue Konkurrenten", „Verhandlungsmacht der Kunden", „Verhandlungsmacht der Lieferanten", „Substitute" und „bestehende Wettbewerber" prägen die Marktattraktivität, Porter (1979).

Es ist zu beachten, dass sich Wettbewerbskräfte aufgrund von ständiger Aktivität der Marktteilnehmer im Zeitverlauf ändern und in einer Wechselwirkung zueinander stehen.

Ressourcenperspektive
Im Rahmen des ressourcenbasierten Ansatzes (engl. Resource-based view), greift das Unternehmen auf die intern vorhandenen strategischen Ressourcen zurück. Der Unternehmenserfolg ist demnach auf den Besitz von wertvollen, einzigartigen Unternehmensressourcen bzw. auf den effizienten Einsatz dieser Ressourcen zurückzuführen. Die strategischen Ressourcen sind in materielle und immaterielle Ressourcen unterteilt:

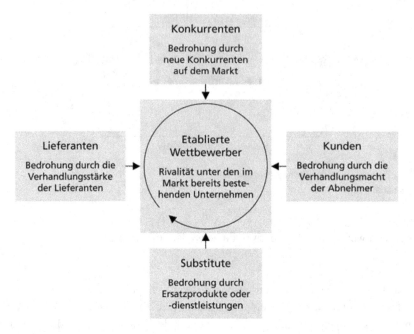

Abb. 2.8 Fünf-Kräfte-Modell.
(Nach Porter)

- *Materielle Ressourcen* umfassen finanzielle Aktiva, Immobilien, Rohstoffe, Maschinen sowie Hard- und Software.
- *Immaterielle Ressourcen* bilden die Mitarbeiter des Unternehmens und deren Fähigkeiten, die Aufbau- und Ablauforganisation, spezifische Unternehmenswerte und kulturelle Besonderheiten sowie Patente und Intellectual Property.

Der langfristige Erfolg des Unternehmens hängt insbesondere von der Verbesserung der Ressourcen sowie von der kontinuierlichen Entwicklung der internen Kernkompetenzen ab.

Kombiniertes Vorgehen
Die Ansätze der Markt- und Ressourcenperspektive ergänzen sich in der Praxis. Je nach vorhandenem Kompetenzprofil können sich manche Unternehmen sofort positionieren. Für andere Unternehmen gilt es, zuerst die hierfür notwendigen Kompetenzen zu identifizieren und aufzubauen. Bei der Strategieentwicklung kann es durchaus von Vorteil sein, die beiden Ansätze zu kombinieren. Die Kopplung der markt- und ressourcenorientierten Ansätze verdeutlicht Abb. 2.9, Schuh und Kampker 2011 (2011, S. 88).

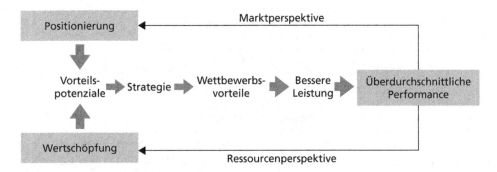

Abb. 2.9 Kombination der Markt- und Ressourcenperspektive.
(Schuh und Kampker)

2.5.4 Unternehmensstrategien

Strategien zeigen die zur Erreichung langfristiger Ziele notwendigen Vorgehensweisen und Maßnahmen auf. Der Strategie stehen Ressourcen bspw. in Form von Kapital und Mitarbeitern zur Verfügung, die sie entsprechend der Wettbewerbssituation sowie der Stärken und Schwächen des Unternehmens einsetzt. Geprägt vom zeitlichen Verlauf und dem Umsetzungsgrad werden drei Strategietypen unterschieden:

▶
- beabsichtigte und realisierte Strategie
- realisierte, nicht beabsichtigte Strategie (Emergente Strategie)
- beabsichtigte, aber nicht realisierte Strategie

Abb. 2.10 stellt den Zusammenhang der drei Strategietypen dar, Mintzberg et al. (1998, S. 12). Beabsichtigte Strategien gehen nur zum Teil in realisierte Strategien über. Ein gewisser Anteil wird nicht umgesetzt. Gründe für die Nichtrealisierung sind auf unrealistische oder fehlerhafte Annahmen über das Unternehmensumfeld oder die Ressourcen zurückzuführen. Zudem existieren häufig Schwächen im Management der

Abb. 2.10 Strategietypen.
(Nach Mintzberg)

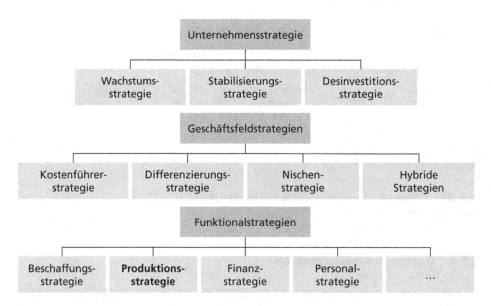

Abb. 2.11 Strategiearten auf verschiedenen Ebenen des Unternehmens.
(Nach Bea und Haas)

Umsetzung von Strategien dem sog. Change Management. Die Anzahl der realisierten Strategien wird ergänzt von den unbeabsichtigten bzw. emergenten Strategien. Emergente Strategien sind nicht geplant, sondern entstehen situationsbedingt. Auch spielen neue Umfeldentwicklungen eine große Rolle, die im Strategiebildungsprozess nicht vorhergesehen werden konnten oder übersehen wurden sowie auch neue interne Erkenntnisse, die während der Umsetzung von Strategien entwickelt wurden.

Strategien sind grundsätzlich in die drei Ebenen, Unternehmens-, Geschäftsfeld- und Funktionalstrategien unterteilt. Abb. 2.11 stellt diese dar, vgl. Bea und Hass (2013, S. 173):

- Auf der Ebene der *Unternehmensstrategie* werden die strategischen Entscheidungen getroffen, die die Ausrichtung und Entwicklung des gesamten Unternehmens betreffen. Es wird vor allem die Frage beantwortet, ob unternehmerisches Handeln auf Wachstum, Stabilität oder Desinvestition ausgerichtet werden soll, beantwortet. Dementsprechend werden Geschäftsfelder festgelegt sowie deren Gestaltung und Anordnung vorgenommen. Es wird somit eine zukunftsorientierte Geschäftsfeldstruktur erarbeitet.
- Im Rahmen der *Geschäftsfeldstrategien* werden demnach alle Geschäftsfelder, in denen das Unternehmen agieren möchte, geplant und gestaltet. Anschließend werden für jedes Geschäftsfeld die entsprechenden Geschäftsfeldstrategien ausgearbeitet. Hierauf geht Abschn. 2.5.5 näher ein.
- Aus den jeweiligen Geschäftsfeldstrategien leiten sich die *Funktionsstrategien* (auch Prozessstrategien) ab, darunter auch die Produktionsstrategie. Für eine erfolgreiche Geschäftsfeldstrategie sind diese in Übereinstimmung miteinander und in Übereinstimmung mit der Geschäftsfeldstrategie zu formulieren. Hierauf geht Abschn. 2.5.6 näher ein

2.5.5 Geschäftsfeldstrategien

Die Geschäftsfeldstrategie trifft Entscheidungen zur strategischen Ausrichtung eines einzelnen Geschäftsfeldes. Es geht vor allem um die Fragen:

▶ • Welche Marktsegmente sollen bearbeitet werden?
  • Welche Produkte sollen angeboten werden?
  • Welche Kunden sollen adressiert werden?
  • Welche Wettbewerbsvorteile sind für das Unternehmen zu erzielen?

Die Antworten auf diese Fragen können in drei generischen Wettbewerbsstrategien zusammengefasst werden. Michael Porter postuliert die drei Wettbewerbsstrategien wie folgt, Porter (1999, S. 75):

▶ • Differenzierungsstrategie
  • Kostenführerstrategie
  • Nischenstrategie

Er ordnet die drei Strategien zum einen nach dem angestrebten strategischen Vorteil gegenüber den Wettbewerbern (Kostenvorsprung oder Einzigartigkeit des Produktes) und zum anderen nach dem strategischen Zielobjekt (Gesamte Branche oder Konzentration auf Marktnische).

Daraus ergeben sich nach Porter die drei genannten Normstrategien (Abb. 2.12), Porter (1999, S. 75):

		Strategischer Vorteil	
Strategisches Zielobjekt		Einzigartigkeit aus Sicht des Käufers	Kostenvorsprung
	Branchenweit	Differenzierung	Kostenführerschaft
	Beschränkung auf ein Marktsegment	Konzentration auf Marktnischen	

Abb. 2.12 Generische Geschäftsfeldstrategien.
(Nach Porter)

- Die *Differenzierungsstrategie* zielt darauf ab, dem Kunden etwas Einzigartiges anzubieten und dafür einen höheren Preis zu verlangen. Sie fokussiert somit in erster Linie auf den Kundennutzen und nicht auf die Kosten. Ein Beispiel für eine Differenzierungsstrategie ist Mercedes Benz, ausgedrückt mit dem Slogan: „Das Beste oder nichts."
- Bei der *Kostenführerschaft* steht hingegen die Kostenminimierung im Mittelpunkt. Diese zielt vor allem darauf ab, bei gegebenem Kundennutzen und Preis durch strategische Maßnahmen die Kosten zu minimieren. Die Umsetzung dieser Strategie erfordert eine kostenorientierte Rationalisierung der gesamten Wertschöpfung. Bspw. verfolgt der Automobilhersteller Dacia die Strategie der Kostenführerschaft und wirbt mit „Deutschlands günstigstem Familienvan".
- Unter *Nischenstrategie* ist die Konzentration auf ausgewählte Marktnischen zu verstehen. Marktnischen können regionale Märkte, Kundensegmente oder Produktprogramme sein. Die grundsätzliche Überlegung bei der Wahl dieser Strategie besteht darin, dass das Agieren in einem leichter überschaubaren Raum eine bessere Kalkulierbarkeit des Geschäftes und höhere Effizienz ermöglichen kann. Die Nischenstrategie kann jeweils mit der ersten oder der zweiten Strategie gekoppelt werden, woraus sich entsprechend „Differenzierung in der Nische" oder „Kostenführerschaft in der Nische" ergibt. Porsche konzentriert sich bspw. hauptsächlich auf die Nische der Sportwagenherstellung und tritt mit dem Werbeslogan „So baut man Sportwagen" auf.

2.5.6 Funktionalstrategie

Funktionalstrategien produzierender Unternehmen richten sich an die Funktionsbereiche (z. B. Entwicklung, Marketing, Produktion,…), die im Unternehmen die Orte des täglichen Handelns sind. Sie setzen die Geschäftsfeldstrategie in den einzelnen Funktionsbereichen um.

Als eine Funktionalstrategie bestimmt die Produktionsstrategie die strategische Ausrichtung der Leistungserstellung in Übereinstimmung mit der entsprechenden Geschäftsfeldstrategie. Grundsätzlich adressiert eine Produktionsstrategie die folgenden drei Bereiche:

- *Produktionsprogramm:* Es legt fest, welche Produkte, in welcher Menge, wo und wann produziert werden. Dies bestimmt zum einen die Kapazitätsstrategie und zum anderen auch die Fertigungstiefe innerhalb des Unternehmens sowie innerhalb eines Standortes.

- *Produktionsstruktur:* Sie befasst sich mit der Aufbau- und Aufbauorganisation der Produktionsstätten.
- *Produktionsprozess:* Hier werden die anzuwendenden Technologien festgelegt. Dies kann die Auswahl des Verfahrens, der technischen Ausstattung oder des Automatisierungsgrades betreffen.

2.5.7 Fabriktypen

Eine sichtbare Umsetzung der Produktionsstrategie bildet die Fabrik. Hierbei sind die vier Aspekte „Kundensicht", „Lieferkettenposition", „Organisation" und „Besitzverhältnisse" zu berücksichtigen, von denen die Kundensicht als dominierend erscheint. Sie beschreibt, wie der Kunde die Fabrik wahrnimmt.

Hier haben sich in der Praxis sechs unterschiedliche *Fabriktypen* herauskristallisiert, die Abb. 2.13 zeigt, Wiendahl H-P et al. (2014, S. 35 ff.):

- Produkte mit einer technischen Spitzenstellung im Weltmarkt (Funktion, Leistungsdichte, …) kennzeichnen die *Hochtechnologiefabrik.* Die Fertigungs- und Montageprozesse operieren nahe an natürlichen Grenzwerten, meist mit selbst entwickelten Technologien bei höchster Prozessqualität. Premiumpreise erlauben eine untergeordnete Rolle von Kosten-, Lieferzeiten- und Variantenbeherrschung.
- Die *reaktionsschnelle Fabrik* stellt den Faktor Zeit ins Zentrum ihres Handelns. Die Hochleistungslogistik orientiert sich am Grenzwert der Durchlaufzeit. Da die Produkte keine technische Führerschaft beanspruchen, liegt der Wettbewerbsvorteil in der

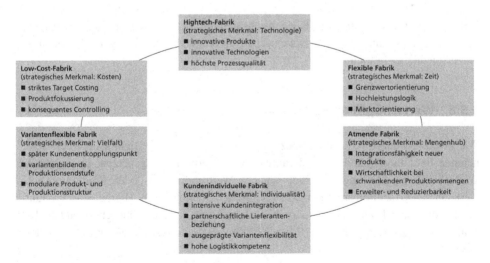

Abb. 2.13 Fabriktypen aus Kundensicht.
(Schulte und H-P Wiendahl)

raschen Verfügbarkeit beim Kunden. Aufträge werden hier oftmals direkt vom Kunden bzw. Vertrieb in die Produktion eingesteuert.

- Die *atmende Fabrik* legt den Fokus darauf, Produkte mit saisonal bedingten starken Absatzschwankungen (bspw. Hausgeräte- und Sportartikelindustrie), in einem weiten Stückzahlbereich wirtschaftlich fertigen zu können. Ein vergleichsweise niedriger Automatisierungsgrad, sehr flexible Arbeitszeitmodelle und Mehrfachqualifikation der Mitarbeiter sind kennzeichnend. Als Folge können neue Produkte rasch integriert und Erweiterungen oder Verringerungen des Fabrikausstoßes in kurzer Zeit realisiert werden.

- Ein Produktspektrum mit großer Variantenvielfalt (möglichst kundenindividuelle Marktversorgung) erfordert die *variantenflexible Fabrik*. Modulare Strukturen sowie eine spezifische Fertigungstechnik erlauben eine möglichst späte Variantenbildung.

- Die *kundenindividuelle Fabrik* entwickelt die variantenflexible Fabrik weiter und folgt dem Gedanken der kundenindividuellen Massenfertigung (Mass Customization). Hier unterscheidet sich jeder Auftrag vom nächsten hinsichtlich technischer Ausprägung, Menge und Liefertermin. Der Kunde kann im Extremfall internetgestützt sein Produkt selbst konfigurieren, direkt in der Fabrik bestellen und dessen Herstellung ebenfalls über das Internet verfolgen. Voraussetzung ist die durchgängige Beherrschung aller Geschäftsprozesse vom Kunden (Auftragsspezifikation) bis zum Kunden (Produktbereitstellung).

- Die *Low-Cost-Fabrik* stellt Produkte in der Reifephase her. Diese stehen infolge zahlreicher Wettbewerber unter starkem Preisdruck und erfordern ständige Selbstkostenreduzierungen: Ein striktes Zielkostenmanagement, Fokussierung auf wenige Produkte mit großen Stückzahlen und eine konsequente Vermeidung jeglicher Verschwendung erfordern ein starkes Controlling.

Die skizzierten Fabriktypen aus Kundensicht treten in der Praxis nicht in Reinform auf. Eine reale Fabrik muss fast alle strategischen Merkmale berücksichtigen, aber eben mit unterschiedlicher Betonung.

2.5.8　Wertschöpfungsverteilung

Wie bereits erläutert, reduzieren Spezialisierungsvorteile die Fertigungstiefe der Unternehmen bzw. ihrer Standorte und führen so zu Wertschöpfungsnetzen. Das rückt die Wertschöpfungsverteilung innerhalb solcher Wertschöpfungs- oder Produktionsnetzwerke in den Gestaltungsmittelpunkt strategischer Überlegungen. Hierbei sind Produkt-, Technologie und Logistikaspekte zu bedenken; siehe dazu ausführlich Wiendahl H-P et al. (2014, S. 432 ff.), Nyhuis P et al. (2008). Hieraus resultieren zwei wesentliche Fragen:

- Aus Unternehmenssicht ist zunächst die Frage zu beantworten, welche Produkte bzw. Produktteile eigengefertigt oder fremdbezogen werden sollten (Make-or-Buy-Entscheidung).
- Aus Sicht des Wertschöpfungsnetzwerks ist zu klären, wo die Produkte bzw. Produktteile hergestellt werden und wie ihre Einbindung in die Lieferkette stattfindet.

Diese Aspekte sind für die drei Produktionsstufen Beschaffung, Eigenproduktion und marktnahe Komplettierung zu betrachten.

Für die eigentliche Wertschöpfungsverteilung sind damit folgende Leitfragen zu beantworten:

- Was ist der optimale Fertigungsumfang an einem Standort?
- Wo sind welche Teile der Wertschöpfungskette zu lokalisieren?
- Wie sind die Materialflüsse im globalen Netzwerk strategisch zu gestalten?

Basierend auf der Ist-Situation über den Wertstrom (Kap. 8) und die Gesamtkosten sollte das Soll-Konzept der Wertschöpfungsverteilung zusätzlich Risikoüberlegungen berücksichtigen.

Die darauf folgende Gestaltung der örtlichen Produktionsumfänge (Standorte) orientiert sich an der Bündelung von Produktionsaufgaben mit gleicher Kompetenz. Abb. 2.14 zeigt das daraus resultierende Produktionsnetz, Wiendahl H-P et al. (2014, S. 432 ff.).

Ausgangspunkt bilden die *Geschäftsfelder* des Unternehmens (typischerweise drei bis fünf Felder): Hierfür bietet das Unternehmen Endprodukte an, häufig in Varianten z. B. hinsichtlich Leistung oder Automatisierungsgrad. Die aus Kundensicht möglicherweise sehr zahlreichen *Produktvarianten* lassen sich aus Produktionssicht jedoch in eine überschaubare Anzahl *Produktgruppen* gliedern, die aus Fertigungs- und Montagesicht ähnlich sind.

Die Verteilung der Produktion auf die Standorte erfolgt differenziert nach Endmontage, Baugruppenmontage und Teilefertigung (Neu-/Ersatzteile). Für jede dieser Gruppen ist eine eigenständige Strategie zu formulieren, welche die drei bereits beschriebenen Produktionsstufen „Beschaffung", „Eigenproduktion" oder „marktnahe Komplettierung" des Endproduktes betrifft.

- In die *Beschaffung* gehen Teile, für die das Unternehmen keine Kompetenz- oder Kostenvorteile besitzt. Der Kauf in den Hauptabsatzländern vermindert zusätzlich das Währungsrisiko. Manchmal werden auch spezielle Komponenten in Zusammenarbeit mit strategischen Partnern gemeinsam entwickelt, aber vom Partner geliefert.
- Die *Eigenproduktion* umfasst Teile und Baugruppen, welche die Kernkompetenz und die Produktion am jeweiligen Standort sichern sowie das Know-how schützen.
- Schließlich ermöglicht die *marktnahe Komplettierung* von Endprodukten die Lieferung länderspezifischer Varianten in kurzer Zeit und die Erfüllung von Forderungen nach einem bestimmten Anteil lokaler Wertschöpfung und von Local-Content-Bedingungen.

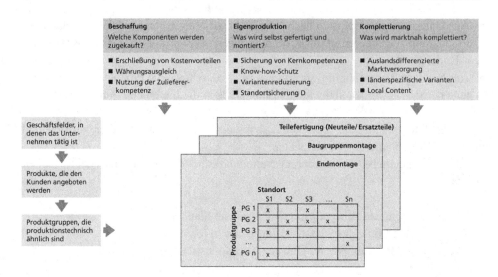

Abb. 2.14 Entwicklung der Produktionsstrategie für ein Produktionsnetz. (Nach H-P Wiendahl)

Die in Abb. 2.14 dargestellte Matrix der Wertschöpfungsverteilung bildet das Ergebnis. Die Standorte erfordern zusätzlich ein Belieferungs- und Distributionskonzept bzw. logistisches Versorgungssystem, wobei Fragen der örtlichen oder zentralen Lagerhaltung und deren möglichst enge Anbindung an die Absatzregionen im Vordergrund stehen. Das beschriebene Vorgehen zeigt, wie die strategischen Entscheidungen schrittweise in die Standortplanung übergehen. Kap. 4 erläutert diese als Gegenstand der Fabrikplanung näher.

2.6   Ziele produzierender Unternehmen

Ziele drücken angestrebte zukünftige Zustände aus. Das Management muss sie verbindlich festlegen und über die Organisation an alle Bereiche und Mitarbeiter weitergeben. Ziele bringen unterschiedliche Funktionen und Prozesse, lokal verteilte Unternehmensbereiche und viele verschiedene Menschen in Übereinstimmung mit dem zu Erreichenden und drücken das Selbstverständnis und den Anspruch eines Unternehmens aus. Dieser Abschnitt stellt unterschiedliche Ausprägungen unternehmerischer Ziele vor und ordnet sie in den Kontext produzierender Unternehmen und deren Unternehmensstrategien.

2.6.1   Rechtliche Verpflichtungen

Ziele ergeben sich zunächst aus rechtlichen Verpflichtungen. Unternehmen unterliegen in all ihrem Handeln Gesetzen und Vorschriften des Staates. Um diese einzuhalten werden entsprechende Ziele formuliert. Wesentliche Verpflichtungen leiten sich ab aus Gesetzen zur Produkthaftung, aus dem Betriebsverfassungsgesetz, Gesetzen für das Einhalten von Grenzwerten für Emissionen oder aus technischen Regelwerken und Richtlinien. So liegen z. B. dem Betreiben von Maschinen und Anlagen umfangreiche Regelwerke zugrunde.

Die Gesetzeslage und die damit verbundenen Verpflichtungen sind länderspezifisch sehr unterschiedlich. Hier sei nur das Gesetz zur Einhaltung von Arbeitsverordnungen bezüglich Arbeitssicherheit und Arbeitszeiten genannt. Dies bedeutet für Unternehmen unterschiedliche Rahmenbedingungen und Herausforderungen im globalen Wettbewerb. Für deutsche Unternehmen, die vor den bekannten Herausforderungen wie z. B. hohe Personalkosten oder dem hohen sozialen Standard im Vergleich zum Ausland stehen, bedeutet dies, dass sie dies durch innovative Produkte und eine dauerhaft hohe Effizienz und Leistung im Unternehmen und in der Produktion kompensieren müssen.

2.6.2   Interessen der Anspruchsgruppen

Abschn. 2.4.3.1 erläuterte die Bedeutung von Anspruchsgruppen für das Unternehmen und deren Verbindung zum Unternehmen im Rahmen des St. Galler Management-Modells. Die enge Verbindung führt auch dazu, dass Anspruchsgruppen unmittelbaren Einfluss auf die Zielsetzung eines Unternehmens haben. Folgend seien die Anspruchsgruppen genannt, die direkte Ansprüche an das Unternehmen stellen und somit einen direkten Einfluss auf die Unternehmensziele haben.

▶
- Kunden erwarten hohe Qualität zu geringen Preisen.
- Mitarbeiter möchten hohe Löhne und Gehälter, eine sichere Beschäftigung und einen gewissen sozialen Standard.
- Kapitalgeber erwarten eine hohe Rendite.
- Die Öffentlichkeit und der Staat verlangen das Einhalten von Gesetzen sowie Steuern und das Engagement für öffentliche Belange.

Das Management hat die Aufgabe, die Interessen der Anspruchsgruppen als Ziele zu formulieren, diese – soweit möglich – zu harmonisieren und im Unternehmen zu verankern bzw. zu verfolgen. Entsprechend der zwischen den Anspruchsgruppen bestehenden Interessenskonflikte ergeben sich auch daraus abgeleitet Zielkonflikte für das Unternehmen. Zwischen diesen muss das Management abwägen und Prioritäten setzen.

2.6.3 Das Zieldreieck der Produktion

Unternehmensziele, die sich aus den rechtlichen Verpflichtungen oder aus den Interessen der Anspruchsgruppen ergeben, müssen für die Produktion in konkrete Leistungsziele übersetzt werden. Alle Leistungsziele einer Produktion können innerhalb der folgenden drei Zieldimensionen beschrieben werden:

▶
- Kosten
- Zeit
- Qualität

So fallen z. B. kürzere Durchlaufzeiten oder Bearbeitungszeiten in die Dimension Zeit, das Einhalten von Prozessparametern in die Dimension Qualität und niedrige Stückkosten in die Dimension Kosten. Die Dimensionen stehen in unmittelbarer Wechselwirkung zueinander, weshalb sie als Zieldreieck dargestellt werden (Abb. 2.15), vgl. u. a. Rommel et al. (1993, S. 26).

Ihre Beziehungen zueinander können neutral, komplementär oder konfliktär sein. So führen kürzere Bearbeitungszeiten zu geringeren Lohn- und Maschinenkostenanteilen, d. h. Zeit und Kosten sind in diesem Fall komplementär. Jedoch benötigt Qualität häufig mehr Zeit und verursacht höhere Kosten. Somit steht Qualität in diesem Kontext in einem Zielkonflikt zu Zeit und Kosten. Ein Beispiel für eine komplementäre Beziehung zwischen Qualität und Kosten wäre die Ausschussquote, deren Reduktion auf beide Dimensionen positiv wirkt.

Abb. 2.15 Zieldreieck der Produktion. (Mc Kinsey)

Lange Zeit konzentrierten sich Unternehmen auf die Kostenreduktion. Erst seit Mitte der 1980er Jahre gewann die Qualität durch Anpassungsvorgänge an veränderte Marktbedingungen an Bedeutung. Daraus ergaben sich verstärkt Entwicklungen in den Bereichen der Qualitätssicherung und des – managements. Ähnliche Entwicklungen sind heute für die Zeitdimension festzustellen. Kürzere Produktlebenszyklen und dynamischere Märkte erfordern kürzere Zeiten in der Entwicklung und Produktion.

Mit zunehmender Turbulenz gewinnt die Flexibilität bzw. Wandlungsfähigkeit an Bedeutung. Erlach ergänzt deshalb eine Zieldimension und erweitert das klassische Verständnis: Er nennt Variabilität, Qualität, Geschwindigkeit sowie Wirtschaftlichkeit, vgl. dazu ausführlich Erlach (2010, S. 13 ff.). In Zukunft dürfen Unternehmen, wenn sie erfolgreich am Markt bestehen wollen, keine dieser Dimensionen in ihren vielfältigen Ebenen und Ausprägungen vernachlässigen.

2.6.4   Zielhierarchie

Je nach Anwendungsbereich, Tragweite und Abhängigkeit mit den Strategieebenen (Abschn. 2.5.4) bewegen sich Ziele eines Unternehmens im Kontext einer Zielhierarchie. Mission und Vision formulieren die Grundposition des Unternehmens, das Unternehmensleitbild. Sie sind abstrakt, bedingen sich gegenseitig und legen gemeinsam die obersten Leitlinien des Unternehmens fest.

Die Unternehmensziele konkretisieren sie über Zielzustände so, dass sie messbar werden und daraus Maßnahmen ableitbar sind. Die Unternehmensziele greifen die Interessen der Anspruchsgruppen (Abschn. 2.6.2) auf. Diese Ebene setzt Ziele bezüglich Wachstum, Profitabilität, Märkte, Produktangebote und Technologien. Dies ermöglicht die an Abschn. 2.5.4 beschriebene Geschäftsfeldentwicklung. Die gesetzten Unternehmensziele sind für das gesamte Unternehmen bindend und müssen für die separaten Geschäftsfelder operationalisiert werden. Die weitere Zielauflösung leitet aus den Geschäftsfeldzielen Ziele für die Funktionsbereiche ab; das gilt ebenfalls für die Produktion in Form der drei Zieldimensionen und -ebenen.

2.6.5   Zielerreichung im Unternehmen

Umfragen des US-Magazins Fortune ergaben, dass ein Großteil amerikanischer CEOs daran scheitert, gesetzte Strategien umzusetzen, Charan und Colvin (1999). Eine Analyse zeigte folgende Gründe für die mangelnde Zielerreichung:

▶ • Das Unternehmen verliert sich im operativen Tagesgeschäft.
  • Für die Umsetzung von Strategien werden Ressourcen unzureichend freigesetzt

- Das Management kann die Vision und Mission nicht vermitteln.
- Das mittlere Management kann sich nicht mit der Vision und Mission identifizieren.
- Es gelingt nicht, die Vision und Mission bis in die Funktionalziele zu übersetzen.

Um die genannten Fehler zu vermeiden, bzw. ihnen vorzubeugen, sind entsprechende Maßnahmen und umfangreiche Programme für das Umsetzen der Ziele und Strategien notwendig. Für diese Maßnahmen müssen die erforderlichen Ressourcen bereitgestellt werden. Des Weiteren gilt es, mit einem Controlling-System das Umsetzen der Maßnahmen sicherzustellen. Das Controlling ist in der Unternehmensführung angesiedelt, kontrolliert und steuert die Zielerreichung. Die Aufgabe des Controllings kann aufgefasst werden als ein Soll-Ist-Vergleich der gesetzten Ziele, Maßnahmen und der Umsetzung. Es existiert eine Reihe von Controlling-Instrumenten die häufig auf Kennzahlensystemen aufsetzen, wie z. B. die Balanced Scorecard, Gausemeier et al. (2014, S. 214 ff.).

2.7   Ausblick

Die Produktion hatte lange Zeit die Rolle des reinen Erfüllungsgehilfen. In den letzten Jahren veränderte sich die Stellung der Produktion, sodass auch sie eine Vielzahl strategischer Entscheidungen und eine strategische Ausrichtung an der Unternehmens- und Geschäftsfeldstrategie erfordert. Zurückzuführen ist das u. a. auf zunehmende globale Konkurrenz, schwer prognostizierbare und stark schwankende Nachfragen und eine immer größer werdende Variantenvielfalt.

Im Zuge von Industrie 4.0, Digitalisierung und zunehmender disruptiver Geschäftsmodelle wird die Bedeutung der Produktion und produktionsstrategischer Entscheidungen für die Wettbewerbsfähigkeit von Unternehmen auch in Zukunft weiter zunehmen. So erfordern jetzt schon Kundenwünsche nach personalisierten Produkten und das Konsumieren von reinen Services, das Einbinden des Kunden als Prosument in den Wertschöpfungsprozess, die Reorganisation bestehender Supply Chains, und das Umdenken der Produktion bzw. der Wertschöpfung von einer Pipeline zu einer Plattform.

2.8   Lernerfolgsfragen

1. Betriebe können als Einheiten der volkswirtschaftlichen Leistungserstellung aufgefasst werden. Ordnen Sie die Fabrik als Betrieb in den Kontext der volkswirtschaftlichen Leistungserstellung ein.

2. Die Betrachtung eines Unternehmens aus der Prozessperspektive ermöglicht es, Unternehmensprozesse auf maximalen Kundennutzen hin zu optimieren. Nennen Sie die drei grundlegenden Prozessbereiche eines Unternehmens und erklären Sie diese.

3. Das St. Galler Management-Modell erklärt in einem ganzheitlichen Ansatz die Komplexität eines Unternehmens und der Umwelt, in dem es sich bewegt. Nennen Sie die sechs Kategorien, aus denen sich das Modell zusammensetzt und erläutern Sie diese.

4. Strategien zeigen die Vorgehensweisen und Maßnahmen auf, die zur Erreichung langfristiger Ziele notwendig sind. Nennen Sie zwei Ansätze der Strategieentwicklung und grenzen Sie diese voneinander ab.

5. Ziele drücken angestrebte zukünftige Zustände aus und müssen vom Management verbindlich festgelegt werden. Nennen Sie die drei Zieldimensionen der Produktion, erklären Sie diese und nennen Sie für jede Dimension ein konkretes Beispiel aus der Produktion.

Literatur

Bea FX, Haas J (2013) Strategisches Management. Lucius & Lucius, Konstanz. ISBN 978-3825214586

Capaul R, Steingruber D (2010) Betriebswirtschaft verstehen: Das St. Galler Management-Modell, 1. Aufl. Sauerländer, Oberentfelden. ISBN 978-3-0345-0250-4

Charan R, Colvin G (1999) Why CEOs fail it's rarely for lack of smarts or vision. Most unsuccessful CEOs stumble because of one simple, fatal shortcoming. Fortune mag, 21. Juni 1999

Daimler AG (2014) www.daimler.com. Zugegriffen: 30. Juli 2014

Erlach K (2010) Wertstromdesign: Der Weg zur schlanken Fabrik, 2. Aufl. Springer, Berlin

Ford H (1923) Mein Leben und Werk. Paul List, Leipzig

Gausemeier J, Plass C, Wenzelmann C (2014) Zukunftsorientierte Unternehmensgestaltung, Hanser, München. ISBN 978-3-446-43631-2

Mintzberg H, Ahlstrand B, Lampel J (1998) Strategy safari: a guided tour through the wilds of strategic management. Free press, New York. ISBN 0-684-84743-4

Nyhuis P, Nickel R, Tullius K (Hrsg) (2008) Globales Varianten Produktionssystem. Globalisierung mit System. PZH Produktionstechnisches Zentrum GmbH, Garbsen

Porter ME (1979) How competitive forces shape strategy. Harv Bus Rev 57(2):137–145

Porter M (1999) Wettbewerbsstrategie (Competitive Strategy): Methoden zur Analyse von Branchen und Konkurrenten, 10. Aufl. Campus, Frankfurt a. M. ISBN 978-3593361772

Rommel G et al (1993) Einfach überlegen: das Unternehmenskonzept, das die Schlanken schlank und die Schnellen schnell macht; McKinsey & Company Inc. Schäffer-Poeschel, Stuttgart

Rüegg-Stürm J (2003) Das neue St. Galler Management-Modell. Haupt, Bern. ISBN 978-3258066295

Schuh G, Kampker A (2011) Strategie und Management produzierender Unternehmen. Springer, Berlin. ISBN 978-3-642-14502-5

Werder A v (1996) Rechtsformenwahl als Element der Unternehmensverfassung. In: Eversheim W, Schuh G (Hrsg) Produktion und Management „Betriebshütte". 7. völlig neubearbeitete Aufl. Springer, Berlin, S 2–25. ISBN: 3-540-59360-8

Westkämper E, Decker M, Jendoubi L (2006) Einführung in die Organisation der Produktion, 1. Aufl. Springer, Berlin. ISBN 3-540-26039-0

Wiendahl H-P, Reichardt J, Nyhuis P (2014) Handbuch Fabrikplanung: Konzept, Gestaltung und Umsetzung wandlungsfähiger Produktionsstätten, 2. überarb. u. erw Aufl. Hanser, München. ISBN: 978-3-446-43892-7

Weiterführende Literatur

Bieger T (2013) Das Marketingkonzept im St. Galler Management-Modell. Haupt, Bern. ISBN 978-3825239954

Camphausen B (2003) Strategisches Management. Oldenbourg Wissenschaftsverlag, Oldenbourg. ISBN 978-3486273625

Eversheim W, Schuh G (1996) Produktion und Management „Betriebshütte", 7. Aufl. Springer, Berlin. ISBN: 3-540-59360-8

Mintzberg H (1978) Patterns in strategy formation. Manage Sci 24(9):934–948

Müller-Stewens G, Lechner C (2005) Strategisches Management. Schäffer-Poeschel, Stuttgart. ISBN 978-3791024677

Niermann P, Schmutte A (2014) Exzellente Managemententscheidungen. Springer Gabler, Wiesbaden. ISBN 978-3-658-02246-4

Spur G (1994) Fabrikbetrieb. Hanser, München. ISBN 3-446-17714-0

Van Alstyne M, Parker G (2016) Pipelines, platforms, and the new rules of strategy. Harv Bus Rev 94(4):54–62

Welge M, Al-Laham A (2003) Strategisches Management. Gabler, Wiesbaden. ISBN 978-3409438667

Westkämper E, Zahn E (2009) Wandlungsfähige Produktionsunternehmen. Springer, Berlin. ISBN 978-3540218890

Zahn E, Schmid U (1996) Produktionswirtschaft 1: Grundlagen und operatives Produktionsmanagement. Lucius & Lucius, Stuttgart. ISBN 978-3825281267

Zäpfel G (2000) Strategisches Produktionsmanagement, 2. Aufl. Oldenbourg, München. ISBN 978-3486254501

Innovation und Produktentwicklung

3

Alexander Schloske

Zusammenfassung

Dieses Kapitel stellt die grundlegenden Aspekte der Innovation und Entwicklung von Industriegütern vor. Zu Beginn stehen die wichtigsten Grundbegriffe, Rahmenbedingungen sowie Herausforderungen. Anhand des im späteren Verlauf eingeführten V-Modells werden weiterhin verschiedene Methoden für eine effektive Produktentwicklung erläutert. Den Abschluss bildet die Erläuterung von IT-Werkzeugen. Im Wertschöpfungsmodell der Produktion (Kap. 2) behandelt das Kapitel Innovation und Entwicklung von Produkten die Ebenen Fabrik (z. B. durch Umbau der Fabrik für ein neues Produkt) sowie Produktionsnetzwerk (z. B. durch Lieferantenauswahl) (Strukturperspektive). Die Entwicklung von Produkten gilt als Wertschöpfungsprozess (Prozessperspektive). Also betrifft sie sowohl den Betrieb (insbesondere bei auftragsspezifischer Produktentwicklung) als auch die Produktionsgestaltung (Systemperspektive). Abb. 3.1 visualisiert den Betrachtungsgegenstand.

A. Schloske (✉)
Fraunhofer-Institut für Produktionstechnik und Automatisierung IPA,
Stuttgart, Deutschland
E-Mail: alexander.schloske@ipa.fraunhofer.de

© Springer-Verlag GmbH Deutschland, ein Teil von Springer Nature 2020
T. Bauernhansl (Hrsg.), *Fabrikbetriebslehre 1*,
https://doi.org/10.1007/978-3-662-44538-9_3

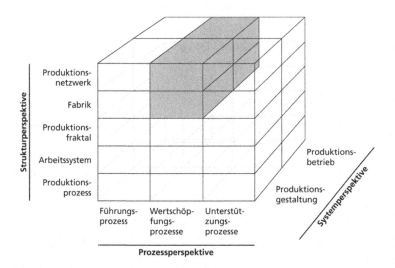

Abb. 3.1 Einordnung Innovation und Entwicklung im Wertschöpfungsmodell der Produktion

3.1 Lernziele

▶ Nach dem Lesen dieses Kapitels, kennen/können Sie …
- die Unterschiede zwischen Produkten und Dienstleistungen.
- die Begriffe Innovation und Entwicklung erklären und einordnen.
- die Tätigkeiten im Innovationsmanagement benennen.
- die Tätigkeiten in der Produktentwicklung benennen.
- das in der Produktentwicklung zur Einordnung der Tätigkeiten herangezogene V-Modell.
- die Tätigkeiten innerhalb der Phasen Innovation und Entwicklung und können deren zeitliche Einordnung im V-Modell vornehmen.
- bewerten, welche Methoden zur Absicherung der Produktentwicklung innerhalb der einzelnen Tätigkeiten anwendbar sind.

3.2 Einführung und Definitionen

Der Erfolg eines Unternehmens hängt in starkem Maße davon ab, inwieweit die von ihm angebotenen Produkte und Dienstleistungen den Anforderungen des Marktes genügen. Verantwortlich im Unternehmen sind hierfür die Bereiche des Innovationsmanagements und der Produktentwicklung, auch als Forschung und Entwicklung (F&E) bezeichnet. Zeitlich betrachtet gelten die im Innovationsmanagement und der Produktentwicklung durchgeführten Tätigkeiten auch als die frühen Phasen der Produktentstehung.

- Dabei übernimmt das *Innovationsmanagement* die Rolle, auf Basis von Marktanforderungen und Markttrends die mittel- bis langfristige Entwicklung von neuen Technologien zu planen und voranzutreiben, oft über Technologieplattformen.
- Die *Produktentwicklung* setzt anschließend auf diesen zur Verfügung gestellten Technologien auf, um daraus kurzfristig die benötigten kundenspezifischen Lösungen und Varianten zu entwickeln.

Neben der Entwicklung von Funktionalitäten legen diese frühen Phasen auch in starkem Maße die zukünftigen Produktkosten fest.

Abb. 3.2 grenzt Innovation und Entwicklung inhaltlich und zeitlich ab: Typische Zeiträume für die Entwicklung eines marktfähigen Produktes sind 0,5–3 Jahre. Demgegenüber betragen die Zeiträume zur Entwicklung einer neuen Technologieplattform 3–10 Jahre. Letztere gibt den Rahmen für neue Produktentwicklungen vor.

▶ Definition Das Innovationsmanagement entwickelt auf Basis von zukünftigen Marktanforderungen, Entwicklungen und Trends neue Technologien bis zur Marktreife.

Die Produktentwicklung entwickelt auf Basis von Kundenanforderungen, Anwendungen sowie Spezifikationen unter Zuhilfenahme der zur Verfügung stehenden Technologien kundenspezifische Produkte und Varianten für den aktuellen Markt.

Das Kapitel widmet sich den Aktivitäten im Rahmen der Innovation und der Entwicklung. Betrachtungsgegenstand sind Produkte und Dienstleistungen. Abb. 3.3 zeigt die im Rahmen des Innovationsmanagements und der Produktentwicklung ablaufenden Prozessschritte:

- Das Innovationsmanagement generiert aus Trends und somit basierend auf Erwartungen zukünftiger Marktentwicklungen nach und nach immer präzisere Ideen und Konzepte für neue Produkte bzw. Technologien. Diese können in die Entwicklung neuer Lösungen münden.

Abb. 3.2 Innovationsmanagement und Produktentwicklung

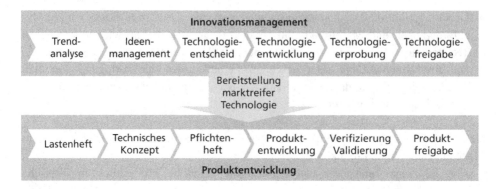

Abb. 3.3 Phasenmodell des Innovationsmanagements und der Produktentwicklung

- Die Produktentwicklung entwickelt darauf aufbauend kunden- und marktspezifisch
  Produkte, oft auf der Basis neuer Technologieplattformen. Nach erfolgreicher Veri-
  fizierung und Validierung der Prototypen und Muster erfolgt die Produktfreigabe als
  Voraussetzung für die spätere Produktion.

▶ Produkte werden in Konsumgüter und Investitionsgüter unterschieden. Als Konsumgüter werden Produkte bezeichnet, die dem privaten Gebrauch dienen. Die Klasse der
Konsumgüter lässt sich zusätzlich in die Gruppen Verbrauchsgüter und Gebrauchsgüter
unterteilen. Investitionsgüter sind Produkte und Rohstoffe, die im Produktionsprozess
zur Herstellung von Produkten ihre Anwendung finden.

▶ Dienstleistungen sind Leistungen, die Personen erbringen. Die Klasse der Dienstleistungen lässt sich zusätzlich in konsumtive und investive Dienstleistungen unterteilen.

▶ Die Erzeugung von Rohstoffen gilt aus volkswirtschaftlicher Sicht als primärer Sektor. Die Herstellung von Produkten wird dem sekundären zugerechnet. Die Erbringung
von Dienstleistungen wird unter dem Begriff tertiärer Sektor zusammengefasst.

Innovationsmanagement und Produktentwicklung sind von den Rahmenbedingungen der
sich schnell wandelnden Kundenanforderungen sowie einer zunehmenden Individualisierung von Produkten bei zunehmendem Qualitätsbewusstsein der Konsumenten geprägt.
Dabei haben sich die Unternehmen verschiedenen Herausforderungen zu stellen: So verkürzen die OEMs (Original Equipment Manufacturer) seit vielen Jahren die Produktentwicklungszeiten. Des Weiteren kommt es auf den richtigen Zeitpunkt der Markteinführung
des Produktes an, dem sogenannten Produktlaunch. Hier können Abweichungen von einigen Monaten schon zu großen Verlusten von Marktanteilen führen.
   Demgegenüber sieht sich die Produktentwicklung mit der Thematik einer zunehmenden
Komplexität von Produkten bei gleichzeitiger Reduzierung der Produkt- und Herstellkosten konfrontiert. Weitere Trends liegen in der Emotionalisierung und Individualisierung
von Produkten.

So zeigt eine Studie, dass der Anblick von Geräten des Herstellers Apple im menschlichen Gehirn Reaktionen hervorruft, die üblicherweise bei Sachgegenständen nicht auftreten. Während Produkte des Mitbewerbers Samsung Hirnregionen ansprechen, die mit rationalem Handeln zu tun haben, aktiviert Apple Bereiche, die üblicherweise für die positive Bewertung von Personen zuständig sind, Jürgen (2017).

Der Trend zur Individualisierung zeigt sich auch in der Aussage, dass weltweit maximal zwei identische Fahrzeuge der Modellreihe A-Klasse auf den Straßen zu finden seien. Und last but not least gilt weiterhin der alte Leitsatz „Protect your brand", welcher in ständig steigenden Qualitätszielen und zuverlässigeren Qualitäts- und Compliancestrategien mündet.

3.3 Innovationsmanagement

Während der Begriff der Entwicklung wenig Interpretationsspielraum aufweist, existieren zum Begriff Innovation verschiedenste Definitionen. Sie reichen von der Einführung neuer Produktkombinationen über die Änderungsprozesse im Unternehmen bis hin zum Markterfolg neuer Entwicklungen oder der Entwicklung von neuen Produkten für neue Bedarfe. Etymologisch kommt der Begriff aus dem lateinischen „innovare" und bedeutet soviel wie erneuern. Im Gegensatz zu einer Erfindung (invention), die lediglich etwas Neues darstellt, umfasst die Innovation zusätzlich die erstmalige wirtschaftliche Nutzung.

▶ Eine Innovation bezeichnet die erstmalige wirtschaftliche Nutzung von Ideen oder Erfindungen. Dies kann sich dabei auf Technologien, Produkte, Verfahren, Geschäftsmodelle oder Dienstleistungen beziehen. Innovationen werden entweder nach ihrer Bedarfsherkunft in Push- und Pull-Innovationen oder nach ihrer Innovationsstärke in inkrementelle, signifikante oder disruptive Innovationen unterschieden.

Im Folgenden gilt der Begriff Innovation für die Veränderungen von Technologien über die Zeit. Die Gesetzmäßigkeiten von S-Kurven veranschaulichen diese Veränderungen: Danach durchlaufen Technologien über ihren Lebenszyklus (engl. Lifecycle) immer dieselben Phasen von der Entwicklung über die Wachstums- und Reifephase bis hin zur Alterung. Interessant sind dabei zwei Phänomene:

- Zum einen erfolgt vielfach vor dem Verschwinden einer „veralteten" Technologie nochmals ein „Aufbäumen" gegen die neue Technologie. Ein Beispiel ist die Dampfmaschine im Schiffbau: Mit dem Aufkommen der neuen Technologie (Dampfmaschine) versuchte man mit der alten Technologie (Segelschiff) Schritt zu halten. Das gipfelte letztendlich im Bau von schwer zu manövrierenden Siebenmastern.

- Zum anderen verändert ein Technologiewechsel auch die Marktpositionen. Oftmals halten die Marktführer an der alten Technologie zu lange fest. Dies birgt ein Risiko gegenüber den Unternehmen, die frühzeitig auf die neue Technologie umsatteln. Neben dem Verlust der Marktattraktivität vergrößert der im Allgemeinen stark zunehmende Aufwand, mit der neuen Technologie leistungsmäßig mitzuhalten, den Nachteil zusätzlich.

Abb. 3.4 stellt das Prinzip von S-Kurven und Technologiesprüngen in Anlehnung an Möhrle und Specht (2015) dar.
Bei Innovationen unterscheidet man zwischen Push-Innovationen und Pull-Innovationen.

▶ Pull-Innovationen werden unmittelbar durch die Befriedigung von Bedürfnissen der Kunden getrieben. Hier ist der Bedarf vorhanden (und muss nicht erst generiert werden). Dies erhöht die Erfolgsaussichten dieser Innovationsart.

▶ Push-Innovationen fokussieren grundsätzlich auf die Entwicklung neuer Technologien, Organisationsstrukturen und Prozesse. Hierzu müssen die Bedarfe beim Kunden erst generiert werden. Sie werden weitgehend als „neu" betrachtet und die Erfolgsaussichten am Markt sind vorerst geringer.

Eine weitere Kategorisierung von Innovationen erfolgt anhand ihrer Innovationsstärke in:

- *Inkrementelle Innovationen* sind Innovationen, die für bekannte Märkte in vorhandenen Technologien entwickelt werden.

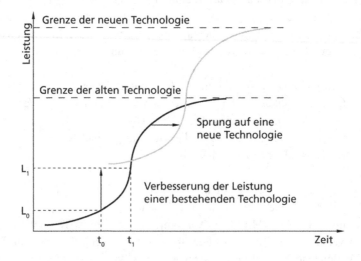

Abb. 3.4 S-Kurven und Technologiesprünge.
(In Anlehnung an Möhrle und Specht)

- *Signifikante Innovationen* sind Innovationen, die für bekannte Märkte in neuen Technologien oder für neue Märkte in bekannten Technologien entwickelt werden.
- *Disruptive Innovationen* sind Innovationen, die für neue Märkte in neuen Technologien entwickelt werden. Oft schaffen diese Innovationen auch neue Märkte oder verändern die Branchenregeln und -strukturen. Mit ihnen gehen oftmals die Veränderung existierender Unternehmensstrukturen sowie hohe unternehmerische Risiken einher.

Abb. 3.5 klassifiziert die Innovationen.

Zu den Aufgaben des Innovationsmanagements gehören die Zukunftsforschung, Trendanalyse, Initiierung, Planung, Umsetzung und das Controlling der Innovationen. Der Zeithorizont reicht dabei von der Trendanalyse bis zur Marktreife der neuen Technologie. Das sogenannte Trichtermodell im Innovationsmanagement beschreibt die Abläufe und Zusammenhänge. Das Innovationsmanagement durchläuft diese in regelmäßigen Intervallen. Sie bewegen sich je nach Branche zwischen sechs Monaten und drei Jahren.

Abb. 3.6 stellt ein Beispiel für ein Trichtermodell im Innovationsmanagement dar: Die Eingangsgrößen des Trichters im Innovationsmanagement sind Trends und Marktanalysen. Dieses können sowohl Megatrends, wie z. B. der demografische Wandel als auch branchenbezogene Markttrends, wie z. B. der Trend zur Dreifachverglasung im Wohnungsbau sein. Die Ermittlung der Trends kann dabei entweder selbst durch das Unternehmen erfolgen oder das Unternehmen stützt sich dabei auf Trendanalysen von führenden Unternehmensberatungen oder Institutionen. Die Trends werden anschließend im Rahmen der Suchfeldanalyse anhand der Unternehmensstrategien und den Kompetenzen gespiegelt, um daraus Potenziale für das Unternehmen in der Zukunft abzuleiten. Für Erfolg versprechende Produkte oder Geschäftsmodelle werden im nächsten Schritt Ideen generiert. In dieser Phase finden auch gerne Kreativitätswerkzeuge, wie z. B. Brainstorming oder die Methode 6-3-5, ihre Anwendung. Die so generierten

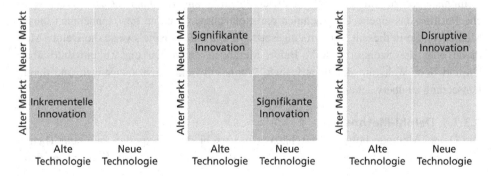

Abb. 3.5 Klassifikation von Innovationen. (Bauernhansl)

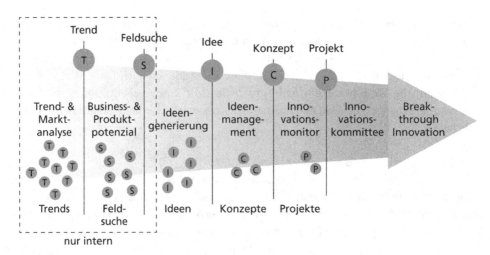

Abb. 3.6 Trichtermodell im Innovationsmanagement.
(Nach Freudenberg)

Ideen werden im Anschluss einer Ideenbewertung unterzogen, welche die erfolgver-
sprechendsten Ideen auswählt und in Vorausentwicklungsprojekte überführt. In diesem Zusammenhang kann es bisweilen auch vorkommen, dass konkurrierende Projekte
vorangetrieben werden und erst spät eine Entscheidung für die präferierte Technologie
durch das Innovationskomitee erfolgt. Letztendlich schafft nach der Freigabe zum
Vorausentwicklungsprojekt im Schnitt weniger als eine von sieben vorangetrieben Ideen
den Durchbruch bis zur Marktreife.

3.3.1 Methoden des Innovationsmanagements

Wie beschrieben soll das Innovationsmanagement langfristige Trends aufspüren und
Kenntnis über zukünftige Umfeldentwicklungen erlangen. Dann ist zu klären, wel-
che Position das eigene Unternehmen darin einnehmen möchte bzw. einnehmen muss.
Methoden, die in diesem Bereich eingesetzt werden sind beispielsweise die Delphi-Me-
thode oder die Szenariotechnik. Beide Methoden entwerfen ein Zukunftsbild über
Umfeld bzw. Welt, um darauf aufbauend Vorausentwicklungen anzustoßen und deren
Umsetzung zu überwachen.

3.3.1.1 Delphi-Methode

Die Delphi-Methode holt die Einschätzungen verschiedener Experten zu einem Thema
(Mithilfe eines Moderators) solange ein, bis daraus ein tragfähiger Konsens zu dem

Thema entsteht. Es wird dabei zwischen Delphi-Analysen mit und ohne Diskussion zwischen den Experten unterschieden:

- Bei der Delphi-Analyse *ohne Diskussion* zwischen den Experten (Standard-Delphi-Analyse) verteilt der Moderator die zu bearbeitenden Thesen an die Experten. Diese bearbeiten sie und senden die Ergebnisse anschließend an den Moderator zur Auswertung zurück. Der Moderator wertet die zurückgesandten Expertenmeinungen aus und informiert die Experten über Abweichungen im Meinungsbild, worauf diese wiederum ihre Meinungen anpassen können.
- Bei der Delphi-Analyse *mit Diskussion* zwischen den Experten (Breitbad-Delphi-Analyse) werden die Experten über die Meinungen der anderen Experten informiert und können sich zusätzlich untereinander abstimmen (u. a. in gemeinsamen Treffen).

Bei beiden Vorgehensweisen wird der Prozess so lange fortgeführt, bis sich die Meinungen innerhalb eines Konfidenzkorridors bewegen. Die Möglichkeit zur Diskussion unter den Experten hat aus gruppendynamischer Sicht ihre Vor- und Nachteile.

3.3.1.2 Szenariotechnik

Die Szenariotechnik wird angewandt, um Strategien für eine mögliche Entwicklung in der Zukunft parat zu haben und, um langlebige Produkte bzw. Produkte mit langen Entwicklungszeiten gegenüber möglichen Fehlentwicklungen abzusichern. Hier erfolgt eine Beschreibung des Produktes über Deskriptoren. Beispielsweise lässt sich ein Auto u. a. mit den Deskriptoren Mobilität der Gesellschaft, Benzinpreis, Umweltgesetzgebung beschreiben. Diese Deskriptoren werden dann in die Zukunft jeweils steigend und fallend projiziert. Aus der Summe der so in die Zukunft projizierten Deskriptoren werden anschließend konsistente Welten erzeugt. Als konsistente Welten gilt dabei die Ansammlung an Deskriptoren, deren Koexistenz in der Zukunft aus heutiger Sicht plausibel erscheinen. Meist ergeben sich daraus zwei Szenarien, die eher diametral auseinanderliegen. Des Weiteren werden für die konsistenten Welten oftmals Geschichten oder Bilder (z. B. „pictures of the future") entwickelt, die es der Entwicklung erleichtern sollen, eine Vorentwicklung ihre Produkte für diese Welten voranzutreiben. Generell gilt es, während einer längerfristigen Vorausentwicklung in regelmäßigen Abständen eine Überprüfung der Gültigkeit der angenommenen Szenarien vorzunehmen. Dieses sogenannte Szenariomonitoring ermöglicht es, im Falle einer Abweichung vom ermittelten Szenario, frühzeitig Korrekturen vorzunehmen.

Zusammenfassend hilft die Szenariotechnik Unternehmen, Chancen und Risiken für zukünftige Entwicklungen und Produkte besser einschätzen zu können. Dies versetzt das Unternehmen in die Lage, aktiv an der Zukunft mitzuwirken, anstatt nur auf eingetretene Ereignisse zu reagieren.

3.4   Produktentwicklung

Für die Produktentwicklung existieren die verschiedensten Phasenmodelle, Richtlinien und Normen. Die folgenden Ausführungen beziehen sich auf das in Abb. 3.3
dargestellte Phasenmodell. Eine weitere gebräuchliche Darstellung des in Abb. 3.3 dargestellten Phasenmodells ist das sogenannte V-Modell. Das V-Modell stammt ursprünglich aus dem Bereich der Softwareentwicklung, hat sich aber nach und nach auch als
Modell zur Beschreibung der Aktivitäten im Bereich der Produktentwicklung in anderen
Branchen etabliert. Der Name V-Modell ergibt sich aus seiner Form und lässt sich in die
drei Bereiche Spezifikation (linke Seite), Produktrealisierung (Basis) und Überprüfung
(rechte Seite) unterteilen. Es reicht dabei von den Markt- bzw. Kundenanforderungen bis
zur Produktfreigabe. Abb. 3.7 stellt das V-Modell dar, Barry Böhm (1979).

Ausgangspunkt der Produktentwicklung sind die Anforderungen des Marktes
(B2C = Business to Customer) oder eines Kunden (B2B = Business to Business). In beiden Fällen werden die Anforderungen in einem lösungsneutralen Lastenheft dokumentiert:

- Im Falle von B2C erfolgt die Ermittlung der Anforderungen im Allgemeinen durch
  die Abteilung Vertrieb oder Produktmanagement in Zusammenarbeit mit der Markt-
  forschung.
- Im Falle von B2B erstellt der potenzielle Kunde gegenüber dem potenziellen Auftragnehmer das Lastenheft.

Die Entwicklung erarbeitet anschließend auf Basis des Lastenheftes die technische
Konzeption. Die technische Konzeption wird im Pflichtenheft zusammen mit den zu

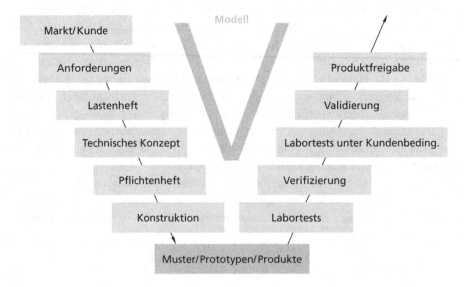

Abb. 3.7 V-Modell aus Softwareentwicklung.
(In Anlehnung an Barry Böhm)

erreichenden Spezifikationswerten dokumentiert. Das Pflichtenheft ist Bestandteil der vertraglichen Vereinbarungen und wird vom Auftraggeber freigegeben. Es dient im weiteren Ablauf als Vorgabedokument für die Konstruktion. Die von der Konstruktion entwickelten Muster, Prototypen und Produkte werden im Rahmen von Labortests auf Erfüllung der Spezifikationen gegenüber dem Pflichtenheft verifiziert und in (Labor-) Tests unter Kundenbedingungen auf Erfüllung der Anforderungen des Marktes/Kunden gegenüber dem Lastenheft validiert.

Innerhalb der Produktentwicklung existieren verschiedene Vorgehensweisen und Zielsetzungen:

- Der traditionelle Entwicklungsablauf organisiert die Entwicklungstätigkeiten sequenziell. Nachfolgende Tätigkeiten können also erst nach Abschluss der vorausgegangenen Tätigkeit beginnen.
- Verkürzte Produktentwicklungszeiten führten zum sogenannten Simultaneous Engineering, bei dem Produktentwicklungstätigkeiten zeitlich überlappen. Hier sind die Eingangsinformation für nachfolgende Tätigkeit frühzeitig auch unter Unsicherheit festzulegen und nach Übergabe an den Nachfolger möglichst nicht mehr (stark) zu ändern.

Abb. 3.8 zeigt die Unterschiede zwischen dem traditionellen Entwicklungsablauf und Simultaneous Engineering, Ehrlenspiel (2003). Eine weitere Beschleunigungsstrategie

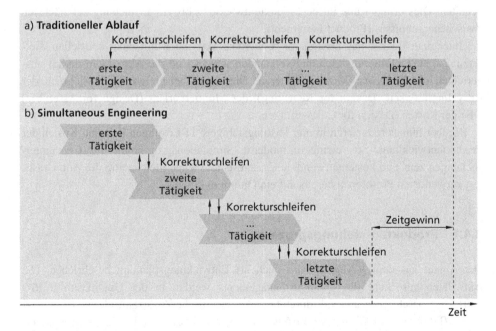

Abb. 3.8 Traditioneller Entwicklungsablauf und Simultaneous Engineering. (In Anlehnung an Ehrlenspiel)

für Entwicklungstätigkeiten besteht im Concurrent Engineering. Dabei werden die Aufgaben in kleine Teilaufgaben zerlegt, deren Bearbeitung dann gleichzeitig erfolgt und deren Ergebnisse zum Schluss wieder zusammengeführt werden.

Eine weitere, relativ junge Methodik zur Beschleunigung komplexer Entwicklungen stellt die Scrum-Methodik dar. Diese stammt ursprünglich aus der Softwareentwicklung, findet heute aber auch in anderen Branchen ihre Anwendung. Alternativ zu Scrum werden auch die Begriffe agiles Projektmanagement, agile Produktentwicklung oder Lean Development verwendet.

Die Scrum-Methodik basiert auf dem Grundgedanken, dass sich große und komplexe Projekte aufgrund von sich wechselnden Rahmenbedingungen und Anforderungen nicht komplett bis zu Ende planen lassen. Scrum definiert als Antwort darauf ein einfaches Regelwerk aus nur fünf Aktivitäten, drei Artefakten und drei Rollen. Weitere Bestandteile der Methodik sind Transparenz für alle Projektmitglieder, regelmäßige Reviews und kontinuierliche Anpassung. Scrum schafft damit in kurzen Abständen Zwischenergebnisse, auf deren Basis die nächsten Entwicklungsschritte geplant werden können. Dies bedeutet, dass sowohl Produkt als auch Planung kontinuierlich verfeinert und angepasst werden.

Die Planungsgrundlage stellt dabei der langfristige Plan (Product Backlog) dar, welcher die Anforderungen aus Anwendersicht enthält. Der Product Backlog lässt sich damit im weitesten Sinne mit dem Lastenheft vergleichen. Darauf basierend werden Detailpläne (Sprint Backlog) für kurze Entwicklungsintervalle von ein bis vier Wochen erstellt. Innerhalb dieser Entwicklungsintervalle (Sprint) werden alle Planungsgrundlagen beibehalten. Dies bringt Ruhe in die Produktentwicklung bis zur Erreichung des nächsten Zwischenergebnisses (Product Increment).

Unter dem Begriff des Design for X werden Aktivitäten mit einer speziellen Zielsetzung bzw. Optimierungsrichtung verstanden. Dabei sind die Aktivitäten darauf ausgerichtet, die Zielgröße X zu optimieren. Dies kann beispielsweise hinsichtlich der Recyclingfähigkeit (Design for Recycling), der Montierbarkeit (Design for Assembly) oder der Kosten (Design for Cost) erfolgen.

Darüber hinaus reduzieren immer leistungsfähigere IT-Lösungen Zeit und Kosten der Produktentwicklung. So verringern moderne Simulationsprogramme für Crashuntersuchungen zeit- und kostenaufwendige Crashtests und legen gleichzeitig die zum Crashtest verwendeten Prototypen bereits auf ein Optimum hin aus.

3.4.1 Produktentstehungsprozesse

Der Ablauf aus dem V-Modell wird auch als Entwicklungsplanung beschrieben. Die Aktivitäten aus Sicht des Qualitätsmanagements werden in der Qualitätsnorm ISO 9001:2015 beschrieben und ggf. durch branchenspezifische Zusatzanforderungen ergänzt (z. B. VDA 6.1 oder IATF 16949:2016 in der Automobilindustrie). Die in der Produktentwicklung eingesetzten Prozesse sind Teil der Produktentstehung und werden häufig auch als Produktentstehungsprozess (kurz PEP) zusammengefasst und beschrieben.

Für die Entwicklung von Produkten wird zusätzlich ein eigener Projektplan erstellt. Um diesen bei wiederkehrenden Entwicklungen nicht jedes Mal komplett neu erstellen zu müssen, gehen größere Unternehmen dazu über, sogenannte Masterpläne zu entwickeln. Diese beinhalten alle Aktivitäten und Rollen, die standardmäßig im Rahmen einer Entwicklung zum Einsatz kommen.

Nachfolgend ist der Entwicklungsprozess dargestellt, der als Referenz sowohl für Automobilhersteller als auch deren Lieferanten ausgelegt wurde. Der Prozess ist hierfür in fünf Entwicklungsabschnitte gegliedert. Darin enthalten sind auch Quality Gates A bis F, sogenannte Haltepunkte in der Produktentwicklung. Hier wird das Erreichen der bis zu diesem Haltepunkt geforderten Ergebnisse beurteilt. Ziel der Quality-Gate-Systematik ist es, frühzeitig Abweichungen vom geplanten Entwicklungsergebnis zu erkennen, um mit geeigneten Maßnahmen rechtzeitig gegensteuern zu können. Abb. 3.9 stellt den Produktentstehungsprozess nach VDA 4.3 dar, VDA (1998, S. 14).

Der Prozess beginnt am Quality Gate A nach dem Projektauftrag. Die Konzeption hat das Ziel, die Projektorganisation sowie entscheidungsfähige Produkt- und Prozessalternativen festzulegen. Quality Gate B schließt diese Phase ab. Die weiteren Entwicklungsabschnitte laufen teilweise parallel und werden an mehreren Quality-Gates überprüft:

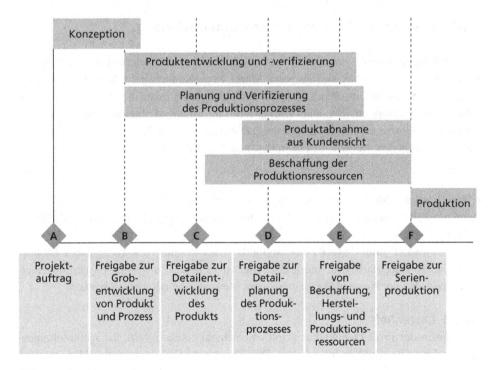

Abb. 3.9 Produktentstehungsprozess.
(VDA 4.3)

- Mit Quality Gate B ist die Grobentwicklung von Produkt und Prozess freigegeben, sodass Produktentwicklung und -verifizierung sowie mit der Planung und Verifizierung des Produktionsprozesses begonnen werden kann.
- Das Quality Gate C überprüft die Produktentwicklung auf ihren Entwicklungsstand hin und gibt gegebenenfalls die Detailentwicklung frei.

Generell können Quality Gates erst passiert werden, wenn die bis dahin definierten Aufgaben erfüllt sind. Wird der geplante Projektstatus verfehlt, ist sowohl eine Ursachenanalyse als auch eine Maßnahmenableitung erforderlich, um den Zeitrückstand wieder aufzuholen. Somit wird der Projektfortschritt kontinuierlich überwacht und transparent. Dieser Methode erhöht Sicherheit, dass alle Entwicklungsabschnitte am Quality Gate F, der Freigabe zur Serienproduktion, erfolgreich abgeschlossen sind, also die Rahmenbedingungen von Kosten, Zeit und Qualität eingehalten wurden. Die Projektorganisation muss den Einsatz dieser Methode überwachen.

Ähnlich funktionieren auch die sogenannten Reifegradmodelle und Reifegradindikatoren, mit deren Hilfe die Entwicklung auch zwischen den Quality Gates der Entwicklungsfortschritt beurteilt werden. Zur Überwachung des Entwicklungsergebnisses von Lieferanten wird eine vergleichbare Vorgehensweise unter dem Begriff des Lieferantencontrollings gefahren.

3.4.2 Phasen und Methoden der Produktentwicklung

Die Produktentwicklung benötigt für ihre Aufgabe klar strukturierte Daten und Informationen auf deren Basis sie das vom Markt bzw. Kunden geforderte Produkt entwickeln kann. Zur Bereitstellung dieser Daten und Informationen dienen phasenbezogen verschiedene Methoden, die eine strukturierte Informationserfassung und eine zielorientierte Weiterverarbeitung ermöglichen. Die innerhalb der Produktentwicklung relevantesten Methoden werden im Folgenden näher erläutert. Dabei gilt es Folgendes zu beachten:

- Das Ziel der Methodenanwendung ist es, wirksame Maßnahmen abzuleiten. Sie ist nie Selbstzweck und es geht nie darum, lediglich das Schema einer Methode zu befriedigen.
- Der Aufwand zum Einsatz einer Methode muss minimiert werden; dabei ist insbesondere Doppelarbeit zu vermeiden. Hier ist zu prüfen, inwieweit Ergebnisse einer Methode bei der Anwendung einer anderen Methode genutzt werden können.

3.4.2.1 Lastenheft
Im Rahmen der Produktentwicklung gilt es in einem ersten Schritt, die Anforderungen der Kunden an das Produkt festzuhalten. Dabei sind zwei Fälle zu unterscheiden:

- Bei der *kundenbezogenen* Entwicklung erfolgt die Produktentwicklung für einen speziellen Kunden mit seinen speziellen Anforderungen.
- Bei der *marktbezogenen* Entwicklung erfolgt die Produktentwicklung für einen Zielmarkt und eine oder mehrere Zielgruppen.

In beiden Fällen erfolgt die Dokumentation der Anforderungen in einem Lastenheft. Bei der kundenbezogenen Produktentwicklung wird das Lastenheft vom potenziellen Auftraggeber gegenüber dem potenziellen Auftragnehmer erstellt. Bei der marktbezogenen Produktentwicklung erfolgt die Erstellung des Lastenheftes durch den Vertrieb oder das Produktmanagement. Das Lastenheft enthält Angaben zu den Fragen „Was und Wofür". Wichtige Bestandteile sind Angaben zur Ausgangssituation und dem geplanten Einsatzbereich sowie funktionale Anforderungen und Abnahmekriterien an das Produkt. Der Aufbau von Lastenheften ist in Normen oder branchenspezifischen Richtlinien festgelegt, wie z. B. der VDI 2519 (Produktion und Logistik) und der VDI/VDE 3694 (Automatisierungslösungen) DIN EN ISO 9001 sowie dem VDA Band Komponentenlastenheft (automotive), VDA (2007).

3.4.2.2 Kundenbefragung

Kundenbefragungen nehmen Kundenanforderungen einer marktbezogene Produktentwicklung für eine oder mehrere Zielgruppe(n) auf. Um hierbei eine gewisse Einheitlichkeit bei der Kundenbefragung zu gewährleisten, empfiehlt sich die Anwendung von Fragebögen oder Interviewleitfäden. Dies stellt sicher, dass alle an der Befragung beteiligten Personen mit demselben Fragenset arbeiten.

Beim Entwurf des Fragebogens bildet das Kano-Modell eine geeignete Strukturierungsgrundlage, Kano et al. (1984). Es klassifiziert Kundenanforderungen in die drei Klassen Basisanforderungen, Funktionsanforderungen und Begeisterungsanforderungen:

- Als *Basisanforderungen* gelten diejenigen Anforderungen, die ein Kunde nicht in Worten ausdrückt, weil er sie für selbstverständlich hält (z. B. Telefonieren mit Handy). Ihre Erfüllung fällt dem Kunden nicht auf. Ihre Nichterfüllung nimmt der Kunden sofort und mit großer Unzufriedenheit war.
- *Funktionsanforderungen* bilden all die Anforderungen und Zielvorstellungen, die der Kunde klar formuliert. Je besser diese erfüllt werden, desto zufriedener wird der Kunde.
- Die *Begeisterungsanforderungen* (unausgesprochene Kundenwünsche) repräsentieren die dritte Anforderungsklasse. Diese kann der Kunde noch nicht in Worte fassen, da er sie noch nicht kennt. Meist lernte der Kunde in diesem Zusammenhang, mit diesem Missstand zu leben. Eine hierfür angebotene Lösung begeistert ihn, da sie eine nicht erwartete Verbesserung darstellt.

Das Kano-Modell lässt sich verständlich anhand des Anti-Blockier-System (ABS) der Firma Bosch erläutern. Bis Ende der 70er Jahre war es jedermann klar, dass bei einer scharfen Bremsung bei Nässe oder Glätte ein Fahrzeug nicht mehr lenkbar war. Der Missstand war also allseits bekannt. Als dann die Firma Bosch das ABS auf den Markt brachte, galt dieses als Begeisterungsanforderung. Mit der Zeit entwickelte sich das ABS zur Funktionsanforderung, indem es die Automobilfirmen als Sonderausstattungen in den Zubehörlisten anboten. Heute bildet das ABS eine Basisanforderung, die jeder Käufer stillschweigend bei einem Autokauf erwartet. Zudem lässt das Kraftfahrtbundesamt (KBA) heute keine Neufahrzeuge ohne die ABS-Funktionalität zu.

Um Kunden für ihre Produkte zu begeistern, müssen Unternehmen ständig neue Begeisterungsanforderungen kreieren. Abb. 3.10 stellt das Kano-Modell dar.

Beim Aufbau der Fragebögen gilt es einige Grundregeln zu beachten:

- *Offene Fragen* bieten sich für Wünsche oder neuartige Funktionalitäten (Begeisterungsanforderungen) von Kunden.
- *Geschlossenen Fragen* bewerten bereits vorhandene Kundenanforderungen (Funktionsanforderungen) und sollten bereits entsprechende Antwortmöglichkeiten vorsehen.
- *Einfache Priorisierungen* mit einer klaren Positionierung der Bewertung sind empfehlenswert. Übertriebene Priorisierungsmöglichkeiten (z. B. „Bringen Sie die folgenden 20 Begriffe in eine Reihenfolgen nach ihrer Wichtigkeit") sind zu vermeiden.
- Basisanforderungen sind nur in Ausnahmefällen abzufragen. Da diese aus Kundensicht Trivialitäten bilden, verlängert ihre Abfrage für den Kunden die Befragung unnötig. Im Allgemeinen bringen sie keinen neuen Erkenntnisgewinn.

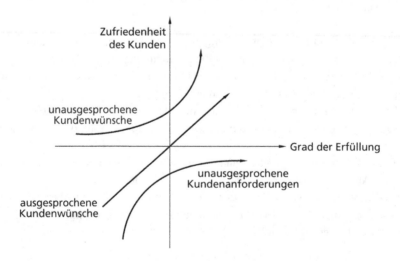

Abb. 3.10 Kano-Modell zur Klassifizierung von Kundeanforderungen. (In Anlehnung an Kano)

3.4.2.3 Technisches Konzept

Auf Basis des Lastenheftes erfolgt die Entwicklung des technischen Konzeptes. Hierbei wird auf Basis der lösungsneutralen Anforderungen aus dem Lastenheft die technische Realisierung des Produktes mit Spezifikationen erarbeitet. Zur Unterstützung bei der Erstellung des technischen Konzeptes finden Methoden und Werkzeuge, wie z. B. die Funktionsanalyse, die Konzeptbewertung oder die Quality Function Deployment Methode (QFD) ihre Anwendung (Abschn. 3.4.2.6). Das letztendlich festgelegte technische Konzept wird anschließend im Pflichtenheft dokumentiert.

3.4.2.4 Pflichtenheft

Das Pflichtenheft setzt auf dem Lastenheft auf und beantwortet schließlich die Fragen „Wie und Womit". Es stellt die vertraglich bindende technische Beschreibung (Spezifikation) der Realisierung des Produktes dar. Die Erstellung des Pflichtenheftes erfolgt durch den Auftragnehmer und wird vom Auftraggeber bestätigt. Im Rahmen einer kundenbezogenen Entwicklung ist der Auftraggeber der direkte Kunde während im Rahmen der marktbezogenen Entwicklung der Vertrieb oder das Produktmanagement die Rolle des Auftraggebers übernehmen.

3.4.2.5 Funktionsanalyse

Die Funktionsanalyse beschreibt die lösungsneutrale funktionale Interaktion im geplanten System. Sie findet insbesondere ihre Anwendung im sogenannten Systems Engineering bei der Entwicklung elektronischer und mechatronischer Systeme. Dabei werden zuerst die benötigten Funktionen unabhängig von ihrer Realisierung beschrieben und anschließend auf Komponenten allokiert (zugeordnet). Die Allokation bewertet Konzepte anhand von Kriterien wie bspw. Sicherheit, Kosten und Realisierbarkeit. Diese Vorgehensweise ähnelt sehr stark dem Morphologischen Kasten, der zur Auswahl der geeigneten Ausprägungen eines Systems verwendet wird. Für die Konzeptbewertung werden häufig speziell erstellte Tabellenkalkulations-Matrizen angewendet. Ein pragmatisches und gebräuchliches Werkzeug stellt dabei der Paarvergleich mit Variantenvergleich dar, der auf einfache und anschauliche Art und Weise die Bewertung verschiedener Konzepte ermöglicht.

Der Paarvergleich erlaubt es, die betrachteten Daten in eine Rangfolge nach ihrer Wichtigkeit zu bringen, indem jedes Kriterium mit jedem anderen verglichen wird. Dabei wird jeweils beurteilt, ob das betrachtete Kriterium weniger wichtig (0), gleich wichtig (1) oder wichtiger (2) als die andere Information ist. Dazu werden sowohl die Zeilen als auch die Spalten einer zweidimensionalen Matrix mit den Kriterien versehen. Die Diagonale der Matrix bleibt leer, da ein Kriterium nicht mit sich selbst verglichen werden kann. Die Zeilensummen (Quersummen) ergeben schließlich das Gewicht des jeweiligen Kriteriums und erlauben so die Bildung einer Rangfolge. Mit einem anschließenden Variantenvergleich lässt sich zusätzlich die geeignetste Variante zur Lösung der Aufgabenstellung identifizieren bzw. durch Kombination von Vorteilen einzelner Varianten erarbeiten. Zur Durchführung werden die gewichteten Anforderungen aus der Paarvergleichsmatrix den möglichen Varianten in einer Matrix gegenübergestellt und

Kriterium (unten) ist wichtiger = 2 gleich wichtig = 1 unwichtig = 0 als Kriterium (rechts)	keine Späne im Hohlraum	keine Späne im Gewinde	kein Lack im Gewinde	einfache manuelle Montage	einfache Bearbeitung	geringe Materialkosten	geringe Montagekosten	geringe Fertigungskosten	prozesssichere Fertigung	Summe	Kit eindrücken	Kunststoffstopfen mit Gewinde und Innensechskant	Kunststoffstopfen ohne Gewinde	Stehbolzen (Drumrumfräsen)	Innensechskantschraube (versenkt)
keine Späne im Hohlraum		1	2	2	2	2	2	2	1	14	5	5	5	5	5
keine Späne im Gewinde	1		2	2	2	2	2	2	1	14	-3	5	2	5	3
kein Lack im Gewinde	0	0		2	2	2	2	2	1	11	-3	5	3	-5	5
einfache manuelle Montage	0	0	0		1	1	2	2	0	6	-5	5	3	-2	5
einfache Bearbeitung	0	0	0	1		2	2	2	0	7	4	5	5	2	5
geringe Materialkosten	0	0	0	1	0		0	1	0	2	3	5	3	3	3
geringe Montagekosten	0	0	0	0	0	2		1	0	3	-3	5	2	4	5
geringe Fertigungskosten	0	0	0	0	0	1	1		0	2	3	5	5	1	2
prozesssichere Fertigung	1	1	1	2	2	2	2	2		13	-4	5	3	4	3
Erfüllungsgrad											-40	257,1	175	113,6	211,4
prozentualer Erfüllungsgrad											-16 %	100 %	68 %	44 %	82 %

Abb. 3.11 Paarvergleichsmatrix mit Variantenvergleich zur Konzeptbewertung. (Praxisbeispiel)

bewertet. Als Bewertungskriterien haben sich in der Praxis Zahlen (z. B. −5 bis +5) bewährt. Farbliche Hervorhebungen lassen zudem k.o.-Kriterien sichtbar werden. Durch gezielte Analyse der positiven und negativen Eigenschaften der einzelnen Lösungsvarianten lassen sich ggf. neue Konzepte kreieren, bei denen die positiven Eigenschaften beibehalten werden und die negativen eliminiert oder reduziert werden. Abb. 3.11 zeigt ein Beispiel für eine Paarvergleichsmatrix mit Variantenvergleich zur Konzeptbewertung für einen Bearbeitungsprozess.

3.4.2.6 Quality Function Deployment (QFD)

Quality Function Deployment (QFD) ist eine von Yoji Akao oder Akao in den 60er-Jahren entwickelte Methode zur kunden- und wettbewerbsorientierten Produktentwicklung, Akao (1992). Mit ihrer Hilfe lassen sich auf Basis der priorisierten Kundenanforderungen (Lastenheft) die technischen Realisierungen (Pflichtenheft) mit ihrer Wichtigkeit bezogen auf den Kundennutzen systematisch entwickeln. Vereinfacht ausgedrückt ermöglicht die QFD die systematische Übersetzung des Kundenwunsches „Was" in das Technische Konzept „Wie". Ein weiterer Vorteil der QFD-Methode stellt neben der Priorisierung und strikten Kundenorientierung die Berücksichtigung des Wettbewerbs dar. Dies stellt sicher, dass der Markterfolg im Fokus bleibt. Die Anwendung der Methode eignet sich hervorragend für marktbezogene Entwicklungen (z. B. Konsumgüter und Produkte, mit denen

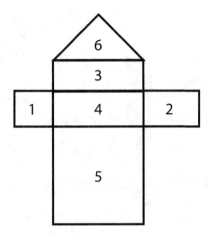

Abb. 3.12 House of Quality (in Anlehnung an Yoij)

der Entwickler im normalen Leben weniger in Berührung kommt). Die wichtigsten sechs Schritte der QFD sind:

1. Ermittlung und Priorisierung der Kundenanforderungen
2. Wettbewerbsvergleich bzgl. der Kundenanforderungen
3. Festlegung der Produktmerkmale
4. Korrelation zwischen Kundenanforderungen und Produktmerkmalen (HoQ-Matrix)
5. Technischer Wettbewerbsvergleich
6. Gegenseitige Beeinflussung der Produktmerkmale

Abb. 3.12 stellt beispielhaft ein House of Quality (HoQ) mit den wichtigsten Schritten dar.

3.4.2.7 Theorie des erfinderischen Problemlösens (TRIZ)

Die Theorie des erfinderischen Problemlösens (TRIZ) beschreibt in einem komplexen Werkzeugkasten eine umfassende Entwicklungsmethodik, wie sie auch die VDI-Richtlinie 2221 darstellt. Bekannt geworden ist die von Genrich Saulowitsch Altschuller begründete Methodik aber durch ihren Umgang mit Widersprüchen innerhalb der Produktentwicklung. In diesem Zusammenhang bietet TRIZ Gedankenanstöße, wie mit sich widersprechenden Anforderungen mithilfe von Separationsprinzipien umgegangen werden kann (z. B. Beize soll 100 °C haben und Beize darf nicht heißer als 80 °C werden). Am bekanntesten ist aber wohl die Widerspruchsmatrix, in der Realisierungsprinzipien aus über 2,5 Mio. Patenten zusammengefasst sind. Interessanterweise beruhen alle analysierten Patente auf lediglich 40 Lösungsprinzipien. Der als Patentassessor arbeitende Altschuller erkannte, dass Patente immer dann entstanden, wenn scheinbar unlösbare Widersprüche gelöst wurden. Durch Analyse von Patenten entwickelte er daraus eine Systematik, die auf Basis von 39 technischen Parametern eben die angesprochenen 40 Lösungsprinzipien anbietet. Dabei werden keine expliziten Lösungen genannt. Vielmehr werden einem Denkanstöße vermittelt, ähnlich

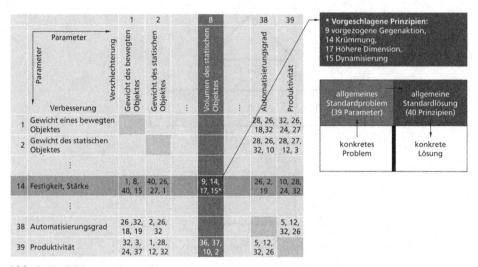

Abb. 3.13 Widerspruchsmatrix.
(In Anlehnung Herb)

der Kreativitätstechnik, die helfen sollen, durch Abstraktion die Lösung für das eigene Problem zu finden. Abb. 3.13 stellt die Widerspruchsmatrix in Anlehnung an Herb et al. (2000) dar.

3.4.2.8 Target Costing und Wertanalyse

Zur Entwicklung unter monetären Gesichtspunkten finden zwei weitere Methoden, das Target Costing und die Wertanalyse, ihre Anwendung.

Die Methode Target Costing ermittelt Zielkosten für einzelne Komponenten auf Basis des am Markt erzielbaren Verkaufspreises. Auf Basis der Wichtigkeit aus Kundensicht, welche beispielsweise aus der QFD stammen kann, erfolgt eine Zielkostenspaltung. Dabei werden für die einzelnen Komponenten Zielwerte für Entwicklungs- und/oder Produktionskosten festgelegt. Typisch für das Target Costing ist der Zielkorridor aus Funktionsgewicht und Funktionskostenanteil. Damit lassen sich Komponenten mit zu hohem Funktionskostenanteil identifizieren und Maßnahmen zur Kostensenkungen anstoßen. Abb. 3.14 stellt den Target Costing Korridor dar, Wirtschaftslexikon (2016).

Die Wertanalyse findet meistens im Rahmen von Design-To-Cost-Programmen (DTC) ihre Anwendung. Das Ziel der Wertanalyse ist die Reduzierung der Kosten für Komponenten und ihre Herstellung unter Beibehaltung der Funktionalität. Dazu werden auch wieder die Funktionskostenanteile ermittelt und mithilfe einer Pareto-Analyse die relevanten Kostentreiber ermittelt. Die Pareto-Analyse (auch ABC-Analyse genannt) bereitet die Einflussgrößen grafisch so auf, dass die wichtigsten einfach erkennbar sind (vgl. Abschn. 7.4.2.2.2).

Anschließend versucht die Wertanalyse für die höchsten Funktionskosten durch andere Lösungsprinzipien oder Herstellverfahren die Kosten der relevanten Komponenten zu

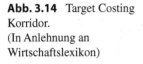

Abb. 3.14 Target Costing
Korridor.
(In Anlehnung an
Wirtschaftslexikon)

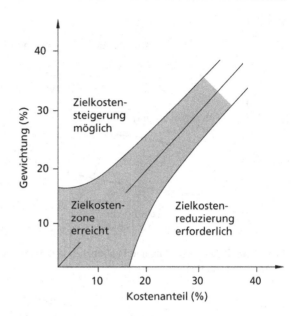

reduzieren. Abb. 3.15 stellt ein Beispiel für eine Funktionskostenanalyse für einen Bilderrahmen dar. Die ersten drei Funktionen bestimmen zusammen ca. 55 % der Kosten.

Zur Sicherstellung der geforderten technischen Funktionalitäten werden im Rahmen
der Produktentwicklung verschiedene Risikoanalysen durchgeführt. Studien zeigten, dass
die Entwicklung ein Großteil der Fehler verursacht. Demgegenüber werden die Fehler
oft erst sehr spät im Rahmen der Prüfung oder sogar erst im Einsatz bemerkt. Dort kosten sie aber gemäß der sogenannten „Rule of Ten" ein Vielfaches an Kosten zur Fehlerbehebung. Abb. 3.16 stellt Fehlerentstehung und die Fehlerbehebung dar, Pfeifer (1996).

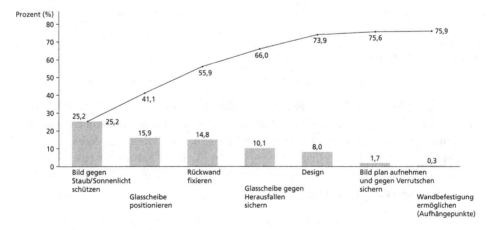

Abb. 3.15 Funktionskostendarstellung für einen Bilderrahmen.
(Praxisbeispiel)

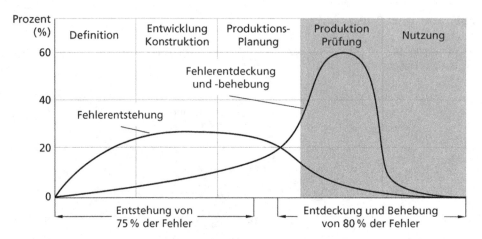

Abb. 3.16 Fehlerentstehung und Fehlerbehebung im Produktlebenslauf.
(In Anlehnung an Pfeifer)

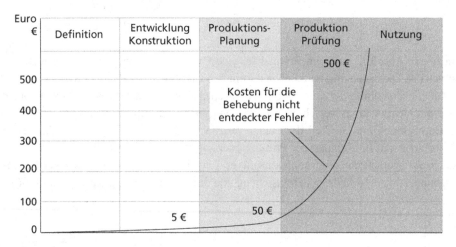

Abb. 3.17 Rule of Ten der Fehlerbehebungskosten.
(In Anlehnung an Pfeifer)

Nach der Rule of Ten steigen die Fehlerbehebungskosten von Entwicklungsstufe zu Entwicklungsstufe um den Faktor zehn. Dabei kann es vorkommen, dass die
Rückrufkosten teilweise das 1000-fache der Herstellkosten erreichen. Aktuelle Rück-
rufaktionen aus der Automobilindustrie zeigen, dass sich die Kosten für einen Rückruf
auf bis zu 1,4 Mrd. € summieren können. Abb. 3.17 stellt die Rule of Ten für die Fehlerbehebungskosten dar, Pfeifer (1996).

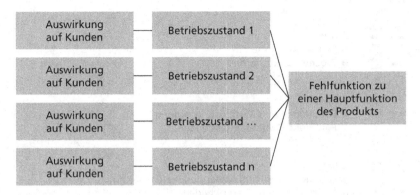

Abb. 3.18 Gefahrenanalyse und Risikobewertung

3.4.2.9 Gefahrenanalyse und Risikobewertung (G&R)

Bereits nach der Definition des technischen Konzeptes sollte die Gefahrenanalyse und Risikobewertung (G&R) zur Ermittlung der technischen Risiken des Produktes durchgeführt werden. Auf Basis der Hauptfunktionen des Produktes sind potenzielle Fehlfunktionen abzuleiten und deren Auswirkung auf die Nutzung des Produktes durch den Kunden zu bewerten. Hierbei ist es hilfreich, wenn sich bereits Angaben zur geplanten Nutzung des Produktes im Lastenheft finden. Auf Basis der Risikobewertung erfolgt dann die Entwicklung des funktionalen und technischen Sicherheitskonzeptes. Abb. 3.18 stellt eine Gefahrenanalyse und Risikobewertung dar.

3.4.2.10 Fehlermöglichkeits- und Einflussanalyse (FMEA)

Die Fehlermöglichkeits- und Einflussanalyse (FMEA) hat sich in den letzten Jahren als wirkungsvolles Tool zur Fehlervermeidung etabliert. Untersuchungen belegen, dass die FMEA derzeit in Unternehmen die am häufigsten eingesetzte Methode zum technischen Risikomanagement darstellt. Die FMEA stammt aus Amerika, wo sie Anfang der sechziger Jahre von der NASA zur Qualitätssicherung der Apollo-Projekte entwickelt wurde. Von da an fand sie ihre Anwendung hauptsächlich in sicherheitskritischen Bereichen wie der Luft- und Raumfahrtindustrie und der Kerntechnik. Eine entscheidende und richtungsweisende Weiterentwicklung erfuhr die FMEA durch den neuen Ansatz des Verbandes der Automobilindustrie (VDA) im Jahre 1996. Die darin beschriebene Vorgehensweise kann zweifelsfrei als systematischster und universellster Ansatz zur FMEA-Anwendung bezeichnet werden. Abb. 3.19 stellt die fünf Schritte der FMEA dar, VDA 4 Kap. 3 (2012). Das FMEA-Handbuch von 2019 beschreibt die zwischen der AIAG (Automotive Industry Action Group) und dem VDA (Verband der Automobilindustrie) harmonisierte Vorgehensweise und erweitert die Methode um die Schritte Planung und Ergebnisdokumentation auf insgesamt 7 Schritte (FMEA-Handbuch 2019).

Die Anwendung der FMEA im Rahmen der Produktentwicklung vermeidet Fehler entweder proaktiv durch gezielte Planung von Maßnahmen oder reaktiv durch frühzeitige Entdeckung noch vor der Produktfreigabe. Dies gewährleistet, dass die Produkte

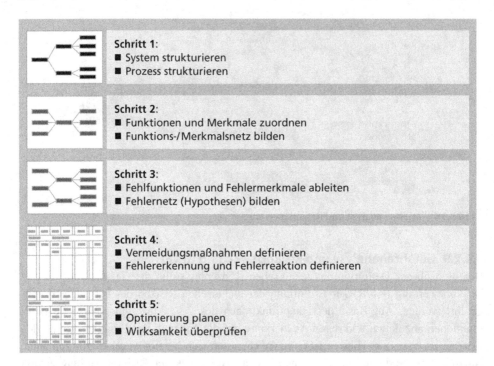

Abb. 3.19 Fünf Kern-Schritte der FMEA.
(In Anlehnung an VDA 4 Kap. 3)

ihre geplante Funktion fehlerfrei erfüllen können. Die FMEA trägt dadurch auch dazu bei, die gesetzliche Sorgfaltspflicht bei der Inverkehrbringung von Produkten zu erfüllen. Dazu stellt die FMEA zuerst Hypothesen zu potenziellen Risiken (Fehlerursache-Fehler-Fehlerfolgen-Kombinationen) des untersuchten Produktes auf. Der nächste Schritt überprüft, inwieweit die im Unternehmen etablierten Prozesse und Maßnahmen ausreichen, diese Risiken wirkungsvoll zu vermeiden bzw. im Falle von deren Auftreten, sicher zu entdecken, bevor die Produktfreigabe erfolgt.

Leider lassen sich die durch eine FMEA-Anwendung erzielten Einsparungen nur ungenügend monetär bewerten. Firmen, die jedoch die FMEA konsequent anwenden, berichten vielfach von absolut problemlosen Produkten im Feld. Ebenso bestätigen Firmen, dass sich durch die frühzeitige Aufdeckung von Fehlern spätere höhere Kosten wirkungsvoll vermeiden ließen. Untersuchungen haben des Weiteren gezeigt, dass bis zu 30 % der Fehler, die eine FMEA aufdeckte, den Unternehmen bis zu diesem Zeitpunkt nicht bekannt waren und teilweise sogar im weiteren Entwicklungsablauf nicht entdeckt worden wären. Im Vordergrund der Betrachtung stehen die System-FMEA, die Konstruktions-FMEA und die Prozess-FMEA. Das FMEA-Handbuch von 2019 beschreibt die zwischen der AIAG (Automotive Industry Action Group) und dem VDA (Verband der Automobilindustrie) harmonisierte Vorgehensweise und erweitert die Methode um die Schritte Planung und Ergebnisdokumentation auf insgesamt 7 Schritte (FMEA-Handbuch 2019).

Die *System-FMEA* analysiert Fehlfunktionen an Komponenten und Schnittstellen des Systems sowie deren Auswirkungen auf das Gesamtsystem und den Endnutzer. Die Vermeidungsmaßnahmen beziehen sich dabei im Allgemeinen auf konzeptionelle Absicherungen des Systems, während sich die Entdeckungsmaßnahmen im Allgemeinen auf Maßnahmen, die im Rahmen der Verifizierung und/oder Validierung des Systems ihre Anwendung finden, beziehen. Bei mechatronischen Systemen finden auch Maßnahmen zur „Fail-safe-Auslegung" des Systems bei Auftreten von Fehlfunktionen an Komponenten und zur Warnung des Nutzers ihre Anwendung. Typische Anwendungsbereiche für System-FMEAs sind die Analyse von mechatronischen Systemen und Sicherheitseinrichtungen oder auch die Schnittstellenbetrachtung komplexer Systeme.

Die *Konstruktions-FMEA* (auch Design-FMEA genannt) analysiert, ob die gewählten Maße und Toleranzen sowie die gewählten Materialien geeignet sind, die geforderten Funktionen des Bauteils zuverlässig über die Lebensdauer unter den geforderten Umgebungsbedingungen zu erfüllen. Die Vermeidungsmaßnahmen beziehen sich dabei im Allgemeinen auf die konstruktive Absicherungen des Bauteils, während sich die Entdeckungsmaßnahmen im Allgemeinen auf Maßnahmen beziehen, die im Rahmen der Verifizierung und/oder Validierung des Bauteils und/oder des Systems ihre Anwendung finden.

Die *Prozess-FMEA* analysiert, welche Fehlfunktionen während der Fertigung und/oder Montage auftreten können. Die Vermeidungsmaßnahmen beziehen sich dabei im Allgemeinen auf Absicherungen des Fertigungs- und/oder Montageprozesses, während sich die Entdeckungsmaßnahmen im Allgemeinen auf Maßnahmen beziehen, die fehlerhaften hergestellten Produkte noch vor ihrer Auslieferung an den Kunden zu entdecken.

3.4.2.11 Funktionale Sicherheit

Die Entwicklung mechatronischer Systeme hat in der Vergangenheit stark zugenommen, da sich mit Ihnen Funktionalitäten realisieren lassen, die rein mechanisch oft gar nicht möglich wären. Werden dabei auch sicherheitsrelevante Funktionen umgesetzt, sind die Anforderungen der Normung zur „Funktionalen Sicherheit" (IEC 61508 und ISO 26262) zu berücksichtigen.

Funktionale Sicherheit ist die Fähigkeit eines sicherheitsbezogenen elektrischen und elektronischen Systems, beim Auftreten von systematischen und zufälligen Fehlern einen sicheren Zustand einzunehmen bzw. in einem sicheren Zustand zu bleiben:

- Dabei gelten Ausfälle mit eindeutiger Ursache als *systematische Fehler* (z. B. fehlerhafte Systemauslegung).
- *Zufällige Fehler* sind Ausfälle, die zu einem beliebigen Zeitpunkt auftreten können und deren Ursache nicht eindeutig ist (z. B. Alterung elektrischer oder elektronischer Bauteile).

Ziel der Funktionalen Sicherheit ist es, die Häufigkeit der von einem System ausgehenden Sicherheitsrisiken unterhalb eines von der Gesellschaft tolerierbaren Restrisikos zu halten. Dies bedeutet aber nicht, dass funktional sichere Systeme auch gleichzeitig zuverlässiger sein müssen.

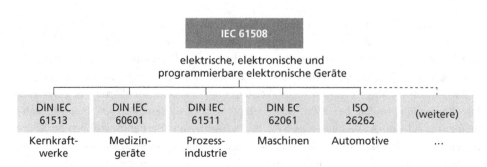

Abb. 3.20 Normenlandschaft im Bereich der Funktionalen Sicherheit

Die IEC 61508 „Funktionale Sicherheit sicherheitsbezogener elektrischer, elektronischer, programmierbar elektronischer Systeme" bezieht sich auf die Entwicklung von elektrischen, elektronischen und programmierbar elektronischen (E/E/PE) Systemen, die eine Sicherheitsfunktion ausführen. Als branchenneutraler Standard ist sie prinzipiell auf alle Systeme anwendbar, von denen eine Gefahr für Mensch oder Umwelt ausgehen kann. Ihre Inhalte orientieren sich aber verstärkt an in Einzel- oder Kleinserien aufgebauten Anlagen, Bullinger et al. (2009). Abb. 3.20 stellt die Normenlandschaft zur Funktionalen Sicherheit dar. (DIN IEC 61513, DIN IEC 60601, DIN IEC 61511, DIN IEC 62061)

Die ISO 26262 wurde im November 2011 veröffentlicht und ergänzt die Normung zur Funktionalen Sicherheit nach dem generischen Standard IEC 61508 um eine automobilspezifische Norm. Ihr Geltungsbereich umfasst den gesamten Produktlebenszyklus sicherheitsbezogener elektrischer und elektronischer Systeme (E/E-Systeme) von in Serie produzierten Personenkraftwagen, Lastkraftwagen, Busse sowie Motorrädern von der Konzeptphase über die Entwicklung bis hin zur Produktion und Außerbetriebnahme. Sie löst damit die Anwendung der IEC 61508 in diesem Segment ab. Der von der Industrie geschätzte Mehraufwand zur Erfüllung der Anforderungen der Funktionalen Sicherheit beträgt je nach Reifegrad des Unternehmens zwischen 10 und 20 %. Unabdingbare Voraussetzungen sind funktionierende Managementsysteme (z. B. IATF 16949:2016, SPICE, CMMI) sowie entsprechende organisatorische Erweiterungen für das Safety Management.

3.4.2.12 Ereignisablaufanalyse (ETA)

Die Ereignisablaufanalyse identifiziert und bewertet systematisch mögliche Ereignisabläufe, die von einem gegebenen Anfangsereignis ausgehen.

Am Beginn steht die Analyse der Ereigniskette vom Anfangs- und Zwischen- bis zu den möglichen Endereignissen. Die Verknüpfung erfolgt über JA-/NEIN-Bedingungen und leitet alle potenziell möglich Folgeereignisse auf. Den jeweiligen Folgeereignissen können Auftrittswahrscheinlichkeiten zugeordnet werden. Ein Ablaufdiagramm visualisiert den Ereignisablauf über grafische Symbole. So sind alle Folgeereignisse zu einem Ausgangsereignis zu erkennen.

3.4.2.13 Fehlerbaumanalyse (FTA)

Die Fehlerbaumanalyse identifiziert systematisch alle möglichen Ursachen, die zu einem vorgegebenen unerwünschten Ereignis führen. Dabei werden sowohl die Auftrittswahrscheinlichkeiten der ermittelten Ursachen als auch die UND- bzw. ODER-Ausprägungen von verknüpften Ursachen untersucht.

Ausgangspunkt bildet ein unerwünschtes Ereignis. Dieses kann die Negation einer Funktion oder die Nichterfüllung eines geforderten Produktmerkmales sein. Danach werden diesem TOP-Ereignis mögliche Ursachen zugeordnet. Für jede zugeordnete Ursache ist zu überprüfen, ob sie sich mit anderen zugeordneten Ursachen in einer UND- oder einer ODER-Verknüpfung befindet. Dieser Schritt wird in den nächsten Ebenen analog fortgesetzt. So baut sich eine Fehler-Ursachen-Kette vom TOP-Ereignis bis hin zur originären Ursache auf. Die Bewertung der Auftrittswahrscheinlichkeiten der einzelnen Ergebnisse identifiziert den kritischen Pfad, der am häufigsten zum TOP-Ereignis führt.

Der wesentliche Vorteil der Fehlerbaumanalyse liegt in der Möglichkeit, Ursachenkombinationen sowie Ausfallwahrscheinlichkeiten zu erkennen und übersichtlich darzustellen. Sie ermöglicht eine Systembeurteilung im Hinblick auf Betrieb und Ausfallsicherheit. Es wird ferner möglich zu überprüfen, inwieweit ein technisches System, vorgegebene Fehlerraten einhalten kann. Wechselwirkungen der einzelnen Ursachen in Bezug auf das Ereignis können nicht dargestellt werden.

3.4.2.14 Design of Experiments (DoE)

Immer dann, wenn sich Zusammenhänge zwischen Input- und Outputgrößen nicht algorithmieren lassen bzw. Wechselwirkungen zwischen einzelnen Parametern bestehen, findet die Versuchsplanung ihre Anwendung. Mit ihrer Hilfe lassen sich in diesem Falle Produkte und Prozesse mit möglichst geringem Aufwand optimieren. Die Methode basiert auf der Annahme, dass auf ein Produkt oder Prozess mehrere Einflussgrößen wirken, die wiederum die Qualitätsmerkmale der Ausgangsgröße beeinflussen.

Ziel der statistischen Versuchsplanung ist die Ermittlung der relevanten Einflussgrößen, um die Produkte oder Prozesse durch gezieltes Einstellen der beeinflussbaren Einflussgrößen unempfindlich gegenüber Störgrößen zu gestalten und damit eine geringere Streuung der Zielgrößen zu erhalten. Im Gegensatz zur klassischen Versuchsplanung, bei der immer nur ein Einflussfaktor geändert wird, erfolgt bei der Statistischen Versuchsplanung (SV), oder auch Design of Experiments (DoE) genannt, die gleichzeitige Änderung mehrerer Einflussfaktoren. Das reduziert die Anzahl der Versuche zur Ermittlung von signifikanten Einflussparametern sowie der optimalen Parameterkombination stark. Gleichzeitig wächst damit aber auch die Gefahr einer Fehlinterpretation der Ergebnisse.

3.4.2.15 Error Proofed Design und konstruktives Poka Yoke

Im Rahmen der Produktentwicklung ist es notwendig, auch die spätere Montage und Nutzung der Produkte mit zu analysieren. Zeigen sich hier erwartbare Fehler während der späteren Montage oder Produktnutzung, kann das Error Proofed Design helfen. Hierbei werden Fehlhandlungen durch konstruktive Maßnahmen (z. B. unterschiedliche Durchmesser, ungleichmäßige Teilung von Bohrungen oder mechanische Codierungen) ausgeschlossen (auch konstruktives Poka Yoke). Der Begriff Poka Yoke stammt aus dem Japanischen und bedeutet so viel wie Vermeidung zufälliger oder unbeabsichtigter Fehler, vgl. auch Abschn. 8.4.2.

3.4.2.16 Robust Design

Robust Design stellt eher eine Philosophie als eine Methode dar. Es legt Produkte konstruktiv so aus, dass sie auf schwankende Eingangsgrößen ohne nennenswerte Schwankung der Ausgangsgrößen, also robust, reagieren. Die praktische Umsetzung dieser einleuchtenden Empfehlung ist aber oftmals nicht trivial. Ein Beispiel für eine robuste Konstruktion wäre die Montage eines Bleches an zwei Gewindebohrungen. Da sowohl durch fertigungsbedingte Schwankungen der Gewindebohrungen als auch der Bohrungen im Blech Montageprobleme entstehen könnten, wird eine Bohrung des Bleches zur Kompensation der Schwankungen durch ein Langloch ersetzt.

3.4.2.17 Besondere Merkmale

Als Besonderes Merkmal (BM) gelten Produkt- oder Prozessmerkmale, deren Nichterfüllung oder Nichteinhaltung aufgrund plausibler Kausalketten Auswirkungen auf folgende drei Kriterien haben können (Quelle VDA 2011):

- *BM S:* Sicherheitsanforderungen, deren Verletzung eine unmittelbare Gefahr für Leib und Leben zur Folge haben können, wie z. B. Verlust der Straßensicht, Ausfall der Bremsen oder unkontrollierter Antrieb.
- *BM Z:* Zulassungsrelevante gesetzliche und behördliche Vorgaben des Produktes. Dies können z. B. das Schließsystem, Fahrzeugemissionen oder Recyclingaspekte sein.
- *BM F:* Forderungen und Funktionen. Dies können z. B. wesentliche funktionelle Forderungen, wie die 4F (Form, Fit, Function, perFormance) oder fertigungstechnische Forderungen sein.

Die Produktentwicklung identifiziert diese Besonderen Merkmale. Nur die System- und Produktentwicklung kann anhand von Gefahrenanalysen und Risikoabschätzungen die Relevanz von BM beurteilen. Die Weitergabe von BM erfolgt entlang von Kausalketten. Dabei lassen sich insbesondere die Funktions- und Merkmalsnetze bzw. die Fehlernetze nutzen, wie sie die VDA-Vorgehensweise zur FMEA (VDA Band 4 2012) beschreibt. Hierdurch ermöglicht die durchgängige Betrachtung von der System-FMEA über die Konstruktions-FMEA bis hin zur Prozess-FMEA.

Die Kennzeichnung von BM erfolgt im Allgemeinen mithilfe sogenannter „Zeppelinmaße". Sie vergeben neben dem Merkmalswert mit Sollwert und Toleranzen eine laufende Nummer und klassifizieren die Besonderen Merkmale. Kann keine Absicherung der BM innerhalb der Entwicklung durch ein robustes Konzept oder eine robustes Design erfolgen, muss dies auf der Prozessebene durch geeignete Maßnahmen erfolgen. Dort ist zu unterscheiden:

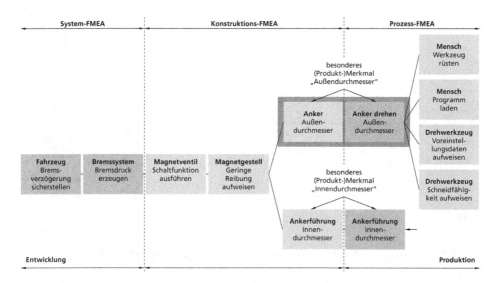

Abb. 3.21 Funktions-/Merkmalsnetz mit Besonderen Merkmalen.
(Praxisbeispiel)

- Bei *systematischen Einflussfaktoren* eignet sich die Erst- und Letztstückprüfung mit der Möglichkeit der 100 %-Rücksortierung im Fehlerfall. Eine zusätzliche Stichprobenprüfung in regelmäßigen Abständen reduziert die Gefahr umfangreicher Rücksortierungen.
- Bei *zufälligen Einflussfaktoren* ist eine 100 %-Prüfung unumgänglich.

Abb. 3.21 stellt den Zusammenhang für *Besondere Merkmale* von der Entwicklung bis zur Produktion an einem Beispiel dar.

3.4.2.18 Lieferantenauswahl

Bereits innerhalb der Entwicklung erfolgt in vielen Fällen die Festlegung der zukünftigen Lieferanten. Die Festlegung kann dabei nach den verschiedensten Kriterien wie z. B. hinsichtlich dem Lieferumfang (Was?), dem Lieferant (Wer?), der Produktion (Wo und Womit?) oder dem Termin (Wann?) erfolgen. Besonders in der Automobilindustrie erfolgt die Produktentwicklung öfters durch einen anderen Lieferanten als die Serienbelieferung. Dann kommunizieren Zeichnungen oder Qualitätsvorausplanungslisten die (innerhalb der Entwicklung festgelegten) Besonderen Merkmale – und damit auch die Risikoeinschätzung – an den Lieferanten. Abb. 3.22 stellt die Besonderen Merkmale zur Kommunikation mit dem Lieferanten am selben Praxisbeispiel dar.

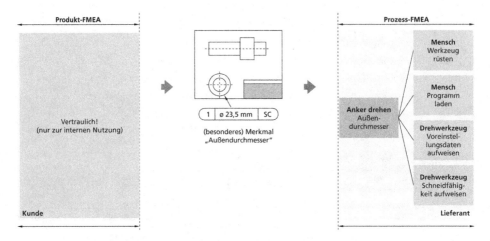

Abb. 3.22 Besondere Merkmale zur Kommunikation zwischen Kunde und Lieferant. (Praxisbeispiel)

3.4.2.19 Musterstände

Während der Entwicklungsphase bewerten Muster oder Prototypen die Entwicklungsergebnisse. Art und Umfang differieren je nach Branche erheblich. Bspw. unterscheidet die Automobilbranche vier Musterstände:

- *A-Muster*
  Als A-Muster gelten in der Automobilindustrie *Funktionsmuster*. Sie sollen Aufschluss über die *prinzipielle Realisierbarkeit* einer Funktionalität geben. Aus diesem Grund besitzen sie auch meistens weder einen vollen Funktionsumfang noch endgültigen Abmaße, sind nicht für den Dauerbetrieb geeignet und werden auch noch nicht unter Serienbedingungen hergestellt. Ihre Herstellung erfolgt meistens durch Verfahren des Rapid Product Development, wie z. B. der Stereolithografie.
- *B-Muster*
  B-Muster sind in der Automobilindustrie *Prototypen*. Sie dienen der Erprobung des *definierten Funktionsumfangs* sowie der technischen Anforderungen und sind auch bereits für die Dauererprobung geeignet. Ihre Form entspricht dabei schon dem geforderten Bauraum. Ihre Herstellung erfolgt meist mit seriennahen Werkstoffen auf entsprechenden Hilfswerkzeugen.

- *C-Muster*
  Als C-Muster gelten in der Automobilindustrie *Vorserienteile*. Sie sollen die *technischen Spezifikationen* nachweisen. Ihre Herstellung erfolgt mit dem Zielwerkstoff auf serienmäßigen Werkzeugen und seriennahen Fertigungsverfahren.
- D-Muster
  D-Muster sind in der Automobilindustrie *Erstmuster* aus der Vorserie. Sie sollen die *Serientauglichkeit* nachweisen und die Qualitätsanforderungen erfüllen. Hierzu erfolgt ihre Herstellung auf serienmäßigen Werkzeugen unter Serienbedingungen. Erstbemusterung (Überprüfung aller Maße) sowie Maschinen- und Prozessfähigkeitsuntersuchungen weisen die Serientauglichkeit nach.

3.4.2.20 Labortests und Verifizierung

Labortests sollen die geforderte Spezifikationen aus dem Pflichtenheft nachweisen und prüfen, ob das gesetzte Entwicklungsergebnis erreicht wurde. Der Nachweis der geforderten Produkteigenschaften gegenüber dem Pflichtenheft heißt Verifizierung.

▶ Die Verifizierung bezeichnet den Nachweis der geforderten Produkteigenschaften gegenüber dem Pflichtenheft.

3.4.2.21 Tests unter Kundenbedingungen und Validierung

Tests unter Kundenbedingungen sollen die vom Kunden definierten Anforderungen nachweisen und prüfen, ob das Produkt die vom Kunden gestellten Anforderungen erfüllt. Dieser Nachweis unter den vorgegebenen Nutzungsbedingungen heißt Validierung. In der Automobilindustrie erfolgt er zu großen Teilen durch die kundennahe Fahrerprobung sowie durch Fahrversuche unter Extrembedingungen, wie z. B. der Sommer- und Wintererprobung oder der Schlechtwegerprobung.

▶ Die Validierung bezeichnet den Nachweis der Erfüllung der Kundenanforderungen unter den vorgegebenen Nutzungsbedingungen.

Zusammenfassend stellt Abb. 3.23 nochmals die gesamte Entwicklungsplanung im V-Modell mit den zwei häufig verwendeten Methoden Quality Function Deployment (QFD) und Fehlermöglichkeits- und Einflussanalyse (FMEA) sowie der Verifizierung und Validierung dar.

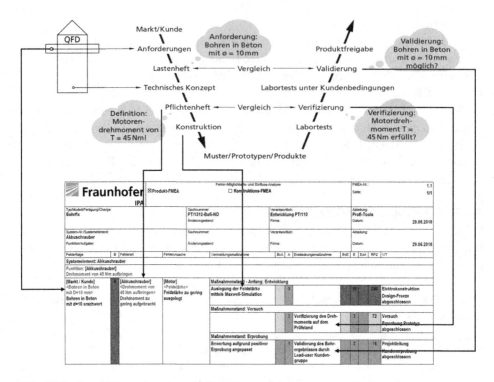

Abb. 3.23 Entwicklungsplanung im V-Modell

3.5   IT-Werkzeuge der Produktentwicklung

Je nach Anwendungsgebiet existiert eine Vielzahl von EDV-Lösungen. Im Einzelnen sind dies:

- *CAD-Systeme:*
  CAD-Systeme unterstützen die konstruktive Auslegung, Berechnung und Optimierung des Produktentwurfs. Waren anfangs nur Konstruktionen in 2D möglich, so ermöglichen die Systeme von heute auch 3D-Konstruktionen. Dabei werden drei Modellarten unterschieden: *Volumenmodelle* stellen ein digitales Abbild des Produktes dar. Bei *Körpermodellen* lassen sich zusätzlich physikalische Eigenschaften zuordnen, die weitere Aussagen zum Produkt (z. B. Gewicht oder Schwerpunkt) ermöglichen. *Flächenmodelle* erlauben die Konstruktion und Optimierung von Oberflächen.
  Des Weiteren existieren CAD-Systeme für E/E-Systeme (Elektrik/Elektronik). Mit Ihnen lassen sich elektrische und elektronische Schaltungen entwerfen. Zum Austausch der Daten untereinander existieren definierte Datenformate.

- *Digital Mock-up (DMU):*
  Digital Mock-up sind virtuelle Systeme, mit denen physikalische Untersuchungen und Simulationen durchgeführt werden können. Sie ersetzen teure Analysen an Prototypen durch Analysen im Computer. Typische Anwendungsfelder hierfür sind Einbauuntersuchungen und Kollisionsprüfungen.
- *Virtual Reality (VR):*
  Unter Virtual Reality versteht man die Abbildung der Wirklichkeit im Computer. Dabei kommen komplexe EDV-Systeme zum Einsatz. Dies sind einerseits die Ausgabegeräte, wie z. B. eine Cave oder Datenbrille, andererseits die mehrdimensionalen Eingabesysteme, wie z. B. Datenhandschuh oder 3D-Maus. Die EDV-Systeme geben die „Virtuelle Realität" in Echtzeit unter Berücksichtigung der Interaktionen des Nutzers aus. Einsatzgebiete der Virtual Reality sind beispielsweise die Simulation von Fertigungs- und Montageeinrichtungen im Rahmen der Fabrikplanung sowie Analysen und Trainings in Fahrsimulatoren.
- *Finite-Element-Methode (FEM):*
  FEM-Programme dienen zur Analyse und Auslegung von Produkten hinsichtlich Verhalten unter Belastungen oder thermischen Einwirkungen.
- *Computer-aided Industrial Design (CAID):*
  Computer-aided-Industrial-Design-Systeme unterstützen das technische Design von Produkten.
- *Computer Fluid Dynamics (CFD):*
  Computer-Fluid-Design-Systeme ermöglichen strömungstechnische Untersuchungen an virtuellen Produkten im Computer.

Des Weiteren existieren aufseiten der Funktionsauslegung, wie in Abb. 3.24 dargestellt, Systeme zum System Engineering mit SysML oder UML. Eine weitere nicht zu vergessende Gruppe stellen die Dokumentenmanagementsysteme und Änderungsmanagementsysteme dar. Aufgrund der Vielzahl der insgesamt in der Produktentwicklung eingesetzten Systeme, wird die Aufzählung an dieser Stelle jedoch nicht weiter vertieft.

Rechnerunterstütztes Konstruieren (CAD)		Aufbau digitaler Prototypen	
Mechanik-CAD	**Elektro-CAD**	**Digital Mock-up**	**Virtual Reality**
■ Entwurf	■ Entwurf	■ Digitale Versuche	■ Cave, Datenbrille, 3D-Maus
■ Konstruieren	■ E/E-Design	■ Einbauuntersuchungen	■ Echtzeitsimulation
■ 2D/3D	■ Schaltungen	■ Einbau- und Kollisions-	(Montage, Fahrsimulator)
■ Werkstoffinformationen	■ Chipentwurf	prüfungen	
■ Simulationen	■ Leiterplattenentwurf		
Technisches Design	**Auslegungs-, Berechnungs- und Optimierungssysteme (CAE)**		
Computer-aided Industrial Design (CAID)	**Computational Fluid Dynamics (CFD)**	**Finite-Elemente-Methode (FEM)**	
■ Technisches Design	■ Strömungstechnische Analysen an virtuellen Produkten	■ Analyse von Produkten hinsichtlich Spannungen und thermischer Einflüsse	

Abb. 3.24 IT-Unterstützung im Entwicklungsprozess

3.6   Ausblick

Die Digitalisierung wird auch weiterhin in der Produktentwicklung stark zunehmen. Zu erwähnen ist hier die Vielzahl von Entwicklungswerkzeugen, die eine effektive und effiziente Produktentwicklung unterstützen. So werden Konzepte zur Industrie 4.0 es wahrscheinlich in naher Zukunft ermöglichen, bereits während der Entwicklung Vorhersagen zur Qualität der Produkte zu treffen. Des Weiteren werden die zeit- und ressourcenaufwendigen physischen Tests verstärkt durch Simulationswerkzeuge entfallen oder zumindest stark reduziert werden können. Letztendlich werden auch die Kunden der Produkte durch die zunehmende Vernetzung immer stärker in die Entwicklung neuer Produkte mit eingebunden werden. All das wird zu einer weiteren entscheidenden Verkürzung der Produktentwicklungszeiten bei gleichzeitiger Reduzierung der Kosten (insbesondere der Komplexitätskosten) führen.

3.7   Lernerfolgsfragen

Fragen

1. Erläutern Sie den Unterschied zwischen Innovation und Entwicklung.
2. In welche Kategorien lassen sich Innovationen einteilen?
3. In welche Phasen lässt sich das Innovationsmanagement einteilen?
4. In welche Phasen lässt sich die Produktentstehung einteilen?
5. Skizzieren Sie das V-Modell für eine Produktentwicklung und benennen Sie die Aktivitäten und Dokumente (nicht Methoden) darin.
6. Erläutern Sie den Unterschied zwischen dem Lastenheft und dem Pflichtenheft.
7. Was versteht man unter den Begriffen Verifizierung und Validierung?
8. Wozu wird die Methode Szenariotechnik eingesetzt?
9. In welchen Schritten läuft die Gefahrenanalyse und Risikobewertung (G&R) ab?
10. Welche Methode eignet sich zur Entwicklung eines technischen Konzepts?
11. Beschreiben Sie die sechs Schritte der Methode Quality Function Deployment (QFD).
12. Wozu wird die Funktionsanalyse eingesetzt?
13. Wann empfiehlt sich der Einsatz der Methode TRIZ?
14. In welchen fünf Schritten läuft die Fehlermöglichkeits- und Einflussanalyse (FMEA) ab?
15. Mit welchen Faktoren werden Risiken innerhalb der FMEA bewertet?
16. Erläutern Sie die unterschiedlichen FMEA-Arten sowie ihre Zielsetzungen.
17. Beschreiben Sie die Unterschiede zwischen der Ereignisablaufanalyse und der Fehlerbaumanalyse und grenzen Sie diese gegenüber der FMEA ab.
18. Was ist die Zielsetzung und der Fokus der Funktionalen Sicherheit?
19. Was versteht man unter dem Begriff Poka-Yoke?

20. Was sind die Zielsetzungen der Wertanalyse und des Target Costings?
21. Beschreiben Sie die drei Typen von Besonderen Merkmalen und erläutern Sie deren Zielsetzung?
22. Beschreiben Sie die vier Musterstände in der Automobilindustrie.

Literatur

AIAG, VDA (Hrsg.) (2019) FMEA-Handbuch, Fehler-Möglichkeits- und Einfluss-Analyse – Design-FMEA, Prozess-FMEA, FMEA-Ergänzung – Monitoring & Systemreaktion, Juni 2019, VDA, Berlin

Akao Y (1992) QFD – Quality Function Deployment: wie die Japaner Kundenwünsche in Qualitätsprodukte umsetzen. Publikationsgesellschaft moderne Industrie, Landsberg. ISBN 3-478-91020-6

Böhm B (1979) Guidelines for verifying and validating software requirements and design specification. EURO IFIP 79:711–719

Bullinger HJ, Spath D, Warnecke HJ, Westkämper E (Hrsg) (2009) Handbuch Unternehmensorganisation – Strategien, Planung, Umsetzung, 3. Aufl. Springer, Berlin. ISBN 3540721363

DIN EN ISO 9001 (2015) Qualitätsmanagementsysteme – Anforderungen. In: Deutsches Institut für Normung (Hrsg). Letzte Ausgabe 2015-11

DIN IEC 61513 (2002) Kernkraftwerke – Leittechnik für Systeme mit sicherheitstechnischer Bedeutung. In: Internationale Elektrotechnische Kommission (Hrsg). Ausgabedatum: 2002-10

DIN IEC 60601 (2010) Medizinische elektrische Geräte – Teil 1: Allgemeine Festlegungen für die Sicherheit einschließlich der wesentlichen Leistungsmerkmale. In: Internationale Elektrotechnische Kommission (Hrsg). Ausgabedatum: 2010-06

DIN IEC 61511 (2005) Funktionale Sicherheit – Sicherheitstechnische Systeme für die Prozessindustrie. In: Internationale Elektrotechnische Kommission (Hrsg). Ausgabedatum: 2005-05

DIN IEC 62061 (2005) Sicherheit von Maschinen. Funktionale Sicherheit sicherheitsbezogener elektrischer, elektronischer und programmierbarer elektronischer Steuerungssysteme. In: Internationale Elektrotechnische Kommission (Hrsg). Ausgabedatum: 2005-10

Ehrlenspiel K (2003) Integrierte Produktentwicklung – Methoden für Prozessorganisation, Produkterstellung und Konstruktion, 2. Aufl. Hanser, München. ISBN 3446157069

Herb R, Herb T, Kohnhauser V (2000) TRIZ – Der systematische Weg zur Innovation. Moderne Industrie, Landsberg. ISBN 3478919800

IEC 61508 (2010) Functional safety of electrical/electronic/programmable electronic safety-related systems. Hrsg: Internationale Elektrotechnische Kommission. Letzte Ausgabe 2010

ISO 26262 (2012) Road vehicles – Functional safety. In: Internationale Organisation für Normungen (Hrsg). Letzte Ausgabe 2018-12

IATF 16949 (2016) Anforderungen an Qualitätsmanagementsysteme für die Serien- und Ersatzteilproduktion in der Automobilindustrie, 1. Ausgabe, Oktober 2016. VDA, Berlin

Jürgen G, (2017) What Apple triggers in the human brain, Das Erste/ARD – Markencheck – Der Apple-Check, broadcast on 04.02.2013, excerpt in Focus online, http://www.focus.de/digital/computer/apple/tid-29346/der-apple-kult-im-ard-markencheck-super-unternehmen-mit-sektenhaften-zuegen-was-apple-im-menschlichen-gehirn-ausloest_aid_912404.html. Zugegriffen: 05. März 2013

Kano N, Seraku N, Takahashi F, Tsuji S (1984) Attractive quality and must-be quality. J Jpn Soc Qual Control 14(2):147–156

Möhrle MG, Specht D (2015) S-Kurven-Konzept. In: Gabler Wirtschaftslexikon, Springer Gabler. http://wirtschaftslexikon.gabler.de/Archiv/82555/s-kurven-konzept-v8.html. Zugegriffen: 16. März 2015

Pfeifer T (1996) Qualitätsmanagement. Strategien, Methoden, Techniken, 2. Aufl. Hanser, München

VDA (1998) VDA-Band 4.3: Sicherung der Qualität vor Serieneinsatz, 1. Aufl. VDA, Berlin

VDA (2007) Das gemeinsame Qualitätsmanagement in der Lieferkette: Automotive VDA Standardstruktur Komponentenlastenheft, 1. Aufl. VDA, Berlin

VDA (2012) VDA-Band 4: Produkt- und Prozess FMEA, 2., überarb. Aufl. 2006, aktual. Juni 2012 (schon im Ringbuch Band 4 enthalten!), VDA, Berlin

VDA (2011) Besondere Merkmale (BM)/Prozessbeschreibung, 1. Aufl. VDA, Berlin

VDI 2221 (1993) Methodik zum Entwickeln und Konstruieren technischer Systeme und Produkte. In: Verein deutscher Ingenieure (Hrsg). Ausgabedatum: 1993-05. VDI, Düsseldorf

VDI 2519 (2001) Blatt 1 „Vorgehensweise bei der Erstellung von Lasten/Pflichtenheften" – Blatt 2 „Lastenheft/Pflichtenheft für den Einsatz von Förder- und Lagersystemen". In: Verein deutscher Ingenieure (Hrsg). Ausgabedatum: 2001-12. VDI, Düsseldorf

VDI/VDE 3694 (2014) Lastenheft/Pflichtenheft für den Einsatz von Automatisierungssystemen. In: Verein deutscher Ingenieure (Hrsg). Ausgabedatum: 2014-04. VDI, Düsseldorf

Wirtschaftslexikon (2016) Target Costing. In: Das Wirtschaftslexikon. Sigma Alpha Global, Beirut. http://www.daswirtschaftslexikon.com/impressum-wirtschaftslexikon.htm. Zugegriffen: 19. Sept. 2016

Weiterführende Literatur

Kamiske GF (Hrsg) (2009) Qualitätstechniken für Ingenieure, 2. Aufl. Symposion Publishing, Düsseldorf. ISBN 3939707627

Linß G (2011) Qualitätsmanagement für Ingenieure, 2. Aufl. Hanser, München. ISBN 3446417842

Qualitätsmanagement-Systemaudit: Hilfsmittel zur Umstellung von VDA 6 Teil 1, 4. Aufl oder ISO/TS 16949 (1999) auf ISO/TS 16949:2002. Textvergleich der Qualitätsmanagement-Systemstandards zu den Mehrforderungen zu DIN ISO 9001:1994. 1. Aufl. 2003, S 150 (Qualitätsmanagement in der Automobilindustrie; HTS2)

Saatweber J (2011) Kundenorientierung durch Quality Function Deployment, 3. Aufl. Symposion Publishing, Düsseldorf. ISBN 3863294297

Schmitt R, Pfeifer T (2010) Qualitätsmanagement – Strategien, Methoden, Techniken, 4. Aufl. Hanser, München. ISBN 3446412778

VDA (2010) VDA-Band 4 Ringbuch: Sicherung der Qualität in der Prozesslandschaft, 2., überarb. u. erw. Aufl. 2009, aktual. März 2010, erg., Dez. 2011, VDA, Berlin

VDI 2519 (2001) Blatt 2 „Lastenheft/Pflichtenheft für den Einsatz von Förder- und Lagersystemen". In: Verein deutscher Ingenieure (Hrsg). Ausgabedatum: 2001-12

Fabrikplanung

4

Hans Reinerth und Michael Lickefett

Zusammenfassung

Dieses Kapitel stellt Grundlagen der Fabrikplanung vor. Aufbauend auf die Einführung und Auflistung relevanter Definitionen beantwortet das Kapitel die Fragen nach dem *Warum* (Treiber der Fabrikplanung), dem *Was* (Aufgabenfelder und Fabriktypen) und dem Wie (Projektvorgehen und Werkzeuge). Den Abschluss bildet ein Ausblick. Dabei liegt der besondere Fokus auf der Komplexität der Planungsaufgaben und weniger auf den relevanten Methoden. Der Begriff Fabrik wird in diesem Zusammenhang verstanden als Lokalität (Standort), in der aus angelieferten Rohmaterialien und/oder Vormaterialen unter Anwendung unterschiedlichster Bearbeitungsverfahren wertschöpfend Fertigwaren entstehen. Gleichzeitig ist die Fabrik der Ort, an dem Betriebsmittel zu Produktionsanlagen konfiguriert und daraus Produktionssegmente gebildet werden. Über den jeweiligen Standort hinaus bildet sie einen Knotenpunkt eines Produktionsnetzes.

Im Wertschöpfungsmodell der Produktion (Kap. 2) behandelt die Fabrikplanung also die Ebenen vom Arbeitssystem bis zum Produktionsnetzwerk (Strukturperspektive) und gestaltet hierbei den Wertschöpfungsprozess (Prozessperspektive). Der Terminus Planung beschreibt darüber hinaus den Gestaltungsprozess unterschiedlichster komplexer Segmente und deren interne Verzahnung zu einem Gesamtkonstrukt (Systemperspektive). Abb. 4.1 visualisiert den Betrachtungsgegenstand.

H. Reinerth · M. Lickefett (✉)
Fraunhofer-Institut für Produktionstechnik und Automatisierung IPA, Stuttgart, Deutschland
E-Mail: michael.lickefett@ipa.fraunhofer.de

© Springer-Verlag GmbH Deutschland, ein Teil von Springer Nature 2020
T. Bauernhansl (Hrsg.), *Fabrikbetriebslehre 1,*
https://doi.org/10.1007/978-3-662-44538-9_4

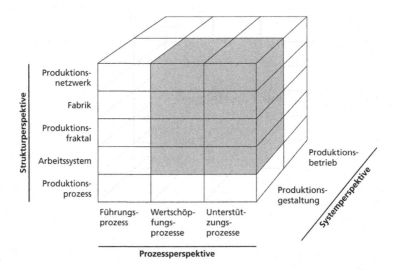

Abb. 4.1 Einordnung der Fabrikplanung im Wertschöpfungsmodell der Produktion

4.1   Lernziele

▶   Nach dem Lesen dieses Kapitels, kennen/können/haben Sie …
  - einen Überblick über die relevanten Themen und Zusammenhänge der Fabrikplanung und können diese anschaulich darstellen.
  - die Planungsauslöser für Fabrikplanungsprojekte.
  - die Komplexität einer Fabrikplanungsaufgabe begründen.
  - die Planungsebenen einer Fabrikplanungsaufgabe.
  - die Planungsphasen der Fabrikplanung benennen.
  - die Inhalte der einzelnen Planungsphasen beschreiben.
  - die wichtigsten Methoden der Fabrikplanung.

4.2   Einführung und Definitionen

Der Begriff *Arbeitsplatz* nimmt in zahlreichen wirtschafts- und politikrelevanten Debatten viel Raum ein. Erfolgreiche Fabriken, im Sinne einer möglichst hohen Anzahl an wertschöpfenden Arbeitsplätzen, haben somit eine hohe Bedeutung für den Wohlstand der Gesellschaft. Im Rahmen der *Fabrikplanung* gilt es, diese Fabriken bestmöglich zu konzipieren, die abgestimmten Fabrikkonzepte zur behördlichen Genehmigung vorzulegen und diese (nach erfolgter Genehmigung) zeit- und kostenoptimal zu realisieren. Unterschiedliche Lebenszyklen von Produkten, Technologien und Gebäuden verändern im Laufe der Jahre Strukturen und Funktionalitäten einer jeden Fabrik. In der Folge müssen die auf der *Grünen Wiese* realisierten Fabriken im Laufe der Zeit in sogenannten *Brownfield*-Projekten an die entsprechenden Anforderungen angepasst werden.

▶ Eine Fabrik bezeichnet nach der VDI Richtlinie 5200 den Ort, an dem Wertschöpfung durch arbeitsteilige Produktion industrieller Güter unter Einsatz von Produktionsfaktoren stattfindet.

▶ Die Fabrikplanung ist laut VDI Richtlinie 5200 der systematische, zielorientierte, in aufeinander aufbauende Phasen strukturierte und unter Zuhilfenahme von Methoden und Werkzeugen durchgeführte Prozess zur Planung einer Fabrik von der Zielfestlegung bis zum Produktionshochlauf.

Im Folgenden werden die Grundlagen der Fabrikplanung knapp erläutert. Zur Vertiefung sei auf die weiterführende Literatur verwiesen, vgl. u. a. Wiendahl H-P et al. (2014), Claus-Gerold (2014), VDI 5200.

4.3 Treiber der Fabrikplanung (Warum?)

Die Vielfalt immer individuellerer Produktanforderungen sowie technologischer Entwicklungen, wie in Kap. 1 dargestellt, kann zu beliebigen Zeitpunkten den Start eines größeren Veränderungsprozesses in Unternehmen in Gang setzen. Bei näherer Betrachtung sind Fabrikplanungsprojekte in den häufigsten Fällen die strategische Komponente der Unternehmensreaktion auf diese Veränderungen.

4.3.1 Auslöser für Fabrikplanungsprojekte

Relevante Veränderungen als Auslöser signifikanter Umwälzungen von Produktion- und Logistikstrukturen entstammen aus einer Vielzahl an unternehmensinternen und -externen Quellen, den sogenannten Planungsauslösern, Abb. 4.2.

Unternehmen unterliegen in der Regel einem kontinuierlichen internen Veränderungsdruck bezüglich Produktions- und Logistikstrukturen und verzeichnen oftmals einen mittel- und langfristigen Wachstumsbedarf ihrer Produktionskapazitäten. Doch viele Unternehmen verschieben die eigentlich notwendigen Gebäudeanpassungen oder führen diese nur punktuell durch. So entstehen die sogenannten „historisch gewachsenen Strukturen": Die Folgen sind oftmals mit dem bloßen Auge zu erkennen und zeigen sich in intransparenten Materialflüssen, hohem internen Transportaufwand und langen Durchlaufzeiten. Der Blick auf Gebäude und Einrichtungen offenbart vollgestellte Flächen, aufwendig be- und entladene LKWs oder aufwendige Maschinenanpassungen (vgl. dazu ausführlich Wiendahl H-P et al. 2014, S. 5 ff.). Typischerweise lösen diese Symptome einer optimierungsreifen Fabrik Überlegungen zu umfangreichen Neustrukturierungsmaßnahmen aus.

Neben den unternehmensinternen Planungsauslösern sind auch die unternehmensexternen Auslöser zu berücksichtigen: Die Belieferung neuer Märkte mit hohen Volumina kann zu einem neuen Standort in Marktnähe führen, der Anteile aus bestehenden

Planungsauslöser	
Unternehmensintern	**Unternehmensextern**
■ Prozessseitig	■ Marktentwicklungen
■ Mangelhafter Materialfluss	■ Umsatzsprünge durch Belieferung neuer Märkte
■ Erhöhter Transportaufwand	■ Technologieentwicklungen
■ Verstopfte Fabrikanlage	■ Gesetzliche Auflagen
■ Zu lange Durchlaufzeiten	■ VOC (Volatile Organic Components) Verordnungen für Lackieranlagen
■ Geringe Produktivität	■ Brandschutzauflagen
■ Gebäudeseitig	■ Wertschöpfungskette
■ Ungünstige Gebäudeanordnung	■ Steigende Qualitätsansprüche
■ Platzmangel	■ Lieferantenentwicklungen
■ Unzureichende Bodenstatik/ Hallenhöhen/stützenfreie Flächen	
■ Unzureichende Logistikkapazitäten	
■ Fehlende Versorgungsinfrastruktur	

Abb. 4.2 Planungsauslöser für Fabrikplanungsprojekte

Standorten beansprucht und diese mit verändert. In diesem Fall verändert sich das bestehende Produktionsnetzwerk oder es entsteht sogar neu. Ersatzprodukte können ebenfalls sehr starken Einfluss ausüben. Seitens des Gesetzgebers führen kontinuierlich gesteigerte Umweltanforderungen zu Reorganisation und Neuausrichtung von Fabriken. Beispielsweise sind dadurch neue Lackieranlagen zwingend erforderlich und lösen Fabrikplanungsprojekte aus. Im Rahmen der Strategieplanung werden Entscheidungen über den Umgang mit diesen Faktoren getroffen.

4.3.2 Lebenszyklus (Produkt, Prozess, Gebäude, Fläche)

Veränderungen bilden heute eine der ganz wenigen Konstanten und unterscheiden sich sehr bezüglich Intensität und Auswirkungen. Gleichen Prinzipien folgt die Entwicklung von Fabriken, wenn diese als Zusammenspiel der unterschiedlichen Zyklen (Produkt-, Prozess-, Gebäude- und Flächenlebenszyklus) aufgefasst wird. Abb. 4.3 zeigt den Zusammenhang zwischen diesen fabrikplanungsrelevanten Zyklen, Wirth et al. (1996).

Die Triebfeder ist im Normalfall der Produktlebenszyklus. In der heutigen globalisierten und nach Individualisierung strebenden Welt existiert ein verstärkter Trend zu immer kürzer werdenden Produktlebenszyklen, die direkte Startsignale in die weiteren Zyklen induzieren. Die Folgen sind in den meisten Fällen Anpassungen, d. h. Veränderungen im Prozess- und Gebäudelebenszyklus. Zeitlich gesehen bewegen sich Unternehmen diesbezüglich im Spannungsfeld zwischen „so oft wie nötig" und „so selten wie möglich".

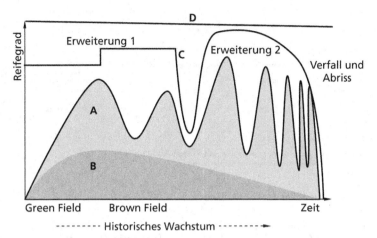

A Produktlebenszyklus, B Prozesslebenszyklus,
C Gebäudelebenszyklus, D Flächennutzungszyklus

Abb. 4.3 Abhängigkeiten des Produkt-, Prozess- und Gebäudelebenszyklus.
(In Erweiterung zu Wirth)

- Aus *Aufwandssicht* bewegen sich Unternehmen im strategischen Entscheidungs-
  umfeld zwischen Neubau, Erweiterung oder Kapazitätsoptimierung.
- Aus *Nutzensicht* ist die operative Aufwandsreduzierung in Produktion und Logistik gegenüberzustellen, d. h. historisch gewachsene versus optimiert angepasste
  Gebäude- und Flächenstrukturen.

Die Folgen dieser sich immer schneller drehenden Anpassung der drei relevanten
Lebenszyklen (Produkt – Prozess – Gebäude) resultieren für Fabrikplanungsaufgaben in einer merklich erhöhten Komplexität. Die Antwort der Unternehmen mittels
Produktionsoptimierung und/oder Flächenintegration kann unterschiedlich ausfallen. Es
werden daher die nachfolgend dargestellten Planungsgrundfälle unterschieden:

1. Fall I: Neubau eines Produktionsunternehmens (Green Field)
2. Fall II: Anbau zusätzlicher Produktionskapazitäten (grüne Erweiterung)
3. Fall III: Umbau bestehender Produktionsstrukturen (braune Erweiterung)
4. Fall IV: Flächenneutrale Reorganisation (Fabrikoptimierung)
5. Fall V: Teilweiser Abbau von Produktionsstrukturen (Fabrikkonsolidierung)
6. Fall VI: Revitalisierung von Industriebetrieben (Revitalisierung)

Abb. 4.4 verdeutlicht die Planungsgrundfälle der Fabrikplanung.

Grundfall	Green Field	„grüne" Erweiterung	„braune" Erweiterung	Fabrik-optimierung	Fabrik-konsolidierung	Revitalisierung
Optimierung der Produktion	Praktisch „restriktions-freie" Neuge-staltung der Produktions-abläufe	Erweiterung der Produktion ohne Auswirkung auf die bestehenden Abläufe	Erweiterung der Produkte mit Auswirkung auf die bestehenden Abläufe	Optimierung der bestehenden Produktions-abläufe	Partieller Abbau von Produkti-onsanlagen und Reorganisation der Produktions-abläufe	Neugestaltung in restriktiven, bestehenden Gebäuden
Flächenaufbau	Neubau	Anbau	Anbau	Umbau	Rückbau	Umbau
Prinzipskizze						

☐ Bestehendes Gebäude ⠿ Neu erbautes Gebäude ■ Nicht genutzte Produktionsfläche
Planung und Optimierung ▨ Bestehendes Gebäude mit Restriktionen
von Produktionsabläufen

Abb. 4.4 Planungsgrundfälle der Fabrikplanung

4.4 Aufgabenfelder und Fabrikmorphologie (Was?)

Ein wesentliches Ergebnis der Fabrikplanung ist ein mit allen Beteiligten abgestimmtes Fabrikkonzept, das Informationen bezüglich der zukünftigen Prozess-, Gebäude- und Organisationsstrukturen festlegt und nach finanzieller Freigabe von unterschiedlichen Experten umzusetzen ist. Die Vielfalt der Aufgaben und Planungs- und Umsetzungs-beteiligten bedingen eine definierte Aufgabenverteilung auf mehrere Planungsebenen. Nachfolgend werden diese Planungsebenen identifiziert und beschrieben sowie eine Vor-gehensweise als Rahmensetzung inhaltlicher Aufgaben vorgestellt.

4.4.1 Disziplinen und Beteiligte am Fabrikentstehungsprozess

Die Fabrik bildet das Ergebnis von Konzeption-, Entwicklung- und Realisierungsaktivi-täten. Sie ist ein Gebilde komplizierter Zusammenhänge, bei deren Entstehen breit gestreute Kompetenzen zusammenwirken. Zusätzlich sind verschiedenste Anforderungen der Behörden zu berücksichtigen. Welche Kompetenzen und Berufsbilder sind – neben denen des Fabrikplaners – notwendig, um eine funktionsfähige Fabrik Realität werden zu lassen?

Die Antwort kann in der nachfolgend beschriebenen Rolle wichtiger Partner identi-fiziert werden:

• der Architekt, zur Einbettung der geplanten Produktion in ein Gebäude,
• der Sicherheitsexperte, zur Konfigurierung zulassungsfähiger Gebäudestrukturen,
• der Anlagenlieferant, als Partner zur Entwicklung optimaler Maschinen und Infra-struktur,
• der Automatisierungsplaner, der auf eine Kostenreduktion achtet sowie
• der Facility-Manager, zur Sicherstellung einer aufwandsarmen Nutzung.

Abb. 4.5 Beteiligte am Fabrikentstehungsprozess

Abb. 4.5 stellt eine Auflistung der Beteiligten am Fabrikentstehungsprozess dar.

Einen signifikanten Erfolgsfaktor bildet die operative Projektleitung des gesamten Ablaufs, von der Startidee bis zur Fertigung auf dem geplanten Betriebspunkt in den neuen Gebäudestrukturen. In Abhängigkeit von der *Unternehmensgröße* wird diese Aufgabe von unterschiedlichen Beteiligten übernommen:

- *Global Player* können nahezu an jeder Stelle auf der Welt eine Fabrikplanung umsetzen. Sie decken sowohl Planung als auch Umsetzung mit eigenen Abteilungen ab.
- *Große Unternehmen* ohne Planungsabteilungen nehmen im Allgemeinen externe Fachberatung für die Planung in Anspruch. Sie legen häufig die Umsetzung in die Hände eines Generalunternehmers, der in der Regel sämtliche Bauleistungen für die Errichtung eines Bauwerkes erbringt.
- *Kleinere Unternehmen* erbringen die Planungsleistung und die Baukoordination entweder mit punktueller Unterstützung externer Fachexperten oder in Eigenregie. Da diese Aufwände parallel zum operativen Alltagsgeschäft abzuwickeln sind, stellen Fabrikplanungsprojekte für die Verantwortungsträger wirkliche Herausforderungen dar.
- Eine besondere Situation findet man in *inhabergeführten Unternehmen*. Die vollständige Identifikation mit dem Unternehmen sowie eine deutlich längerfristige Zielbetrachtung als in Konzernen üblich, führen häufig dazu, dass individuelle Präferenzen des Eigentümers die Fabrikplanungsprojekte sehr stark prägen.

4.4.2 Planungsebenen

Die Fabrikplanung kann in fünf Ebenen unterteilt werden (Abb. 4.6). Ein Fabrikplanungsprojekt kann alle Ebenen tangieren oder auch nur in einzelnen Ebenen verankert sein.

Planungsebene		Planungsergebnis
Standort		Position im Wirtschaftsraum/ Unternehmensverbund
Werkstruktur		Anordnung der Gebäude auf dem Werksgelände
Gebäudestruktur		Anordnung der direkten und indirekten Betriebsbereiche in den Gebäuden
Bereichsstruktur		Anordnung und Verkettung der Produktionseinheiten
Betriebsmittelstruktur		Maschinenaufstellung, logistische Verbindungen

Abb. 4.6 Planungsebenen in der Fabrikplanung.
(In Erweiterung zu H-P Wiendahl)

Im Rahmen der Planung sind innerhalb jeder einzelnen Planungsebene prozess-, struktur- und organisationsrelevante Aspekte zu identifizieren und zu gestalten. Das erfolgreiche Ineinandergreifen dieser drei Gestaltungsfelder führt zur holistisch integrierten Fabrikplanung.

4.4.2.1 Standortplanung

Die Standortplanung, umfasst zunächst die Auswahl eines geeigneten Standorts und damit verbunden die Positionierung des betreffenden Unternehmens im jeweiligen Unternehmensverbund. Diese Planungsebene ist geprägt von einer hohen Strategierelevanz, da eine Standortentscheidung in den meisten Fällen eine langfristige (>20 Jahre) Bindung von Kapital bedeutet. Somit sind die Entscheidungsprozesse auf dieser Ebene zwingend durch die Unternehmensleitung zu führen.

In einer entwickelten Industrie- oder (Post)Industriegesellschaft bedeutet Standortsuche oder Standortauswahl in den meisten Fällen eine Erweiterung oder Ergänzung des bereits vorhandenen Produktionsnetzwerks. Für den Auswahlprozess gilt eine hohe Vielzahl sehr unterschiedlicher Kriterien, die in jedem Einzelfall unterschiedlich priorisiert sind. In die Kategorie „zwingend notwendig" fallen Kriterien wie:

- vorhandene Infrastruktur
- Transportkosten
- Personalverfügbarkeit
- Lohnniveau
- Lieferantenverfügbarkeit

Neben der aktuellen Bewertung mittels identifizierter und priorisierter Faktoren ist eine Abschätzung möglicher Entwicklungsszenarien über einen mittel- bis langfristigen Zeithorizont durchzuführen. So können z. B. Vorteile eines kurzfristig sehr niedrigen Lohnniveaus durch kontinuierlich steigende Personal-, Transport- und Managementkosten verloren gehen. Abb. 4.7 zeigt wesentliche Planungsinhalte der Standortebene.

Im Rahmen der Standortauswahl werden, auf Basis eines aus der Unternehmensstrategie abgeleiteten Anforderungsprofils des zukünftigen Standortes, unterschiedliche Alternativen untersucht und nach eingehender Bewertung die Standortentscheidung getroffen. Das gesamte Prozessergebnis hängt von der richtigen Kriterienauswahl ab. Zur Erreichung der in Abb. 4.7 definierten Zielsetzung, müssen kurz-, mittel- und langfristigen Aspekte berücksichtigt werden.

Die Positionierung spielt prozesstechnisch sowohl im Unternehmensnetzwerk und als auch gegenüber Lieferanten sowie Kunden eine wesentliche Rolle. So sollte beispielsweise die industrielle Verarbeitung landwirtschaftlicher Produkte möglichst in entsprechender Nähe zu Anbaugebieten gelegt werden. Die Umweltverträglichkeit der Produktionsprozesse stellt ein weiteres Kriterium dar.

Weiteres Kriterium ist die vorhandene transport- und gebäuderelevante Infrastruktur. Auch Personalkosten lösen oft Verlagerungstrends aus: Getrieben von der Aussicht, Unterschiede im Lohnniveau als eigene Gewinnquelle zu nutzen, verlegten in den letzten Jahrzehnten viele Unternehmen aus Westeuropa Produktionskapazitäten nach Osten. Grundsätzliche Veränderungen (z. B. Auswanderung der Fachkräfte, steigende Personal- und Transportkosten) im neuen Umfeld beendeten den Einbahncharakter dieses Trends und bedingten Rückverlagerungen von Ost nach West.

4.4.2.2 Werkstrukturplanung

Im Rahmen der Werkstrukturplanung, wird die Anordnung und Verbindung der Gebäude sowie die infrastrukturelle Anbindung des Grundstücks an das externe

Standortplanung		
Zielsetzung: Treffen der Standortentscheidung mit den wirtschaftlich bestmöglichen Voraussetzungen.		
Prozess	**Struktur**	**Organisation**
Rolle im Produktions- und Logistiknetzwerk	Logistische Infrastruktur	Verfügbarkeit von Arbeitskräften
Märkte/Kunden/ Lieferanten	Immobilienmarkt	Lohnniveau
Umweltverträglichkeit	Sicherheitsaspekte	Landesgesetze

Abb. 4.7 Wesentliche Planungsinhalte der Standortebene

Werkstrukturplanung		
Zielsetzung: Identifikation der optimalen bebaubaren Flächendimensionen sämtlicher Funktionalitäten.		
Prozess	**Struktur**	**Organisation**
An-/Ablieferprozesse Produkt	Außenflächen	Wege
An-/Ablieferprozesse Hilfs- und Betriebsstoffe	Bauformen	Bürophilosophie
Erweiterungsperspektiven An- und Ablieferprozesse	Ver-/Entsorgungsflächen	Parkplätze

Abb. 4.8 Wesentliche Planungsinhalte der Werkstrukturebene

Transportnetz festgelegt, Abb. 4.8. Zum Erreichen der dort genannten Gesamt-zielsetzung sind gesetzliche Vorgaben (z. B. Bebauungsanteil des Grundstücks, Hallenhöhe) und die möglichen Voraussetzungen für die Anbindung an externe Ver-kehrsnetzwerke zu berücksichtigen.

Hier sind Entscheidungen mit mittel- bis langfristigen Auswirkungen zu treffen, die durch nachfolgende Teilzielsetzungen gekennzeichnet sind:

- Langfristig orientierte Anordnung der Gebäude auf dem Werksgelände
- Effiziente Nutzung des Werksgeländes
- Harmonische Integration aller Funktionen des Standortes (Produktion, Logistik, F&E)
- Sicherung der Ausbau- und Erweiterungsfähigkeit
- Architektonische Untermauerung der Unternehmensphilosophie und des Images
- Schaffung der Voraussetzungen für ein motivierendes Arbeitsumfeld (z. B. Bürophilo-sophie).

Prozessseitig liegt der Fokus der Werkstrukturplanung auf den werksübergreifenden An- und Ablieferprozessen. Die Straßenführung innerhalb des Werks, die dafür benötigten Außenflächen sowie die Positionierung der Warenübergabe legen einer-seits Grundstrukturen des Produktionsflusses fest und beeinflussen andererseits massiv die Produktionskosten. Bspw. kann eine von sehr schweren LKWs befahrene unter-nehmensinterne Straße hohe Kosten verursachen, die eine bessere Fabrikplanung ver-mieden hätte.

Strukturseitig sind die Dimensionen der Gebäude und damit die Dimension des bebauten Anteils des Geländes sowie die optische Integration der Gebäude in das ört-liche Gesamtbild festzulegen. Architektonische Kreativitätspotenziale, zugelassene Gebäudehöhen sowie Beeinflussung vorhandener Gebäudestrukturen bilden hierfür die Erfolgsfaktoren.

Organisationsseitig fallen auf Werkstrukturebene Entscheidungen bezüglich der näheren Arbeitsumgebung für einen Teil der Mitarbeiter, hauptsächlich aus bürogeprägten Bereichen. Die Bürophilosophie, zentral oder dezentral, eigenständiges Gebäude oder produktionsnah integriert, Einzel- oder Großraumbüro, legt den Grundstein für eine motivierende oder demotivierende Atmosphäre. Vervollständigt wird die mitarbeiterbezogene Ebene durch die Festlegung der Positionierung der Parkplätze sowie der Wege zu den einzelnen Arbeitsplätzen.

4.4.2.3 Gebäudestrukturplanung

Die Planungsebene Gebäudestrukturplanung, erarbeitet die architekturrelevanten Informationen und Entscheidungen, Abb. 4.9. Zur Erreichung der dort definierten Zielsetzung berücksichtigt sie eine optimale Erstnutzung, eine möglichst langfristige Nutzbarkeit sowie Wandlungsfähigkeit.

Basierend auf den in der Werkstrukturplanung festgelegten LKW-Andockpositionen, sind die gebäudeseitigen An- und Ablieferzonen sowie die Ausführung von Rampen und Kranbahnen festzulegen. Faktoren wie Stockwerke und Aufzüge, Säulenraster, Einbauten, Boden- und Deckentraglasten, Tore, Dächer, Fenster sowie Trafo-/Kompressorräume bestimmen die zukünftige Fabrikhülle. Organisationsrelevante Festlegungen bezüglich Brandschutzzonen, Fluchtwegen sowie sozialen und administrativen Bereichen vervollständigen das architekturrelevante Gesamtbild. Prozessseitig wird auf der Gebäudeebene der ganzheitliche Produktionsfluss inkl. den Schnittstellen zur Logistik und zusätzlichen unterstützenden Bereichen festgelegt.

Gebäudestrukturplanung		
Zielsetzung: Architekturrelevante Auslegung der Gebäudefunktionalitäten (z. B. Produktions- und Lagerfläche, Bürobereich).		
Prozess	**Struktur**	**Organisation**
Produktionsfluss	An-/Ablieferzonen	Gesetzlich relevante Gebäudebereiche
An-/Ablieferprozesse Produktmaterialien, Hilfs- und Betriebsstoffe	Gebäudebeschreibung	Soziale Bereiche
Schnittstelle der Produktion zu unterstützenden Bereichen	Versorgungsstruktur	Administration

Abb. 4.9 Wesentliche Planungsinhalte der Gebäudestrukturen

Bereichsstrukturplanung		
Zielsetzung: Unterteilung der Fabrik in funktional trennbare Einzelbereiche und die Integration sämtlicher fabrikplanungsrelevanter Bestandteile zur Auslegung jedes Einzelbereichs.		
Prozess	**Struktur**	**Organisation**
Betriebs- und Hilfsmittel der Produktion	Produktionsbereiche	Logistische Zuständigkeiten
Quantifizierte Materialflüsse Produkt	Lagerbereiche	Zeitregelungen
Quantifizierte Materialflüsse Hilfs- und Betriebsstoffe	Erweiterung der Produktion- und Lagerbereiche	Kommunikation

Abb. 4.10 Wesentliche Planungsinhalte der Bereichsstrukturebene

4.4.2.4 Bereichsstrukturplanung

Die Strukturierung der Produktion sowie die Konfiguration der Logistikbereiche bilden den Schwerpunkt der Planungsebene Bereichsstrukturplanung, wie in Abb. 4.10 dargestellt. Der Schwerpunkt dieser Planungsinhalte liegt innerhalb der Produktionsbereiche und berücksichtigt, Anlagen- und logistikrelevante Behälterabmessungen sowie Mitarbeiterzahlen als Ausgangsbasis zur Dimensionierung der Einzelbereiche.

Die Basis der Bereichsstrukturplanung bilden die quantifizierten Materialflüsse der Produktion, deren Optimierung Bestandteil jeder Fabrikplanungsaufgabe ist. Ausgehend von möglichst kurzen Materialflüssen sind die notwendigen Betriebsmittel und Lagekapazitäten festzulegen, um daraus Produktions- und Logistikflächen abzuleiten sowie zukünftige Erweiterungsbedarfe zu ermitteln.

Aus Organisationssicht sind die mitarbeiterbezogenen Themen mit fabrikplanungsrelevanten Auswirkungen zu identifizieren und zu bearbeiten. Hierzu zählen:

- Entscheidung bezüglich der Trennung von Produktions- und Logistikzuständigkeiten,
- Arbeitszeitregelungen zur Auslegung unterschiedlichster Flächen, wie Kantine, Pausenräume, Parkplätze sowie
- Einrichtung innerbetrieblicher Kommunikationsorte.

4.4.2.5 Betriebsmittelstrukturplanung

Die in Abb. 4.11 dargestellte Betriebsmittelstrukturplanung gestaltet einzelne Arbeitsstationen und deren Bestandteile wie Flächen, Betriebsmittel, Maschinen. Diese Planungsebene berücksichtigt neben sämtlichen Planungsansätzen der Produktion und Logistik auch Aspekte der ergonomischen Arbeitsplatzgestaltung, Instandhaltung und Mitarbeiterzuordnung.

Betriebsmittelstrukturplanung		
Zielsetzung: Detaillierte Dimensionierung einzelner Betriebsmittel(gruppen) sowie die logistische Verknüpfung produktionsablaufbedingt vernetzter Ressourcen.		
Prozess	**Struktur**	**Organisation**
Produktionstechnik	Arbeitsplatzgestaltung	Maschinenbelegung
Logistiktechnik	Ausstattung	Arbeitszeitverteilung
Arbeitsplatzergonomie	Arbeitsschutz	Einsatzflexibilität

Abb. 4.11 Wesentliche Planungsinhalte der Betriebsmittelstrukturebene

Die Entscheidung bezüglich der eingesetzten Fertigungs-, Montage- und Logistikverfahren bestimmt die Gestaltung auf Betriebsmittelstrukturebene maßgeblich. Alle weiteren Planungsinhalte sind auf dieser Basis abzuleiten. Spätestens mit der detaillierten Auslegung der Arbeitsplätze erreicht die Aufgabe des Planers den Faktor Mensch. Arbeitsplatzgestaltung und -ergonomie, Arbeitsschutz oder Maßnahmen zur Kompetenzentwicklung sind Planungsthemen, die direkt den Produktionsmitarbeiter betreffen.

4.4.2.6 Fazit
Die Verteilung von Fabrikplanungsaufgaben auf die fünf beschriebenen Planungsebenen hat zwei grundsätzliche Vorteile:

1. Reduzierung der Komplexität der Aufgabe
2. Nutzung von Optimierungspotenzial durch die aufgabenspezifische Ebenenbetrachtung.

Die Planung der Produktionsabläufe nach dem Prinzip *von Innen nach Außen,* von der Maschine über das Segment zum Bereich, führt zu verschwendungsfreien Materialflüssen, die stark vereinfacht in eine Gebäudehülle zu packen sind. Im Gegensatz dazu kann ein Gebäude nicht ohne die Entscheidungen auf der Werkstrukturebene konzipiert werden, welche die topografischen Gegebenheiten des vorhandenen Geländes berücksichtigt. Nur eine themenbezogene Reihenfolge der Bearbeitung der jeweiligen Planungsebene und nicht eine grundsätzliche Richtung (Top Down oder Bottom Up) führen zu einem bestmöglichen Planungsergebnis.

4.4.3 Fabrikmorphologie

Eine Fabrik ist durch eine Vielzahl von Merkmalen mit unterschiedlichen Ausprägungen beschrieben. Für die Fabrikplanung sind in Abb. 4.12 dargestellten Merkmale und Ausprägungen relevant.

Merkmal	Ausprägung			
Produktionsstufen	einstufige Produktion		mehrstufige Produktion	
Fertigungsart	Einzelfertigung	Serienfertigung		Massenfertigung
Produktvielfalt/ Kundenbezug	Erzeugnisse nach Kundenspezifikation	Standardprodukt mit wenigen Varianten	Produktfamilien (viele Varianten)	Standardprodukt
Grad der Automatisierung	manuell	teilweise automatisiert		hoch automatisiert
Komplexität/ Fertigungstiefe	Einzelteil	Bauelement		Baugruppe
Ablaufart	Baustelle	Werkstattfertigung	Inselfertigung	Fließfertigung
Flexibilität/ Wandlungsfähigkeit	niedrig		hoch	

Abb. 4.12 Fabrikmorphologie.
(In Anlehnung an IPA)

Produktionsstufen: Während bei einstufiger Produktion der Materialfluss vom Wareneingang bis zum Warenausgang sehr einfach (linear) gestaltet werden kann, benötigen Produktionen mit vielen Strukturstufen deutlich komplexere Materialflusssysteme und generieren damit auch eine anspruchsvollere Planungsaufgabe.

Die *Fertigungsart* stellt ein besonders wichtiges Merkmal dar, weil es mit seinen Ausprägungen wie der Einzelfertigung und Klein- bis Großserienfertigung sowohl technische als auch organisatorische Auswirkungen hat. Die durchschnittliche Auflagenhöhe und Wiederholhäufigkeit eines Produktionsprozesses wirken sich bei mehreren Planungsthemen aus, z. B. externer und interner Transportaufwand oder Pufferbedarf (Warteschlange) an den Maschinen.

Produktvielfalt/Kundenbezug: Tendenziell ist eine Produktion reiner Standardprodukte weniger komplex als eine Produktion mit vielen kundenbezogenen Varianten und Spezifikationen. Das bestimmt die Erweiterungsmöglichkeiten.

Im Vergleich zu manuellen Herstell- und Logistikprozessen nimmt typischerweise der Flächen- und Infrastrukturbedarf (z. B. Elektronik, Pneumatik) mit zunehmendem *Automatisierungsgrad* zu, da die entsprechenden Automatisierungseinrichtungen weniger kompakt sind bzw. eine Medienversorgung hergestellt werden muss. Das wird in Kauf genommen, wenn eine Automatisierung sowohl qualitäts-, kosten- und auch ergonomieseitig Verbesserungen in den Abläufen erzielt.

Komplexität/Fertigungstiefe: Soll eine Fabrik nur Einzelteile herstellen, so wird die Anzahl der Bereiche grundsätzlich geringer sein als in einer Fabrik, die noch dazu eine komplette Baugruppe in Montage montiert. Sowohl der externe als auch der interne Logistikaufwand sowie der Pufferbedarf an den Maschinen steigt mit zunehmender Fertigungstiefe und Komplexität.

Ablaufart: Die unterschiedlichen Ausprägungen der Fertigungsablaufart (Baustelle, Werkstatt-, Insel- und Fließfertigung) sind jeweils durch eine bestimmte räumliche Anordnung der Betriebsmittel und der Transportbeziehungen zwischen den Fertigungsobjekten zu unterscheiden. Typischerweise sind Auflagenhöhe sowie Wiederholhäufigkeit und somit die herzustellende Produktmenge bei einer Werkstatt- oder Inselfertigung geringer als bei einer Linien- oder einer Reihenfertigung.

Über diese Morphologie lassen sich unterschiedliche Fabriktypen beschreiben, die Abschn. 2.5.7 näher erläutert.

4.5 Projektvorgehen und Werkzeuge (Wie?)

Nachdem die vergangenen Abschnitte die Fragestellungen *warum* (Treiber der Fabrikplanung) und *was* (Aufgabenfelder und Fabriktypen) diskutierten, erörtert dieser Abschnitt die Frage nach dem *Wie*, also wie vorzugehen ist und welche Werkzeuge Verwendung finden.

4.5.1 Planungsphasen

Basierend auf den vorgestellten Kernpunkten der Fabrikplanung (Planungsauslöser/-grundfälle, Planungsebenen und Fabriktypen) stellt dieser Abschnitt das Vorgehen zur Fabrikplanung vor, vgl. auch IPA (2002). Dieses Vorgehen fand auch Eingang in die Ausarbeitung der VDI Richtlinie 5200 und ist heute in seinen Grundzügen anerkannt, vgl. u. a. VDI 2011, Wiendahl H-P et al. (2014), Claus-Gerold (2014). Daher sind die Parallelen in beiden Vorgehensweisen unverkennbar. Das Vorgehen trägt den vorherrschenden Anforderungen an die Komplexität der Aufgabeninhalte Rechnung. Abb. 4.13 visualisiert dieses Vorgehen anhand der Phasen und Betrachtungsfelder.

Die Vorgehensweise in Fabrikplanungsprojekten ist als Matrix mit Berücksichtigung der inhaltlichen Arbeitsfelder sowie der einzelnen Projektphasen und deren Teilphasen

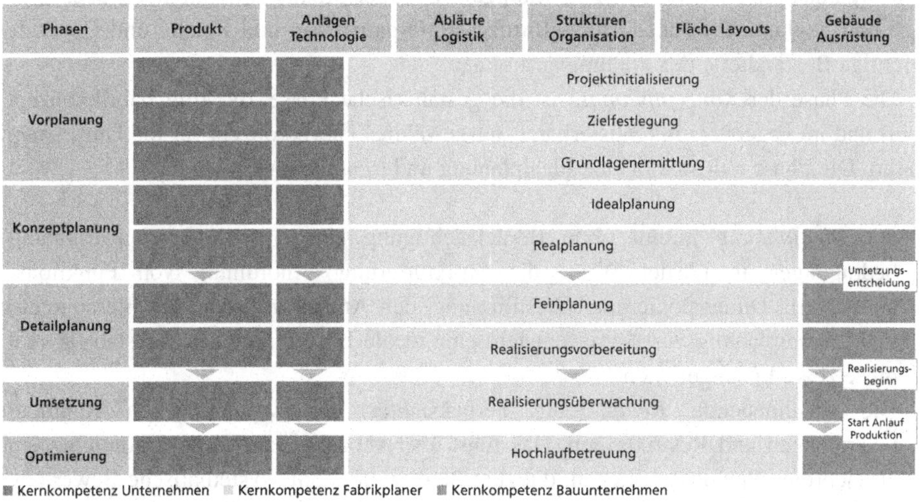

Abb. 4.13 Phasen und Betrachtungsfelder der Fabrikplanung. (In Erweiterung zu M. Hüser, IPA)

konzipiert. Die Arbeitsfelder lassen sich in drei inhaltliche Blöcke unterteilen und markieren die benötigten Expertengebiete für eine Fabrikplanung:

- *Produkt- und technologiebezogene Themen* deckt in der Regel der künftige Fabrikbetreiber ab. Typischerweise sind das Kostrukteure, Entwickler oder auch Mitarbeiter des technischen Vertriebs oder Arbeitsvorbereiter oder Fertigungstechnologiespezialisten oder Montageplaner oder Instandhalter oder Betriebsingenieure oder Produktionsleiter.
- *Layout-, Ablauf- und Organisationthemen* bilden die Kernkompetenzen der Fabrikplanung, die in vielen Fällen als externe Beratungsleistung in Anspruch genommen wird.
- *Gebäudespezifische Aspekte* bearbeiten meist Architekten, Statiker und Baufachleute.

Die Phasen umfassen den ersten Planungsansatz über das Fabrikkonzept und die Gebäudehülle bis zum Serienanlauf. Damit sind schwerpunktmäßig zwei Planungsphasen (Vorplanung, Konzeption) und drei hauptsächliche Gestaltungsphasen (Detailplanung, Umsetzung und Optimierung) identifizierbar.

Die *Vorplanung* nimmt die organisatorisch notwendigen Abstimmungen bezüglich Mitarbeitereinsatz vor, sammelt alle planungsrelevanten Daten, konsolidiert sie und stimmt sie als Planungsgrundlagen ab. Der Fokus der Startphase richtet sich auch auf den Menschen als Erfolgsfaktor in Fabrikplanungsprojekten. Die Bildung eines funktionierenden Projektteams, das gemeinsame Verständnis der Planungsaufgabe sowie ein effizientes Entscheidungsmanagement bilden die Grundvoraussetzungen für die tatsächlich zu leistende inhaltliche Arbeit. Neben diesem Verständnis für die Planungsaufgabe sollten auch Schwachstellen und erhaltenwerte Stärken im Unternehmen sowie auf Basis der Unternehmensstrategie definierte anzustrebende Projektziele eine gemeinsame Basis finden. Das bestimmt in den ersten Projekttagen die Betrachtungs- und Gestaltungsgrenzen und damit auch einen Teil der (inhaltlichen und organisatorischen) Planungsgrundlagen. Darüber hinaus sind Angaben über heutige und geplante Produkte, Herstellprozesse, Organisation und Fläche und Gebäude wichtige Bestandteile der Planungsgrundlage.

Die Phase der *Konzeptplanung* ist die gestalterische Phase, die zum Fabrikkonzept führt und im Ergebnis ein realisierbares, ausgewähltes Fabrikkonzept für die Umsetzung liefert. Die Phase teilt sich in eine Idealplanung und Realplanung:

- Die *Idealpanung* nimmt ohne Berücksichtigung von einschränkenden Rahmenbedingungen in idealer Weise die Strukturierung (Anordnung von Funktionsbereichen), Dimensionierung (Bestimmung der Anzahl notwendiger Ressourcen) und Layoutplanung vor. Somit entsteht eine ideale Lösung, die als Maßstab für real umsetzbare Lösungen dient.
- Die anschließende *Realplanung* berücksichtigt die vornehmlichen Rahmenbedingungen und Restriktionen. Das führt über verschiedene Lösungsmöglichkeiten zu mehreren Planungsvarianten, die zum Schluss über eine systematische Bewertung (z. B. Nutzwertanalyse) zur geeignetsten Variante hinführt. Diese wird somit zur Umsetzung empfohlen.

Abb. 4.14 Wesentliche Ergebnisse – Übersicht 1 – vom ersten Planungsansatz zum Fabrikkonzept

Abb. 4.14 stellt eine Übersicht der wesentlichen Ergebnisse dieser beiden Planungsphasen dar.

Die *Detailplanung* beinhaltet die Detaillierung der erarbeiteten Reallösung bis zu einem umsetzungsreifen Planungsstand. Hierfür erfolgt die Feinplanung der unterschiedlichen Bereiche und Segmente, z. B. Arbeitsplätze, Lagerinfrastruktur oder Sozialbereiche, die Ableitung umsetzungsfähiger Ausschreibungsunterlagen für die einzelnen Gewerke sowie die Auswahl der zukünftigen Baupartner. Die Diskussion und Lösung vorhandener offener Punkte bietet weiteres Optimierungspotenzial. Die *Umsetzung* umfasst die gesamte Bauphase sowie die Aufstellung und den Anschluss der Betriebsmittel. In dieser Phase wird die Hauptverantwortung vom Fabrikplaner auf die Architekten oder den Generalunternehmer übertragen. Die *Optimierung* beschreibt die Begleitung der Anlaufphase bis zur Serienproduktion. In dieser Phase erfolgt ein Abgleich zwischen den Konzeptinhalten und der realen Funktionsweise. Abb. 4.15 stellt die wesentlichen Ergebnisse dieser drei Projektphasen dar.

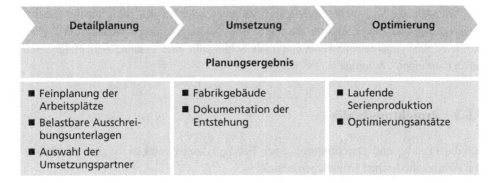

Abb. 4.15 Wesentliche Ergebnisse – Übersicht 2 – vom Fabrikkonzept zur Serienproduktion

4.5.2 Fachliche Leitlinien

Die angesprochene Vielzahl der Beteiligten an Fabrikplanungsprojekten bedingt i. d. R die Bildung von Planungsteams. Sie verfügen über unterschiedliche Kompetenzen und sind unterschiedlich intensiv in das gemeinsame Projekt eingebunden. Für eine erfolgreiche Projektarbeit ist daher, aufbauend auf einem gemeinsames Zielverständnis, eine einheitliche, klare Orientierung im methodischen Vorgehen von essenzieller Bedeutung. Hierfür können grundsätzliche Leitlinien einen wichtigen Beitrag leisten und damit ein gemeinsames Arbeiten erleichtern. Nachfolgende fachliche Leitlinien haben allgemeine Akzeptanz erreicht, vgl. u. a. Erlach (2010, S. 287 f.), IPA (2011) VDI 5200, Wiendahl H-P et al. (2014):

- *Vom Zentralen zum Peripheren:* Als zentral gilt die Wertschöpfung, also das Fabrikinnere. Dadurch gilt der Planungsgrundsatz von „innen nach außen" oder vom Produktions- über den Logistik- zum unterstützenden Prozess.
- *Vom Idealen zum Realen:* Eine Grüne-Wiese-Konzeption bedeutet die Erfassung und Integration idealer Prinzipien. Das setzt den Maßstab, der auch in der restriktiven Realität anzustreben ist.
- *Durch Iterationen dem Optimum annähern:* Der Verlauf einer Fabrikplanung generiert kontinuierlich neue Erkenntnisse. Basierend auf diesem neuen Wissen werden erarbeitete Planungsstände kritisch hinterfragt und iterativ verbessert.
- *Mit Varianten den Lösungsraum gestalten:* Verschiedenartige Variantentreiber generieren unterschiedliche Varianten von Reallösungen. Nur die variantenreiche Betrachtung des Lösungsraums führt zu bewertbaren Planungsständen und generiert das notwendige Wissen zur Auswahl der geeignetsten Umsetzungsvariante.

Sehr ähnliche Ansätze sind in weiteren Fabrikplanungsstandardwerken zu finden: So unterstreicht Grundig die Schnittstelle Ideal- und Realplanung: Ausgehend von zunächst idealisierten Lösungsentwürfen (Idealplanung), entstehen im Ergebnis schrittweise Konzepte realer Lösungen bzw. Lösungsvarianten (Realplanung), Claus-Gerold (2014, S. 150) oder H-P Wiendahl die Variantennotwendigkeit: Varianten schärfen den Blick für die Qualität einer Lösung und führen leichter zu einem Entscheidungskonsens, Wiendahl H-P et al. (2014, S. 503). Interessanterweise empfiehlt Schmigalla eine Planungsreihenfolge „von außen nach innen", Schmigalla (1995, S. 89 ff.).

4.5.3 Projektmethodik

Für die Planung und Durchführung eines Fabrikplanungsprojektes ist das Verständnis von zwei methodischen Grundlagen zentral:

- Die in der Praxis bewährte Heuristik zur aspektweisen Analyse komplexer Probleme: Der von Schübel HR (2002) entwickelte sogenannte Vier-Felder-Kreis unterstützt das notwendige ganzheitliche Vorgehen bei der Gestaltung von Veränderungsprozessen.
- Die zentrale Fachmethodik ist die von Erlach (2010) weiterentwickelte Wertstrommethode, bestehend aus Wertstromanalyse, -design und -management (vgl. Kap. 9). Die Methode deckt methodisch zwei zentrale Teilaufgaben – Strukturieren und Dimensionieren – der Fabrikkonzeption ab. In diesem Zusammenhang ist der Begriff *wertstromorientierte Fabrikplanung* entstanden.

Abb. 4.16a zeigt den Vier-Felder-Kreis. Er beschreibt die vier zu berücksichtigenden Aspekte, um ein sozio-technischen System wie die Fabrik ganzheitlich zu analysieren und zu gestalten.

Die drei inneren Felder des Kreises werden durch den äußeren Kreis, welcher die Rahmenbedingungen repräsentiert, umschlossen:

- Die *Rahmenbedingungen* begrenzen den Handlungsspielraum: Dies können beispielsweise strategische Vorgaben (z. B. Erhöhung der Fertigungstiefe) sein, die die Planung (also das Veränderungsprojekt) erfüllen soll. Rahmenbedingungen können aber auch durch Einschränkungen technischer (z. B. Gebäudehöhe) oder wirtschaftlicher Art (verfügbares Budget) entstehen. Der äußere Kreis beinhaltet damit quasi unverrückbare Sachverhalte, die den Lösungsraum für das Fabrikplanungsprojekt vorgeben.
- Das Feld der *Sach- und Fachthemen* umfasst die inhaltlichen Aufgaben, die zu bearbeiten sind. Hierunter fallen Themen, wie die genaue Beschreibung des

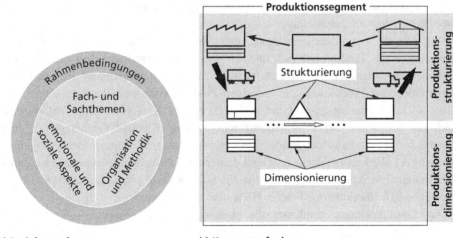

a) **Projektaspekte**   b) **Konzeptaufgaben**

Abb. 4.16 Projektaspekte und Vorgehenslogik im Fabrikplanungsprojekt. (H. R. Schübel und M. Lickefett)

Planungsgegenstands, bestehend aus relevanten Planungsebenen (z. B. Werks-, Gebäude- und Bereichsplanung) mit den entsprechenden Planungsinhalten (Struktur, Prozess, Organisation) (s. a. Abschn. 4.4.2), und die entsprechenden fachlich-/sach-lichen Ergebnisse (wie z. B. Layouts oder Lastenhefte für technische Ausstattung), die im Verlauf der Planung erarbeitet werden.

- Der Bereich *Organisation und Methodik* legt fest, mit welchem Vorgehen, welchen Hilfsmitteln und Regeln eine effektive und effiziente Bearbeitung erfolgt. Dabei regelt die Organisation eher die formale Zusammenarbeit. Sie legt u. a. Kommunikations-schemata (Form, Häufigkeit, Dauer, Teilnehmer etc.), Projektstrukturen (z. B. Auf-bau und Besetzung von Projektteams) oder Dokumentationsregeln (z. B. Medien, Nomenklatur, Speicherort) fest. Die Methodik beschreibt das Vorgehen (s. Fabrik-planungsvorgehen Abschn. 4.5) zur Erreichung des Planungsziels mit entsprechenden Hinweisen auf anzuwendende Methoden (z. B. Flächenanalyse, Wertstromdesign).
- Der Bereich der *sozialen und emotionalen Aspekte* regelt den Beziehungsaspekt, also wie alle Beteiligten angemessen miteinander umgehen sollten. Dieser Aspekt wird in Fabrikplanungen, welche i. d. R. überwiegend Techniker und Kaufleute bearbeiten, alleine schon aufgrund der Kompetenzen häufig vernachlässigt. Vor dem Hintergrund, dass die Qualität und der Erfolg der Planung und späteren Umsetzung aber wesentlich von den beteiligten Menschen bestimmt wird, liegt es auf der Hand, dass der emotio-nale und soziale Aspekt gleich wichtig wie alle anderen Aspekte ist.

Dieser Abschnitt konzentriert sich auf die fabrikplanungsrelevanten Aspekte der von Rother und Shook (2004) entwickelten und am Fraunhofer-Institut für Produktions-technik und Automatisierung IPA von Erlach (2010) weiterentwickelte Wertstrom-methode (zur Detailbeschreibung vgl. Kap. 9). Abb. 4.16b visualisiert die beiden zentralen Aufgaben Ressourcenstrukturierung und -dimensionierung beispielhaft an einer fiktiven Wertstromdarstellung:

Schon in der Grundlagenermittlung (vgl. Abb. 4.13) wird im Rahmen der *Wert-stromanalyse* das Produktspektrum und der wesentliche Produktaufbau deutlich; aus Methodensicht dient er der Produktionssegmentierung und definiert die einzelnen Wertströme einer Produktion. Die einzelnen Produktionsprozess-Beschreibungen ent-halten wichtige Planungsgrunddaten wie z. B. Anzahl Ressourcen oder Puffergröße. Auch die Aufnahme der Informationsflüsse ist eine wichtige Grundlage, da hier wesentliche Sachverhalte der Produktionsorganisation (z. B. Aspekte der Fertigungs-steuerung, IT-Werkzeuge) dargestellt sind. In der für Fabrikplanungszwecke erweiterten Wertstromanalyse können für jeden Prozess noch weitere planungsrelevante Größen (Medienbedarf, Überkranung, Fläche, Höhe usw.) erfasst werden.

Die Konzeptplanung beinhaltet die wesentlichen Teilaufgaben – Strukturieren (Bestimmung der Lage der Fabrikelemente zueinander), Dimensionieren (Quanti-fizierung der benötigten Ressourcen, wie Anzahl Maschinen, Arbeitsplätze, Flä-chen) und Layoutplanung (Anordnung der Flächen, s. a. Abb. 4.13). Hier behandelt das *Wertstromdesign* durch die Segmentierung in Wertströme und die entsprechende

Prozesskonfiguration (Prozessintegration und -reihenfolge) den Arbeitspunkt Produktions-strukturierung, den auch die klassische Fabrikplanungsliteratur (vgl. Wiendahl et al. 2014) ausführlich beschreibt. Der Arbeitspunkt Dimensionierung (vgl. auch Wiendahl et al. 2014) wird u. a. durch die Berechnung des Kundentakts für ein zukünftiges Produktions-volumen, aber auch durch die Auslegung der Maschinen- und Arbeitsplatzanzahl sowie durch die Schichtsystemgestaltung oder Auslegung der Puffergrößen erfüllt (siehe auch Abb. 4.16b). Andere Dimensionierungsaufgaben (vgl. auch Wiendahl et al. 2014) wie Flächenbedarfe oder Infrastrukturbedarf sind typischerweise nicht Teil des Wertstrom-designs, sie können aber ohne weiteres im Anschluss durchgeführt werden. Weitere kon-zeptionelle Festlegungen sind Bestandteil des Wertstrommanagements. Neben Aspekten der zukünftigen Produktionsplanung und -steuerung werden Aspekte der zukünftigen Produktionsorganisation mit entsprechender Aufgaben- und Kompetenzzuordnung definiert.

4.5.4 Werkzeuge der Fabrikplanung

Bei der Nutzung von Werkzeugen für die Fabrikplanung steht der Aspekt der Imagina-tion bzw. Vermittelbarkeit, der besseren Validierbarkeit und der Ergebnisdokumentation im Vordergrund. Bekannt sind software-gestützte Werkzeuge aus der sogenannten digi-talen Fabrik, wie z. B. der Fabrikplanungstisch (siehe Abb. 4.17) und eher klassische Werkzeuge – z. B. aus der Lean Production wie z. B. das Cardboard Engineering.

Abb. 4.17 Fraunhofer IPA Fabrikplanungstisch zur Layoutplanung

Werkzeuge der digitalen Fabrik bilden ein sehr breites Spektrum zur Unterstützung unterschiedlichster Gestaltungsaufgaben ab – angefangen bei der Datenermittlung z. B. von Produktdaten in PLM-Software (Product Lifecycle Management) über die Flächenplanung in Layout-Planungswerkzeugen bis hin zu Simulationen von ganzen Fabriken. Bekannte Anbieter von solchen Systemen sind beispielsweise Siemens PLM, PTC oder Delmia.

Klassische Werkzeuge der Fabrikplanung haben einen sehr hohen Shopfloor-Bezug und unterscheiden sich im Wesentlichen durch die Art der verwendeten Materialien:

- So kennt man beispielsweise das Lego-Engineering, das Legobausteine zur Nachbildung der einzelnen Produktionseinrichtungen nutzt. Damit ist es möglich, eine dreidimensionale (aber nicht maßstabsgetreue) Nachbildung einer geplanten Produktion zu erzeugen.
- Das Wood Engineering legt den Fokus auf eine 1:1 Nachbildung einer geplanten Betriebsmittelaufstellung. Dazu werden Holzlatten entsprechend der Umrisse einzelner Betriebsmittel auf dem Hallenboden ausgelegt. Notwendig hierfür ist eine entsprechende, freie Fläche in der Produktion.
- Vielseitiger nutzbar ist das Cardboard Engineering, da hier anhand von Kartonagen Betriebsmittel und Arbeitsplätze in drei Dimensionen 1:1 aufgebaut werden, um nicht nur das Layout und die Aufstellung zu überprüfen, sondern auch zukünftige Abläufe (z. B. Montagen) zu simulieren und zu optimieren.

Die klassischen Werkzeuge der Fabrikplanung sind aufgrund der einfachen, aber auch begrenzten Anwendbarkeit im Grunde in allen Branchen der industriellen Produktion anwendbar. Demgegenüber trifft man Werkzeuge der digitalen Fabrik eher in Branchen an, die hohe Anforderungen an die Genauigkeit der Planungsergebnisse haben und somit den derzeit noch extrem hohen Aufwand bei der durchgängigen Nutzung der digitalen Werkzeuge nicht scheuen.

4.6   Ausblick

Ein zunehmend relevanter Aspekt für Fabrikplanungen ist die Berücksichtigung der Wandlungsfähigkeit:

- Im *Forschungsumfeld* erweiterte die immer größere Marktdynamik Ende der 1990er Jahre die Fabrikplanung um dieses Thema. Wie erörtert, grenzt die Literatur häufig die Begriffe Wandlungsfähigkeit und Flexibilität ab (Abschn. 1.6). In diesem Zusammenhang spielen die eher abstrakten Wandlungsbefähiger eine wichtige Rolle. Die Autoren nennen hier unterschiedliche Befähiger. Beispielsweise Universalität, Mobilität, Skalierbarkeit, Modularität und Kompatibilität (siehe „Fachbeirat des Fachkongresses Fabrikplanung 2016").

- Im *industriellen Umfeld* gewann das Thema Wandlungsfähigkeit während der Finanz-marktkrise ab 2008 immer mehr an Aufmerksamkeit, insbesondere wegen der teils dramatischen Auftragseinbrüche für viele Unternehmen. Außerdem gewinnt das Thema bei der ständigen Suche nach Kosteneinsparungsmöglichkeiten zunehmend an Bedeutung. Hier wird großes Potenzial in einer längeren Nutzung von Investitionen gesehen, z. B. von Produktionsmitteln, die über mehrere Produktgenerationen hin-weg genutzt werden. So findet die Wandlungsfähigkeit den Weg in die gängige Pra-xis durch die entsprechende Entwicklung und Integration in Planungsmethoden, z. B. Ideal-Layout-Planung, oder erweitertes Wertstromdesign (Kap. 9).

Ein weiteres, derzeit in der Forschung sehr hoch priorisiertes Thema ist die digitale Transformation, (auch Industrie 4.0), vgl. Bauernhansl et al. 2014 sowie Abschn. 1.3.2.4. Eine zentrale Rolle spielen hierbei sogenannte Cyberphysische Systeme. Systeme in einem industriellen Umfeld, bestehend aus physischen Objekten, wie bspw. Werkzeuge oder Maschinen, Sensoren, die relevante Umfeldparameter erfassen, Aktoren, um sich aktiv an bestimmte Umfeldbedingungen anpassen zu können und Intelligenz in Form von plattformbasierten Softwarediensten, um in Echtzeit zu kommunizieren, aber auch Operationen ausführen zu können.

Es wird erwartet, dass sich ab einer bestimmten Durchdringung solcher Systeme im Produktionsumfeld drastische Veränderungen ergeben. So soll es dann möglich sein, dass viele operative Entscheidungen, wie z. B. die Auftragszuordnung auf Maschinen, Bestellung von Material, Starten von Instandhaltungsmaßnahmen in Abhängigkeit der aktuellen lokalen Produktionssituation automatisch erfolgen. Der Mensch wird in einer solchen Produktionsumgebung nicht überflüssig sein, aber seine Aufgaben werden weni-ger ausführend und mehr gestalterischer Art sein.

Damit eröffnen sich auch für die Fabrikplanung vielfältige neue Herausforderungen und Chancen. In einem solchen Szenario wird die Verfügbarkeit und Aktualität von produktionsbezogenen Daten erheblich höher als heute sein. Idealerweise fällt ein noch heute existierendes Hemmnis, nämlich der hohe Datenbeschaffungsaufwand für den Ein-satz von digitalen Fabrikplanungswerkzeugen, dann weg. Ob die Datenqualität steigen wird, muss sich erst noch zeigen, da man in diesem Szenario u. U. mit unpräziseren oder sogar falsch interpretierten Daten zu rechnen hat.

Auch der Aufbau von Lösungspaketen der digitalen Fabrikplanung könnte sich deutlich verändern. Ähnlich den App-Stores für die Konfiguration persönlicher Anwendungen z. B. auf Smartphones sind Marktplätze für industrielle Software-Anwendungen im Fabrik-planungsumfeld denkbar. Kleine, aufgabenadäquate Insellösungen, die sich einfach mit anderen Lösungen zu individuellen Workbenches vernetzen lassen, verdrängen die heuti-gen, eher monolithischen Systeme. Damit ließen sich unternehmensspezifisch, abhängig von der organisatorischen Zuordnung von Fabrikplanungs- und -betriebsaufgaben, Soft-warepakete für die entsprechenden Stellen und Prozesse zusammensetzen, die vermutlich eine viel höhere Übereinstimmung zwischen Funktionsbedarf und -angebot hätten und somit, auch vor dem Hintergrund neuer Geschäftsmodelle, deutlich günstiger zu nutzen wären.

4.7   Lernerfolgsfragen

Fragen

1. Nennen Sie drei Planungsauslöser für Fabrikplanungsprojekte und erläutern Sie diese kurz.
2. Diskutieren Sie die Komplexität von Fabrikplanungsaufgaben an einem Beispiel.
3. Nennen Sie fünf Beteiligte am Prozess einer Neuplanung und zeigen Sie beispielhafte Schnittstellen mit weiteren Beteiligten auf.
4. Nennen Sie die Planungsebenen der Fabrikplanung.
5. Nennen Sie die Phasen der Richtlinie VDI 5200 und beschreiben Sie die Ergebnisse der einzelnen Phasen.
6. Beschreiben Sie die Anwendungsbereiche der Digitalen Fabrik.
7. Erläutern Sie drei Methoden der Fabrikplanung
8. Welche Aspekte der Projektlogik deckt der Vier-Felder-Kreis ab? Erläutern Sie diese kurz.
9. In welchen beiden Planungsphasen liefert die Wertstrommethode wichtige Erkenntnisse?

Literatur

Bauernhansl T, ten Hompel M, Vogel-Heuser B (Hrsg) (2014) Industrie 4.0 in Produktion, Automatisierung und Logistik. Springer, Heidelberg ISBN 978–3-658-04682-8

Erlach K (2010) Wertstromdesign – Der Weg zur schlanken Fabrik, 2. Aufl. Springer, Berlin, Heidelberg. ISBN 978-3540898665

Fachbeirat des Fachkongresses Fabrikplanung (Hrsg) (2016) Fabriken im Wandel: Gestaltungsprinzipien der Veränderungsfähigkeit und ihre Vorteile für Produktionsunternehmen. Broschüre des 13. Deutschen Fachkongress Fabrikplanung in Ludwigsburg (20./21.04.2016)

Fraunhofer Institut für Produktionstechnik und Automatisierung IPA Zukunftsfähige Fabriken – Vorsprung im Wandel. Seminar in Stuttgart (05.03.2002)

Fraunhofer Institut für Produktionstechnik und Automatisierung IPA Fabrik- und Werkstrukturplanung Produktionsoptimierung durch schlanke Layouts. Seminar in Stuttgart (27.10.2011)

Grundig C-G (2014) Fabrikplanung Planungssystematik-Methoden-Anwendungen, 2. Aufl. Hanser, München ISBN-10:3–446-40642-5

Rother M, Shook J (2004) Sehen lernen, 1. Aufl. Lean Management Institut Verlag, Aachen. ISBN 978-3980952118

Schmigalla H (1995) Fabrikplanung. Begriffe und Zusammenhänge. Hanser, München

Schübel HR (2002) Optimierung interdisziplinärer Kooperation in der Umweltforschung durch psychologische Prozessbegleitung. In: Müller K et al (Hrsg) Wissenschaft und Praxis der Landschaftsnutzung: Formen interner und externer Forschungskooperation. Markgraf, Weikersheim, S 308–316

VDI – Verein Deutscher Ingenieure (2011) Fabrikplanung Planungsvorgehen. VDI-Richtlinie 5200 Blatt 1. Düsseldorf

Wiendahl H-P, Reichardt J, Nyhuis P (2014) Handbuch Fabrikplanung, 2. Aufl. Hanser, München, Wien. ISBN 978–3-446-43892-7

Wirth S, Endlerlein H, Förster A, Petermann J (1996) Zukunftsweisende Unternehmens- und Fabrikkonzepte für KMU. Vortragsband zur Fachtagung "Zukunftsweisende Unternehmens- und Fabrikkonzepte für KMU", TBI'99, S. 34–51

Weiterführende Literatur

Wiendahl H-P, ElMaraghy HA, Nyhuis P, Zäh MF, Wiendahl H-H, Duffie NA, Brieke M (2007) Changeable manufacturing – Classification, design and operation. CIRP: CIRP Annals Manufacturing Technology: Annals of the International Academy for Production Engineering Amsterdam u. a.: Elsevier. 56(2):783–809

Fertigungs- und Montagesysteme

5

Philipp Holtewert und Hans-Hermann Wiendahl

Zusammenfassung

Dieses Kapitel behandelt Fertigungs- und Montagesysteme. Es beginnt mit den drei wesentlichen Grundlagen: Dem *Systemmodell* der Fertigung und Montage, das die wesentlichen Elemente beschreibt, die ein wirkungsvolles Betreiben der Fertigungs- und Montageprozesse ermöglichen. Die zur Herstellung erforderlichen *Prozessketten* sowie die zur Fertigung und Montage heute üblichen Organisationsformen (*Produktionsarten und -prinzipien*). Die darauf aufbauend erläuterte *Fertigungs- und Montagesystemplanung* systematisiert die Gestaltung in einzelne aufeinander aufbauende Schritte. Ein *Ausblick* schließt das Kapitel ab.

Im Wertschöpfungsmodell der Produktion (Kap. 2) behandelt die Fertigungs-und Montagesystemplanung die Ebenen vom Produktionsprozess bis zum Produktionsfraktal (Strukturperspektive). Sie betrachtet (und gestaltet) den Wertschöpfungsprozess (Prozessperspektive). Nach klassischem Verständnis betrifft sie lediglich die Systemgestaltung, da diese Prozessgestaltung lediglich einmalig erfolgt (Systemperspektive). Abb. 5.1 visualisiert den Betrachtungsgegenstand.

P. Holtewert · H.-H. Wiendahl (✉)
Fraunhofer-Institut für Produktionstechnik und Automatisierung IPA,
Stuttgart, Deutschland
E-Mail: hans-hermann.wiendahl@ipa.fraunhofer.de

© Springer-Verlag GmbH Deutschland, ein Teil von Springer Nature 2020
T. Bauernhansl (Hrsg.), *Fabrikbetriebslehre 1*,
https://doi.org/10.1007/978-3-662-44538-9_5

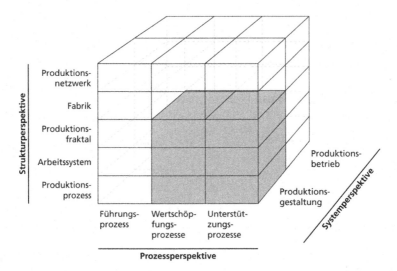

Abb. 5.1 Einordnung Fertigungs- und Montagesysteme in das Wertschöpfungsmodell der Produktion

5.1 Lernziele

▶ Nach dem Lesen dieses Kapitels, kennen Sie …
- den Aufbau von Fertigungs- und Montagesystemen.
- den Unterschied zwischen Fertigung und Montage sowie die Unterteilung in Produktionsprinzipien und -arten.
- unterschiedliche Methoden und Analyseverfahren zur systematischen Planung des Fertigungs- und Montagesystems unter Berücksichtigung aller entscheidenden Prozessschritte.
- wichtige technische Verfahrensweisen, ihre Einsatzbereiche und Umsetzungsmöglichkeiten.

5.2 Einführung und Definitionen

Fertigung und Montage kennzeichnen zwei Merkmale:

- Zum einen realisieren Fertigung und Montage die in der Konstruktion und Arbeitsvorbereitung erarbeiteten Vorgaben in funktionsfähige Einzelteile, Baugruppen und Endprodukte. Ihre Herstellung erfordert einen hohen Personaleinsatz: In typischen Maschinenbauunternehmen gehören ca. 55 % der Mitarbeiter zum Produktionsbereich, knapp 25 % sind in den direkten Bereichen Fertigung und Montage beschäftigt, VDMA (2016).

- Zum anderen sind hier verschiedene Material- und Informationsflüsse zusammen-
zuführen und parallel zu verarbeiten. Fehler und Abweichungen des Ist- vom vorgegebenen Sollzustand bei Produkten und Prozessen können insbesondere in der
Montage unerwartete Turbulenzen (Störungen, Engpässe, Zusatzaufwände, …) mit
entsprechenden Zusatzkosten verursachen.

Deshalb bildet eine auf die Markt- und Rahmenbedingen ausgerichtete Produktion
mit effektiv und effizient organisiertem Personaleinsatz eine Grundvoraussetzung für
den Unternehmenserfolg. Das Kapitel beginnt mit den wesentlichen Grundlagen: dem
Systemmodell der Fertigung und Montage, die zur Herstellung erforderlichen *Prozessketten* sowie die zur Fertigung und Montage heute üblichen Organisationsformen
(Produktionsarten und -prinzipien). Die *Fertigungs- und Montagesystemplanung* systematisiert die Gestaltung. Ein *Ausblick* schließt das Kapitel ab.

5.2.1 Einführung

Der Produktionsprozess transformiert als wertschöpfender Prozess Rohmaterial und
Halbzeuge in Bauteile oder Produkte unter Einsatz vorhandener oder zu beschaffender
Ressourcen. Hierzu werden Raum, Energie und Informationen benutzt. Es ist funktional
zwischen Planung und Steuerung sowie Fertigung, Montage, Logistik, Instandhaltung
und Qualitätssicherung zu unterscheiden. Auf diese Aufgabenbereiche geht das Kapitel
näher ein. Unmittelbar am Produktionsprozess sind Betriebsmittel wie Mess-, Lager-
und Transporteinrichtungen sowie Werkzeuge und Vorrichtungen bzw. Maschinen und
Anlagen beteiligt.

Abb. 5.2 stellt die Elemente eines Systemmodells der Produktion und deren innere
und äußere Verknüpfungen dar, vgl. Eversheim (1989 S. 6). Genereller Zweck des Fer-
tigungs- und Montagesystems (sog. *direkte Bereiche*) ist die Herstellung der richtigen Produkte nach Art (in spezifizierter Qualität) und Menge, zum richtigen Zeitpunkt
und zu definierten Kosten. Hierbei unterstützen die *indirekten Bereiche;* die übergreifende *Prozesssteuerung* plant und steuert die Produktions- und Hilfsprozesse operativ. Versteht man unter dem Begriff Produktion die planmäßige Kombination von
Produktionsfaktoren (vgl. Kap. 1), so umfasst die Produktion den gesamten betrieblichen
Leistungsprozess.

5.2.2 Systemmodell der Fertigung und Montage

Fertigungs- und Montagesysteme enthalten einen technischen Kern, bestehend aus dem
Bearbeitungssystem und seiner Peripherie. Betrachtet man einen einzelnen Bereich
wie z. B. die Teilefertigung nach systemtechnischen Gesichtspunkten, so lässt sich

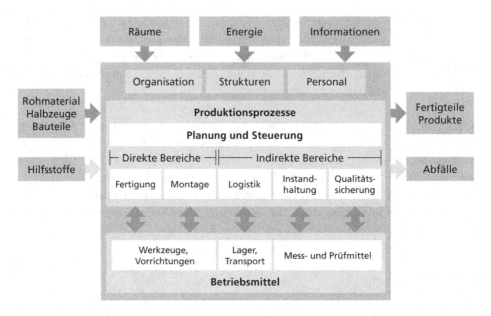

Abb. 5.2 Systemmodell der Produktion.
(In Erweiterung zu Eversheim)

daraus ein Systemmodell eines Produktionssegmentes definieren. In dessen Kern steht das Bearbeitungssystem (der Teilefertigung) bzw. der Arbeitsplatz (der Montage), in Anlehnung an Spur (1994, S. 11), Westkämper (2006, S. 200 ff.).

▶ Das *Bearbeitungssystem* besteht aus Arbeitsplätzen oder Maschinen. Es führt einzelne Vorgänge eines Fertigungsauftrages nach Maßgabe der Arbeitspläne aus und bearbeitet Werkstücke, die ein Materialsystem transportiert und bereitstellt.

▶ Das *Materialsystem* – bestehend aus Lager- und Transportsystemen – hat die Aufgabe der termin- und ablaufgerechten Ver- und Entsorgung der Bearbeitungssysteme mit Material. Es verbindet die einzelnen Bearbeitungssysteme. Material durchläuft dieses System vom Eingang des Rohmaterials bis zur Fertigstellung und zum Warenausgang. Lager und Puffer gleichen unterschiedliche Arbeits- bzw. Zykluszeiten aus.

▶ Das *Betriebsmittelsystem* versorgt die Bearbeitungsstationen mit den benötigten Werkzeugen und Vorrichtungen und führt gebrauchte Betriebsmittel zur Instandhaltung o. ä. in ein Lager zurück. Ebenso wie im Materialsystem durchlaufen die Betriebsmittel das System mehrfach, bis sie nicht mehr benötigt werden oder verschlissen sind.

▶ Das *Betriebsstoffsystem* versorgt die Arbeitsplätze mit den notwendigen Stoffen, wie beispielsweise Kühlschmierstoffe, Druckluft oder Energie. Das System umfasst auch die Betriebsstoffaufbereitung und -entsorgung.

▶ Das *Informationssystem* unterstützt die technische und logistische Steuerung. Hierzu versorgt es das Bearbeitungssystem mit den Arbeitsanleitungen (Arbeitspläne, Produktionsaufträge) und allen zur Durchführung benötigten weiteren Informationen. Des Weiteren stellt es übergeordneten IT-Systemen Zustandsdaten bzw. Informationen zur Verfügung.

Das heute im Wesentlichen IT-basierte Informationssystem unterstützt die technische und logistische Steuerung: Einerseits hilft es dem Betriebsmanagement, den Betrieb zu leiten, andererseits verknüpft es die technischen Systeme wie NC-Maschinen oder Lager- und Transportgeräte. Es umfasst ferner ein Rückmeldesystem zum Bearbeitungsstand der Aufträge oder zum Zustand der Maschinen und Geräte. Das Informationssystem unterstützt auch das Management des Bereiches: Dabei handelt es sich um das sogenannte Fertigungs- oder Betriebsleitsystem, das die Betriebsleitung, -steuerung und -überwachung ermöglicht, in der Praxis oftmals auch als Werkstattsteuerungssystem oder Manufacturing Execution System (MES) (Abschn. 7.6.2) bezeichnet.

Abb. 5.3 zeigt ein solches Systemmodell am Beispiel Teilefertigung, Westkämper (2006, S. 201). Erkennbar sind das Bearbeitungssystem (Arbeitsplatz), das im Zentrum der Wertschöpfung steht sowie die peripheren Systeme zur Ver- und Entsorgung der einzelnen Arbeitsplätze mit Informationen, Werkstücken, Werkzeugen und Vorrichtungen. Zwischen den Systemen gibt es Übergabefunktionen für den Wechsel bearbeiteter Werkstücke gegen unbearbeitete oder verschlissener Werkzeuge gegen einsatzfähige. Vorrichtungen werden in der Regel bei einem Auftragswechsel ausgetauscht. In das Informationssystem wurden die Bereitstellung der Dokumente und Arbeitspapiere

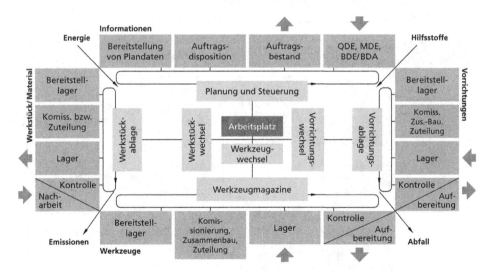

Abb. 5.3 Systemmodell eines Fertigungs- und Montagesegments. (Westkämper)

sowie die betriebsinterne Auftragsdisposition integriert. Das Rückmeldesystem enthält die Erfassung und Verarbeitung der Betriebsdaten (BDE: Betriebsdatenerfassung, BDA: Betriebsdatenauswertung). Ein Auftragsspeicher verwaltet die Fertigungsaufträge. Im direkten Vergleich zwischen Fertigung und Montage sind die Fertigungssegmente häufig eher mit automatisierten Maschinen und Anlagen, Montagesegmente vielmehr mit Vorrichtungen oder manuellen Arbeitsplätzen ausgestattet.

Die beschriebenen Teilsysteme und ihr Zusammenwirken bestimmen die Produktivität des Gesamtsystems. Die (analytische) Unterteilung des Fertigungs- oder Montagesystems in Teilsysteme unterstützt sowohl ihre systematische Gestaltung bzw. Verbesserung als auch eine gezielte Fehlersuche bei (unerwarteten) Produktivitätsverlusten bzw. einem Produktivitätsvergleich mit anderen Produktionssystemen. Die komplexe Verknüpfung technischer und organisatorischer Prozesse wird so beherrschbar.

5.2.3 Prozessketten in Fertigung und Montage

Basis zum Verständnis der Fertigung und Montage bilden die zu durchlaufenden (technischen) Prozessketten. Abb. 5.4 stellt die Produktion beispielhaft als Prozesskette nach Westkämper (2006, S. 196) dar.

Entwicklung und Konstruktion sowie die Arbeitsvorbereitung und das Auftragsmanagement unterstützen diesen Wertschöpfungsprozess, indem sie die zur rationellen Herstellung benötigten Informationen bereitstellen und die Bereitstellung des notwendigen Inputs organisieren, also planen und steuern. Innerhalb der Herstellung durchlaufen die Produkte mehrere Herstellungsstufen. Man spricht dann von einer mehrstufigen Produktion oder auch von Prozessketten.

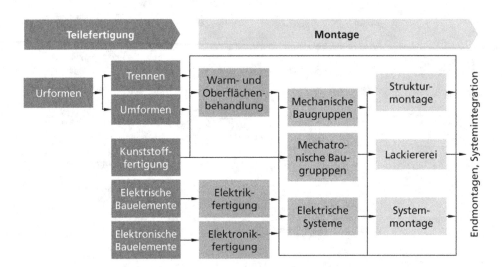

Abb. 5.4 Beispiel für Prozesse zur Herstellung von Produkten.
(Nach Westkämper)

Die Teilefertigung stellt Komponenten durch Fertigungsverfahren auf Basis von Halbzeugen oder Rohmaterialien her. Die Montage baut Einzelkomponenten zu Baugruppen oder Endprodukten zusammen.

▶ **Definition** In der Teilefertigung prägen *Komponentengeometrie* und *technologisch bedingte Abläufe* die Vorgangsfolgen. Jede Komponente hat eine spezifische Folge von Arbeitsvorgängen.

In der Montage bestimmt die *Produktstruktur* die Vorgangsfolgen. Diese können variabel sein und gestatten trotz Varianz der Produkte eine Vereinheitlichung.

Aus Wertschöpfungssicht ist eine Unterteilung des Produktionsprozesses in direkt und indirekt (peripher) beteiligte Bereiche üblich:

- *Direkte Bereiche* bilden sämtliche Fertigungen und Montagen, die Werkstücke bearbeiten, behandeln bzw. montieren; sie tragen also direkt zum Produktwert bei. Sie sind elementare Bestandteile eines Systemmodells, die die Anordnung von technischen Einrichtungen zur Herstellung oder Veränderung von Werkstücken mit geometrisch bestimmter Gestalt oder Funktion sowie zum Zusammenbau von Baugruppen und Fertigprodukten ermöglichen. Zu den direkten Bereichen zählen z. B. das Urformen (fertigen fester Körper aus flüssigem Zustand), das Umformen (bildsame Verformung durch plastisches Ändern der Form), alle mechanischen Bearbeitungen (Trennen), Fügetechniken sowie Verfahren der Warm- und Oberflächenbehandlung (Stoffeigenschaft ändern, Beschichten) für alle Werkstoffgruppen (Metalle, Kunststoffe, Keramiken und nachwachsende Rohstoffe), vgl. dazu ausführlich Abschn. 5.4.3.1 sowie DIN 8580.
- Die *indirekten Bereiche* (auch Unterstützungsprozesse) stellen eine Voraussetzung für den Wertschöpfungsprozess dar; sie bereiten ihn planend vor, begleiten ihn teilweise steuernd und bereiten ihn nach. Dies betrifft einerseits die Produktionsplanung und -steuerung. Andererseits ist es für die Produktion u. a. notwendig, dass die Werkzeuge nach Art, Menge und Qualität zum richtigen Zeitpunkt bereitstehen. Werkzeugwesen, Vorrichtungsbau, Intralogistik (Transport und Lagerung) sowie Mess- und Prüfwesen bereiten die direkte Wertschöpfung vor und nach und stellen so die erforderliche Bearbeitungsqualität sicher.

Die *direkten Bereiche* werden nun eingehend vorgestellt.

5.3 Produktionsarten und -prinzipien

Fertigungs- und Montagesysteme sind hinsichtlich Produktionsarten und -prinzipien unterschieden:

- Die Einteilung der *Produktionsarten* richtet sich nach der Menge, dem Auftrag, dem Absatz sowie den Ablaufstrukturen. Wichtige Vertreter sind dabei die Einmal-, Wiederhol-, Varianten-, Serien- und Massenproduktion.
- Die *Produktionsprinzipien* differenzieren zwischen Fertigungs- und Montageprinzipien.

Die Grundzusammenhänge sind heute anerkannt und in der Literatur umfassend dargestellt, vgl. dazu u. a. Eversheim (1996, S. 103 ff.), Richter (2006), Spur (1994, S. 11), Schönsleben (2016, S. 209 ff.), Westkämper (2006, S. 198 ff.), Wiendahl H-P (2014, S. 51 ff.). Die Folgeabschnitte beschreiben Arten und Prinzipien detaillierter.

5.3.1 Produktionsarten

Abb. 5.5 stellt den Zusammenhang der unterschiedlichen Produktionsarten hinsichtlich der Stückzahl, Variantenvielfalt, Produktivität und Flexibilität dar, vgl. Spur (1994, S. 11), Eversheim (1989, S. 11).

▶ **Wichtig**

Die *Einmalproduktion* produziert einzelne oder wenige Werkstücke bzw. Produkte nach individuellen Kundenwünschen.

Die *Wiederholproduktion* ist die wiederholte Produktion derselben Produkte oder Produktfamilien in kleinen Losgröße und Produktionsmengen. Dabei handelt es sich um Standardprodukte oder solche, die aus Modulen zusammengesetzt sind.

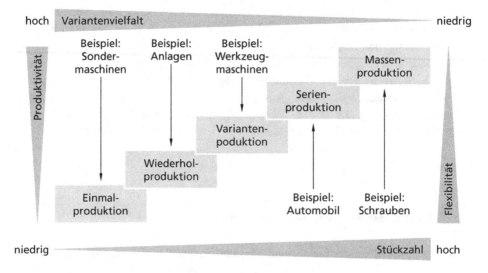

Abb. 5.5 Einordnung unterschiedlicher Produktionsarten.
(In Erweiterung zu Spur; Eversheim)

Die *Variantenproduktion* stellt ähnliche Erzeugnisse desselben Grundtyps her. Charakteristisch für die *Serienproduktion* ist die ununterbrochene Fertigung gleicher Werkstücke – in der Teilefertigung typischerweise unter Bildung von Losen bzw. sequenzierten Auftragsfolgen.

Die *Massenproduktion* fertigt größere Mengen homogener Teile oder Erzeugnisse.

Stückzahl und Variantenvielfalt bestimmen die Entscheidung über die Produktionsart wesentlich:

- Größere Stückzahlen und kleinere Variantenvielfalt begünstigen den Einsatz von Automatisierungstechnik. Typischerweise steigert diese die Produktivität, verringert aber die Flexibilität. Grund hierfür bildet die geringere Adaptierbarkeit technischer Systeme.
- Im Gegensatz dazu passen sich Menschen wesentlich schneller ihrem Umfeld und neuen Aufgaben an. Ihre Leistung ist jedoch typischerweise geringer als die einer Automatisierungslösung.

In der Massenproduktion ist eine hohe Automatisierung eher als in der Einmalproduktion zu finden, wobei in Variantenproduktionen hybride Lösungen bevorzugt zum Einsatz kommen. Letztere kombinieren die technischen und menschlichen Vorteile beider Seiten.

Neben Stückzahl und Variantenvielfalt sind noch weitere Faktoren zur Wahl der Produktionsarten relevant. Die charakteristischen Merkmale der Produktionsarten zeigt Abb. 5.6, vgl. auch Dyckhoff (1994, S. 345), Woll (2000, S. 224), Westkämper (2006, S. 199).

Einzelproduktion		Mehrfachproduktion		
Einmalproduktion	Wiederholproduktion	Variantenproduktion	Serienproduktion	Massenproduktion
■ Erzeugnisse werden nur einmal produziert ■ Auftragsproduktion (nach Kundenwunsch) ■ Geringer Kosten- und Zeitanteil	■ Erzeugnisse werden in unregelmäßigen Abständen produziert ■ Geringer Vorbereitungsaufwand bei Auftragswiederholung	■ Ähnliche Erzeugnisse desselben Grundtyps ■ Gleicher Produktionsaufwand für alle Varianten	■ Begrenzte Stückzahl und Bildung von Losen ■ Meist Auftragsproduktion standardisierter Erzeugnisse ■ Klein-, Mittel-, und Großserien	■ Große Stückzahl und häufige Prozesswiederholung ■ Produktion für anonymen Markt, Anpassung an Kundenwunsch nur im Rahmen geplanter Erzeugnistypen ■ Hoher einmaliger Aufwand

■ Stückzahlcharakter ■ Produktionsart ■ Kennzeichen

Abb. 5.6 Charakteristische Merkmale von Produktionsarten. (In Anlehnung an Westkämper)

Heute ist es kaum mehr möglich, ein Unternehmen einer einzigen Produktionsart zuzuordnen. Viele sind Mischfertiger und es treten Einzel- und Mehrfachproduktion nebeneinander auf.

5.3.2 Fertigungs- und Montageprinzipien

Die Produktionsprinzipien charakterisieren die räumliche Anordnung der Arbeitsplätze sowie ihren organisatorischen Aufbau. Abb. 5.7 teilt die Produktionsprinzipien nach Montage und Teilefertigung auf und ordnet ihnen die Produktionsarten zu, vgl. Wiendahl H-P (1986, S. 37), Westkämper (2006, S. 198):

- Das *Fertigungsprinzip* richtet sich nach dem Fertigungsverfahren des zu produzierenden Erzeugnisses. Letzteres legt die Werkstücktransformation vom Rohmaterial zum Fertigteil fest und schließt dabei die Fertigungsmittel mit ein. Das ausgewählte technologische Verfahren determiniert somit den Prozessablauf und fixiert die Prozessstruktur mit den Betriebsmitteln einschließlich der Transport-, Lager- und Umschlageinrichtungen.
- Dahingegen betrachtet das *Montageprinzip* die Gesamtheit aller Vorgänge zum Zusammenbau von geometrisch bestimmten Körpern und nicht das Rohmaterial. Dazu zählen das Fügen (DIN 8593), Handhaben (VDI-Richtlinie 2860), Kontrollieren (VDI-Richtlinie 2860), Justieren (DIN 8580) sowie Sonderoperationen.

	Fertigungsprinzip			Montageprinzip					
	Werkstätten-fertigung	Gruppen-fertigung	Fließ-fertigung	Baustellen-fertigung	Getaktete Stand-platzmontage	Gruppen-montage	Reihen-montage	Taktstraße-montage	Kombinierte Fließßmontage
Einmalproduktion	×	×		×	×	×			
Wiederholproduktion	×	×		×	×	×	×		
Variantenproduktion		×	(×)				×	×	
Serienproduktion		(×)	×					×	×
Massenproduktion			×						×

Abb. 5.7 Zuordnung von Produktionsarten und Organisationstypen.
(In Erweiterung H-P Wiendahl und Westkämper)

Fertigungsprinzipien

Das Fertigungsprinzip (genauer: Teilefertigungsprinzip) beschreibt die Anordnung der Betriebsmittel. Sie bestimmt damit auch über die Produktionsabläufe, die Intralogistik und letztlich über die Wirtschaftlichkeit der Herstellung.

▶ Die wesentlichen Ausprägungen sind Werkstätten-, Gruppen- und Fließfertigung, Abb. 5.8, Eversheim et al. 1999:

- Die *Werkstättenfertigung* (auch Werkstattfertigung) fasst die Fertigungssysteme mit gleichen Verrichtungen zusammen. Die Auftragsbearbeitung erfolgt losweise, d. h. erst nach der Bearbeitung aller Teile des Auftrags erfolgt der Transport zur nächsten Bearbeitungsstation (s. a. Kap. 1).
- Die *Gruppenfertigung* (auch Inselfertigung, Fertigungszellen) fasst die Maschinen zur Herstellung eines Baugruppentyps oder eines Produktes zusammen. Dies verbindet unterschiedliche Fertigungstechnologien

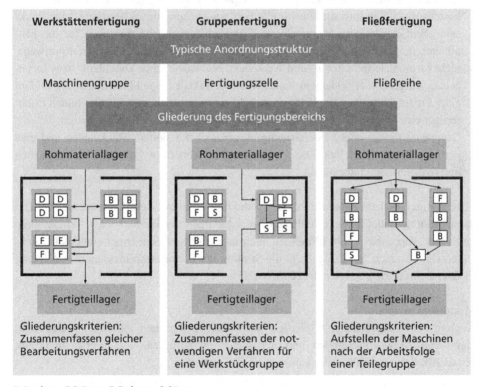

D Drehen, F Fräsen, B Bohren, S Sägen

Abb. 5.8 Struktur der Fertigungsprinzipien.
(In Anlehnung an Eversheim und Schuh)

(Maschinen und Handarbeitsplätze), bei der eine teilautonome Gruppe von Mitarbeitern eine Reihe gleicher, gleichartiger oder verwandter Teilprozesse ausführt. Die Organisationseinheit führt weitgehend autonom alle Tätigkeiten zur Herstellung eines Baugruppentyps und dessen Varianten aus. Die meist fehlende Austaktung der Arbeitsschritte erfordert Materialpuffer.

- Die *Fließfertigung* stellt die Maschinen nach der Arbeitsvorgangsfolge zur Herstellung einer Komponente, Baugruppe oder eines Produkts auf. Dadurch entsteht eine Fließreihe, deren Prozesse die gleiche Taktung aufweisen. Die Fließfertigung stellt Lose (bis zur Losgröße eins) her.

Wie bereits beschrieben, bilden Stückzahl und Variantenvielfalt die wesentlichen Auswahlfaktoren für das Fertigungsprinzip. Diese sind durch unterschiedliche Merkmale gekennzeichnet:

- Werkstättenfertigungen eignen sich für (sehr) geringe Stückzahlen und eine hohe Variantenvielfalt; ihre Merkmale sind hohe Variabilität und Flexibilität. Eine Kompetenzbündelung für komplexe Fertigungsverfahren und/oder eine kostenaufwendige Infrastruktur für alle Fertigungstechnologien begünstigt eine Werkstatt ebenfalls. Weitere Merkmale sind: abwechslungsreiche Aufgaben für die Mitarbeiter, flexibler Mitarbeitereinsatz (innerhalb einer Werkstatt), lange Transportwege, nicht harmonisierte Material- und Werkzeugflüsse sowie lange Durchlauf- bzw. Liegezeiten. Aufgrund des fehlenden standardisierten Takts ist eine Massenfertigung im Fall einer Prozesskette über alle Fertigungsverfahren wenig effizient. Oftmals bilden Lohnfertiger eine Werkstättenfertigung, die dann kundenspezifisch Teile produziert.
- Gruppenfertigung oder Fließfertigung eignen sich für höhere Stückzahlen und eine geringere Variantenvielfalt. Die Ausrichtung am Wertstrom verkürzt Durchlaufzeiten und reduziert Umlaufbestände.

Mischfertiger wickeln unterschiedliche Produktionsarten in einem Unternehmen ab. Die daraus resultierenden unterschiedlichen Anforderungen der Produkt- bzw. Teilefamilien und ihrer Variantenvielfalt führen zu mehreren Fertigungsprinzipen innerhalb eines Unternehmens. Abb. 5.8 verdeutlicht die Struktur der Fertigungsprinzipien in Anlehnung an Eversheim (1999) und Schuh (2006, S. 131).

Montageprinzipien
Auch die Montageprinzipien werden nach ihrer physischen Anordnung eingeteilt; hier dienen Bewegungsgrößen und -parameter als Kriterien, vgl. Eversheim (1996, S. 103 ff.), Richter (2006), Westkämper (2006, S. 198 ff.).

▶   Abb. 5.9 gibt eine Übersicht der unterschiedlichen Montageprinzipien, vgl. u. a. Spur (1986, S. 591 ff.) und Wiendahl (2005, S. 41):

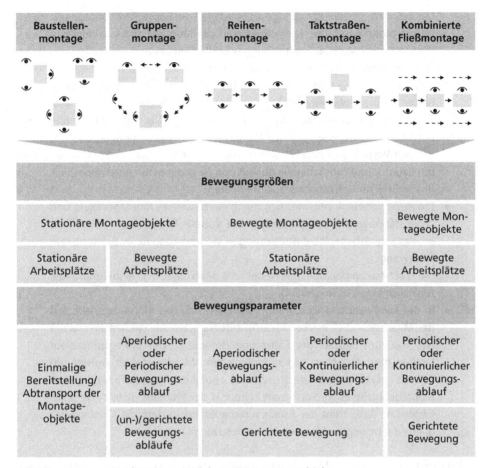

Baustellenmontage	Gruppenmontage	Reihenmontage	Taktstraßenmontage	Kombinierte Fließmontage

Bewegungsgrößen				
Stationäre Montageobjekte		Bewegte Montageobjekte		Bewegte Montageobjekte
Stationäre Arbeitsplätze	Bewegte Arbeitsplätze	Stationäre Arbeitsplätze		Bewegte Arbeitsplätze

Bewegungsparameter				
Einmalige Bereitstellung/ Abtransport der Montageobjekte	Aperiodischer oder Periodischer Bewegungsablauf	Aperiodischer Bewegungsablauf	Periodischer oder Kontinuierlicher Bewegungsablauf	Periodischer oder Kontinuierlicher Bewegungsablauf
	(un-)/gerichtete Bewegungsabläufe	Gerichtete Bewegung		Gerichtete Bewegung

Mech. Montageeinrichtung ☜ Mitarbeiter ▬ Montageobjekt
➔ Objektbewegung ⇢ Mitarbeiterbewegung

Abb. 5.9 Struktur der Montageprinzipien.
(In Anlehnung an Spur, H-P Wiendahl)

- Bei der *Baustellenmontage* (auch Standplatzmontage) ist der Arbeitsgegenstand ortsgebunden, d. h. die benötigten Produktionsmittel müssen bewegt werden und zum stationären Montageobjekt und Arbeitsplatz gelangen. Je nach Produktgröße und -gewicht ist vor dem Abtransport wieder eine Zerlegung erforderlich. Die Mitarbeiter sind der Baustelle fest zugeordnet, daher kommt sie überwiegend in der Einzelstückmontage zum Einsatz. Die Schwierigkeit der Baustellenmontage liegt in der Planung und Disposition der Betriebsmittel und in dem hohen Platzbedarf der Montagestelle.

Die *getaktete Standplatzmontage* als Sonderfall der Baustellenmontage taktet die Montageschritte. Dies strukturiert die Montage sowie vereinfacht die Steuerung, Materialbereitstellung und Flächenplanung.

- Die *Gruppenmontage* montiert ebenfalls stationär, jedoch über bewegte Mitarbeiter. Es werden meistens mehrere Montageobjekte an benachbarten Montageplätzen gleichzeitig montiert, wobei die Mitarbeiter zwischen den stationären Montageobjekten wechseln. Alle Arbeitsplätze und Betriebsmittel werden zu einer Montagegruppe zusammengefasst. Dies hat den Vorteil, dass den Mitarbeitern die Verantwortung einer kompletten Baugruppe/Produktfamilie obliegt und sie somit einen guten Überblick über den gesamten Montageablauf erhalten.

- Die *Reihenmontage* zeichnet sich durch ein bewegtes Montageobjekt und seine stationären Arbeitsplätze aus. Die Vorteile liegen in der Flexibilität, da einzelne Arbeitsplätze übersprungen werden können; es herrscht kein Taktzwang.

- Die *Taktstraßenmontage* beinhaltet alle Merkmale der Reihenmontage, zusätzlich herrscht Taktzwang.

- In der *kombinierten Fließmontage* bewegen sich das Montageobjekt und der Mitarbeiter. Diese Montageform tritt meistens bei großen Produkten auf, wie zum Beispiel der Fahrzeugendmontage. Der Bewegungsablauf kann in periodischen oder kontinuierlichen Ablauf aufgeteilt werden: Im Fall des getakteten, *periodischen Ablaufs* erfolgt die Montage am ruhenden Montageobjekt; es wird also zum Zeitpunkt der Montage nicht bewegt. Im Gegensatz dazu steht der *kontinuierliche Ablauf*, in dem die Montagevorgänge am bewegten Montageobjekt durchgeführt werden.

Neben den Kriterien Stückzahl, Variantenvielfalt, Produktivität und Flexibilität sind bei der Entscheidung über ein Montageprinzip die Material- und Geometrieeigenschaften sowie Gewicht zu berücksichtigen: Sind beispielsweise Bauteile schwer zu handhaben bzw. zu bewegen, kommen eher die Baustellen- und Gruppenmontage infrage. Ansonsten sind Reihen-, Taktstraßen- und kombinierte Fließmontagen sinnvoll.

5.4   Fertigungs- und Montagesystemplanung

Die Fertigungs- und Montagesystemplanung ist in sieben Planungsschritte gegliedert (Abb. 5.10). Die Schritte stellen eine systematische und strukturierte Gestaltung des Fertigungs- und Montagesystems sicher. Dieser Abschnitt behandelt die zentralen ersten vier Schritte sowie die dabei verwendeten Methoden und Werkzeuge. Die dann folgenden Schritte werden lediglich definiert und in Folgekapiteln detaillierter behandelt.

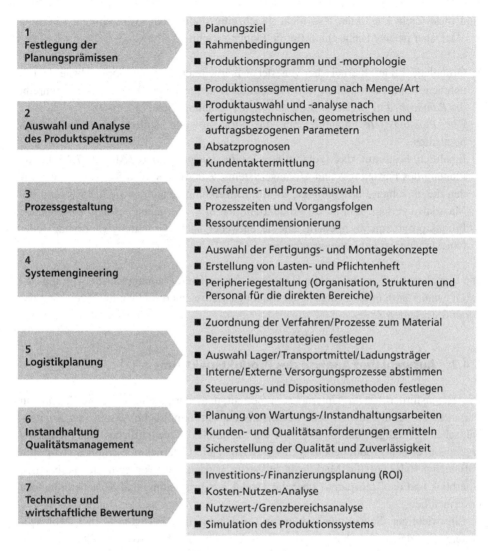

Abb. 5.10 Vorgehensweise bei der Fertigungs- und Montagesystemplanung.
(Nach REFA, Lotter)

5.4.1   Festlegung Planungsprämissen

Der erste Schritt der Planung legt die *Planungsziele* fest. Klassischerweise streben die Unternehmen eine Produktivitätssteigerung ihrer Produktion an, oft verbunden mit höheren Anforderungen an Flexibilität, Qualität oder Geschwindigkeit (Durchlaufzeit). Logistisch strebt die Produktion nach einer hohen Auslastung mit möglichst niedrigen Beständen sowie kurzen Durchlaufzeiten und einer hohen Termintreue. Typischerweise sind diese Ziele konfliktär, also nicht gleichzeitig realisierbar (vgl. Abschn. 7.3.3 und 7.3.4). Daher ist eine Richtschnur für die Planung wichtig:

- Grundlage bildet hierbei die von der Unternehmensführung vorgegebene Unternehmens- und insbesondere die Produktionsstrategie (siehe Kap. 2). Sie beschreibt die *Rahmenbedingungen* für die Erfüllung der Planungsziele.
- Die *Planungsziele* quantifizieren die Strategie und sollten eine Zielpriorität beinhalten.
- Inhaltlich bestimmt das (zukünftige) *Produktionsprogramm* (Abschn. 7.4.2.1) die Planung des Fertigungs- und Montagesystems. Zur Analyse und Strukturierung werden die einzelnen Fertigprodukte in ihre Einzelkomponenten sowie die verwendeten Materialen zerlegt. Ziel ist es, Produktfamilien bzw. -varianten aus dem bestehenden Produktprogramm zu gliedern, um sie entweder nach Verrichtung (Fertigung) oder Objekt (Montage) zusammenzufassen.

Die Planungsprämissen bilden die Grundlage der weiteren Planungsschritte. Nur die eindeutige und klar definierte Angabe der Planungsprämissen ermöglicht die Erreichung der vorab festgelegten Ziele.

5.4.2 Auswahl und Analyse des Produktspektrums

Die Herausforderung für Unternehmen besteht u. a. darin, eine optimale Anzahl an Varianten zu definieren: Sie sollen einerseits eine größtmögliche Anzahl von Kundenwünschen befriedigen und andererseits ein maximales wirtschaftliches Unternehmensergebnis über den Produktlebenszyklus erzielen. Viele Unternehmen erhöhen stetig ihre Variantenvielfalt, um die Marktbedürfnisse zu befriedigen. Verlieren sie hierbei den Überblick und die Transparenz über das Produktionsprogramm, sind Kostenerhöhungen unvermeidlich.

Ein wichtiger Schritt zur optimalen Auslegung des Fertigungs- und Montagesystems ist daher die Analyse des *Produktspektrums*. Die ABC-Analyse hat sich hierbei als Methode bewährt und kommt in der Praxis häufig zum Einsatz (vgl. Abschn. 7.4.2.2). Als eine Methode zur *Produktsegmentierung* untersucht sie, wie stark sich eine bestimmte Eigenschaft auf die einzelnen Elemente einer betrachteten Menge konzentriert. In der Produktion analysiert sie die mengen- und wertmäßige Bedarfsstruktur in Abhängigkeit des Produktionsprogramms. Die Segmentierung des Produktprogramms kann aufzeigen, wie sich die Nutzen- und Umsatzsteigerung mit zunehmender Anzahl von Varianten verhält. Produkte, welche der Gruppe A zugeordnet werden, sind entweder wertmäßig am umsatzstärksten oder machen mengenmäßig den größten Teil des Produktprogramms aus. Sie stehen somit bei der Fertigungs- und Montagesystemplanung im Vordergrund.

Nach der Einteilung des Gesamtproduktspektrums in eine repräsentative Auswahl mithilfe der ABC-Analyse erfolgt die *Produktauswahl und -analyse.* Hierbei werden die Produkte in Familien zusammengefasst. Dafür steht zum Beispiel eine Clusteranalyse zur Verfügung.

▶ **Wichtig**

Das Ziel der *Clusteranalyse* ist es, einzelne Objekte so zu Klassen (Clustern) zusammenzufassen, dass die Objekte in einer Klasse möglichst ähnlich und zwischen den Klassen möglichst unähnlich sind. Bei den Objekten handelt es sich um die gefertigten oder montierten Teile, wobei die Teile-/Produktfamilien wiederum die Klassen definieren.

Die Clusteranalyse gibt keine Klassen vor. Sie soll zunächst Klassen bilden und hierzu die zur Unterscheidung der Klassen bestimmenden Variablen identifizieren. Typische Variablen sind fertigungstechnische oder geometriebezogene Kennwerte der Teile bzw. Produkte.

Die Bündelung von Produktfamilien identifiziert schließlich den Bedarf an Produktionsressourcen. Speziell die produkt- und prozessspezifischen Planungen und Optimierungen für A-Teile führen zu Verbesserungen in der Produktion. Die Produktfamilien (A, B, C) bilden die Basis für die Untersuchung von Absatzprognosen und Kundentaktermittlung sowie für die gesamte Prozessgestaltung.

Die Analyse der *Absatzprognose* ist ein wichtiger Schritt bei der Festlegung der Ausrichtung des Fertigungs- und Montagesystems. Nur Produkte, die auch in naher Zukunft einen bedeutenden Anteil an der Menge bzw. am Umsatz haben, müssen in der Planung berücksichtigt werden. Teile, deren Nachfrage in Zukunft sinkt, sind bei der weiteren Betrachtung eher vernachlässigbar. Bei der Erstellung einer langfristigen Absatzprognose fließen Erfahrungen aus der Vergangenheit, strategische Ziele und marktnahe Informationen der Vertriebsorganisationen ein:

- Nach klassischem Verständnis erfolgt die Betrachtung quasi statisch, d. h. Planungsgrundlage bilden lediglich die Periodenmengen.
- Nach neuerem Verständnis ist bereits frühzeitig eine Ausrichtung der Planung auf die geforderte Bedarfsfrequenz hilfreich. Hierzu dient der *Kundentakt* (Abschn. 9.3.1). Folgt der Produktionsrhythmus der tatsächlichen Abnahmefrequenz des Kunden, gelingt ein kontinuierlicher Prozess anhand der Wertschöpfungskette; das vermeidet Überproduktion und Bestände.

5.4.3 Prozessgestaltung

Zwar sind Fertigungs- und Montagesysteme im Grundsatz gleich aufgebaut (Abb. 5.3), doch ihre Prozesse unterscheiden sich wesentlich: Dominiert in der Fertigung eine

Maschine oder Anlage die Wertschöpfung, so ist dies in der Montage typischerweise der Mensch. Deshalb ist der erste Schritt der Verfahrenauswahl nach Fertigung und Montage getrennt, die Erläuterung der Folgeschritte erfolgt dann gemeinsam.

5.4.3.1 Verfahrens- und Prozessauswahl

Die Verfahrens- bzw. Prozessauswahl bildet den ersten Schritt der Prozessgestaltung. Diese ist von den Produkteigenschaften abhängig. Ausschlaggebend hierfür sind die zuvor ermittelten fertigungstechnischen, geometriebezogenen und auftragsbezogenen Parameter. Nach der notwendigen Datenermittlung sind zunächst mögliche Verfahren für die Fertigung und anschließend die jeweiligen Montageprozesse zu bestimmen. Dazu dienen Verfahrensentwicklungen oder ein Verfahrenskatalog, die den kompletten Fertigungsablauf abdecken. Die Auswahl erfolgt nach der Bewertung des am besten geeigneten Verfahrens (Abschn. 6.4).

Fertigungsverfahren

Die (Teile)-fertigung umfasst Verfahren und Einrichtungen zur Herstellung von Einzelteilen nach Maßgabe der Konstruktion. Dazu werden Maschinen eingesetzt, deren Klassen sich aus den Gruppen der Fertigungsverfahren (DIN 8580) ableiten. Abb. 5.11 veranschaulicht die gängige Gliederung der Maschinen und Anlagen für die Herstellung von Teilen und Produkten:

Urformanlagen erzeugen Bauteile durch Schaffen des Zusammenhalts aus der Schmelze oder aus pulverförmigem Zustand. Bei vielen industriell hergestellten

Schaffen der Form	Ändern der Form				Ändern der Stoffeigenschaften
Zusammenhalt schaffen	Zusammenhalt beibehalten	Zusammenhalt vermindern	Zusammenhalt vermehren		
Hauptgruppe 1	Hauptgruppe 2	Hauptgruppe 3	Hauptgruppe 4	Hauptgruppe 5	Hauptgruppe 6 Stoffeigenschaften ändern
Urformen	Umformen	Trennen	Fügen	Beschichten	
Beispiele für typische Maschinen, Anlagen und Vorrichtungen					
Urformanlagen	Umformmaschinen	Werkzeugmaschinen	Fügevorrichtungen	Oberflächenanlage	Warmbehandlungsanlagen

Abb. 5.11 Einteilung der Fertigungsverfahren. (Nach DIN 8580)

Produkten dienen Gießprozesse zur ersten Formgebung. Gießverfahren ermöglichen in der Produktentwicklung weitestgehend Gestaltungsfreiheit und lassen Bauteile mit komplexer Geometrie zu.

Umformmaschinen fertigen durch bildsames (plastisches) Ändern der Form eines festen Körpers. Sie behalten sowohl die Masse als auch den Zusammenhalt bei.

Trennen ist Fertigen durch Ändern der Form eines festen Körpers, wobei der Zusammenhalt örtlich aufgehoben, d. h. im Ganzen vermindert wird. Dabei ist die Endform des Werkstücks in der Ausgangsform enthalten. Hier erzeugen Werkzeugmaschinen die Endkonturen durch den Einsatz von formabbildenden Werkzeugen oder geometrisch unbestimmten Schneiden.

Fügen ist das auf Dauer angelegte Verbinden oder sonstige Zusammenbringen von zwei oder mehreren Werkstücken geometrisch bestimmter Form oder von ebensolchen Werkstücken mit formlosem Stoff. Dabei wird jeweils der Zusammenhalt durch eine Fügevorrichtung örtlich geschaffen und im Ganzen vermehrt (DIN 8593).

Beschichtungsanlagen bringen eine fest haftende Schicht aus formlosem Stoff auf ein Werkstück auf. Maßgebend ist der unmittelbar vor dem Beschichten herrschende Zustand des Beschichtungsstoffes. Das Verfahren wird vor allem durch Oberflächenanlagen ausgeführt.

Anlagen zum Ändern von Stoffeigenschaften verändern die metallurgischen Eigenschaften von Werkstoffen. Dies geschieht im Allgemeinen durch Veränderungen im submikroskopischen bzw. im atomaren Bereich, z. B. durch Diffusion von Atomen, Erzeugung und Bewegung von Versetzungen im Atomgitter und durch chemische Reaktionen. Vorherrschend sind Anlagen, welche Wärme zur Änderung der Stoffeigenschaften nutzen.

Die Herstellung eines Produktes, einer Baugruppe oder eines einzelnen Bauteils erfordert in der Regel mehrere Einzelprozesse. Diese müssen nach einem bestimmten Ablauf in einer vorgegebenen Reihenfolge durchgeführt werden. Jeder Prozess benötigt für seine Umsetzung verschiedene Betriebsmittel, Betriebs- und Hilfsstoffe. Die sinnvolle Verkettung dieser einzelnen Prozesse zu einem gesamten Herstellungsablauf heißt Prozesskette. Arbeitspläne mit ihren Vorgängen und Vorgangsfolgen legen diese im Einzelfall fest.

Montageprozesse

Nach dem Fertigen aller Einzelteile müssen diese zu Baugruppen und schließlich zum gesamten Produkt zusammengesetzt (montiert) werden. Die Montage fasst alle Vorgänge zusammen, die für den Zusammenbau von geometrisch bestimmten Körpern notwendig sind. Neben der Haupttätigkeit Fügen schließt das alle Nebenfunktionen, wie das Handhaben, Justieren und Kontrollieren mit ein (DIN 8593). In Anlehnung an MTM lassen sich die Montageprozesse insgesamt in die Tätigkeitsklassen Aufnehmen, Platzieren, Hilfsmittel handhaben, Betätigen, Bewegen (Bewegungszyklen, Körperbewegungen) sowie (visuelle) Kontrolle unterteilen.

Das Ziel ist es, bestimmte Teilsysteme eines Produktes zu einem System höherer Komplexität mit vorgegebener Funktion in einer bestimmten Stückzahl je Zeiteinheit zusammenzubauen. Aus Einzelteilen werden schrittweise Komponenten, Module und komplette Systeme zusammengesetzt.

Zur Planung ist die *Montagebereitstellung* von der eigentliche *Montagetätigkeit* zu unterscheiden:

- Zunächst sind alle zur Montage notwendigen Einzelteile bereitzustellen und in richtiger Reihenfolge und Anzahl dem entsprechenden Montageplatz zuzuführen.
- Zum Verbinden der Einzelteile kommen verschiedene Fügetechniken zum Einsatz. Weiter sind in der Regel Hilfsfunktionen, wie z. B. Reinigen, Entgraten, usw. notwendig.

Die *Montageauslegung* (z. B. für die Montage einer Maschine) benötigt eine Vielzahl von Informationen. Die Prozessauswahl hierfür beinhaltet Randbedingungen und Einflussgrößen aus den Bereichen Produkt, Produktion, Organisation und Personal:

- Zunächst sind Informationen über das zu montierende *Produkt,* wie Maße (Größe), Gewicht, Funktion, Qualitätsanforderungen, Einzelteilanzahl, Komplexität, usw. erforderlich.
- Das *Produktionsumfeld* fasst Kriterien wie Anlauftermin, Produktionsmenge, Produktlaufzeit, Losgröße, Kostenziele und räumliche bzw. örtliche Restriktionen zusammen.
- Die *Organisationsstruktur* des Unternehmens umfasst die aufbau- und ablauforganisatorischen Aspekte. Hierunter fallen auch gesetzliche Rahmenbedingungen.
- *Personalaspekte* umfassen sowohl die notwendigen Qualifikationen (Bedarfssicht) als auch die (heute/künftig) verfügbaren Qualifikationen (Angebotssicht)

Die so erfassten Einflussgrößen bilden die Grundlage für die weiteren Planungsschritte.

5.4.3.2 Prozesszeiten und Vorgangsfolgen

Teilschritt 1 ist die Festlegung der *Prozesszeiten.* Hier stehen unterschiedliche Methoden der Zeitermittlung zur Verfügung (Abschn. 6.4.5):

- Die *Ist-Zeit* ist die tatsächlich benötigte Zeit zum Ausführen einer Tätigkeit. Die Ermittlung der Ist-Zeit kann durch Berechnung oder durch Schätzung erfolgen. Wie zum Beispiel durch das Multimoment-Einzelzeitverfahren, Selbst- oder Fremdaufschreiben.
- Die *Soll-Zeit* wird von vorher ermittelten Zeiten (analytisch oder synthetisch) abgeleitet. Sie findet in Kalkulationen, Arbeitsplänen und Planungen Verwendung.

Teilschritt 2 ist die Bildung von *Vorgangsfolgen:* Um die Fertigungs- und Montageabläufe zu vereinfachen und übersichtlicher zu gestalten, erfolgt eine Aufteilung der Arbeitsinhalte abhängig von Zeiten und Vor- bzw. Nachfolgerbeziehungen sowie eine Unterteilung in Haupt- und Vormontagen. Auf dieser Basis und über systematisches

Zusammenfassen und Parallelisieren der Einzelprozesse entsteht ein Vorranggraph, der Durchlaufzeiten verkürzt und somit auch Prozesszeiten reduziert.

▶ **Wichtig**
Der Vorranggraph ist eine netzplanähnliche Darstellung mit einer bestimmten Menge von Knoten:

- Dabei stellt jeder Knoten einen konkreten Arbeitsinhalt in der Haupt- oder Vormontage dar.
- Kanten verbinden die einzelnen Knoten miteinander: Sie beschreiben die Vor- und Nachfolgerbeziehungen und geben die – mögliche(n) – Montage-reihenfolge(n) an.

Entlang des Vorranggraphs wird jedem Arbeitsinhalt (Knoten) eine benötigte Vorgabezeit zugewiesen.

Die Erstellung eines Vorranggraphens zerfällt in drei Phasen:

- Die *erste Phase* unterteilt die Montageaufgabe in Unteraufgaben bzw. fest definierte Arbeitsinhalte. Verteilungsgrundlage bildet der Vorranggraph.
- Die *zweite Phase* bestimmt die Vorrangbeziehungen der Unteraufgaben.
- Die *dritte Phase* erfasst, berechnet oder schätzt die zur Ausführung der Unteraufgabe vorgegebene Vorgabezeit (Sollzeit).

Der Vorranggraph hat hier zentrale Bedeutung. Obwohl Kundentakt und Produkt-komplexität seinen Detaillierungsgrad grundsätzlich bestimmen, steht seine Erstellung in einem Spannungsfeld:

- Einerseits benötigt eine Zuordnung der Unteraufgaben auf Stationen genügend Frei-heitsgrade, also unterschiedliche Zuweisungsmöglichkeiten von Unteraufgaben auf Stationen. Dies begünstigt eine feinere Detaillierung.
- Andererseits bestimmt der Detaillierungsgrad den Planungsaufwand über alle Planungsphasen hinweg. Hier ist eine möglichst grobe Detaillierung anzustreben.

Typischerweise bewegt sich der Vorranggraph auf dem Detaillierungsgrad der Arbeits-schritte, also von Operationen (Fertigung) oder Montageschritten (Montage).

5.4.3.3 Ressourcendimensionierung

Die Ressourcendimensionierung (auch Strukturausplanung oder -dimensionierung, vgl. auch Kap. 4) legt die Anzahl der notwendigen Betriebsmittel, die erforderlichen Flächen sowie das benötigte Bedienpersonal aus. Basierend auf den *Eingangsgrößen* erfolgt die

Ressourcendimensionierung, vgl. dazu ausführlich Wiendahl H-P et al. (2014, S. 489 ff.), Wiendahl H-P (2014, S. 234 f.):

- *Eingangsgrößen* sind das Produktionsprogramm, die Produkteigenschaften, die (benötigten und vorhandenen) Produktionsmittel sowie die (benötigte und vorhandene) Mitarbeiterqualifikation und -flexibilität.
- Die *Ressourcendimensionierung* bestimmt Betriebsmittel, Personal und Fläche.

Das prinzipielle Vorgehen zur Ressourcendimensionierung zeigt Abb. 5.12 (vgl. auch Wiendahl H-P 1972) und wird am Beispiel der Fertigung erläutert:

- Das *Bedarfsprofil* berechnet sich aus dem Produktionsprogramm sowie den Vorgabestunden je Bearbeitungsverfahren (abgeleitet aus den Stücklisten und Arbeitsplänen oder Referenzdaten). Um den Rüstaufwand zu berücksichtigen, sind Losgrößen mit einzubeziehen.

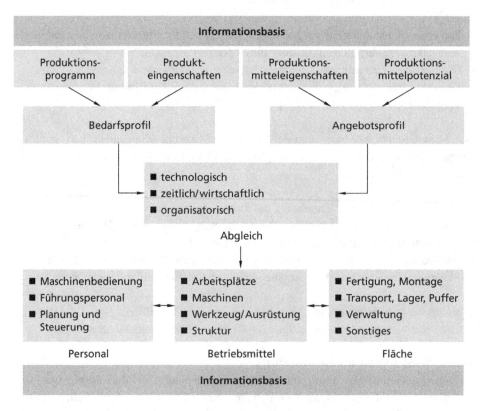

Abb. 5.12 Systematik der Ressourcendimensionierung. (Nach H-P Wiendahl)

- Das *Angebotsprofil* berechnet sich aus den (verfügbaren oder geplanten) Maschinen, hierbei sind Schichtmodelle und Maschinenverfügbarkeiten (vgl. OEE-Berechnung Abschn. 8.3.4) zu berücksichtigen.
- Der dritte Schritt des *Abgleichs* vergleicht Bedarf und Angebot unter technologischen, kapazitiven (Schichtmodell) und organisatorischen (Produktionsbereich) Gesichtspunkten. Die wirtschaftliche Bewertung identifiziert Investitions- oder Desinvestitionsbedarf.

Der direkt und indirekt produktive *Personalbedarf* (auch Mitarbeiterprofil) resultiert aus dem Stundenbedarf. Hierbei sind die Maschinenanzahl und sonstigen Einrichtungen, Schichtmodelle sowie Mehrmaschinenbedienung zu berücksichtigen, um die benötigten Qualifikationen abzuleiten. Führungspersonal und produktionsnahe Dienstleistungen (NC-Programmierung, Werkzeugvoreinstellung, Fertigungssteuerung, …) gehören ebenfalls dazu.

Der *Flächenbedarf* unterscheidet zunächst zwischen Produktions- und Logistikflächen, ggf. sind Büroflächen zusätzlich zu berücksichtigen. Für alle Flächenarten gelten unterschiedliche Ermittlungsmethoden (vgl. auch Kap. 4). Generell unterstützen Flächenmodule die Wandlungsfähigkeit von Fabriken: Sie unterteilen die Gesamtfläche nach dem Lego-Prinzip und unterstützen so die Verlegung von Betriebsmitteln, vgl. dazu ausführlich Wiendahl H-P et al. (2014, S. 493 ff.).

5.4.4 Systemengineering

Das Systemengineering beschreibt die Fertigungs- und Montagekonzepte über Lasten- und Pflichtenhefte. Letztere spezifizieren die Maschinen, Anlagen, Vorrichtungen sowie alle notwendigen Betriebsmittel und unterstützen bei der Peripheriegestaltung. Die Peripheriegestaltung wiederum legt die (Aufbau- und Ablauf-)Organisation sowie das Personal je Fertigungs- und Montagekonzept im Detail fest. Die Erläuterung beginnt mit den alternativen Fertigungs- und Montagekonzepten, anschließend folgt die Peripheriegestaltung. Für die Lasten- und Pflichtenhefte wird auf Kap. 3 verwiesen.

5.4.4.1 Fertigungskonzepte

Für das weitere Verständnis ist die Begriffsabgrenzung zwischen Maschinen, Anlagen und Automatisierung wichtig.

▶ *Maschinen* und *Anlagen* sind Bearbeitungssysteme, die ein oder mehrere Verfahren unter Einsatz von Energie und Hilfsstoffen in technologisch sinnvoller Folge ausführen können. Diese Verfahren können einzeln, getrennt oder auch verkettet automatisiert erfolgen.

▶   *Automatisierung* ist die reproduzierbare und selbstständige Ausführung eines Prozesses nach einem vorbestimmten Ablauf. Der vorbestimmte Ablauf kann in einem Programm auf einem mechanischen oder elektronischen Programmträger gespeichert sein.

Im Falle elektronischer Programme spricht man auch von *flexibler Automatisierung*. Diese reduziert im Vergleich zur *Automatisierung* Haupt- und Nebenzeiten pro Stück und die Programme erlauben eine beliebige Anzahl an Wiederholungen. Deshalb eignen sich flexible Automatisierungen in besonderem Maße auch für eine Wiederholfertigung sowie die Mehrfachfertigung von Varianten und für die Serienfertigung. Die weitere Reduzierung von Neben- und Rüstzeiten erfordert die Integration mehrerer Verfahren in einer Maschine. Dies spart Vorrichtungs- und Werkstückwechsel (also Rüstzeiten) bei losweiser Fertigung. Die Integration mehrerer Verfahren in einer Maschine bis hin zu einer Komplettbearbeitung erweitert die Maschinenfunktionen. Dies integriert und automatisiert zugleich Lager- und Transportfunktionen und verkettet Maschinen. In der Folge entstanden die sog. flexiblen Fertigungssysteme.

▶   **Wichtig**

Eine *Werkzeugmaschine* ist eine Einzelmaschine. Sie führt ein einzelnes Fertigungsverfahren aus und besitzt eine automatische Ablaufsteuerung der einzelnen Maschinenfunktionen.

Ein *Bearbeitungszentrum* führt mehrere Fertigungsverfahren auf einer Maschine aus.

Flexible Fertigungszellen fassen mehrere Werkzeugmaschinen und/oder Bearbeitungszentren zu einer Gruppe zusammen. Meist verfügen sie über einen gemeinsamen Werkstückspeicher. Zusätzlich können Messstationen und Handhabungsgeräte in die Zelle integriert sein. Ein zentraler Rechner koordiniert die Arbeitsabläufe und versorgt die Maschinen mit Programmen.

Flexible Fertigungsstraßen und *Transferstraßen* besitzen einen automatisierten Werkstückfluss zwischen den einzelnen Stationen. Während Transferstraßen aus vielen Einzweckmaschinen bestehen, die für eine bestimmte Bearbeitungsaufgabe ausgelegt sind, setzen sich flexible Fertigungsstraßen aus numerisch gesteuerten Bearbeitungszentren und anderen flexiblen Einrichtungen zusammen.

Die Einsatz- und Anwendungsgebiete dieser technischen Konzepte sind sehr unterschiedlich. Welche Konzepte jeweils zum Einsatz kommen, hängt im Wesentlichen von der Varianz und der Stückzahl (wirtschaftliche Losgröße) der herzustellenden Produkte sowie von der Fähigkeit der Prozesse ab. Abb. 5.13 stellt unterschiedliche Grundkonzeptionen für automatisierte Fertigungskonzepte hinsichtlich ihres Automatisierungs- und Integrationsgrads dar, vgl. Westkämper (2006, S. 206).

Fertigungs- und Transferstraßen			Automatisierter Werkstückfluss
Fertigungszelle		Automatisierter Fertigungsablauf	Bearbeitung: Messen, Einstellen, Positionieren, Werkzeugwechsel
Bearbeitungszentrum		Bearbeitung: Messen, Einstellen, Positionieren, Werkzeugwechsel	Zubringung: Automatische Lagerung/ Transport von
	Automatisierter Arbeitsablauf	Zubringung: Automatische Lagerung/ Transport von Werkstücken, Werkzeugen	Werkstücken, Werkzeugen über Fertigungszellen hinaus
Werkzeugmaschine			
Automatisierter Bearbeitungsprozess	Bearbeitung: Messen, Einstellen, Positionieren, Werkzeugwechsel		
Messen, Einstellen, Positionieren, Werkzeugwechsel	Zubringung: Werkstückwechsel	Steuerung: Informationen/ Materialfluss	Steuerung: Informationen/ Materialfluss

Automatisierungsgrad (vertical axis label)

Integrationsgrad (horizontal axis label)

Abb. 5.13 Konzepte der flexibel automatisierten Fertigung.
(Nach Westkämper)

5.4.4.2 Montagekonzepte

Die Montage besteht aus Montagevorgängen, die ähnlich wie die Fertigung zusätzliche Funktionen benötigen. Die Gesamtheit dieser Funktionen bildet das Montagekonzept. Montagekonzepte ordnen sich nach dem Grad des menschlichen Eingriffs. Hier sind manuelle, hybride und automatisierte Montagekonzepte zu unterscheiden.

Manuelle Montagekonzepte

Hier steht der Mensch im Mittelpunkt der Montagevorgänge, da er die Montageschritte durch den Einsatz seiner Hände ausführt. Abb. 5.14 zeigt die vier Grundformen Karree,

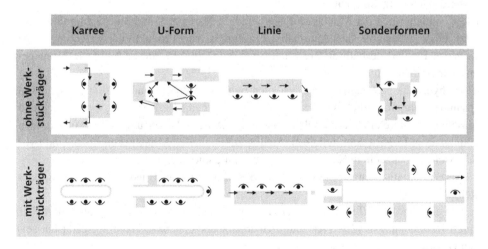

Abb. 5.14 Montagekonzepte mit und ohne Werkstückträger.
(Nach Westkämper)

U-Form, Linie und Sonderformen von manuellen Montagekonzepten, vgl. Westkämper (2006, S. 215). Folgend werden die ersten drei Systeme charakterisiert:

Karree in Arbeitsebene:

- Handarbeitsplätze auf beiden Seiten des Werkstückträger(WT)-Umlaufsystems
- Zugänglichkeit im Innenbereich eingeschränkt
- Direkte Anlieferung an Arbeitsplätze oder zentrale An- und Ablieferung an Stirnseite möglich

U-Form mit WT-Rücklauf oberhalb Arbeitsebene:

- Handarbeitsplätze und Bedienseite im Innenbereich des WT-Umlaufsystems
- Zentrale An- und Ablieferung an der Stirnseite möglich
- WT-Rückführung oberhalb der Arbeitsebene mit Lift
- Gute Übersichtlichkeit
- Aufwendige Investition (Liftanlage)

Linie mit WT-Rücklauf unterhalb Arbeitsebene:

- Handarbeitsplätze und automatische Stationen im Hauptfluss
- Zentrale An- und Ablieferung an der Stirnseite möglich
- WT-Rückführung unterhalb der Arbeitsebene mit Lift
- Gute Übersichtlichkeit
- Aufwendige Investition (Liftanlage)
- Hierbei kommen standardisierte Elemente/Baukästen von Montagekonzepten zum Einsatz.

Hybrides Montagekonzept

Die Kompliziertheit der Montagevorgänge und die Varianten- und Stückzahlproblematik setzt einer Erhöhung des Automatisierungsgrads zur Produktivitätssteigerung enge Grenzen. Es sind deshalb andere intelligente Konzepte erforderlich, um die Montageproduktivität zu steigern.

In hybriden Automatisierungssystemen wirken Mensch und Maschine synchron zusammen; ihr wesentliches Merkmal ist die systembedingte Kopplung von Mensch und Maschine. Pufferelemente zwischen manuellen Arbeitsplätzen und Automatikstationen können diese lockern oder aufheben. Analog zu manuellen Montagekonzepten sind hybride Montagekonzepte in Karee, U-Form und Linienmontage unterteilt.

Als Automatisierungsformen kommt der Einsatz von Handhabungsgeräten oder Robotern infrage:

Die eine Form der Teilautomatisierung erfolgt über die Unterstützung der Mitarbeiter durch *Handhabungsgeräte*. Der Name Handhabungsgerät bzw. Handlingsgerät hat seinen Ursprung in der Handhabungstechnik.

▶ Die Handhabetechnik umfasst die Gesamtheit aller materiellen Mittel und Verfahren zur räumlichen Handhabung von Objekten. Entweder bewegen sie Handhabungsobjekte (z. B. Werkstücke) im unmittelbaren Bereich des Arbeitsplatzes maschinell oder sichern (gegebenenfalls vorübergehend) Position und Orientierung eines Handhabungsobjektes mittels Halteeinrichtungen, nach VDI 2860.

Als technische Einrichtung ermöglicht ein solches Gerät also den Materialfluss schwerer, nicht durch den Menschen auf längere Zeit handhabbarer Teile. Sie entlasten die Montagemitarbeiter und unterstützen so die Qualitätseinhaltung und haben insbesondere in der Automobilindustrie mit ihren hohen Stückzahlen bei steigender Montagekomplexität eine hohe Bedeutung. Ihre Gestaltung und Auslegung bestimmt hier maßgeblich die Montageproduktivität und -qualität.

Die andere Form der Teilautomatisierung ist die Mensch-Maschine-Kooperation über *Roboter*. Diese führen einen einmal programmierten Arbeitsablauf selbstständig durch und können die Aufgabenausführung basierend auf Informationen von Sensoren und/oder Steuerungssystemen in Grenzen variieren. Aus Sicherheitsgründen waren die Arbeitsräume von Menschen und Robotern früher streng getrennt; das schränkte die gemeinsame Bearbeitung entsprechend ein. Erst in jüngerer Zeit ermöglichen Überwachungssysteme und sichere Robotersteuerungen eine Aufgabenwahrnehmung im selben Arbeitsraum, vgl. dazu u. a. Naumann et al. (2014).

Zunächst ist ein Roboter ein standardisiertes Grundgerät, anwendungsspezifische Werkzeuge passen diesen an seine jeweilige Aufgabe im Montageprozess an. Spezialisierungsgrad und Flexibilitätsanforderungen bestimmen die Roboterauswahl:

• Einerseits fordern unterschiedliche Einsatzgebiete entsprechende Eigenschaften von der Robotermechanik und -sensorik (Genauigkeit, Geschwindigkeit, Gewicht, ...). Ein höherer *Spezialisierungsgrad* bzw. eine anforderungsgerechte Auslegung bis zur maßgeschneiderten Lösung verspricht hier Kostenvorteile.
• Allerdings steigen die *Flexibilitätsanforderungen*. Bspw. erhöhen die kürzeren Abstände zwischen Modellwechseln in der Automobilindustrie das Investitionsrisiko bei zu spezifischer Auslegung.

Eine Lösungsidee ist es, Industrieanlagen aus einem Baukastensystem aufzubauen. Dessen Komponenten erfüllen unterschiedliche Anforderungen und sollen so einen wirtschaftlichen Einsatz ermöglichen.

Automatisiertes Montagekonzept
Automatische Montagestationen werden durch die unterschiedlichen Ausführungen der *Bewegungseinrichtungen* charakterisiert. Sie lassen sich gliedern in:

- Montagestationen mit *kurvengetriebenen* Bewegungseinrichtungen. Ihre Kinematik hinsichtlich Bewegungsfolge und Wegen bzw. Winkeln ist nur durch den mechanischen Eingriff veränderbar (Austausch von Kurvenscheiben).
- Montagestationen mit *pneumatisch* (hydraulisch) angetriebenen Bewegungseinrichtungen. Ihre Bewegungen hinsichtlich Wegen bzw. Winkeln sind nur durch mechanischen Eingriff veränderbar (mechanisches Verstellen von Anschlägen).
- Montagestationen mit *modular* aufgebauten Bewegungseinrichtungen beinhalten pneumatisch und elektrisch angetriebenen Achsen. Ihre Bewegungen lassen sich hinsichtlich Bewegungsfolge und Wegen bzw. Winkeln teilweise (bei elektrischen Achsen) ohne mechanischen Eingriff frei programmieren und verändern.
- Montagestationen mit *Industrierobotern*. Ihre Bewegungen hinsichtlich Bewegungsfolge und Wegen bzw. Winkeln in mehreren Achsen sind frei programmierbar und ggf. sensorgeführt.

Typische Merkmale der automatischen Montagekonzepte sind zum einen eine starre oder lose Verkettung der automatischen Stationen, zum anderen der Einsatz von Handhabungseinrichtungen. Abb. 5.15 stellt beispielhaft vier Grundprinzipien automatisierter Montagekonzepte dar, Westkämper (2006, S. 218).

Industrieroboter ermöglichen automatisch arbeitende Montagezellen. Werden mehrere Verfahrensstationen im Arbeitsbereich des Industrieroboters angeordnet, sind Baugruppen mit hoher Typ-Varianz automatisch montierbar. Weiter gestatten Industrieroboter ein einfaches Umprogrammieren auf unterschiedliche Greif- und Fügepositionen, was dem Montagekonzept Flexibilität verleiht. Besonders geeignet für Erzeugnisse mit unterschiedlicher Typen- und Variantenvielfalt sind flexible Montagekonzepte. Diese Montagelinien sind gekennzeichnet durch eine hohe Umrüstflexibilität, lose Verkettung der einzelnen Industrieroboter-Zellen und Verfahrensstationen über ein Werkstückträgerband sowie die einfache Umprogrammierung.

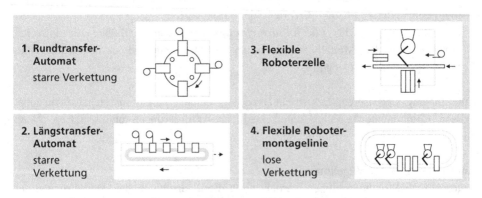

→ Transfer- bzw. Rotationsrichtung ⊃ Zuführsystem ◻ Station ⌇ Roboter

Abb. 5.15 Grundlagen der Montagekonzepte – Automatische Systeme.
(Nach Westkämper)

Heute erfolgt die Montage weitgehend hybrid, also als Kombination manueller und automatisierter Tätigkeiten. Die Arbeitsplätze der Mitarbeiter werden dabei häufig auch für die Gruppenarbeit ausgelegt.

Nach Festlegung der Fertigungs- und Montagekonzepte beginnt die Formulierung der Anforderungen für Maschinen, Anlagen und Vorrichtungen. Lasten- bzw. Pflichtenheften fassen diese Daten zusammen (zum Aufbau eines Lasten- und Pflichtenhefts vgl. Abschn. 3.4).

5.4.4.3 Peripheriegestaltung

Die Peripheriegestaltung detailliert die Ausgestaltung der indirekten Bereiche um die soeben vorgestellten Montage- und Fertigungskonzepte. Folglich sind Organisation, Strukturen und Personal zu planen:

- Für die *Organisation* sind insbesondere die Aufgaben, Rollen und Führungsstrukturen zu definieren. Hierbei sind die Formen Gruppe und Einzelarbeit, die Rollen u. a. Monteur und Fertiger festzulegen. Hierarchiestufen können z. B. Meister, Vorarbeiter oder operativer Mitarbeiter sein.
- Die Planung von *Strukturen* legt den Fokus auf das direkt zugeordnete Layout von jedem einzelnen Fertigungs- und Montagekonzept. Sowohl die internen Arbeitsplatzabläufe als auch die Entfernungen der einzelnen Arbeitsbereiche sind dabei zu betrachten. Eine geeignete Bereitstellung und Anordnung von Betriebsmitteln realisiert möglichst kurze Bewegungen und reduziert somit Transportzeiten; beides wirkt auf die Kosten. Als Grundlage dient hierfür das Produktionsprogramm, an dem die Flussbeziehungen d. h. der Material- und Informationsfluss zwischen den Struktureinheiten abgeleitet werden kann.
- Planungsergebnis für das *Personal* bildet das bereits oben beschriebene Mitarbeiterprofil. Es beschreibt die erforderlichen Qualifikationen und ihre Menge, vgl. Abschn. 5.4.3.3. Dies bestimmt den (langfristigen) Personalbedarf, den die Personalabteilung über die Beschaffungsplanung umsetzt.

5.4.5 Weitere Elemente der Fertigungs- und Montageplanung

Im Anschluss des Systemengineering erfolgt die *Logistikplanung*. Sie stellt die Versorgung der Fertigungs- und Montagebereiche sicher.

▶   Aus Sicht der Fertigungs- und Montagesystemgestaltung umfasst der Begriff *Logistik* das Gesamtsystem aus dem Lagern und Transportieren, Bereitstellen und Kommissionieren und die hierfür notwendige Organisation.

Dazu erfolgt im ersten Schritt die Zuordnung der Verfahren bzw. der einzelnen Fertigungs- und Montageprozesse zum Material, bevor eine Bereitstellstrategie (auch Transportform) festgelegt werden kann. Klassischerweise werden unterschieden:

- Die *periodische Bereitstellung* stellt Material in bestimmten, vorher fest definierten Perioden bereit. Routenzüge bilden die bekannteste Form.
- Die *ereignisorientierte Bereitstellung* stellt Material nach Anforderung bereit. Stapler mit entsprechenden Anforderungsimpulsen (z. B. über Staplerleitsysteme) sind hier typisch.

Mit Festlegung der Bereitstellungsstrategie sollte auch die Gestaltung des Übergabeprinzips erfolgen: Das *Übergabeprinzip* in der Produktion regelt die Übergabe von Information und Material. Grundsätzlich sind die Ausprägungen Holpflicht oder Bringschuld denkbar, vgl. dazu ausführlich Wiendahl H-H (2002, S. 63).

Danach erfolgt u. a. die Auswahl der Lager, Transportmittel und Ladungsträger. Diese müssen auf die Strategie abgestimmt werden und in entsprechender Anzahl zur Verfügung stehen.

Die Intralogistik bildet zum einen die Anknüpfungspunkte an die Auftragsplanung und -steuerung mit den relevanten Steuerungs- und Dispositionsmethoden, die Kap. 7 ausführlich behandelt. Zum anderen ist die Anbindung an die externen Ver- und Entsorgungsprozesse wichtig: Dazu zählt ebenfalls die Beschaffungs-, Distributions- und Entsorgungslogistik, die auch die Fabrikplanung betrifft (vgl. Kap. 4).

Der nächste Schritt betrifft das *Qualitätsmanagement* und seine Aufgaben. Die Kunden bewerten Qualität und Zuverlässigkeit und definieren somit die Erwartungen und Erfordernisse.

▶ Das *Qualitätsmanagement* ist eine Organisation, bei der die Ermittlung der Qualitätsanforderungen und eine präventive Qualitätssicherung im Mittelpunkt stehen.

Wichtig ist das zugrunde liegende Grundverständnis zum Qualitätsmaßstab: Er ist nicht das technisch Erreichbare, sondern die Erfüllung der spezifischen Anforderungen der Kunden (vgl. Kap. 3).

Ein weiterer Bestandteil, der zum reibungsfreien Ablauf beiträgt, ist das *Instandhaltungsmanagement*.

▶ Das *Instandhaltungsmanagement* bildet die Grundvoraussetzung für eine optimale Anlageneffizienz sowie die Vermeidung ungeplanter Stillstände anhand regelmäßiger Überprüfungen aller Funktionen und Verschleißteile der Produktionsanlagen, ausgeführt durch versierte Fachkräfte.

Für den Werterhalt teurer Anlagentechnik und deren zuverlässige Verfügbarkeit sind – zustandsabhängig oder in festen Intervallen – vorbeugende Wartungsarbeiten notwendig. Grundsätzliches Ziel der Instandhaltung ist die Verhinderung von Ausfällen. Aus diesem Grund ist die frühzeitige Erkennung von Anzeichen eines Ausfalls notwendig. Diese

Ausfallerkennung kann durch automatische Meldung, regelmäßige Inspektion oder nutzungsabhängige Prüfung erfolgen (vgl. Abschn. 8.4.2).

Für die Bewertung des Fertigungs- und Montagesystems eignen sich verschiedene Methoden. Sie werden hier kurz genannt, jedoch nicht weiter erläutert, vgl. dazu ausführlich Zangemeister (1976), Dreze (1987), Saaty (1990), Schlink (2004), Bamberg (2012), Wöhe (2013).

▶ *Bewertungsmethoden* bilden Entscheidungshilfen für die Fortführung, Änderung oder den Abbruch von Projekten. Unterschiedliche Planungsstadien bewerten die Planungslösungen anhand wirtschaftlicher oder technischer Kriterien und beurteilen so die Vorteilhaftigkeit eines Investitionsprojektes.

Klassische Bewertungsverfahren unterscheiden sich in wirtschaftliche und nicht-wirtschaftliche Methoden:

- *Wirtschaftliche Bewertungsverfahren* bewerten die Vorteilhaftigkeit von Investitionen anhand monetärer Größen. Hier werden statische von dynamischen Verfahren unterschieden, vgl. dazu ausführlich Schweitzer et al. (2015). Die Praxis setzt meist eine *Kosten-Nutzen-Analyse* ein. Diese gehört zu den statischen Verfahren, die den Zeitwert des Geldes nicht berücksichtigen.
- *Nicht-wirtschaftliche Bewertungsverfahren* bewerten die Vorteilhaftigkeit von Investitionen anhand nicht-monetärer Größen. Nicht alle Fälle erlauben eine monetäre Bewertung; insbesondere ist dies bei sozialen oder ökologischen Aspekten schwierig. Dann kommen einfachere Verfahren wie die *Nutzwertanalyse* zum Einsatz, vgl. dazu ausführlich Zangemeister (1976), Bamberg (2012), Saaty (1990). Sie gewichtet die relevanten Zielgrößen entsprechend der Bedeutung für die Entscheidungsträger; unter Berücksichtigung der Gewichte ergeben die Teilnutzenwerte den Nutzwert der Alternative.

5.5 IT-Werkzeuge der Fertigungs- und Montagesystemplanung

Zur Planung und Bewertung von Fertigungs- und Montagesystemen kommen verschiedene IT-Werkzeuge zum Einsatz, die den jeweiligen Aufgaben des Vorgehensmodells aus Abb. 5.10 zugeordnet werden können. Die IT-Werkzeuge werden im Rahmen der digitalen Produktion nach Westkämper (2013, S. 117) ausführlich erläutert:

Über alle Aufgaben hinweg werden die Werkzeuge des Computer-Aided Office (CAO) zur standardisierten Datenaufnahme sowie zur Entwicklung von Tabellenkalkulationsprogrammen verwendet. Die Datenbasis ist in den Werkzeugen zur Produktionsplanung und -steuerung (PPS) bzw. Enterprise Resource Planning (ERP) sowie Manufacturing Execution System (MES) zu finden. Diese dienen der Ablauf- und

Strukturplanung von Fertigungs- und Montagesystemen, abhängig von zu produzierenden Materialressourcen.

In den Phasen der Analyse des Produktspektrums und der Prozessgestaltung können zur detaillierten Ausplanung Werkzeuge wie Computer-Aided Design (CAD), Computer-Aided Manufacturing (CAM) und Computer-Aided Planning (CAP) unterstützen. Für das Qualitätsmanagement und die Instandhaltung wiederum sind spezielle Werkzeuge des Computer-Aided Quality (CAQ) einzusetzen.

Als wichtiger Bestandteil aller CAx-Werkzeuge kommen *Simulationen* bei der Planung des Systemengineering, Logistikplanung sowie der technischen und wirtschaftlichen Bewertung zur Anwendung. Simulationen bewerten die technische Realisierbarkeit unter Zeit- und Kostengesichtspunkten. Diese bilden die Abläufe ereignisdiskret oder kontinuierlich ab und ermöglichen sehr viel detailliertere Aussagen über das künftige Fabrikverhalten. Für die Fertigungs- und Montageauslegung werden technische von logistischen Simulationen unterschieden. Bspw. überprüfen ereignisdiskrete Logistiksimulationen Kapazitätsauslegungen und ermöglichen Aussagen zu Beständen und Durchlaufzeiten. So lassen sich Planzeiten reduzieren, Planungsfehler vermeiden aber auch wirkungsvolle operative Steuerungsmaßnahmen (z. B. Reaktion auf Kapazitätsengpässe oder andere Ausnahmesituationen) ableiten. So entstehen digitale Modelle des Fertigungs- und Montagesystems, die eine ganzheitliche Planung, Validierung und kontinuierliche Verbesserung aller wesentlichen Produktionsprozesse und der verwendeten Ressourcen ermöglichen.

5.6   Ausblick

Fertigungs- und Montagesystemen werden sich in Zukunft stark verändern. War die Herstellung eines Automobils bisher an einem Band getaktet, entwickeln Forschungsfabriken neue Produktionssysteme ohne „Band und Takt", vgl. u. a. Bauernhansl T (2012), Foith-Förster (2017). Diese entkoppelten, voll flexiblen und hochintegrierten Produktionssysteme verfolgen zwei Grundideen

- Entkoppelte Montagestationen führen neben den Montageoperationen individualisierte Bearbeitungsaufgaben aus. So bilden sich neue Prozesseinheiten bzw. -module für definierte Fertigungs- und Montageoperationen. Die Kombination vieler einzelner Prozessmodule ergibt alle möglichen Prozessfolgen zur Herstellung hoch komplexer Produkte.
- Zur Ersetzung der Transporttechnologie wird das Produkt selbst zum eigenen Fördermittel. Vor allem im Automobilbereich ist es gut vorstellbar, das Fahrzeug so früh wie möglich auf Räder zu stellen und mit notwendiger Steuerungs- und Kommunikationstechnologie auszustatten.

Einige OEM's testen diese Konzepte bereits und sammeln erste Anwendungserfahrungen.

Auch ist ein Rollenwandel des Menschen in zukünftigen Produktionssystemen zu erwarten: Kam er gestern noch als Operator zum Einsatz, entwickelt er sich morgen zum „Dirigenten" der Produktion. Der Dirigent steht für das Bild der zunehmenden Führung hinsichtlich intelligenter Objekte in der Produktion und der abnehmenden Ausführung von Aufgaben. Intelligente Objekte können jegliche Betriebsmittel, wie Maschinen, Anlagen, Transporteinheiten bis hin zu hoch flexiblen Robotern sein. Dabei müssen die jeweiligen Objekte wirtschaftlich und insbesondere schnell integrierbar sein. Objekte in Form von Plug-and-Produce-Modulen mit einheitlichen Standards realisieren diese Vision, vgl. u. a. Hildebrand (2005, S. 23 ff.), Vogel-Heuser et al. (2017).

5.7 Lernerfolgsfragen

Fragen

1. Aus welchen Bereichen setzt sich ein Systemmodell der Produktion zusammen?
2. Welche Schnittstellen hat das Systemmodell eines Fertigungs- und Montagesegments?
3. Was ist der Unterschied zwischen Fertigungs- und Montageprinzipien und wie lassen sich diese weiter unterteilen?
4. Nennen Sie die fünf unterschiedlichen Produktionsarten und gliedern Sie diese hinsichtlich der Stückzahl, Variantenvielfalt, Produktivität und Flexibilität.
5. Erläutern Sie das Vorgehen zum Bestimmen der Planungsprämissen. Welche Methoden kommen dabei zum Einsatz?
6. Wie ist das Vorgehen bei der Ressourcendimensionierung? Welche Profile werden dabei unterschieden?
7. Nennen Sie die Hauptgruppen, in denen die Einteilung der Fertigungsverfahren erfolgt.
8. Worin besteht der Unterschied zwischen einer Werkzeugmaschine und einer flexiblen Fertigungszelle? Bei welcher Fertigungsart kommt eine flexible Fertigungszelle bevorzugt zum Einsatz?
9. Worin besteht der Unterschied zwischen einem manuellen und einem automatisierten Montagekonzept?
10. Nennen Sie die sieben Schritte der Fertigungs- und Montagesystemplanung und ihre Unterpunkte.

Literatur

Bamberg G, Coenenberg A, Gerhard C, Krapp M (2012) Betriebswirtschaftliche Entscheidungslehre, 15. Aufl. Vahlen, München (Vahlens Kurzlehrbücher)
Bauernhansl T (2012) Automobilindustrie ohne Band und Takt – Forschungscampus ARENA2036. VDI-Verlag, Düsseldorf. ISBN 978-3-18-092232-4

DIN 8580 Fertigungsverfahren – Begriffe und Einteilung. Ausgabe 09.2003

DIN 8593 Fertigungsverfahren Fügen – Einordnung, Unterteilung, Begriffe. Ausgabe 09.2003

Dreze J, Stern N (1987) The theory of cost-benefit analysis. In: Auerbach AJ, Feldstein M (Hrsg) Handbook of public economics, Bd II. Elsevier Science Publishers, Amsterdam

Dyckhoff H (1994) Grundzüge der Produktionswirtschaft. Springer, Berlin

Eversheim W (1989) Organisation in der Produktionstechnik – Band 4: Fertigung und Montage, 2. Aufl. VDI-Verlag, Berlin. ISBN 978-3642648007

Eversheim W (1996) Organisation in der Produktionstechnik – Band 1: Grundlagen, 3. Aufl. VDI-Verlag, Berlin. ISBN 3-18-401542-4

Eversheim W, Bleicher K, Brankamp K et al (1999) Produktion und Management. In: Eversheim W, Schuh G (Hrsg) Produktion und Management, 7. Aufl. Springer, Berlin. ISBN 978-35405936-07

Foith-Förster P, Eising J-H, Bauernhansl T (2017) Effiziente Montagesysteme ohne Band und Takt: Sind modulare Produktionsstrukturen eine konkurrenzfähige Alternative zur abgetakteten Linie? WT Werkstattstechnik 107(3):169–175

Hildebrand T, Mäding K, Günther U (2005) PLUG + PRODUCE: Gestaltungsstrategien für die wandlungsfähige Fabrik. Institut für Betriebswissenschaften und Fabriksysteme. TU Chemnitz, Chemnitz

Naumann M, Dietz T, Kuss A et al (2014) Mensch-Maschine-Interaktion. In: Bauernhansl T, ten Hompel M, Vogel-Heuser B (Hrsg) Industrie 4.0 in Produktion, Automatisierung und Logistik: Anwendung, Technologien, Migration. Springer Vieweg, Wiesbaden, S 509–523. ISBN 978-3-658-04681-1

Richter M (2006) Gestaltung der Montageorganisation. In: Lotter B, Wiendahl H-P (Hrsg) Montage in der industriellen Produktion: Ein Handbuch für die Praxis. Springer, Berlin. ISBN 3-540-21413-5; 978-3-540-21413-7

Saaty TL (1990) Multicriteria decision making – the analytic hierarchy process. Planning, priority setting, resource allocation, Bd 2. RWS Publishing, Pittsburgh. ISBN 0-9620317-2-0

Schlink H (2004) Bestimmung von Funktionskosten technischer Produkte für die Unterstützung einer kostenorientierten Produktentwicklung. Dissertation, TU Illmenau

Schönsleben P (2016) Integrales Logistikmanagement. Operations und Supply Chain Management innerhalb des Unternehmens und unternehmensübergreifend, 7. Aufl. Springer, Heidelberg. ISBN 978-3-662-48333-6

Schuh G (Hrsg) (2006) Produktionsplanung und -steuerung. Grundlagen, Gestaltung und Konzepte, 3. Aufl. Springer, Berlin. ISBN 10 3-540-40306

Schweitzer M, Küpper, H-U et al (2015) Systeme der Kosten und Erlösrechnung, 11. Aufl. Vahlen, München. ISBN 978-3-8006-5027-9

Spur G (1986) Einführung in die Montagetechnik. In: Spur G, Stöferle T (Hrsg) Hb. der Fertigungstechnik, Bd 5. Hanser, München, S 591–606

Spur G (1994) Fabrikbetrieb. Hanser, München. ISBN 3-446-17714-0

Spur G, Stöferle T (Hrsg) (1986) Handbuch der Fertigungstechnik. Hanser, München. ISBN 3-446-12536-1

VDI 2860 (1990) Montage- und Handhabungstechnik. Begriffe, Definitionen, Symbole, 2. Aufl. Beuth Verlag, Düsseldorf

VDMA (2016) Kennzahlenkompass: Informationen für Unternehmer und Führungskräfte. VDMA 2016

Vogel-Heuser B, Bauernhansl T, ten Hompel M (Hrsg) (2017) Handbuch Industrie 4.0 Bd 1: Produktion, 2., erw. u. bearb Aufl. Springer Vieweg, Wiesbaden

Westkämper E et al (Hrsg) (2013) Digitale Produktion. Springer, Berlin

Wiendahl H-P (1972) Technische Struktur- und Investitionsplanung. Habilitationsschrift, RWTH Aachen. In: Girardet Taschenbücher Technik, Bd 19. Girardet Verlag, Essen

Wiendahl H-P (1986) Betriebsorganisation für Ingenieure, 2. Aufl. Hanser, München. ISBN 3-446-14565-6

Wiendahl H-H (2002) Situative Konfiguration des Auftragsmanagements im turbulenten Umfeld. Heimsheim: Jost-Jetter, 2002 (IPA-IAO – Forschung und Praxis, Nr. 358). Zugl. Stuttgart, University, Dissertation

Wiendahl H-P (2005) Betriebsorganisation für Ingenieure, 5. Aufl. Hanser, München. ISBN 3-446-22853-5

Wiendahl H-P (2014) Betriebsorganisation für Ingenieure. 8. Aufl. Hanser, München. ISBN 978-3-446-44 101-9

Wiendahl H-P, Reichardt J, Nyhuis P (2014) Handbuch Fabrikplanung: Konzept, Gestaltung und Umsetzung wandlungsfähiger Produktionsstätten, 2., überarbeitete und erweite Aufl. Hanser, München. ISBN: 978-3-446-43892-7

Wöhe G, Döring U (2013) Einführung in die Allgemeine Betriebswirtschaftslehre, 25. Aufl. Vahlen, München

Woll A (2000) Wirtschaftslexikon, 9. Aufl. Oldenbourg, München

Zangemeister C (1976) Nutzwertanalyse in der Systemtechnik – Eine Methodik zur multidimensionalen Bewertung und Auswahl von Projektalternativen. Dissertation, Technical University Berlin 1970. Wittemann, München. ISBN 3-923264-00-3

Weiterführende Literatur

Büdenbender U, Strutz H (2011) Wichtige Begriffe zu Personalwirtschaft, Personalmanagement Arbeits- und Sozialrecht, 3. Aufl. Gabler, Wiesbaden. ISBN 978-3834901576

Bullinger H, Spath D, Warnecke H et al (2009) Handbuch Unternehmensorganisation. Strategien, Planung, Umsetzung. VDI-Buch, 3. Aufl. Springer, Berlin. ISBN 978-3-540-87595-6

DIN 2860 Montage und Handhabungstechnik – Handhabungsfunktionen, Handhabungseinrichtungen. Begriffe, Definitionen, Symbole. Ausgabe 05.1990

Dyckhoff H, Spengler TS (2010) Produktionswirtschaft. Eine Einführung, 3. Aufl. Springer, Berlin. ISBN 978-3642136832

Erlach K (2010) Wertstromdesign Der Weg zur schlanken Fabrik. VDI-Buch, 2. Aufl. Springer, Berlin. ISBN 978-3540898665

Eversheim W (2002) Organisation in der Produktionstechnik – Band 3: Arbeitsvorbereitung, 4. Aufl. VDI-Verlag, Berlin. ISBN 3-540-42016-9

Klevers T (2007) Wertstrom-Mapping und Wertstrom-Design Verschwendung erkennen Wertschöpfung steigern, 1. Aufl. mi-Fachverlag, Landsberg am Lech. ISBN 978-3636030979

Lotter B (1992) Wirtschaftliche Montage. VDI-Verlag, Düsseldorf

Lotter B, Wiendahl H-P (2012) Montage in der industriellen Produktion Ein Handbuch für die Praxis, 2. Aufl. Springer, Berlin. ISBN 978-3642290602

REFA (1987) Methodenlehre der Betriebsorganisation, Teil 4: Planung und Gestaltung komplexer Produktionssysteme. Hanser, München

Schenk M, Wirth S, Müller E (2014) Fabrikplanung und Fabrikbetrieb Methoden für die wandlungsfähige, vernetzte und ressourceneffiziente Fabrik. VDI-Buch, 2. Aufl. Springer, Berlin. ISBN 978-3540204237

Schuh G et al (2012) Innovationsmanagement. In: Schuh G (Hrsg) Handbuch Produktion und Management, Bd 3. Springer, Berlin. ISBN 978-3-642-25050-7

Wiendahl H-P (2004) Variantenbeherrschung in der Montage Konzept und Praxis der flexiblen Produktionsendstufe. Springer, Berlin. ISBN 978-3540140429

Westkämper E, Zahn E (2009) Wandlungsfähige Produktionsunternehmen Das Stuttgarter Unternehmensmodell. Springer, Berlin. ISBN 978-3540218890

Westkämper E, Decker M, Jendoubi L (2006) Einführung in die Organisation der Produktion, 1. Aufl. Springer, Berlin. ISBN 3-540-26039-0

Arbeitsplanung

6

Hans-Hermann Wiendahl und Timo Denner

Zusammenfassung

Dieses Kapitel behandelt die Arbeitsplanung als einen Bestandteil der Arbeitsvorbereitung. Die geschichtliche Entwicklung der Arbeitsplanung und die notwendigen Definitionen leiten das Kapitel ein. Darauf aufbauend werden die kurzfristigen Aufgaben der Arbeitsplanung (Stücklistenverarbeitung, Arbeitsplanerstellung, Maschinenprogrammierung und Fertigungshilfsmittelplanung) mit Schwerpunkt auf der Arbeitsplanerstellung erläutert. Eine Beschreibung der heute eingesetzten IT-Werkzeuge sowie ein Ausblick schließen das Kapitel.

Im Wertschöpfungsmodell der Produktion (Kap. 2) behandelt die Arbeitsplanung die Ebenen vom Produktionsprozess bis zum Produktionsfraktal (Strukturperspektive). Die Arbeitsplanung betrachtet (und gestaltet) den Wertschöpfungsprozess (Prozessperspektive). Nach klassischem Verständnis betrifft sie lediglich die Systemgestaltung, da diese Prozessgestaltung nur einmalig erfolgt (Systemperspektive). Abb. 6.1 visualisiert den Betrachtungsgegenstand.

H.-H. Wiendahl (✉) · T. Denner
Fraunhofer-Institut für Produktionstechnik und Automatisierung IPA,
Stuttgart, Deutschland
E-Mail: hans-hermann.wiendahl@ipa.fraunhofer.de

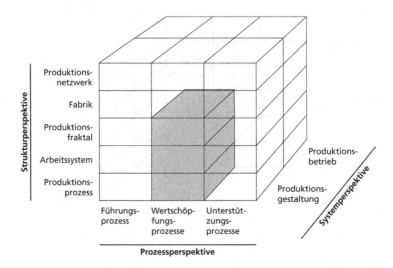

Abb. 6.1 Einordnung Arbeitsplanung im Wertschöpfungsmodell der Produktion

6.1 Lernziele

▷ Nach dem Lesen dieses Kapitels, kennen/können Sie …

- die Arbeitsvorbereitung und dessen Teilbereiche in die Unternehmensstruktur einordnen.
- die Teilbereiche der Arbeitsplanung definieren.
- die Aufgaben und Varianten/Prinzipien der Arbeitsplanung nennen.
- die Schritte zur Arbeitsplanerstellung nachvollziehbar und vollständig darstellen.
- die wichtigsten Aspekte der Fertigungsmittelplanung wiedergeben.
- die Bestandteile der Programmierung von Maschinen und Anlagen.
- die Kostenplanung als Teilbereich der Arbeitsplanung umreißen.

6.2 Einführung und Definitionen

Die fortschreitende Spezialisierung der Unternehmen und die Anwendung neuer Technologien aufgrund der steigenden Produktkomplexität ergab zu Beginn des 20. Jahrhunderts die Notwendigkeit, Arbeitsabläufe und deren Durchführung systematisch zu planen.

Die Grundlagen hierzu legte F. W. Taylor um 1910 mit seinen grundlegenden Thesen zur wissenschaftlichen Betriebsführung: Er erkannte das hohe Rationalisierungspotenzial einer wissenschaftlich fundierten Arbeitsanalyse und einer darauf aufbauenden Planung. Hierzu trennte er vorbereitende Planung und wertschöpfende Ausführung organisatorisch. Ergebnis der Arbeitsanalyse waren Anweisungen an die Mitarbeiter auf Basis elementarer Arbeitselemente. Dies versetzte sie in die Lage, entsprechend ihrer individuellen Fähigkeiten optimale Leistungen zu erbringen, vgl. dazu ausführlich Taylor (1909, 1913) sowie Kap. 8.

Daraus entwickelte sich die Arbeitsvorbereitung – kurz AV – als eigenständige in der Unternehmensstruktur verankerte Organisationseinheit. Als Bindeglied zwischen Konstruktion und Produktherstellung erstellt sie auf Basis von Zeichnungen und Stücklisten die notwendigen Arbeitsunterlagen (v. a. Arbeitspläne) unter Berücksichtigung der verfügbaren Fabrikressourcen. Hier soll die AV ein optimales Verhältnis von Aufwand und Ergebnis in der Produktion sicherstellen.

Das Kapitel beginnt mit den notwendigen Definitionen. Darauf aufbauend werden die kurzfristigen Aufgaben der Arbeitsplanung mit Schwerpunkt auf der Arbeitsplanerstellung erläutert. Eine Beschreibung der heute eingesetzten IT-Werkzeuge sowie ein Ausblick schließen das Kapitel ab.

6.2.1 Einleitung

▶ Die Arbeitsvorbereitung plant die Gesamtheit aller Maßnahmen, einschließlich aller erforderlichen Unterlagen und Betriebsmittel, die eine wirtschaftliche Produktion von Erzeugnissen entsprechend der Produktionsstrategie erfordert.

Das klassische Verständnis unterteilt die Arbeitsvorbereitung in zwei Teilbereiche:

- Die *Arbeitsplanung* legt fest, *was, wie und womit* hergestellt wird.
- Die *Arbeitssteuerung* gibt vor, *was, wie viel, wann, wo und wer* etwas herstellen soll.

Heute ist der Begriff Arbeitssteuerung eher unüblich. Für das Aufgabengebiet der Grob- und Feinplanung der Aufträge und Ressourcen sind heute eher die Begriffe Produktionsplanung und -steuerung (PPS), Auftragsmanagement oder Supply Chain Management (SCM) verbreitet (Kap. 7). Somit beschreibt dieses Kapitel nur den Teilbereich der *Arbeitsplanung*.

6.2.2 Definition und Aufgaben

▶ Die Arbeitsplanung ist auftrags- und terminneutral. Nach klassischem Verständnis umfasst dies alle einmalig zu treffenden Maßnahmen bezüglich der Fabrikation des Erzeugnisses. Dies beinhaltet insbesondere Aufbau und Pflege der Arbeitspläne sowie die Betriebsmittelplanung.

Die Arbeitsplanung definiert, aus welchem Material, nach welchem Verfahren, mit welchen Fertigungsmitteln und in welcher Zeit ein Produkt herzustellen ist. Taylor ist einer der Pioniere der Arbeitsplanung. Er prägte das bis heute gültige Planungsleitbild des technischen und wirtschaftlichen Optimums. Die Literatur gliedert die Arbeitsplanung in zwei Aufgabengebiete, vgl. u. a. Eversheim (2002, S. 7; Abb. 6.2):

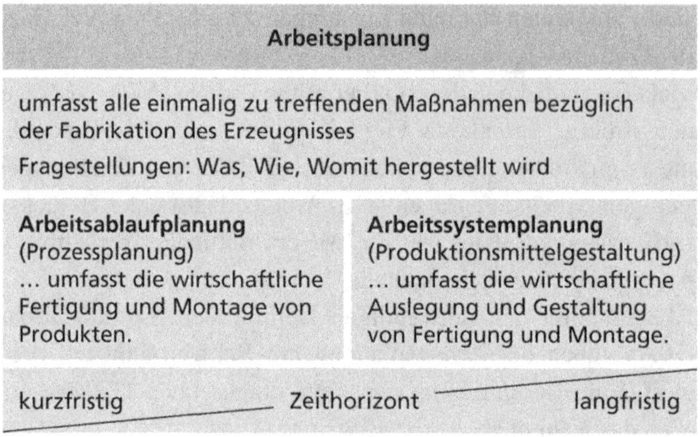

Abb. 6.2 Gliederung der Arbeitsplanung.
(Eversheim)

- Die *Arbeitsablaufplanung,* die eher die operativ planenden Aufgaben der Prozessplanung und -gestaltung umfasst sowie
- die *Arbeitssystemplanung,* die die eher gestaltenden Aufgaben der Betriebsmittelplanung und -gestaltung umfasst.

Die Aufgaben der Arbeitsplanung lassen sich entsprechend ihrem Zeithorizont in *kurz- bis langfristige Aufgaben* gliedern. Die konkreten Prozessabläufe der Aufgabenblöcke sind unternehmensindividuell und hängen v. a. vom Neuheitsgrad der Fertigungsaufgabe (Abschn. 6.2.4) und von der Produktionsart (Kap. 5) ab. Deshalb zeigt die Literatur leicht abweichende Gliederungen, vgl. u. a.: Eversheim (2002), Spur (1994, S. 145 ff.), Westkämper et al. (2006, S. 155 ff.), Wiendahl H-P (2014, S. 197 ff.), Abb. 6.3 detailliert diese Aufgaben und ordnet sie zeitlich ein:

Die *kurzfristigen Aufgaben* der Arbeitsablaufplanung (Prozessgestaltung) sind Stücklistenverwaltung, Arbeitsplanerstellung, Maschinenprogrammierung sowie Fertigungshilfsmittelplanung. Sie befassen sich mit der Planung der Prozesse für eine wirtschaftliche Auftragsabwicklung in einem definierten Arbeitssystem. Dieses Kapitel behandelt sie ausführlich unter dem heute praxisüblichen Begriff der *Arbeitsplanung.*

Die *mittelfristigen Aufgaben* der Prozessplanung beinhalten Planungsvorbereitung, Kostenplanung sowie Qualitäts- und Prüfplanung:

- Die *Planungsvorbereitung* berät Konstruktion und Produktion hinsichtlich einer produktionsgerechten Konstruktion (auch Konstruktionsberatung und Ausarbeitung von Konstruktionsempfehlungen) und kostenminimalen Herstellung. Manchmal wird hierunter auch die (operative und damit kurzfristige) Kontrolle der Konstruktionsergebnisse (Zeichnungskritik) gefasst.
- Die *Kostenplanung* beinhaltet die Vorkalkulation und Entscheidungsvorbereitung für Eigenfertigung oder Fremdbezug (sog. Make-or-Buy-Entscheidung, vgl. auch

kurzfristig	mittelfristig	langfristig
Stücklistenverarbeitung	Planungsvorbereitung	Betriebsmittelplanung
Arbeitsplanerstellung	■ Beratung der	■ technische Investitions-
■ Unterlagenprüfung	Konstruktion	planung
■ Rohmaterialfestlegung	■ Erfassung der Fertigungs-	■ Entwicklung von
■ Arbeitsvorgangsfolgen-bestimmung	möglichkeiten	Sonderbetriebsmitteln
■ Fertigungs(hilfs)mittel-zuordnung		
■ Vorgabezeitermittlung	Kostenplanung	Materialplanung
	■ Vorkalkulation	■ Lagersortenordnung
Maschinen-programmierung	■ Wirtschaftlichkeits-rechnung	■ Lagerortplanung
■ Operationsplanung		
■ Werkzeugauswahl		
■ NC-/RC-/MC-Programmierung	Qualitäts- und Prüfplanung	Methodenplanung
	■ Qualitätsregelung	■ Entwicklung von
Fertigungshilfsmittel-planung	■ Personalschulungen	Fertigungsmethoden
■ Vorrichtungsplanung	■ Maschinenabnahme	■ Entwicklung von Planungsmethoden
■ Werkzeugplanung	■ Versuchsplanung	■ Arbeitsplatzgestaltung/-bewertung
■ Prüfmittelplanung		

Abb. 6.3 Aufgabenbereiche der Arbeitsplanung. (Nach Spur, Eversheim)

Kap. 7). Mit steigendem Wettbewerbsdruck steigt beim erforderlichen Verfahrensvergleich die Bedeutung der wirtschaftlichen (im Vergleich zu den technologischen) Kriterien.

● Die *Qualitäts- und Prüfplanung* schafft die Grundlage, um die Qualitätsprüfungen der einzelnen Werkstücke durchführen zu können. Durch die Prüfplanung können, falls notwendig, auch konstruktive Änderungen angestoßen werden.

Zur Vertiefung der Aufgabeninhalte wird auf die bereits aufgeführte weiterführende Literatur verwiesen.

Die *langfristigen Aufgaben* der Arbeitsvorbereitung (Arbeitssystemplanung, Produktionsmittelgestaltung) nimmt die technische Investitionsplanung mit einem Planungshorizont von 5–20 Jahren wahr. Dazu gehören Betriebsmittel-, Material- und Methodenplanung. Sie sind in den beiden vorhergehenden Kapitel unter den Begriffen *Fabrikplanung* (vgl. Kap. 4) und *Fertigungs- und Montagesystemplanung* (vgl. Kap. 5) beschrieben.

6.2.3   Arbeitsplanaufbau

▶ Der Arbeitsplan gibt den Herstellprozess eines Produktes oder einer Dienstleistung vor. Er listet die verschiedenen Arbeitsgänge in der Durchführungsreihenfolge vom Ausgangszustand des Materials oder Halbzeugs bis zum gewünschten Endzustand des Halbzeugs oder des Produkts auf. Hierbei beschreibt jeder Arbeitsgang, in welcher Kostenstelle er auszuführen ist und welche Vorgabeleistung/Vorgabezeit, dafür vorgesehen ist, nach Westkämper et al. (2006, S. 156).

Für die Stückgüterproduktion stellen der Arbeitsplan und die Werkstückzeichnung sowie die dazu gehörenden Zeichnungen und Stücklisten die wichtigsten Dokumente dar. Der Arbeitsplan bildet außerdem die Kalkulationsgrundlage der Fertigungskosten und beinhaltet eine detaillierte Beschreibung der Arbeitsgänge, die zur Herstellung einer Komponente, einer Baugruppe, oder eines Erzeugnisses notwendig sind. Er beinhaltet folgende drei Datengruppen (Abb. 6.4), Westkämper et al. (2006):

- Allgemeine Daten wie Identifizierung, Ausgangsmaterial, Losgrößenbereich
- Arbeitsvorgangsbezogene Daten wie Vorgangsbeschreibung, Kostenstelle oder notwendige Fertigungshilfsmittel
- Authentifizierung wie Verfasser und Gültigkeiten

Die wichtigsten Funktionen innerhalb der Arbeitsplanerstellung sind die Rohmaterialfestlegung (Ausgangsteil), die Vorgangsfolgeplanung (Reihenfolge der Arbeitsvorgänge und ggf. Alternativen), die Maschinenplanung (Fertigungsmittelauswahl) sowie die Vorgabezeitermittlung. Abb. 6.5 stellt ein typisches Ergebnis in Form des Arbeitsplans dar, vgl. Eversheim (2002, S. 10).

Allgemeine Daten zum Arbeitsplan	Daten zu jedem Arbeitsvorgang	Daten zur Authentifizierung
■ Arbeitsplannummer ■ Stückzahl ■ Fertigungsbereich ■ Bezeichnung ■ Zeichnungsnummer ■ Werkstoff ■ Rohform und -abmessungen ■ Roh- und Fertiggewicht	■ Arbeitsvorgangsnummer ■ Vorgangsbezeichnung ■ Arbeitsplatz ■ Werkzeuge, Vorrichtungen, Hilfsmittel ■ Zeit je Einheit, Rüstzeit ■ Zeit- und Mengeneinheiten ■ Lohngruppe	■ Verfasser und Prüfer ■ Freigabevermerk ■ Gültigkeiten ■ Erstellungsdatum

Abb. 6.4 Auftragsneutrale Arbeitsplaninformationen. (Nach Westkämper)

Blatt: 1	Datum: 19.07.2002 Bearbeiter: W. Müller		Auftrags-Nr.: PM1V6 B3		Arbeitsplan	
Stückzahl:	Bereich: 1–20	Benennung: Antriebswelle		Zeichnungs-Nr.: 170-0542		
Werkstoff: St 50		Rohform und -abmessungen: Rundmaterial ø 60 mm		Rohgewicht 7,6 kg	Fertiggewicht 4,6 kg	
AVG Nr.	Arbeitsvorgang- beschreibung	Kosten- stelle	Lohn- gruppe	Masch.- gruppe	Fertigungs- hilfsmittel	t_r [min]	t_e [min]
10	Rundmaterial auf 345 mm Länge sägen	300	04	4104	–	30	1,0
20	Rundmaterial auf 340 mm ablängen und zentrieren	340	06	4201	1001 1051	30	2,0
30	Welle komplett drehen	360	08	4313	1101/1121/ 1131	30	2,6
40	Gewindelöcher bohren, Gewinde M6×20 schneid.	350	07	4407	1201/1231/ 1233	20	5,2
50	Passfedernut fräsen	400	09	4751	3104	45	4,7
60	Lagersitze schleifen	510	07	4908	–	20	6,7

Abb. 6.5 Arbeitsplan.
(Praxisbeispiel nach Eversheim)

6.2.4 Arbeitsplanungsarten

Der Neuheitsgrad der Fertigungsaufgabe bestimmt den Aufwand der Arbeitsablauf-planung. Die bereits von Spur (1979) vorgeschlagene Unterscheidung wurde schrittweise weiterentwickelt, vgl. Hamelmann (1995). Analog der Konstruktionsarten ist heute die Unterscheidung von vier *Arbeitsplanungsarten* üblich:

- Die *Neuplanung* (generative Planung) erstellt den Arbeitsplan vollständig neu.
- Die *Anpassungsplanung* basiert auf der Planungsgrundlage schon vorhandener Werk-stücke, welche sowohl geometrisch als auch fertigungstechnisch ähnlich dem zu pla-nenden Werkstück sind. Hier werden nur einzelne, bereits geplante Arbeitsgänge im Arbeitsplan geändert und angepasst.
- Der *Variantenplanung* liegen Standardarbeitspläne, basierend auf den unterschied-lichsten Teilefamilien, zugrunde. Die Unterschiede bestehen dabei vor allem in der Geometrie, Technologie oder auch der Anzahl der zu fertigenden Werkstücke.
- Die *Wiederholplanung* nimmt hingegen ausschließlich formale und auftragsbezogene Anpassungen vor. Bestehende Pläne bilden hier die Grundlage für neue Aufträge (Adaptionspotenzial nutzen).

Abb. 6.6 zeigt die Arbeitsplanungsarten und deren wesentliche Merkmale, vgl. Eversheim (2002, S. 19). Hierbei gilt: Von der Neu- zur Wiederholplanung nimmt die fertigungs-technische Ähnlichkeit zu. Dementsprechend sinken Neuheitsgrad und Erstellungsauf-wand in der Arbeitsplanung.

Neuplanung	Anpassungsplanung	Variantenplanung	Wiederholplanung
■ es liegt kein fertigungstechnisch ähnliches Produkt vor	■ Ähnlichkeit liegt vor ■ veränderte Aufgabenstellung ■ veränderte Randbedingungen	■ hohe Ähnlichkeit (Bsp. gleiches Komplexteil, unterschiedliche Teilefamilie)	■ identische Einzelteilplanung ■ aktivieren bestehender Unterlagen

Abb. 6.6 Arbeitsplanungsarten.
(Eversheim)

6.3   Stücklistenverarbeitung

Neben den technischen Zeichnungen bilden die Stücklisten die zweite zentrale Grundlage der Arbeitsplanerstellung. Im Gegensatz zu den geometrischen Informationen aus den Zeichnungen beinhalten Stücklisten die konstruierte Erzeugnisstruktur.

Die nach konstruktiven Gesichtspunkten aufgebauten Konstruktionsstücklisten sind nicht zwangsläufig produktionsgerecht, d. h. fertigungs- oder montagegerecht. Ihre *Modifikation* in eine produktionsgerechte Struktur und *Ergänzung* um Zusatzinformationen ist die Aufgabe der *Stücklistenverarbeitung*.

Meist gibt die Konstruktion die Erzeugnisse schrittweise – idealerweise in Baugruppen – frei. Deshalb kann dieser Schritt mehrfach, sowohl für einzelne Baugruppen als auch für das gesamte Produkt, durchlaufen werden.

▶ „Die Stückliste ist ein formalisiertes Verzeichnis der eindeutig bezeichneten Bestandteile einer Einheit des Erzeugnisses bzw. einer Baugruppe mit Angabe der zu seiner bzw. ihrer Herstellung erforderlichen Menge." Gerlach H-H (1979).

Die Stücklisten unterscheiden sich nach Verwendungszweck, vgl. Wiendahl H-P (2014) sowie die dort zitierte Literatur:

* *Mengenstückliste* (auch Mengenübersichts-Stückliste)
  Die Stückliste zeigt für jedes Bauteil, wie oft es in dem jeweiligen Erzeugnis enthalten ist. Die Produktstruktur (Verwendungsort oder Hierarchiestufe) wird dabei vernachlässigt.
* *Baukastenstückliste*
  Diese Stückliste beschreibt eine Baugruppe nur *einstufig*, also nur ihre direkt eingehenden Baugruppen oder Teile. Jede Baugruppe hat also eine eigenständige Stückliste und verweist ggf. auf enthaltene Baugruppen.

- *Strukturstückliste*
  Diese Stückliste löst ein Erzeugnis *vollständig* auf. Es enthält neben den Mengenangaben zusätzlich Angaben über die Hierarchieebene, in der die jeweilige Baugruppe bzw. das Einzelteil verwendet wird.

Wie beschrieben, umfasst die Stücklistenverarbeitung folgende Aufgaben:

- Einerseits *ergänzt* sie die jeweiligen Konstruktionsstücklisten um Fertigungsinformationen und Auftragsdaten. Dies sind z. B. die Rohteildaten und die zu verwendenden Betriebs- bzw. Fertigungsmittel. Ergebnis dieser Stücklistenergänzung ist die *auftragsspezifische Fertigungsstückliste* als Basis für den Arbeitsplan.
- Andererseits *modifiziert* sie die Struktur. Typischerweise ist die Struktur einer Konstruktionsstückliste funktional orientiert und deshalb nicht zwangsläufig montagegerecht. Die Maschinenverrohrung einer Anlage bildet hier das klassische Beispiel: So bilden Schelle und Rohr eine funktionale Konstruktionsbaugruppe. Allerdings weicht der Montageprozess oft ab: Die Mitarbeiter montieren erst die Rohre zu einer Vormontagegruppe in einem separaten Vormontagebereich und benötigen die Schellen erst zur Endmontage.
- In Sonderfällen *verlängert* sie auch die Stückliste: Mitunter bildet das Fertigteil den Fußpunkt der Konstruktionsstückliste. Somit muss die AV eine sogenannte Rohteilstückliste erstellen. Sie ist meist einstufig, kann aber insbesondere bei Schweißteilen auch mehrere Stufen umfassen.

Die Fertigungs- oder Produktionsstückliste bereitet also die Abwicklung und spätere Abrechnung der Fertigungsaufträge organisatorisch vor: Bspw. ermittelt sie als *Bedarfsermittlungsstückliste* den Bedarf an Rohstoffen, Halbzeugen und Zukaufteilen. Die *Montagestückliste* beinhaltet die für den Montagearbeitsplatz notwendigen Informationen. Wie beschrieben, ist sie so strukturiert, dass die benötigten Einzel- und Zukaufteile zum Bedarfszeitpunkt bereitgestellt werden können.

6.4 Arbeitsplanerstellung

▶ Die konventionelle Arbeitsplanerstellung durchläuft fünf Schritte, der Arbeitsplan ist das Ergebnis. Hierbei bestimmt die Planungsart Bearbeitungsintensität und -aufwand:

- Unterlagenprüfung
- Rohmaterialfestlegung
- Arbeitsvorgangsfolgenbestimmung
- Fertigungsmittelzuordnung
- Vorgabezeitermittlung

Die Prüfplanermittlung mit den Teilaufgaben Prüfmerkmalfestlegung, Prüfablauf-
erstellung und Prüfmittelfestlegung ist formal ein Teil der Arbeitsplanung. In der Praxis
erfolgt sie in enger Abstimmung mit der meist separat organisierten Qualitätssicherung.
Die Literatur ordnet sie deshalb unterschiedlich zu, vgl. u. a.: Eversheim (1996, S. 74),
Eversheim (2002, S. 8), Spur (1994, S. 145 ff.), Wiendahl H-P (2014, S. 197 ff.) sowie
die dort zitierte Literatur.

Die Folgeabschnitte erläutern die Einzelschritte knapp. Detailliertere Beschreibungen
finden sich in der bereits genannten Literatur.

6.4.1 Unterlagenprüfung

Voraussetzung für eine wirkungsvolle Arbeitsplanung ist die Kenntnis des Verwendungs-
zwecks des Teils und seiner Funktion in der übergeordneten Baugruppe. Die *Unterlagenprüfung* prüft die aus der Konstruktion bereitgestellten Dokumente formal und inhaltlich,
oftmals in Grob- und Detailprüfung unterteilt.

- *Grobprüfung:* Inhaltliche Grundlage bildet die Bauteilzeichnung, die zugehörige
  Zusammenbauzeichnung sowie ggf. die Stückliste. Im Zuge dessen ist ihre Vollständigkeit und die Fertigungs- und Montagegerechtheit der Unterlagen zu prüfen
  (s. o.). Im Ergebnis ist der Neuheitsgrad der Planung abschätzbar (vgl. Abb. 6.6),
  um ggf. auf bereits vorhandene Planungsunterlagen zurückgreifen zu können. Insbesondere bei größeren Arbeitsplanungsabteilungen mit hoher Spezialisierung ist eine
  Aufgabenzuordnung zu bestimmten Arbeitsplanern erforderlich; die Steuerung dieser
  Arbeitsvorräte erfolgt hier auch, vgl. dazu auch: Konrad 1987, Müller 1999, Steger
  (1988), Virnich (1988).
- *Detailprüfung:* Wie beschrieben, bilden die technischen Zeichnungen zentrale Grundlage zur Erkennung von Verwendungszweck und Funktionen. Sie beschreiben das Werkstück und dessen Gestalt, Form, Abmessungen und auch Toleranzen. Weiterhin benennt
  die Zeichnung den zur Herstellung zu verwendenden Werkstoff. Insbesondere für Einzel-
  fertiger sind Rückfragen an die Konstruktion typisch, die ggf. Änderungen auslösen.

Die gewonnenen Erkenntnisse bilden auch den Ausgangspunkt für die Fertigungs- und
Prüfmittelkonstruktion sowie -planung.

6.4.2 Rohmaterialfestlegung

Durch die Beschreibung des Fertigteils bestimmt die Konstruktion bereits die grund-
legenden Merkmale des Ausgangsteils (Werkstückgestalt und Anforderungen). Mit der
Rohmaterialbestimmung (auch Rohteil- oder Materialplanung) beginnt die eigentliche
Arbeitsplanung. Sie legt neben der spezifischen Rohmaterialart v. a. die Abmessungen

fest. Meist sind mehrere Ausgangsformen verfügbar. Deshalb ist unter Beachtung der spezifischen Werkstückanforderungen, der verlangten Stückzahl und der verfügbaren Fertigungsverfahren der Fertigungsablauf grob vorzudenken und ein geeignetes Rohmaterial auszuwählen:

- Bei *Serienfertigungscharakter* (hohe Wiederholhäufigkeit, auftragsunabhängige Arbeitsplanung) dominiert das Ziel der geringen Herstellkosten.
- Je stärker der *Einzelfertigungscharakter* (geringe Wiederholhäufigkeit, auftragsabhängige Arbeitsplanung) dominiert, desto eher sind logistische Kriterien wie Materialverfügbarkeit im Lager oder Wiederbeschaffungszeiten zu berücksichtigen.

Wie oben beschrieben, kann die Rohmaterialfestlegung auch die Erstellung ein- oder mehrstufiger Rohteilstücklisten beinhalten. Die endgültige Festlegung erfolgt erst unter Berücksichtigung der Wirtschaftlichkeitsbewertung, vgl. Abschn. 6.4.3.

▶ Primäres Ziel der Rohmaterialfestlegung ist es, auf Basis der möglichen Ausgangsformen eines Werkstücks (Halbzeuge, Gussteile, Schmiedeteile) die für die Fertigung wirtschaftlichste Lösung bzw. das ökonomischste Ausgangsmaterial zu ermitteln.

Im Anschluss erfolgt die Arbeitsvorgangsfolgenbestimmung, also die Detailplanung des Fertigungsablaufs.

6.4.3 Arbeitsvorgangsfolgenbestimmung

Der zweite wesentliche Schritt bildet die *Arbeitsvorgangsfolgenbestimmung* (auch Prozessfolgeermittlung). Sie legt die Folge von Arbeitsvorgängen fest, die aus dem Rohteil schrittweise das Fertigteil erzeugen. Ausgehend von der Gegenüberstellung von Fertig- und Rohteil werden *alternative Fertigungsverfahren* ermittelt, einer *Wirtschaftlichkeitsbewertung* unterzogen und schließlich die *Arbeitsvorgänge* festgelegt.

▶ Die Arbeitsvorgangsfolge beschreibt diejenige Reihenfolge, die einen Stoff oder Körper über schrittweises Verändern der Gestalt und/oder der Werkstoffeigenschaften vom Roh- in einen Fertigzustand überführt.

Hierbei ist die Bedeutung des *technologischen Verfahrensvergleichs* und damit auch der *Kostenkalkulation* bzw. *Wirtschaftlichkeitsberechnung* zentral: Beim Vergleich „zweier, hinsichtlich der Fertigungsaufgabe technologisch gleichwertiger Verfahren, stellen die aus der Kostenplanung resultierenden Informationen in der Regel das ausschlaggebende Entscheidungskriterium dar." (Eversheim 2002, S. 90).

Beispiel

Abb. 6.7 stellt die Schritte anhand eines Beispiels dar. Hierbei handelt es sich um eine Spannbuchse aus dem Einsatzstahl 16MnCr5, die spanend durch Drehen und Schleifen sowie Einsatzhärten und Anlassen wärmebehandelt wird. Die Spannbuchse kann durch 3 abweichende Technologiefolgen hergestellt werden.

Abb. 6.8 stellt die drei verfügbaren alternativen Arbeitsvorgangsfolgen und die zugrunde liegenden Material- und Fertigungseinzelkosten beispielhaft gegenüber. Das Fertigteil kann entweder aus einem Halbzeug, Schmiedeteil oder Feingussteil hergestellt werden.

Das unterschiedliche Ausgangsmaterial führt zu unterschiedlichen Möglichkeiten der Drehbearbeitung (die Wärmebehandlung und Schleifbearbeitung sind für die drei Arbeitsvorgangsfolgen identisch und deshalb für die weitere Kostenbetrachtung nicht relevant). Den hierfür erforderlichen *technologischen Verfahrensvergleich* zeigt Abb. 6.9: In Abhängigkeit der geplanten Produktionsmengen resultieren unterschiedliche Material- und Fertigungskosten. Somit bestimmt die geplante Produktionsmenge das kostengünstigste Verfahren.

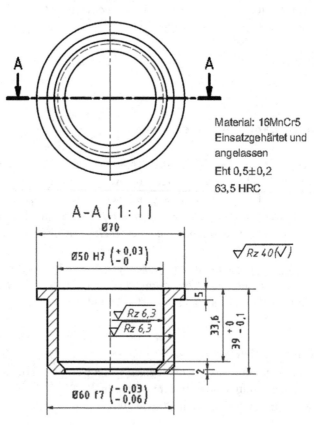

Abb. 6.7 Fertigteil Spannhülse.
(Praxisbeispiel)

Benennung	Variante 1	Variante 2	Variante 3
Halbzeug/ Rohmaterial	DIN EN 10084 16MnCr5 Ø 75 x 44 lang (1,53 kg) warmgewalzt	Schmiedeteil 16MnCr5 (0,79 kg)	Feinguss GS 16MnCr5 (0,53 kg)
Materialausnutzungskoeffizient	20,5 %	39,5 %	58,5 %
Materialeinzelkosten (1,45 €/kg)	2,23 €/Stk	1,15 €/Stk	0,77 €/Stk
Werkzeug/ Vorrichtungskosten	0	ca. 40.000 € (einmalig)	ca. 5.000 € einmalig zzgl. 10 € je Formset (10 Stk)
Technologieabfolge	AVo 10 Drehen komplett von Stange AVo 20 Wärmebehandlung AVo 30 Schleifen Außendurchmesser AVo 40 Schleifen Innendurchmesser	AVo 10 Drehen linke Seite AVo 20 Drehen rechte Seite AVo 30 Wärmebehandlung AVo 40 Schleifen Außendurchmesser AVo 50 Schleifen Innendurchmesser	AVo 10 Drehen linke Seite AVo 20 Drehen rechte Seite AVo 30 Wärmebehandlung AVo 40 Schleifen Außendurchmesser AVo 50 Schleifen Innendurchmesser
Fertigungseinzelkosten Einspindelmaschine (1,20 €/min)	T = 2,3 min/ 2,76 €/Stk	T = T1 + T2 = 1,7+1,0 min/ 3,24 €/Stk	T = T1 + T2 = 1,7 + 0,8 min/ 3,00 €/Stk

Abb. 6.8 Alternative Arbeitsvorgangsfolgen Spannhülse. (Praxisbeispiel Kostenermittlung ohne Schleifbearbeitung)

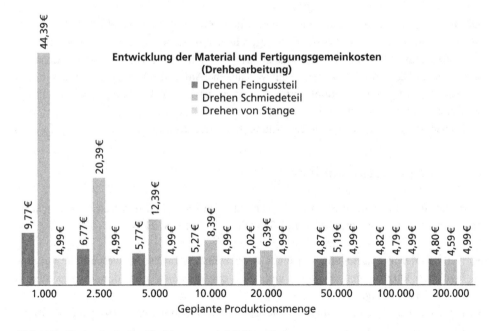

Abb. 6.9 Technologischer Verfahrensvergleich Spannhülse. (Praxisbeispiel)

Diese Verfahrensvergleiche sind sowohl innerbetrieblich als auch überbetrieblich durchzuführen, wobei überbetriebliche Verfahrensvergleiche zwischen der Eigen- oder
Fremdfertigung (Make-or-Buy) entscheiden (vgl. mittelfristige Aufgabe der Kostenplanung). Ist der technologische Aufwand für die Produktion eines Teils unverhältnis-
mäßig hoch, so wird im Regelfall zugunsten der Fremdfertigung bzw. dem Fremdbezug
entschieden. Im Fall der Eigenfertigung gilt es, hinsichtlich der Kostenplanung die
kostenoptimale Losgröße zu bestimmen und festzulegen. Dabei sind aber keinesfalls die
im Unterschied zur Fremdfertigung unter Umständen anfallenden Investitionen in Forschung und Entwicklung zu vernachlässigen.

Deshalb ist die *Wirtschaftlichkeitsrechnung* durchzuführen. Dabei ist die gesamte Produktion des Produkts so anzulegen, dass der Nutzen (Erlös) in einem vernünftigen Verhältnis zum benötigten Aufwand (Kosten) steht. Die Kosten müssen alle verbrauchten
Güter und Leistungen beinhalten, die zur Produktion benötigt werden. Ergebnis bilden
die Stückkosten (Vollkosten pro Stück bei Normalauslastung), die entscheidende Bewer-
tungsgröße zur oben beschriebenen Make-or-Buy-Entscheidung. Dies geschieht in der
Vorkalkulation, welche neben der Bestimmung der optimalen Losgröße zumeist auch für
die Preisfindung eingesetzt wird.

6.4.4 Fertigungsmittelzuordnung

Die Fertigungsmittelzuordnung bildet den dritten Schritt der Arbeitsplanung. Sie weist
jedem definierten Vorgang die dafür vorgesehenen bzw. benötigten Maschinen sowie
die Fertigungshilfsmittel wie Werkzeuge und Vorrichtungen zu. Die Maschinenaus-
wahl beschränkt sich typischerweise auf vorhandene Anlagen. Demgegenüber sind nicht
immer alle Fertigungshilfsmittel vorhanden. Dann ist ihre Anfertigung oder Bestellung
zu veranlassen, vgl. Abschn. 6.6.

Im nächsten Schritt erfolgt die Ermittlung der Vorgabezeiten.

6.4.5 Vorgabezeitermittlung

Vorgabezeiten sind Sollzeiten für Arbeitsabläufe, die Menschen und Betriebsmittel ausführen. Sie haben drei Aufgaben, vgl. Wiendahl H-P (2014, S. 212):

- Die erforderliche Belegungszeit eines Betriebsmittels bildet die wesentliche Grund-
  lage der kurzfristigen *Termin- und Kapazitätsplanung* und der längerfristigen
  Investitionsplanung.
- Die Auftragszeit bildet außerdem die Basis der *Personalkapazitätsplanung* und der
  Entlohnung.
- Unter Berücksichtigung der Lohn- und Maschinenstundensätze ist sie auch Grundlage
  für die *Kostenermittlung.*

Dies erklärt die große Aufmerksamkeit, die ein Unternehmen seiner Bestimmung und Kontrolle widmet. Die Zeitermittlung erfolgt oftmals mit systematischen Verfahren.

▶ Die Zeitermittlungsverfahren ermitteln die Normalleistung über zwei Vorgehensweisen:
- Die analytische Zeitermittlung misst die Zeit für den gesamten Arbeitsablauf.
- Die synthetische Zeitermittlung zerlegt den Gesamtablauf in einzelne Grundbewegungen, ermittelt hierfür Einzelzeiten und berechnet daraus die Gesamtzeit.

Abb. 6.10 stellt die Ermittlung der Auftragszeit dar und definiert die einzelnen Zeitkomponenten, vgl. Eversheim (2002, S. 41).

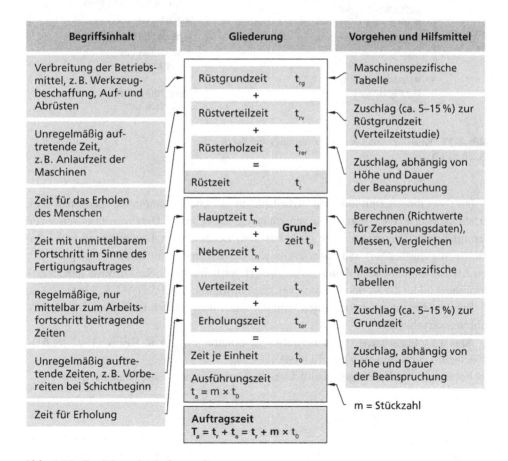

Abb. 6.10 Ermittlung der Auftragszeit.
(Nach Eversheim)

Abb. 6.11 Klassifizierung der Zeitermittlungsverfahren.
(Nach REFA)

Die Vorgabezeitermittlung auf Arbeitsplanungsebene bestimmt die Zeitdaten über Erfahrungswerte oder bereits aufgenommenen Zeitreihen. „Die Vorgehensweise zur Ermittlung der Vorgabezeiten ist einerseits vom Zeitpunkt der Durchführung (vor oder nach Fertigungsbeginn) und andererseits von der Art und geforderten Genauigkeit der jeweils zu bestimmenden Zeiten abhängig." (Eversheim 2002, S. 39). Basis jeder Zeitermittlung bildet die *Normalleistung,* vgl. dazu ausführlich REFA (1992, S. 136).

Bei den Zeitermittlungsverfahren wird zwischen *analytischen* und *synthetischen* Verfahren unterschieden.

Abb. 6.11 klassifiziert die Zeitermittlungsverfahren, vgl. u. a. REFA (1992, S. 61), Eversheim und Schuh (1999, S. 12–104).

Im Folgenden werden die gebräuchlichsten Zeitermittlungsverfahren näher erläutert.

6.4.5.1 Analytische Zeitermittlung (REFA)

Für die Ermittlung von Vorgabezeiten entwickelte der REFA-Verband für Arbeitsstudien und Betriebsorganisation e. V. eine standardisierte Vorgehensweise. Danach beschreibt die Zeitaufnahme das Arbeitssystem detailliert und erfasst Arbeitsbedingungen, Arbeitsverfahren und Arbeitsmethode genau. Bezugsmengen, Einflussgrößen sowie der Leistungsgrad stellen die Vergleichbarkeit sicher. Die Auswertung der ermittelten Ist-Zeiten bestimmt Sollzeiten für Ablaufabschnitte.

Der Schwerpunkt der *Zeitaufnahme* liegt in der Beobachtung des Ist-Produktionsablaufs. Speziell dafür ausgebildetes Arbeitsstudien-Personal (alt: Arbeitsstudienmann) führt diese aus. Es benötigt für die Zeitermittlung ein Zeitmessgerät (meist eine Stoppuhr). Der Zeitaufnahmebogen dokumentiert die Beobachtungen. Wichtig ist die Reproduzierbarkeit der Angaben; es sind jegliche Begleitumstände zu dokumentieren, unter denen die Messung zustande gekommen ist.

Verschiedene Mitarbeiter benötigen für dieselbe Arbeit unter denselben Bedingungen unterschiedliche Zeiten. Deshalb erfolgt die Umrechnung der Ist- in die Sollzeit über den sogenannten Leistungsgrad. Er wird durch das Arbeitsstudien-Personal bestimmt. Dabei erstellt es, aufgrund seiner Sachkenntnisse, des beobachteten Arbeitsablaufs und der eigenen Erfahrung, ein geistiges/gedankliches Modell des Arbeitsablaufes hinsichtlich Geschwindigkeit und Beherrschung des Mitarbeiters unter Berücksichtigung der Bezugsleistung. Anschließend wird das Gedankenmodell mit dem realen Arbeitsablauf verglichen. Die Unterschiede drückt der Leistungsgrad aus.

$$\text{Leistungsgrad} \equiv \frac{\text{betrachtete IST} - \text{Leistung}}{\text{vorgestellte Bezugsleistung}} * 100\,\%$$

Die Addition aller planmäßigen so ermittelten Sollzeiten eines Arbeitsablaufes ergeben die Grundzeit. Dies entspricht bspw. bei einer Montageaufgabe der Montagezeit.

> Das REFA-Zeitsystem (Verband für Arbeitsstudien und Betriebsorganisation) ist ein analytisches System, das auf der Beobachtung und Messung von Zeiten unter den realen Bedingungen der Arbeitsplätze beruht. Das REFA-Vorgabezeitsystem ist eine Methodik, die sich auf die Erkenntnisse organisatorischer, soziologischer, psychologischer und ökonomischer Arbeitsgestaltung stützt.

In Anlehnung an Westkämper et al. (2006) kann das REFA-Zeitsystem wie folgt definiert werden: „Da eine reine Zeitmessung jedoch nur die Ist-Leistung, nicht aber die Normalleistung ermittelt, ist hierzu jeweils der Leistungsgrad der Leistungseinheit als Verhältnis zwischen Ist- und Normalleistung zu schätzen." (Westkämper et al. 2006, S. 173), Abb. 6.12 stellt Vor- und Nachteile der analytischen Zeitermittlung dar, vgl. Borges et al. (1971, S. 12), Schuhmacher (1984, S. 47–48).

Vorteile	Nachteile
■ reproduzierbare Zeit- und Kalkulationsdaten für Planung, Steuerung, Kostenrechnung, Leistungsvergleiche, Kennzahlen, Benchmarking, Zielvereinbarungen ■ Basisdaten für Arbeitsplanung, Kalkulation, Plan- und Vorgabezeiten	■ Ablauf muss wiederholt gleichbleibend auftreten und optimiert sein ■ Berücksichtigung relevanter Einflussfaktoren erforderlich ■ Fundierte Ausbildung erforderlich ■ mögliche Manipulation durch die arbeitende Person möglich

Abb. 6.12 Vor- und Nachteile der analytischen Zeitermittlung. (Nach Borges und Schuhmacher)

6.4.5.2 Synthetische Zeitermittlung (MTM)

Das synthetische Zeitermittlungsverfahren zerlegt den Gesamtablauf der menschlichen Bewegungen zunächst in seine kleinsten Grundelemente, wobei Gesetzmäßigkeiten des zeitlichen Ablaufs von Tätigkeiten ermittelt werden. Eine Tabelle dokumentiert den Zeitbedarf dieser Grundbewegungen. Der vollständige Bewegungsablauf resultiert durch Addition des Zeitbedarfs seiner spezifischen Grundbewegungen.

Ein sehr verbreitetes und in der Praxis anerkanntes synthetisches Zeitsystem mit vorbestimmten Zeiten ist MTM (Methods Time Measurement). Im Gegensatz zu den analytischen Zeitermittlungsverfahren kommt es ausschließlich bei manueller Arbeit zum Einsatz, Bokranz et al. (2006).

MTM bestimmt für vom Menschen beinflussbare Tätigkeiten Sollzeiten über Tabellen. In diesen Tabellen sind für bestimmte Bewegungselemente unter Berücksichtigung von definierten Einflussgrößen Zeitwerte hinterlegt, dem sogenannten MTM-Prozessbausteinsystem. Aus diesen zeitlich definierten Bewegungselementen lassen sich Arbeitsabläufe real oder geplant modellieren. MTM stellt somit einen Zusammenhang zwischen den Umständen unter denen eine Tätigkeit verrichtet wird und der dafür benötigten Zeit her. Eine weitere Eigenschaft von MTM ist, dass es Optimierungsansätze für Arbeitsprozesse liefert, da die Zeitwerte unter anderem abhängig von den Einflussgrößen sind.

„MTM ist ein Verfahren vorbestimmter Zeiten zur Ermittlung des Zeitbedarfs für bestimmte Bewegungselemente. Es beinhaltet 19 Bewegungselemente, denen eine empirisch ermittelte Normalzeit zugeordnet ist. Die Zeit für einen Arbeitsablauf setzt sich aus den Zeiten für die einzelnen Bewegungselemente zusammen." (vgl. Antis et al. 1973).

Vorteile	Nachteile
■ hohe Ablauftransparenz durch inhaltlich und zeitlich definierte Prozessbausteine ■ Planung von Abläufen mittels standardisierter Prozessbausteine ■ Arbeitsmethode bestimmt die Zeit ■ Bestimmung der Einflussgrößen auf den Arbeitsablauf schärft den Blick für die Arbeitsgestaltung	■ ungenügende Kenntnis in den Anwendungsregeln für das MTM-System kann zu falschen Analyseergebnissen führen ■ nur vom Menschen voll beeinflussbare Tätigkeiten anwendbar ■ MTM-Normzeiten enthalten keine Verteil- und Erholzeiten ■ teilweise sehr hoher Planungsaufwand (z. B. Produktvarianten)

Abb. 6.13 Vor- und Nachteile der synthetischen Zeitermittlung.
(In Erweiterung zu REFA, MTM, Konold, Borges, Schuhmacher)

Abb. 6.13 stellt Vor- und Nachteile für die synthetische Zeitermittlung dar, vgl. dazu ausführlich REFA (1992, S. 348, 370), MTM (2008, S. 28), Konold und Reger (2003, S. 123), Borges et al. (1971, S. 12–13), Schuhmacher (1984, S. 46–47).

Die Zeitermittlung schließt die Arbeitsplanerstellung ab, wenn weder ein Steuerprogramm für numerisch gesteuerte Werkzeugmaschinen bereitzustellen ist noch besondere Vorrichtungen konstruiert werden müssen. Dann ist die Aufgabe der Arbeitsplanung mit der Dokumentation der Ergebnisse im Arbeitsplan abgeschlossen.

6.5 Maschinenprogrammierung

Die Aufgabe der Maschinenprogrammierung – meist NC-Programmierung – ist es, ermittelte Bearbeitungsinformationen in eine von den Maschinen lesbare Steuersprache (NC = Numerical Control = Nummerische Steuerung) zu überführen; NC-Programme zählen (genauso wie Messprogramme) zu den Fertigungshilfsmitteln.

Bestandteil der Programmierung ist die Ermittlung aller notwendigen geometrischen, technologischen und auch ablauforientierten Informationen, welche „für die Bearbeitung (sowie für das Handhaben, Messen, Fügen usw.) eines Werkstücks mit einer numerisch gesteuerten Produktionseinrichtung erforderlich sind." (Eversheim 2002, S. 78). Hierbei ist zu unterscheiden:

- Die *geometrischen Informationen* des NC-Steuerprogramms beschreiben die durchzuführenden Bewegungen der Werkzeuge entsprechend der Bearbeitungsaufgabe. Geometrische Merkmale des Werkstücks können auch mittels CAM-Software (Computer-aided manufacturing) aus den Konstruktionsdaten (z. B. CAD-Modell) abgeleitet und mit einem entsprechenden Postprozessor in ein NC-Programm für die Maschine überführt werden (sog. Geometrieübernahme).

- Die *technologischen Informationen* (z. B. Vorschübe und Drehzahlen) ergänzen diese ggf. um Zusatzinformationen (z. B. die Verwendung und Menge an Kühlschmiermittel oder einem Werkzeugwechsel während des Bearbeitungsvorgangs). Diese Informationen werden entsprechend der Norm DIN 66025 manuell programmiert.

Abb. 6.14 zeigt die hier typischerweise unterschiedenen Ebenen einer rechnergestützten Arbeitsplanung:

- Die *Arbeitsvorgangsdaten* (auch Grobplanung) beschreiben die Vorgangsfolge der Aktivitäten meist arbeitsplatzgenau. Der Arbeitsplan führt dies auf und die Informationen sind technologiespezifisch.

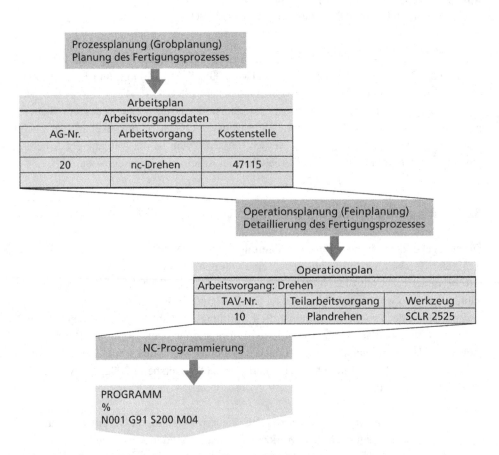

Abb. 6.14 Ebenen einer rechnergestützten Prozessablaufplanung. (In Anlehnung an Eversheim)

- Die *Operationsdaten* (auch Feinplanung, Arbeitsvorgangsfolge- oder Arbeitsstufenplanung) verfeinern diese zu Teilarbeitsvorgangsfolgen die meist durch die Spannlagen, Geometrie oder Oberflächenqualitätsanforderungen bestimmt sind. Diese Verfeinerung bildet die Voraussetzung für die dritte Detaillierungsstufe und ist deshalb bereits maschinenspezifisch
- Die *NC-Programmdaten* beinhalten die zur Produktionsdurchführung numerisch gesteuerter Maschinen erforderlichen Daten. Dieses maschinenspezifische NC-Programm kann manuell oder rechnerunterstützt (regelbasiert) erzeugt werden.

Die NC-Programmierung (für Werkzeugmaschinen) beinhaltet die Teilaufgaben Geometrieübernahme, Spannlagenbestimmung, Operationsplanung, Werkzeugauswahl, Schnittaufteilung, Schnittwertermittlung sowie Simulation und Kollisionskontrolle, vgl. dazu ausführlich Eversheim (1989, S. 276, 1996, S. 97 ff., 2002, S. 50 ff.).

▶ Neben der NC-Programmierung für Bearbeitungsmaschinen hat aufgrund des weit verbreiteten Einsatzes von Industrierobotern und Messmaschinen auch die *Messmaschinenprogrammierung (MC-Programmierung)* und die *Roboterprogrammierung (RC-Programmierung)* eine hohe Bedeutung. Dabei bestehen für die MC- und RC-Programmierung einerseits Online-, anderseits Offline-Programmierverfahren.

Die *MC-Programmierung* erfolgt im Teach-In-Verfahren (Online), wobei ein Maschinenbediener mithilfe eines Joysticks den Messkopf der Messmaschine an die Position des Werkstücks bewegt, die gemessen werden soll. Eher im geringeren Umfang werden grafisch-interaktive Programmier-systeme (Offline) genutzt, wobei ein steuerungsneutraler Code erzeugt wird.

Die *RC-Programmierung* erfolgt ebenfalls im Teach-In-Verfahren oder im Playback-Verfahren (beide Online):

- Während der *Playback-Programmierung* wird der Roboter durch den Bediener entlang der gewünschten Bahn – bei entkoppelten Achsen – geführt. Dieser Verlauf wird dann durch die Steuerung des Roboters aufgezeichnet. Die aufgenommenen Daten stehen anschließend als Programm zur Verfügung.
- Dieses Verfahren wird bspw. bei der Programmierung von Lackierrobotern eingesetzt. Demgegenüber steht das in der Praxis weiter verbreitete *Teach-In-Verfahren* bei dessen Programmierung Stützpunkte zuerst angefahren und dann abgespeichert werden. Dies erfolgt über ein Bedienpult, welches der Roboterbediener steuert. Das Ergebnis ist die Menge der anzufahrenden Punkte und muss um einige Zusatzinformationen wie die Festlegung der Geschwindigkeit und Beschleunigung oder die Genauigkeit des Anfahrpunktes ergänzt werden. Des Weiteren müssen Prozessparameter für die durchzuführenden Bewegungen ergänzt werden.

6.6   Fertigungshilfsmittelplanung

Sind die zur Herstellung notwendigen Fertigungshilfsmittel wie Vorrichtungen, Werkzeuge oder Prüfmittel nicht vorhanden, ist ihre Anfertigung oder Bestellung zu veranlassen. Die beiden Folgeabschnitte behandeln die Werkzeug- und Vorrichtungsplanung näher. Die Prüfmittelplanung erfolgt analog und – wie bereits oben beschrieben – in enger Abstimmung mit der Qualitätssicherung. Die Erstellung der NC- und Messprogramme wurde bereits im vorgehrgehenden Abschnitt erläutert.

Werkzeugplanung

▶ Werkzeuge sind Fertigungsmittel, die unmittelbar auf ein Material zur Form- oder Substanzveränderung mechanischer bzw. physikalisch-chemischer Art einwirken, in Anlehnung an Eversheim (2002, S. 72, DIN 8580, S. 5).

Werkzeuge haben oftmals einen sehr hohen Anteil an den spezifischen Betriebsmitteln. Insbesondere für die Urform- und Umformtechnik, die Kunststofftechnik sowie die Montage- und Fügetechnik sind formgebende Werkzeuge erforderlich. Dabei bezieht die Planung der Werkzeuge die Lieferanten aus dem Werkzeug- und Formenbau frühzeitig mit ein. Die Werkzeugkosten können einen signifikanten Anteil des Investitionsvolumens einer Produktion betragen und sogar den der Anlagen, in denen sie eingesetzt werden, übertreffen. Typische Beispiele sind hier komplex und individuell angefertigte Greifer an Industrierobotern oder Werkzeuge in Pressenstraßen.

Vorrichtungsplanung

▶ Als Fertigungsmittel bestimmen Vorrichtungen die Lage eines Materials zum Werkzeug und sichern diese bis zur Beendigung der Bearbeitung. (in Anlehnung Eversheim (2002, S. 74, DIN 6300, S. 6)

Die Vorrichtungsplanung gleicht die Anforderungen der Bearbeitungsaufgabe mit den Funktionen der Vorrichtungen ab. Je nach angewandtem Fertigungsverfahren und der zu produzierenden Teilevielfalt und -komplexität ergeben sich diverse Ausprägungen der Vorrichtungsfunktionen. Dazu zählen z. B. die Anpassung der Vorrichtungen an die Maschinen und die Befestigung der Vorrichtungselemente. Dabei werden die Anordnung der Vorrichtungselemente und die Festlegung der Werkstücklage maßgeblich durch die Zugänglichkeit der Bearbeitungsstellen beeinflusst. Außerdem hängen die Gestaltung und auch die Dimensionierung der Vorrichtungselemente von den Bearbeitungskräften und deren Wirkungsrichtungen ab.
    Vorrichtungen lassen sich in Standard-, Baukasten- und Spezialvorrichtungen untergliedern, vgl. u. a. Eversheim (2002, S. 76; Abb. 6.15):

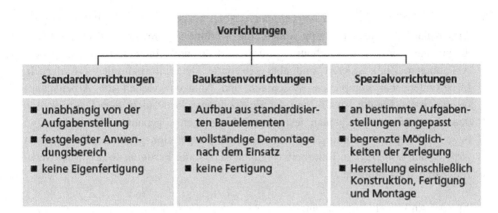

Abb. 6.15 Klassifizierung von Vorrichtungen.
(Nach Eversheim)

- *Standardvorrichtungen* sind meist Katalogware, wie z. B. Spannbacken für Spann-
  stöcke in unterschiedlichsten Formen.
- *Baukastenvorrichtungen* werden aus standardisierten Elementen individuell für den
  vorliegenden Einsatzzweck zusammengestellt. Nach Gebrauch werden sie demontiert
  und stehen für andere Anwendungen zur Verfügung.
- *Spezialvorrichtungen* sind Vorrichtungen, die für einen spezifischen Einsatzzweck
  konstruiert und hergestellt werden.

Oftmals konstruiert die Arbeitsvorbereitung die erforderlichen Spezialvorrichtungen und
beauftragt ihre Herstellung. Insbesondere in der Einzelfertigung ist der Bedarf hierfür
frühzeitig zu erkennen, um den Auftragsendtermin nicht zu gefährden.

6.7 IT-Werkzeuge der Arbeitsplanung

Software unterstützt einzelne Planungsfunktionen und automatisiert so (Teil-)Abläufe
der Arbeitsplanung. Hierbei sind die Aspekte Funktionsunterstützung (z. B. Vorgabezeitermittlung) von Informationsablage und -verknüpfung zu unterscheiden:

- Zentrales Element eines Arbeitsplanungssystems ist seine *Planungsfunktionali-*
  tät. Diese reicht von einfachen, unterstützenden Funktionen bspw. der Vorgabezeitermittlung, bis hin zur detaillierten gestaltungs- und technologieorientierten
  Prozessauswahl. Einfache Arbeitsplanungssysteme unterstützen lediglich die eigentliche Erstellung von Arbeitsplänen. Mit komplexeren Systemen ist es möglich, einen
  erheblichen Teil der Planung automatisch durchzuführen.

- Die *Informationsablage und -verknüpfung* erfolgt ausgehend vom digital abgelegten Arbeitsplan. Wichtig ist zum einen die Verbindung mit den Konstruktions-dokumenten, v. a. als Zeichnung und Stückliste und ihren fertigungsgerechten Ableitungen. Zum anderen sind aber erweiterte Detailinformationen erforderlich. Insbesondere bei komplexen Maschinen und Anlagen reichen die Arbeitsgang-informationen für die Ausführung der Bearbeitungsschritte nicht aus. Dann werden den einzelnen im Arbeitsplan festgelegten Vorgängen sogenannte Operationspläne bzw. NC-Programme unmittelbar zugeordnet. Die Operationsplanung ordnet den im Arbeitsplan festgelegten Teilarbeitsvorgängen ebenfalls Fertigungsmittel wie Werk-zeuge und Vorrichtungen zu.

Ziel ist der Aufbau eines durchgängigen Systems zum Computer-aided process planning (CAPP). Als Stammdaten werden die Arbeitspläne zur Bedarfsplanung (Kap. 7) benötigt, deshalb ist ein Datenzugriff durch die eingesetzten ERP-Systeme erforderlich.

Eine kürzere Planungszeit und vor allem auch eine hohe Reaktionsfähigkeit sind die *Zeitziele* der rechnergestützten Arbeitsplanerstellung. Die *Qualitätsziele* sind zum einen bessere Planungsergebnisse, aber auch die Beherrschung komplexer Planungsaufgaben, eine konsistente Planungssystematik und aktuelle Planungsdaten. *Kostenziele* sind vor allem die Verringerung der Planungskosten, die *Integrationsziele,* eine Vernetzung der Informationsflüsse innerhalb eines Unternehmens.

6.8 Ausblick

Zum einen beeinflussen technologische Aspekte (Werkstoffe und Herstellungsverfahren) die Anforderungen an eine Arbeitsplanung. Zum anderen sind organisatorische Aspekte (Organisationsformen und Datenverfügbarkeit) bei der Auswahl des Herstellungs-prozesses relevant. Zunächst zu den *technologischen* Aspekten:

- Grundsätzlich erweitern neue Werkstoffe wie bspw. Hybrid- und Verbundwerkstoffe bzw. neue Fertigungstechnologien und Verfahrenskombinationen bestehende Her-stellungsalternativen. Das erhöht die Anforderungen an die Arbeitsplanung bzgl. Wissensbreite und -tiefe, vor allem hinsichtlich möglicher Herstellungsalternativen und des erforderlichen Verfahrensvergleichs.
- Technologisch bedeutsam erscheinen hier insbesondere generative Verfahren (auch additive Fertigung) wie der 3-D-Druck für die eine werkzeuglose Bearbeitung typisch ist: Theoretisch entfällt somit die Notwendigkeit einer Arbeitsplanung, da der Konst-rukteur durch seine Spezifikation die (Rest-)Arbeitsplanungsaufgabe quasi mit über-nimmt. Diese Verfahren ermöglichen hochkomplexe Produktgeometrien und können durch spezifische „Materialkompositionen" gänzlich neue Materialeigenschaften

designen. Allerdings sind sie – aufgrund vergleichsweise hoher Fertigungskosten – bislang nur bei geringen Stückzahlen ökonomisch einsetzbar. Zusätzlich schränken Faktoren wie mechanische Belastbarkeit den Anwendungsbereich ein. Technologische Verbesserungen verbreitern das Einsatzfeld jedoch zunehmend. Im Hinblick auf die Arbeitsplanung scheint dies die Anforderungen zunächst zu verringern. Die zunehmende Komplexität, insbesondere durch die stark wachsende Anzahl an technologischen Alternativen, deutet eher auf eine Erhöhung und vor allem Spezialisierung der Anforderungen an die Arbeitsvorbereitung bzw. Arbeitsplanung hin.

Organisatorische Aspekte betreffen neue Produktionskonzepte, die Forschung und Praxis aktuell unter dem Oberbegriff Industrie 4.0 diskutieren, vgl. dazu auch Bauernhansl et al. (2014) sowie Abschn. 1.3.2.4: Sogenannte Cyberphysische Systeme kombinieren die physischen Produktionsobjekte mit Aktoren und Softwarekomponenten so, dass sie mit ihrer Umgebung kommunizieren können. Zwei Aspekte scheinen hier für die Arbeitsplanung bedeutsam:

- Zum einen steigt in einer digitalisierten Produktion die IT-technisch verfügbare Datenmenge, und zwar sowohl bezüglich Umfang als auch Detaillierungsgrad. Viele Experten verbinden damit die Hoffnung, dass mehr und einfacher verfügbare Produktionsinformationen die Referenzlage für die Planung verbessert und so eine höhere Qualität der Arbeitspläne ermöglicht. Vision bilden hier selbstschreibende Arbeitspläne, die beim ersten Produktdurchlauf als Abfallprodukt entstehen, wegen des höheren Detaillierungsgrades auch inhaltlich korrekter sind und sich bei Veränderungen der Produktionsbedingungen selbstständig aktualisieren. Voraussetzung für ein solches Vorgehen sind technisch stabile Prozesse bei der ersten Ausführung.
- Zum anderen ist eine bessere Unterstützung in der Arbeitsplanung durch Expertensysteme zu erwarten. Eine bessere Abbildung der Ist-Produktionsprozesse ermöglicht auch bessere Prognosen zukünftiger Prozesse. Hier könnten heute verfügbare Algorithmen die beschriebenen Schritte einer Arbeitsplanung teilautomatisieren und so ihre Effektivität und Effizienz erhöhen.

Auf den ersten Blick scheinen diese Entwicklungen die klassische Arbeitsvorbereitung mit dem hierfür notwendigen Wissen zu verdrängen bzw. seinen Wert zu verringern. Allerdings ist zu beachten: Disruptive Innovationen entstehen durch Kreativität und Risikobereitschaft der Arbeitsplaner, in einem komplexen System Bekanntes gegen Neues einzutauschen. Dabei erhöht die stärkere technologische Durchdringung bei spezifischeren Anforderungen an Produkte und Technologien die Anforderungen an die Planung, sodass auch künftig ein systematisches Vordenken der Prozesse unter technologischen Aspekten – also eine Arbeitsplanung mit den geschilderten Grundaufgaben – unumgänglich erscheint.

6.9   Lernerfolgsfragen

Fragen

1. Wie lässt sich die Arbeitsvorbereitung definieren?
2. Definieren und untergliedern Sie die Arbeitsplanung in deren Teilbereiche.
3. Unterscheiden Sie die Arten der Arbeitsplanung.
4. Nennen Sie die Schritte der Arbeitsplanerstellung.
5. Wozu dient die Fertigungsmittelplanung? Nennen und beschreiben Sie zwei Teilbereiche.
6. Nennen und beschreiben Sie die drei Technologiebereiche der Programmierung von Maschinen und Anlagen.

Literatur

Antis W, Honeycutt J-M, Koch E-N (1973) The basic motions of MTM. Maynard Foundation, Mogadore

Bauernhansl T, ten Hompel M, Vogel-Heuser B [Hrsg.] (2014) Industrie 4.0 in Produktion, Automatisierung und Logistik – Anwendung, Technologien, Migration. Springer. ISBN 978-3658046811

Borges A, Bondroit U, Paffenholz B (1971) Entwicklung eines universell gültigen Regressionsmodells zur Ermittlung von Planzeitwerten für vorwiegend manuelle Arbeiten. Springer. ISBN 978-3663197621

DIN 8580 (2003) Fertigungsverfahren – Begriffe, Einteilung

DIN 6300 (2009) Vorrichtungen für die Fixierung der Lage von Werkstücken während formändernder Fertigungsverfahren – Benennungen und deren Abkürzungen

Eversheim W (1989) Organisation in der Produktionstechnik Band 4: Fertigung und Montage. (VDI-Buch). Springer, Düsseldorf. ISBN 978-3642613449

Eversheim W (1996) Organisation in der Produktionstechnik 1: Grundlagen (VDI-Buch). Springer, Berlin. ISBN 3-18-401542-4

Eversheim W (2002) Organisation in der Produktionstechnik 3: Arbeitsvorbereitung (VDI-Buch). Springer, Berlin. ISBN 978-3540420163

Eversheim W, Schuh G (1999) Produktion und Management: „Betriebshütte". CD-ROM. Springer, Berlin. ISBN 978-3642879487

Gerlach H-H (1979) Stücklisten. Handwörterbuch der Produktionswirtschaft. Schaeffer-Poeschel, Stuttgart, S 1903–1915

Hamelmann S (1995) Systementwicklung zur Automatisierung der Arbeitsplanung. Diss., Univ. Hannover

Konold P, Reger H (2003) Praxis der Montagetechnik. Springer, Wiesbaden. ISBN 978-3663016090

MTM (2008) MTM – 1 Lehrgangsunterlage. Deutsche MTM-Vereinigung

REFA (1992) Methodenlehre des Arbeitsstudiums: Teil 2 Datenermittlung. 7. Aufl. Hanser, München. ISBN 3–446-14235-5

Schuhmacher B (1984) Grundlagen zur Personalplanung. Sauer-Verlag, Heidelberg. ISBN 3-7938-7710-8

Spur G (1979) Produktionstechnik im Wandel. Hanser, München

Spur G (1994) Fabrikbetrieb. Hanser, München

Taylor FW (1909) Die Betriebsleitung insbesondere der Werkstätten (Shop Management). Springer, Berlin

Taylor FW (1913) Die Grundsätze wissenschaftlicher Betriebsführung (The Principles of Scientific Management). Salzwasser, Paderborn

Westkämper E, Decker M, Jendoubi L (2006) Einführung in die Organisation der Produktion, 1. Aufl. Springer, Berlin. ISBN 3-540-26039-0

Wiendahl H-P (2014) Betriebsorganisation für Ingenieure. 8. Aufl. Hanser. ISBN 978-3-446-44 101-9

Weiterführende Literatur

Böge A, Ahrberg R (2007) Vieweg Handbuch Maschinenbau. Vieweg, Wiesbaden. ISBN 978-3834801104

Bokranz L, Bokranz R, Landau K (2006) Produktivitätsmanagement von Arbeitssystemen: MTM-Handbuch. Schäffer-Poeschel, Stuttgart. ISBN 978-3791021331

Dubbel H, Grote K-H (2011) Taschenbuch für den Maschinenbau. Springer, Berlin. ISBN 978-3642173059

Konrad K-G (1987) Planzeiten für Konstruktion und Arbeitsplanung. Springer, Berlin. ISBN 978-3540180401

Müller B-F, Stolp P (1999) Workflow-Management in der industriellen Praxis: Vom Buzzword zum High-Tech-Instrument. Springer, Berlin. ISBN 978-3540646624

Steger H-G (1988) Termin- und Kapazitätsplanung der Arbeitsplanung. Springer. ISBN 978-3540501794

Virnich M (1988) Betriebsdatenerfassung in Konstruktion und Arbeitsplanung. Springer, Berlin. ISBN 978-3-540-19408-8

Witt G, Dürr H (2006) Taschenbuch der Fertigungstechnik. Hanser, München. ISBN 978-3446225404

Auftragsmanagement 7

Hans-Hermann Wiendahl

Zusammenfassung

Dieses Kapitel behandelt das Auftragsmanagement (AM), also die Planung und Steuerung der Aufträge und Ressourcen entlang der Wertschöpfungskette Beschaffung, Produktion, Absatz. Die Kapitelstruktur folgt den Fragen Warum?, Wozu?, Was?, Womit? und Wie?: Eine inhaltliche Einführung mit kurzem historischem Abriss erklärt das ‚Warum?‘ sowie die für das Verständnis notwendigen Begriffsdefinitionen. Darauf aufbauend beschreibt das zur Planung und Steuerung erforderliche *logistische Grundverständnis* das ‚Wozu?‘. Die anschließende Beschreibung erläutert das ‚Was?‘, unterteilt in die *innerbetriebliche Planung und Steuerung,* also der Produktionsplanung und -steuerung (PPS), und die *überbetriebliche Planung und Steuerung,* also das Supply Chain Management (SCM). Eine kurze Übersicht über die heute eingesetzten *IT-Werkzeuge* (Womit?), des *Projektvorgehens* zur Einführung (Wie?) sowie ein *Ausblick* schließen das Kapitel.

Im Wertschöpfungsmodell der Produktion (Kap. 2) behandelt das Auftragsmanagement die Ebenen vom Arbeitssystem bis zum Produktionsnetz (Strukturperspektive). Mit der Planung und Steuerung der Kundenaufträge führt das Auftragsmanagement die Wertschöpfung operativ, gehört also zu den Führungsprozessen (Prozessperspektive). Also betrifft das Auftragsmanagement zunächst den Betrieb, außerdem auch die Produktionsgestaltung (Systemperspektive). Abb. 7.1 visualisiert den Betrachtungsgegenstand.

H.-H. Wiendahl (✉)
Fraunhofer-Institut für Produktionstechnik und Automatisierung IPA, Stuttgart, Deutschland
E-Mail: hans-hermann.wiendahl@ipa.fraunhofer.de

© Springer-Verlag GmbH Deutschland, ein Teil von Springer Nature 2020
T. Bauernhansl (Hrsg.), *Fabrikbetriebslehre 1,*
https://doi.org/10.1007/978-3-662-44538-9_7

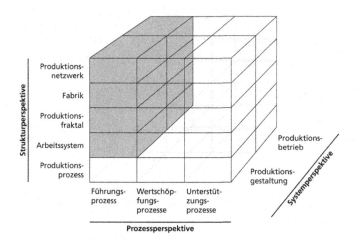

Abb. 7.1 Einordnung Auftragsmanagement im Wertschöpfungsmodell der Produktion

7.1   Lernziele

▶   Nach dem Lesen dieses Kapitels, kennen/können/haben Sie…
- die Vorteile und Nutzenerwartungen überlegener Logistikleistungen.
- die Entwicklungsphasen der Logistik.
- die zwei unterschiedlichen Lösungsideen zur Verbesserung der PPS-Defizite.
- das logistische Kennzahlenmodell und das Zielsystem der Logistik.
- die logistischen Wirkmodelle nennen und erläutern.
- die Gestaltungsaspekte des Auftragsmanagements und die logistischen Geschäftsarten.
- die Bevorratungsstrategien (mit ihrer historischen Entwicklung) erläutern.
- Grundlagen und Funktionen der innerbetrieblichen Planung und Steuerung – also der Produktionsplanung und -steuerung (PPS) – erläutern.
- Grundlagen und Funktionen der überbetrieblichen Planung und Steuerung – also des Supply Chain Managements (SCM) – erläutern.
- typische Ineffizienzen der inner- und überbetrieblichen Planung und Steuerung, können diese erläutern und Lösungsideen zur Vermeidung bzw. Abmilderung beschreiben.
- die typischen IT-Werkzeuge des AM und ihre Anwendungsschwerpunkte.
- Methodik und Projektaspekte einer Auftragsmanagement-Einführung.

- die Vorgehens- und Gestaltungsleitlinien einer Auftragsmanagement-Einführung.
- eine Vorstellung über künftig mögliche Entwicklungsrichtungen.

7.2   Einführung und Definitionen

Niedrige Transport- und Kommunikationskosten beschleunigten die (bereits einleitend beschriebene) Globalisierung innerhalb eines einzigen Jahrzehnts. Das veränderte die Wettbewerbssituation für Hochlohnländer grundlegend; neben überlegener Produktfunktionalität und effizienter Produktionstechnologie wurde die Auftragsabwicklungszeit zum relativ neuen Wettbewerbsfaktor für Produktionsunternehmen. Dieser zeigt sich in der höheren Aufmerksamkeit des Produktionsmanagements für das Thema *Logistik* und die damit verbundenen Planungs- und Steuerungsthemen in der Auftragsabwicklungskette. Der Logistik-Begriff selbst entstammt dem Lager- und Transportwesen und behandelt das umfassende unternehmerische Management der Bewegungs- und Lagerungsvorgänge realer Güter. Diese sollen in der richtigen Menge, Zusammensetzung und Qualität zum richtigen Zeitpunkt am richtigen Ort bei geringstmöglichen Prozesskosten zur Verfügung stehen, Jünemann (1989, S. 18).

Zum Grundverständnis ist zunächst die historische Entwicklung bedeutsam, vgl. dazu ausführlich Baumgarten H (2008), Wiendahl H-P (2014, S. 245 ff.), Schuh et al. (2013, S. 2 ff.) Baumgarten unterscheidet mehrere Entwicklungsphasen der modernen Logistik, Abb. 7.2:

- Die *klassische Logistik* betonte die Aufgabenerfüllung der technischen Grundfunktionen TUL, d. h. Transportieren, Umschlagen (Transportmittel wechseln, z. T. mit Ein-/Auslagern sowie Kommissionieren) und Lagern sowie die dazugehörenden Informationsverarbeitungsfunktionen. Sie optimierte abgegrenzte Funktionen (z. B. Beschaffung oder Produktion).
- Mit zunehmender Integration trat der Charakter der *Querschnittsfunktion* in den Vordergrund, zunächst unternehmensintern funktionsübergreifend, dann unternehmensübergreifend bezogen auf Prozess- und Wertschöpfungsketten.
- Heute integriert die Logistik Wertschöpfungsketten in globalen Netzwerken. Mit zunehmender Digitalisierung diskutiert die Forschung die Vision von selbst-optimierenden Netzwerken, also der sich selbst steuernden Logistik möglichst auf der Basis von Echtzeitinformationen.

Für Produktionsunternehmen bedeutet dies: Eine zuverlässige und schnelle Lieferung kann Kunden langfristig binden und rückt das Auftragsmanagement damit in den Vordergrund strategischer Wettbewerbsvorteile. Die damit erforderliche Anpassung der

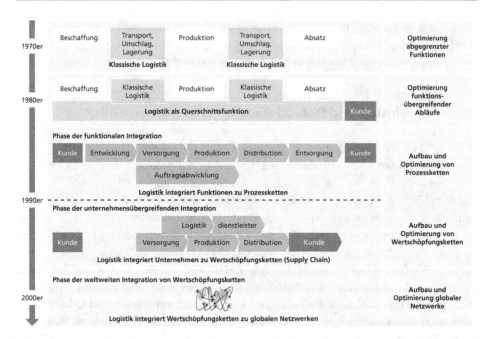

Abb. 7.2 Entwicklung der Logistik.
(Baumgarten)

inner- und überbetrieblichen Geschäftsprozesse sowie der unterstützenden IT-Werkzeuge ist eine komplexe und risikoreiche Aufgabe, die häufig länger und aufwendiger ist, als geplant. Die Ursachen hierfür liegen typischerweise nicht in der Softwarefunktionalität, sondern in widersprüchlichen Zielen, ungeklärten Zuständigkeiten, mangelhaftem Projektmanagement und falschen Modellvorstellungen über logistische Abläufe sowie der unzureichenden Berücksichtigung der Interessen von Beteiligten und Betroffenen. Die Überwindung dieser Defizite erfordert ein fundiertes sozio-technisches Systemverständnis, welches die Wechselwirkungen zwischen den Systemfunktionen, den Nutzern sowie der formellen und informellen Organisation beschreibt.

Die folgenden Ausführungen konzentrieren sich auf die Produktionsunternehmen der Stückgüterindustrie (diskrete Fertigung) und nicht auf die der Prozessindustrie (auch Batch- oder kontinuierliche Fertigung genannt).

Das Kapitel führt hierzu zunächst fachlich und historisch in das Themengebiet Auftragsmanagement (AM) ein und klärt zu Beginn die Fragen: ‚*Warum* ist ein AM erforderlich?‘ und welche *Vorteile* und *Nutzenerwartungen* verbinden die Entscheider mit einer überlegenen Logistikleistung sowie die für das Verständnis notwendigen grundlegenden Begriffsdefinitionen, Abschn. 7.2.

Darauf aufbauend beschreibt der Folgeabschnitt Abschn. 7.3 das zur Planung und Steuerung erforderliche *logistische Grundverständnis,* also das ‚Wozu?‘. Der Abschnitt ist in Logistikkennzahlen, Kennzahlenmodell, logistisches Zielsystem und logistische

Wirkmodelle gegliedert. Die anschließende Erläuterung beschreibt das ‚Was?'. Es unterteilt sich in die *innerbetriebliche Planung und Steuerung* (PPS) Abschn. 7.4 und die *überbetriebliche Planung und Steuerung* (SCM) Abschn. 7.5. Beide Abschnitte sind in Grundlagen, Funktionen und typischen Ineffizienzen gegliedert.

Abschn. 7.6 beschreibt die heute eingesetzten *IT-Werkzeuge,* also das ‚Womit?'. Er ist in ERP-, MES- und SCM-Software gegliedert. Abschn. 7.7 behandelt das *Projektvorgehen* zur Einführung (Wie?), unterteilt in Projektmethodik, Projektbausteine sowie Vorgehens- und Gestaltungsleitlinien. Ein *Ausblick* (Abschn. 7.8) schließt das Kapitel.[1]

7.2.1 Einführung

Die Vorteile einer überlegenen Logistikleistung sind heute allgemein anerkannt. Sowohl Langzeitstudien als auch jüngere Untersuchungen unterstreichen den Einfluss der Logistik auf die Wettbewerbsfähigkeit von Produktionsunternehmen, vgl. Wiendahl H-H (2011) sowie die dort zitierte Literatur. Die Kunden erkennen drei Vorteile:

- Logistikführer liefern *zuverlässig.* Eingehaltene Versprechen fördern das Vertrauen beim Kunden durch Planungssicherheit und vermeiden Folgekosten unpünktlicher Lieferungen.
- Logistikführer liefern *schnell.* Eine kurzfristige Belieferung erhöht die Flexibilität für die Kunden und eröffnet darüber hinaus Wachstumschancen.
- Logistikführer sind *informationsbereit.* Eine hohe Transparenz über die eigene Logistikkette ermöglicht belastbare Aussagen über den Auftragsfortschritt sowie die voraussichtliche Fertigstellung der Kundenaufträge und fördert so ebenfalls das Vertrauen der Kunden.

Doch der klassische Reflex, eine schnelle und pünktliche Belieferung mit höheren Beständen zu erkaufen, greift zu kurz und ist aufgrund der Variantenvielfalt oft auch nicht realisierbar. Heute folgen Logistikführer dem Grundgedanken des Qualitätsmanagements, ausgehend von den Kundenanforderungen die geforderte Reaktionsgeschwindigkeit, Mengenflexibilität und Zuverlässigkeit durch marktgerechte und sichere Prozesse zu gewährleisten. Dieser Idealfall verbindet kurze Durchlaufzeiten, hohe Termintreue, hohe Auslastung und geringe Bestände bei einer hohen Transparenz in der Auftragsabwicklung.

Dementsprechend verbinden die Verantwortlichen intern unterschiedliche Nutzenerwartungen an eine Verbesserung der Logistikleistung:

---

[1]Wesentliche Textteile basieren auf dem Buch von H-H Wiendahl: *Auftragsmanagement der industriellen Produktion: Grundlagen, Konfiguration Einführung.* Springer, Berlin 2011.

- Aus *Produktionssicht* erhöhen kurze Durchlaufzeiten die Flexibilität für die Herein-
  nahme kurzfristiger Aufträge. Auch besteht so die Möglichkeit, die Aufträge
  entweder später zu beginnen (um damit die Änderungsanfälligkeit im Auftragsdurchlauf zu verringern) oder durch gezieltes Verschieben der Starttermine
  Schwankungen im Kapazitätsbedarf zu glätten (falls die Lieferzeiten die Durchlaufzeiten übersteigen).
- Aus *Planungssicht* wecken kürzere Reaktionszeiten die Erwartung, den eigenen Planungshorizont entsprechend zu verkürzen und so die Qualität der
  Bedarfsprognosen zu erhöhen. Darüber hinaus sagt eine zuverlässige Planung Kapazitätsbedarfe besser voraus und unterstützt damit eine gleichmäßigere und damit höhere
  Auslastung von Engpassressourcen.
- Aus *Finanzsicht* verringern geringe Lager- und Umlaufbestände sowohl die Kapital-
  bindung als auch das Verwurfsrisiko (Wertverlust der Produkte infolge einer Über-
  alterung, z. B. begrenzt haltbare Lebensmittel). So freigesetzte Finanzmittel können die
  Unternehmen gezielt zur Stärkung ihrer Wettbewerbsposition z. B. in der Produkt- und
  Technologieentwicklung oder auch im Marketing verwenden.

In den Industrieunternehmen ist es Aufgabe der Produktionsplanung und -steuerung
(PPS) und heute (durch die geringere Wertschöpfungstiefe am jeweiligen Unternehmen
bzw. Standort) des Supply Chain Management (SCM), das Nutzenpotenzial der Logistik
zu erschließen. Ursprünglich als vollständig manuelle Lösungen konzipiert, übernahmen
Rechner seit den 1960er Jahren die Aufgaben schrittweise. Doch trotz der unbestrittenen
Erfolge verblieb insbesondere in den Produktionsbetrieben ein Unbehagen speziell an
der Fertigungssteuerung, denn noch immer waren Terminjäger und Eilaufträge typische
Unternehmenspraxis, Wiendahl H-P (1987, S. 22 f.).

Bis Ende der 1970er Jahre waren sich Wissenschaft und Praxis jedoch über die Notwendigkeit einer PPS nahezu einig. Doch die teilweise mit beachtlichen Erfolgen eingeführten Kanban-Systeme nach dem Supermarkt-Prinzip versprachen eine bestechend
einfache Alternative. Ein Verzicht auf die klassische PPS – und damit der mannigfaltig
kritisierten MRP-Planung (Material Requirement Planning) – schien greifbar nah. So entbrannte etwa Mitte der 1980er Jahre eine grundsätzliche Diskussion über den Erfolgsbei-
trag der PPS zur Verbesserung der Logistikleistung. Zwar bestand Einigkeit in der Kritik
an der bisherigen Lösung, doch die völlig unterschiedlichen Schlussfolgerungen teilte die
Fachwelt in zwei Lager. Deren Argumente werden bis heute kontrovers diskutiert:

- Die eine Gruppe setzt auf eine konsequente *Weiterentwicklung der klassischen
  PPS* und führt die Schwächen des MRP auf die geringe Rechnerleistung frühe-
  rer Hardwaregenerationen zurück: Das provozierte die Forderung, die tatsächlichen
  Bedingungen einer Produktion immer detaillierter und zeitnaher abzubilden und die
  Funktionen und Methoden entsprechend weiterzuentwickeln. Die daraus resultierende
  logistische Vision ist eine vorausschauende Planung mit simultaner Berücksichtigung
  von Material- und Kapazitätsrestriktionen.

- Die andere Gruppe sieht die hohe Komplexität des MRP als eigentliches Problem und setzt auf *„einfache"* *PPS-Lösungen* durch Gliederung der Produktion in Segmente. Dadurch entstehen überschaubare Einheiten, die mit einfachen Verfahren wie Kanban zu steuern sind. Sie seien dem komplexen MRP-Ansatz prinzipbedingt überlegen; eine optimierende Steuerungssoftware ist weitgehend verzichtbar. Die logistische Vision ist hier die Steuerung der Produktion im Kundentakt, bei der ein Verbrauch die Nachproduktion unmittelbar auslöst.

Während die erste Gruppe also auf verbesserte Planungsmethoden mit immer genauerer Abbildung der Realität setzt, propagiert die zweite Gruppe eine kurzfristige, eher reaktive Steuerung unter Einbezug des lokalen Mitarbeiterwissens, weil das Nachführen aller Planabweichungen und Störungen im Rechner sehr aufwendig ist (deshalb auch Papier- und Bleistiftfraktion genannt). Die Potenziale des Segmentierungsansatzes sind unstrittig. Doch selbst der Fall einer Komplettbearbeitung in einem Segment – bei der die kurzfristige übergeordnete Abstimmung zwischen den Segmenten vollständig entfallen würde – macht weder die Planung noch die Steuerung überflüssig:

- In der Phase der *Leistungsverpflichtung* erwarten Kunden Lieferzusagen und für Lieferanten sind Bestellungen aufzugeben. Eine Planung – also die Vorausbetrachtung des Produktionsablaufs für eine bestimmte Zeit in der Zukunft – ist also unumgänglich.
- In der Phase der *Leistungserfüllung* erfordern unerwartete Ereignisse gegenüber der Planung wie Änderungen von Kundenaufträgen, Maschinenstörungen und Personalausfälle oder auch Fehlteile steuernde Eingriffe in das laufende Betriebsgeschehen.

Der Vergleich einer segmentierten mit einer funktional organisierten Produktion identifiziert also unterschiedlich komplexe – aber prinzipiell ähnliche – Grundfunktionen in Planung und Steuerung, und zwar unabhängig von den Marktbedingungen und Produktionsformen. Darüber hinaus gilt: Für eine pünktliche Belieferung ist das zuverlässige Zusammenspiel von Planung und Steuerung entscheidend. Naturgemäß kann ein Plan nie exakt ausgeführt werden. Deshalb ist die Definition einer *Toleranz,* also einer zulässigen Abweichung der IST-Werte von Planungsvorgaben, erforderlich.

Im Spannungsfeld dieser Grundsatzdiskussion suchten viele Industrieunternehmen ihren eigenen Weg und verbesserten – häufig basierend auf dem Prinzip der schlanken Produktion (Kap. 8) – die Logistikleistungen konsequent. Doch trotz der erreichten Verbesserungen zeigen sich Produktions- und Logistik-Verantwortliche insgesamt immer noch nicht zufrieden. Zum Teil ist dies sicher auf gestiegene und teilweise übertriebene Erwartungen zurückzuführen, nicht zuletzt aufgrund vollmundiger Versprechen von Softwareanbietern. Bedeutender ist aber die Erkenntnis, dass eine drastische Durchlaufzeitreduzierung die Planung und Steuerung nicht zwangsläufig vereinfacht. Das hat zwei Ursachen: Zum einen werden Voraussetzungen und organisatorische Rahmenbedingungen kurzer Durchlaufzeiten zu wenig beachtet und zum anderen die Konsequenzen einer erfolgreichen Umgestaltung nicht bedacht. In beiden Fällen resultieren unerwünschte Nebenwirkungen. Die folgenden Praxisbeispiele illustrieren zwei der sogenannten *Stolpersteine der PPS,* vgl. dazu ausführlich Wiendahl H-H (2011, S. 8 ff., 222 ff.) sowie die dort zitierte Literatur.

Beispiel

Ein Stolperstein betrifft *Widersprüche* zwischen den Unternehmenszielen und den Individualzielen der Produktionsmitarbeiter:

Bei einem Serienfertiger verfolgte die Produktionsleitung mit der Einführung einer Kanban-Steuerung das Ziel, Durchlaufzeiten und Umlaufbestände in der Fertigung deutlich zu senken. Konzeption und Auslegung erfolgte im Wesentlichen durch die zentrale Planungsabteilung ohne Einbeziehung der Mitarbeiter. Nach der problemlosen Probephase mit kurzer Mitarbeiterinformation bewertete die Produktionsleitung die Einführung der neuen Steuerungslogik als Erfolg.

Umso überraschter war das Management über die geringe Nachhaltigkeit der Veränderungen, denn das ursprüngliche Niveau der Bestands- und Durchlaufzeitwerte stellte sich bald wieder ein. Eine daraufhin angestoßene Vor-Ort-Analyse verdeutlichte die mangelnde Einbeziehung der Produktionsmitarbeiter: Diese verfolgten nämlich die Ziele Arbeitsplatzsicherung und gleichmäßige Auftragsbearbeitung und ‚hamsterten' Auftragsvorräte für schlechte Zeiten. Dies führte neben unnötigen Sicherheitsbeständen zu dauernden Reihenfolgevertauschungen und verschlechterte damit die Termintreue. Insbesondere der gelegentliche Leerlauf widersprach den Interessen der Produktionsmitarbeiter. Daher schleusten sie kopierte Kanban-Karten in die Produktion ein und entschärften so scheinbar die Konflikte zwischen den Unternehmens- und Mitarbeiterzielen. Die Produktionsleitung bemerkte erst nach einer längeren Zeit die unerwünschten Anpassungen und die eigentliche Ursache der Verschlechterung.

Hier vernachlässigte das Management zwei Voraussetzungen für einen nachhaltigen Erfolg: die gründliche Mitarbeiterschulung sowie die Berücksichtigung der Wechselwirkungen mit dem Entlohnungssystem. In diesem Fall sind in Zukunft die Ziele termingerechtes Abarbeiten (zum Vermeiden der Reihenfolgevertauschungen) sowie flexible Arbeitszeiten (zum bedarfsnahen Bearbeiten) gegenüber dem Auslastungsziel angemessen im Zielsystem der Mitarbeiter zu berücksichtigen.

Beispiel

Ein anderer Stolperstein betrifft die *unklare Bestandsverantwortung* in der Auftragsabwicklungskette:

Das Unternehmen produziert Maschinen mittlerer Komplexität im Einzelauftrag. Je nach Kundenanforderung sind Konstruktionsaufwände erforderlich. Anlass für eine detaillierte Untersuchung war die Unzufriedenheit der Geschäftsführung mit den hohen Beständen im Material- und Endproduktlager sowie die Unklarheit über die Konsequenzen kurzfristiger technischer oder terminlicher Änderungen an den Aufträgen. Die Gegenüberstellung von SOLL- und IST-Zustand zeigte:

- Im SOLL-Zustand soll die Produktion den Auftragsdurchlauf mit Durchlaufzeiten und Beständen vom Start des Produktionsauftrags (hier Druck der Auftragspapiere) bis zum Fertigstellen des letzten Arbeitsschritts (hier Lagerzugang)
  verantworten. Üblicherweise werden die Endprodukte danach an den Vertrieb zum
  Versand und zur Inbetriebnahme beim Kunden übergeben, nur in Ausnahmefällen
  erfolgt eine Einlagerung.
- Im IST-Zustand liegt die Bestandsverantwortung für die gesamten Zukaufteile
  jedoch beim Einkauf. Für die Endprodukte erschienen dem Unternehmen die Definition von Bestandszielen und ihre regelmäßige Überprüfung nicht erforderlich.
  Die Begründung lautete: Die Endmontage erfolgt nur im Kundenauftrag, Endprodukte lagern nicht im Fertigzustand.

Jedoch verpufften die regelmäßigen Appelle der Geschäftsführung zur Bestands-
senkung ohne nachhaltige Wirkung. Stattdessen stiegen die Bestände an Zukaufteilen und Endprodukten kontinuierlich an. Darüber hinaus klagte der Versand über zu
geringe Bereitstell- und Lagerflächen. Die Ursachenanalyse zeigte:

- Zunächst drängt der Kunde auf einen möglichst frühen Liefertermin. Kurz vor Auslieferung verschiebt er den Liefertermin jedoch oftmals, da er die Maschine – bspw.
  aufgrund baulicher Verzögerungen des Produktionsgebäudes – erst später benötigt.
- Technische Produktänderungen – ausgelöst durch veränderte Kundenanforderungen
  oder Konstruktionsänderungen – verzögerten häufig den Produktionsstart gegenüber dem ursprünglich geplanten Termin.

Mit den Verantwortungslücken haben weder Vertrieb noch Produktion einen (internen) Anreiz, auf die Bestände zu achten. Diese sind unter den Aspekten Informati-
ons- und Materialflussverantwortung so zu gestalten, dass diese Lücken im Prozess
nicht mehr auftreten.

Außerdem unterschätzen die Praktiker regelmäßig die Bedeutung der Bewegungs- und
Stammdaten als Fundament einer softwaregestützten Planung und Steuerung: Sind diese
nicht aktuell oder gar falsch, resultieren zwangsläufig falsche Planungsergebnisse der
Software. Die Ursachen hierfür sind vielfältig, erfahrungsgemäß wirkt aber vor allem
das unzureichende Wissen über logistische Grundzusammenhänge und die Einstellungs-
möglichkeiten der Software sowie mangelnde Konsequenz in der Umsetzung getroffener
Vereinbarungen besonders stark.

Neben diesen Stolpersteinen, also Inkonsistenzen der Auftragsmanagement-Gestaltung, sind weitere Einflüsse zu beachten. Mit schärferen Marktanforderungen konzentrieren sich viele Unternehmen auf ihre Kernkompetenzen und reduzieren ihre lokale
Wertschöpfungstiefe. Mit der dadurch steigenden Anzahl spezialisierter Partner gewinnt
die überbetriebliche Kooperation an Bedeutung. Daher greift eine rein innerbetriebliche Planung und Steuerung zu kurz und es sind die vollständigen Lieferketten und ihre
Produktionsnetze zu organisieren und zu steuern. Dies bedeutet:

- Die Komplexität der Planung und Steuerung sowie ihrer Gestaltung steigt, da immer mehr Partner einzubinden sind. Für ein erfolgreiches Auftragsmanagement müssen die Akteursinteressen (Kunden, Lieferanten, Vorgesetzte, Mitarbeiter,…) stärker berücksichtigt werden.
- Mit reduzierter Wertschöpfungstiefe konkurrieren Lieferketten (Supply Chains) miteinander und nicht mehr nur Unternehmen.
- Bei der Gestaltung dieser Wertschöpfungsnetzwerke ist ihr zeitlicher Charakter zu berücksichtigen: Es sind zeitlich länger bestehende stabile Netzwerke (typisch für die Automobilindustrie) von temporären – ggf. nur für einen Einzelauftrag bestehenden – Netzwerken (typisch für den Maschinen- und Anlagenbau) zu unterscheiden.

Die knappe Analyse weitet den Blick für Ursachen und Wechselwirkungen, die bislang bei der Auftragsmanagement-Gestaltung nur am Rande und in der Praxis meist intuitiv gelöst werden. Die Beispiele belegen: Vorhandene Defizite sind zwar anhand ihrer Symptome leicht zu erkennen, aber auf der Grundlage der klassischen, technikorientierten Sicht auf die PPS kaum zu bewältigen. Erst das Ausweiten des Systemverständnisses um die soziologischen Aspekte bereichert das Interventionsrepertoire wirkungsvoll.

Eine nachhaltige Verbesserung erfordert also einen *sozio-technischen Ansatz,* der Prozesse und ihre Verantwortlichkeiten genauso berücksichtigt, wie die Interessen der beteiligten Akteure und ihre Logistikqualifikation. Hierzu ist ein übergreifendes Verständnis der Auftragsabwicklungsprozesse, ein fundiertes Wissen über Planungs- und Steuerungsfunktionen, eine Berücksichtigung von Akteursinteressen unter Einbeziehung der Mitarbeiter sowie die Kenntnis der verfügbaren IT-Werkzeuge erforderlich.

▶ Die Kernaufgabe des Auftragsmanagement-Systems ist das zeitliche, mengenmäßige und örtliche Zuordnen von Artikeln (Produkte, Material), Prozessen und Ressourcen (Mensch, Betriebsmittel) zu Aufträgen. Der Anwendungsbereich des Auftragsmanagements umfasst die Auftragsabwicklung, also das Beschaffen, Produzieren und Liefern von Gütern und betrachtet hierzu Material-, Informations- und Finanzflüsse integriert, vgl. Wiendahl H-H (2002, S. 83, 2011, S. 63 f.).

Das Auftragsmanagement betrachtet also die Koordinationsdimensionen Art, Menge, Termin und Ort. Das Ergebnis bildet ein Plan, der die notwendigen Entscheidungen „so genau wie nötig aber nicht so genau wie möglich" beschreibt. Dieser beantwortet die relevanten Koordinationsfragen (oder Entscheidungsvariablen) vollständig. Die Fragen Was? (Endprodukt, Produktspezifikation oder Leistungsbeschreibung) und Wohin? (Zielort), Wieviel? (Menge), Wann? (Termin), Wo? (Herstellort) durch Wen? (Mitarbeiter) bzw. Womit? (Betriebsmittel) mit Was? (Material) sowie zu welchem Preis? konkretisieren die Koordinationsfragen.

7.2.2   Gestaltungsaspekte

Reale Auftragsmanagement-Systeme sind so umfangreich und komplex, dass sie nur sehr schwer durchschaubar sind. Deshalb ist eine aspektweise Modellierung zweckmäßig. Dabei lassen sich *sechs Gestaltungsaspekte* eines Auftragsmanagement-Systems unterscheiden, Abb. 7.3, Wiendahl H-H (2011, S. 68).

- Der Gestaltungsaspekt *Ziel* (Welche logistischen Ziele will die Produktion erreichen?) steht im Zentrum. Meist wird nicht ein einziges Ziel verfolgt (z. B. kundenorientierte hohe Liefertreue), sondern es sollen auch unternehmensorientierte Ziele (z. B. hohe Auslastung der Ressourcen) beachtet werden. Daraus entstehen oft Zielkonflikte, die gelöst werden müssen.
- Der Gestaltungsaspekt *Funktion* (Was ist zu tun?) betrachtet das AM-System aus Sicht der Entscheidungen, die zur Planung und Steuerung von Beschaffung, Produktion und Versand erforderlich sind. Diese sind: Ziele setzen, Produktionsplan erstellen und verabschieden, Produktionsfortschritt erfassen und Abweichungen bewerten. Das AM-System unterstützt die zuständigen Mitarbeiter dabei mithilfe von Algorithmen und Daten.
- Der Gestaltungsaspekt *Objekt* (An welchem Gegenstand ist etwas zu tun?) betrachtet Artikel (Endprodukte, Komponenten oder Material), Ressourcen (Betriebsmittel und Personal), Produktions- und Logistikprozesse sowie Aufträge (Kunden-, Lager-, Ersatzteilaufträge).

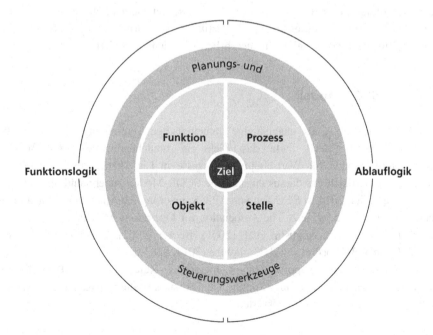

Abb. 7.3   Gestaltungsaspekte des Auftragsmanagements.

- Der Gestaltungsaspekt *Prozess* (In welcher Reihenfolge ist was zu tun?) ordnet die Entscheidungs- und Ausführungsaktivitäten nach ihrer sachlogischen und zeitlichen Abfolge.
- Der Gestaltungsaspekt *Stelle* (Wer soll es tun?) beschreibt, welche Organisationsstelle oder Rolle – und damit, welche Person – die Aktivität im Rahmen der Unternehmens- organisation verantwortet. Eine Stelle definiert gleichzeitig Leistungsanforderungen, die der Inhaber bezüglich Kompetenzen und Qualifikation erfüllen muss.
- Der Gestaltungsaspekt *Planungs- und Steuerungswerkzeuge* (Womit ist was zu tun?) betrifft überwiegend die Software, umfasst aber auch andere Steuerungshilfsmittel wie FiFo-Bahnen oder Sortierpuffer. Die Werkzeuge sollen die operative Abwicklung der erforderlichen Aktivitäten durch eine Teilautomatisierung unterstützen. Dies standardisiert die Abwicklung, verringert das Fehlerrisiko, entlastet die Mitarbeiter von zeitraubenden Routinetätigkeiten und setzt mehr Zeit für vorausschauende Ent- scheidungen frei.

Die in Abb. 7.3 um das Zielsystem herum angeordneten fünf Gestaltungsaspekte bilden den Kern eines AM-Systems mit den logischen bzw. organisatorischen Gestaltungs- aspekten: Die linke Gestaltungsseite stellt die Funktionslogik der Auftragsabwicklung in den Vordergrund, d. h. die Planungs- und Steuerungslogik. Die rechte Gestaltungs- seite fokussiert auf die Ablauflogik der Auftragsabwicklung, mit ihren Prozessen und Verantwortlichkeiten. Die Planungs- und Steuerungswerkzeuge sollen Funktions- und Ablauflogik auf die Ziele abstimmen.

Die Gestaltung dieser Systemaspekte ist fallweise unterschiedlich tief greifend; hier- bei werden die drei Gestaltungsebenen Logistikstrategie, Grundkonfiguration und Para- metrierung, unterschieden, vgl. dazu ausführlich Wiendahl H-H (2011, S. 71 ff.).

7.2.3 Das SCOR-Modell

Das 1996 in den USA als unabhängige gemeinnützige Vereinigung gegründete Sup- ply-Chain Council (SCC) hatte das Ziel, ein branchenübergreifendes Standard- prozess-Referenzmodell für Wertschöpfungsprozesse in Lieferketten zu entwerfen. Seit dieser Zeit etabliert sich das daraus entstandene SCOR-Modell zunehmend als weltweiter Quasi-Standard. Seit 2014 ist SCC Teil von APICS (ursprünglich American Production and Inventory Control Society, jetzt The Association for Operations Management), vgl. dazu ausführlich SCC (2010), Augustin et al. (2001), Becker (2002), Corsten und Gössinger (2008, S. 148 ff.), Bolstorff et al. (2007), Poluha (2014, S. 83 ff.).

Das SCOR-Modell (Supply Chain Operations Reference Model) stellt eine Modellierungssprache bereit, um Supply Chains zu gestalten. Hierbei unterscheidet SCOR Prozesselemente und Prozessarten.

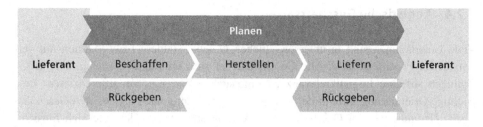

Abb. 7.4 SCOR-Modell.
(Nach SCOR/APICS)

Fünf *Prozesselemente* beschreiben eine Lieferkette aus der lokalen Sicht eines Herstellers zu seinen Kunden und Lieferanten, Abb. 7.4:

1. *Planen* (plan): Aggregierte Nachfrage und Angebot in Einklang bringen.
2. *Beschaffen* (source): Vorprodukte und Dienstleistungen zur Verfügung stellen.
3. *Herstellen* (make): Endprodukte zur Lieferung an Kunden produzieren.
4. *Liefern* (deliver): Fertigprodukte oder Dienstleistungen an Kunden liefern, einschließlich Kundenauftrags-, Lager- und Transportmanagement.
5. *Rückgeben* (return): Vom Kunden zurück gesendete Produkte abwickeln und ggf. Ersatzlieferung veranlassen.

Betrachtungsgegenstand sind Material-, Informations- und Finanzflüsse. Generell werden folgende Auftragsabwicklungstypen unterschieden: Lagerfertigung (Make-to-stock), Auftragsfertigung (Make-to-order), Spezialanfertigung mit Engineeringanteil (Engineer-to-order) sowie Handelswaren (Retail Product), vgl. Abschn. 7.2.5.

Außerdem sind drei Prozessarten zu unterscheiden:

1. *Ausführungsprozesse* (Execution): Als unmittelbar wertschöpfende Geschäftsprozesse verändern sie den Zustand eines Produktes.
2. *Planungsprozesse* (Planning): Sie betreffen lediglich das Prozesselement „Planen".
3. *Unterstützungsprozesse* (Enable): Prozesse, die Informationen oder Beziehungen vorbereiten, aufrechterhalten oder verwalten. Sie befähigen die operativen Planungs- und Ausführungsprozesse.

Die Verknüpfung von Prozesselementen und -arten bildet eine Matrixstruktur. Sie umfasst alle Prozesskombinationen, die am Aufbau einer Supply Chain zwischen den beteiligten Partnern beteiligt sein können. Hierzu definiert das Modell unterschiedliche Detaillierungsgrade.

Kennzahlen sollen den Erfolg einer Lieferkette messbar und somit vergleichbar machen; eine wesentliche Kennzahl ist die Cash-to-cash-cycle-time. Diese beschreibt die Kapitalbindungsdauer vom Materialkauf bis zur Bezahlung durch den Kunden.

7.2.4 Logistische Geschäftsarten

Viele Unternehmen sind in unterschiedlichen Geschäftsfeldern bzw. Märkten mit verschiedenen Produkten tätig. Alle Geschäftsfelder sind im Rahmen strategischer Überlegungen auf ihre Logistikrelevanz zu untersuchen und ggf. zu differenzieren. Eine wichtige Orientierungshilfe bildet hier die Unterscheidung nach *logistischen Geschäftsarten*. Darunter werden Geschäfts- oder Auftragsarten verstanden, die sich hinsichtlich ihrer logistischen Ausrichtung grundlegend unterscheiden. Dieser bei Siemens entwickelte Ansatz unterstellt, dass der Prozess der Auftragsabwicklung alle weiteren Gestaltungsüberlegungen der Funktions- und Ablauflogik bestimmt. Eine solche *Prozessorientierung* erfordert ein Modell der Lieferkette, welches die Kernprozesse an ihren Übergängen mit Input und Output eindeutig definiert. Wichtig ist hierbei, die Prozessanteile externer Partner (Kunden, Lieferanten, Logistik-Dienstleister, Fremdfertiger) mit zu betrachten, Faßnacht und Frühwald (2001). Abgeleitet aus der logistischen Zielpriorität wird das Auftragsmanagement somit aus der Perspektive der *Ablauflogik* (vgl. Abb. 7.3) betrachtet. Müssen Unternehmen mehrere logistische Geschäfts- oder Abwicklungsarten beherrschen, visualisiert das daraus abgeleitete Portfolio die logistischen Anforderungen.

Das *Portfolio logistischer Geschäftsarten* gliedert diese Anforderungen anhand der Kriterien Wertschöpfungsschwerpunkt und Zeitpunkt der Produktdefinition. Abb. 7.5 zeigt die daraus folgenden vier idealtypischen Geschäftsarten, die Erläuterung folgt dem Uhrzeigersinn, vgl. dazu ausführlich Hautz (1993), Augustin et al. (2001), Faßnacht und Frühwald (2001):

- Das *Produktgeschäft* ist ein Liefergeschäft eigener Endprodukte und Handelswaren, also überwiegend für den Endverbraucher bestimmte Konsumgüter wie Haushaltsgeräte, Unterhaltungselektronik oder Kommunikationstechnik. Entwicklungs- und Logistikzyklus sind entkoppelt. Die Fertigung kann kundenanonym oder auch kundenauftragsbezogen erfolgen. Die Produkte werden schwerpunktmäßig im eigenen Haus erstellt.
  Die *logistischen Erfolgsfaktoren* sind extrem kurze Lieferzeiten und eine hohe Lieferbereitschaft durch ein gutes Bestandsmanagement sowie ein effizientes, häufig weltweites Distributionssystem.
- Das *Systemgeschäft* umfasst kundenspezifische Konfigurationen von Hard- und/oder Software wie bspw. eine kundenspezifisch konfigurierte Werkzeugmaschine oder auch personalisierte Computer. Entwicklungs- und Logistikzyklus sind teilweise gekoppelt. Engineering und Systemkonfiguration werden damit Teil des Logistikprozesses und die Entwicklung erfolgt sowohl kundenanonym (z. B. auf Basis einer Plattform) als auch kundenbezogen. Die Herstellung der Kernkomponenten und Zusammenführung der Systemkomponenten erfolgt meist im Hause.

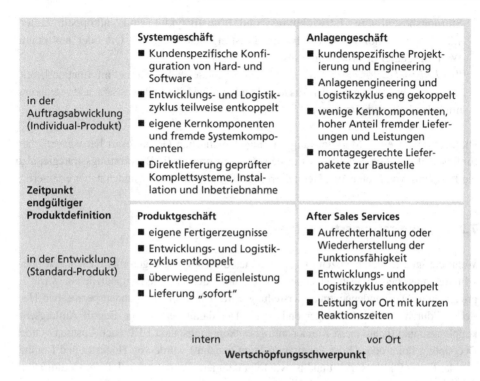

Abb. 7.5   Portfolio der logistischen Geschäftsarten (Siemens).

Die *logistischen Erfolgsfaktoren* bilden die Fähigkeit zur schnellen Konfiguration der Standard- und Fremdkomponenten, dem auftragsbezogenen Lieferantenmanagement mit hoher Liefertreue, der Direktlieferung geprüfter Komplettsysteme sowie der Installation und Inbetriebnahme.

- Das *Anlagengeschäft* liefert Lösungen nach einer kundenspezifischen Anforderung mittels Engineering und Projektierung wie bspw. Walzwerke, Papierfabriken oder Kraftwerke. Entwicklungszyklus (Anlagenengineering) und Logistikzyklus sind gekoppelt. Die Leistungserstellung erfolgt vor Ort und der Anteil an Eigenfertigungskomponenten ist gering.

Die *logistischen Erfolgsfaktoren* liegen deshalb in einem professionellen Projektmanagement, der Steuerung und Koordinierung der zahlreichen auftragsspezifischen Lieferungen und Leistungen mit hohem Fremdanteil sowie der zeitgerechten Bereitstellung montagegerechter Lieferpakete an die Baustelle.

- Der *After Sales Service* dient zur Aufrechterhaltung oder Wiederherstellung der Funktionsfähigkeit einer Anlage, eines Systems oder Produktes, ist also eine Dienstleistung (ggf. inkl. Lieferung) nach dem Verkauf. Ein Beispiel hierfür bilden die von Betreibern von Kommunikationsnetzen angebotenen Leistungen zur

Störungsbeseitigung. Entwicklungs- und Logistikzyklus sind entkoppelt. Unterstützt über Ferndiagnose erfolgt die Leistungserstellung vor Ort oder aus einem Wartungscenter des Stammhauses.

Ihre *logistischen Erfolgsfaktoren* sind höchste Reaktionsfähigkeit und Informationsbereitschaft bei bestandsminimaler Ersatzteilhaltung sowie Technikereinsatz und -steuerung mit hoher Ersterledigungsquote.

Die Zuordnung einer Marktleistung zu einer logistischen Geschäftsart hat wesentlichen Einfluss auf die Prozessabläufe. Dies betrifft insbesondere die Bevorratungsstrategie, also die Kopplung von Liefer- und Herstellprozess. Diese wird im Folgenden näher erläutert.

7.2.5 Bevorratungsstrategien

Wenn die interne Durchlaufzeit eines Produktes die vom Markt geforderte Lieferzeit überschreitet, muss der Anbieter versuchen, das Produkt oder einzelne Bestandteile auf Vorrat zu produzieren. Die kundenneutrale Herstellung wird dabei von der kundenspezifischen Herstellung durch ein Zwischenlager entkoppelt. Der damit verbundene Begriff Auftragsentkopplungspunkt (heute meist Kundenauftragsentkopplungspunkt KEP, auch Customer Order Decoupling Point oder Order Penetration Point genannt) wurde von Hoekstra und Romme von der Firma Philips geprägt und ist wie folgt definiert: Es trennt *den Teil der Organisation, der an Kundenaufträgen orientiert ist, von dem Teil der Organisation, der auf einer Planung (also Prognose) basiert*, vgl. Hoekstra und Romme (1985, S. 6 ff.). Zentrales Kriterium für die Festlegung des Auftragsentkopplungspunktes ist die Differenz zwischen der geforderten Lieferzeit und der Wiederbeschaffungszeit des Produktes von der Materialbeschaffung bis zur Auslieferung. Dabei erfolgt eine differenzierte Zuordnung der Baugruppen und Einzelteile zu der Produktion vor bzw. nach dem KEP. In Deutschland wurde der Ansatz vor allem von Siemens propagiert und weiterentwickelt, Zimmermann (1979), Eidenmüller (1989), Wiendahl H-P (2014, S. 48, 136 f., 147 f., 253 f.). Heute ist die daraus abgeleitete Bevorratungsstrategie in Forschung und Praxis als zentrales logistisches Gestaltungsmerkmal anerkannt, vgl. Wiendahl H-H (2011, S. 281 f.) und die dort zitierte Literatur.

Literatur und Praxis unterscheiden fünf Ausprägungen der daraus resultierenden Bevorratungsstrategie anhand des *Kundenentkopplungspunktes*, Abb. 7.6, Wiendahl H-P, H-H (2020, S. 249 f.):

- *Make-to-Stock* (MTS): Der eingehende Kundenauftrag wird aus dem Fertigwarenlager ausgeliefert und versendet. Die Herstellung des Endprodukts erfolgt prognosegesteuert auf das Fertigwarenlager. Liefer- und Herstellprozess sind entkoppelt. Typische Beispiele sind Kameras, Haushaltsgeräte oder Drucker.
- *Assemble-to-Order* (ATO): Der eingehende Kundenauftrag löst eine kundenspezifische Montage, Lieferung und Versand aus. Die Herstellung von Komponenten oder Baugruppen erfolgt prognosegesteuert auf ein Komponenten- oder Baugruppenlager.

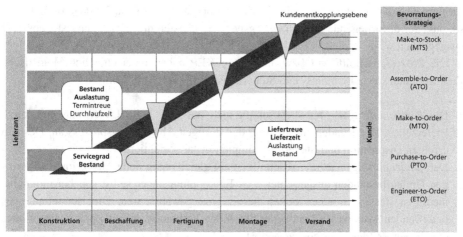

■ kundenauftragsneutraler Abschnitt ░ kundenauftragsbezogener Abschnitt ▽ Zwischenlager ▢ Ziele

Abb. 7.6 Bevorratungsstrategien und Kundenentkopplungspunkt.
(In Erweiterung zu Hoekstra/Romme, Eidenmüller und H-P Wiendahl)

Die kundenspezifische Montage inkl. Versand koppelt den Liefer- und Herstellprozess. Baumaschinen, Werkzeugmaschinen, Kraftfahrzeuge aus Standardkomponenten oder personalisierte Computer bilden hier typische Beispiele.

- *Make-to-Order* (MTO): Der eingehende Kundenauftrag löst eine kundenspezifische Herstellung (Fertigung und Montage), Lieferung und Versand aus. Die Beschaffung von Ausgangsmaterial und Fremdkomponenten erfolgt prognosegesteuert aus einem Rohmaterial- und Komponentenlager. Die kundenspezifische Fertigung und Montage inkl. Versand koppelt Liefer- und Herstellprozess. Typische Beispiele sind Extruderschnecken von Kunststoffmaschinen oder Brücken von Hallenkränen.
- *Purchase-to-Order* (PTO): Der eingehende Kundenauftrag löst eine kundenspezifische Beschaffung und Herstellung (Fertigung und Montage), Lieferung und Versand aus. Der Logistikprozess ist komplett kundenauftragsorientiert, Liefer- und Herstellprozess sind vollständig gekoppelt. Hierfür sind komplexere Ersatzteile des Anlagenbaus wie Getriebe- und Antriebskomponenten typisch, bei denen die Konstruktionsunterlagen vorhanden sind.
- *Engineer-to-Order* (ETO): Hier erfolgt darüber hinaus die Konstruktion kundenauftragsspezifisch und ist zusätzlich in die Planung und Steuerung des Logistikprozesses mit einzubeziehen. Liefer- und Herstellprozess sind ebenfalls vollständig gekoppelt. Mitunter wird noch in Anpassungs- und Neukonstruktion unterschieden, sodass ein Design-to-Order als Unterfall entsteht, vgl. dazu ausführlich Mandel (2011, S. 29 ff.) sowie die dort zitierte Literatur. Der Anlagenbau wie bspw. Stahl- und Walzwerke oder Sondermaschinen bzw. ein nach Kundenwünschen individuell entwickeltes Freizeitschiff sind hierfür typisch.

Idealerweise dämpft das Lager als Kundenentkopplungspunkt die Marktschwankungen so, dass der davorliegende kundenauftragsneutrale Herstellungsprozess aus Mengensicht ausgeglichen wird.

Die Prozessabschnitte vor bzw. nach dem KEP haben unterschiedliche logistische Zielprioritäten sowie Planungs- und Steuerungsregeln, vgl. Abb. 7.6:

- Der *kundenauftragsbezogene* Abschnitt zielt auf eine hohe Liefertreue und kurze Lieferzeiten. Der Kundenauftrag stößt den dortigen Abwicklungsprozess an. Deshalb erfolgen Disposition und Steuerung komplett bedarfsorientiert.
- Der *kundenauftragsneutrale* Abschnitt ist auf gleichmäßig hohe Auslastung bei geringen Umlaufbeständen ausgerichtet. Das Entkopplungslager selbst soll bei möglichst niedrigen Beständen einen hohen Servicegrad gewährleisten. Die Herstellung des betreffenden Artikels wird entweder durch den Verbrauch im Entkopplungslager oder eine Prognose (des Vertriebs) ausgelöst.

Die Planung und Steuerung hat nun die Aufgabe, ausgehend von den logistischen Zielprioritäten und den bekannten oder geschätzten Kundenbedarfen die Mengen und Termine für die Produktions- und Beschaffungsaufträge festzulegen. Grundlage hierfür ist ein logistisches Grundverständnis, welches der folgende Abschnitt erläutert.

7.3   Logistisches Grundverständnis

Voraussetzung für zielführende Eingriffe in das logistische Ablaufgeschehen ist ein Grundverständnis der Wirkzusammenhänge – also der Haupt- und Nebenwirkungen von Planungs- und Steuerungsentscheidungen (Bspw. verursacht ein Vorziehen eines Auftrags zwangsläufig ein Zurückstellen anderer, sodass ein Durchlaufzeitvorteil für diesen Auftrag mit Nachteilen für andere Aufträge „erkauft" wird.). Basis hierfür bilden Konventionen über wesentliche Zustandsgrößen eines logistischen Systems und ihre Abhängigkeiten.

Deshalb leitet eine Beschreibung der gängigen *Logistikkennzahlen* (Abschn. 7.3.1) und das in Theorie und Praxis bewährte Trichtermodell zur Modellierung logistischer Prozesse (*Kennzahlenmodell*, Abschn. 7.3.2) den Abschnitt ein. Im Weiteren erfolgt eine Erläuterung des logistischen Zielsystems (Abschn. 7.3.3) sowie der wesentlichen Wirkzusammenhänge für Produktion und Lager (Abschn. 7.3.4).

7.3.1   Logistikkennzahlen

Generell beschreiben Kennzahlen ein System, also seinen Zustand oder sein Verhalten in verdichteter Form. Damit steht der Zweckbezug – was ist entscheidungsrelevant? – im Vordergrund.

▶ „Eine Logistikkennzahl beschreibt eine logistische Zustandsgröße eines Systems. Sie ist sowohl zur Planung und Steuerung, als auch zur Zielsetzung und Überwachung logistischer Prozesse einsetzbar." Wiendahl H-H (2011, S. 107)

Zunächst ist die zugrunde liegende logistische *Kategorie* für das Verständnis der Logistikkennzahlen wichtig:

* *Durchlaufzeitkennzahlen* sind allgemein als die Zeitspanne definiert, die zwischen Übernahme eines Auftrags oder Artikels vom Vorgänger bis zu seiner Übergabe an den Nachfolger liegt. Absolute Größen wie Liefer- oder Durchlaufzeit werden meist in Kalender- oder Arbeitstagen gemessen. Relative Größen wie bspw. der Flussgrad bewerten die Durchlaufzeit bezogen auf einen logistischen Idealzustand.
* *Leistungskennzahlen* sind als geleistete Menge an Arbeit innerhalb eines Betrachtungszeitraums definiert. Auch hier sind absolute Größen wie etwa der Durchsatz von relativen Größen wie z. B. der Auslastung zu unterscheiden.
* *Bestandskennzahlen* bewerten den Bestand in Lager und Produktion. Typische absolute Größen sind Lager- oder Umlaufbestand als Anzahl Aufträge oder Artikel, die sich zu einem bestimmten Zeitpunkt innerhalb des betrachteten Systems befinden. Typische relative Größen sind Lager- oder Umlaufbestandsreichweite oder der Lagerumschlag als sein Kehrwert.
* *Zuverlässigkeitskennzahlen* betrachten Abweichungen des gemessenen IST gegenüber der Planung (SOLL). Absolute auftragsbezogene Größen sind Termin- oder Mengenabweichung, relative Größen sind Liefer- oder Termintreue bezogen auf eine Grundgesamtheit. Als Spezialfall der Liefertreue bewertet der insbesondere für Lagerfertiger genutzte Servicegrad den Anteil der wunschgemäß erfüllten Nachfragen. Als absolute ressourcenbezogene Größe ist der Rückstand als die Menge Arbeit definiert, die ein Arbeitsplatz zu einem bestimmten Zeitpunkt nicht termingerecht erledigt hat. Die relative Rückstandsreichweite bezieht den Rückstand auf den voraussichtlichen Abgang. Voraussetzung für diese Kennzahlen ist die Vereinbarung einer zulässigen Abweichung (Toleranz). Generell reduzieren logistische Betrachtungen die Abweichung auf Termin, Menge und Ort, setzen also die geforderte Qualität voraus.

Abb. 7.7 ordnet die in der Praxis gebräuchlichen Logistikkennzahlen nach den beiden Sichten Dispositionsobjekt sowie Prozessabschnitt und differenziert in die bereits beschriebenen absoluten und relativen Größen (Wiendahl H-H 2011, S. 108). Die Größen haben entweder einen Zeitraum- oder einen Zeitpunktbezug. Je nach Anwendungsfall ist eine Aggregation zeitraumbezogen über mehrere Perioden (z. B. mittlere Durchlaufzeit mehrerer Berichtsperioden) oder über mehrere Bezugsobjekte (z. B. mittlerer Bestand mehrerer Arbeitsplätze) sinnvoll.

Forschung und Praxis verwenden die Begriffe oftmals uneinheitlich und inkonsistent. Deshalb ist es wichtig, sich im spezifischen Anwendungsfall zunächst über eindeutige und widerspruchsfreie Begriffsverwendungen zu einigen.

		Dispositionsobjekt		
		Auftrag	**Ressource**	**Artikel**
Prozessabschnitt	**Lieferung**	**absolute Größen** ■ Lieferzeit ■ Lieferlosgröße ■ Lieferabweichung **relative Größen** ■ Liefertreue	**absolute Größen** ■ Absatz ■ Rückstand **relative Größen** ■ Rückstandsreichweite	**absolute Größen** ■ Fehlmenge **relative Größen** ■ Lieferverzug ■ Servicegrad

	Disposition	**absolute Größen**
		■ Durchlaufzeit
		■ Bestell-/Fertigungs-
		  losgröße
		■ Termin-/Mengen-
		  abweichung
		
		relative Größen
		■ Flussgrad
		■ Termin-/Mengentreue
			absolute Größen
			■ Durchsatz
			■ Umlaufbestand
			
			relative Größen
			■ Auslastung
			■ Umlaufbestands-
			  reichweite
				absolute Größen
				■ Lagerverweilzeit
				■ Lagerbestand
				
				relative Größen
				■ Lagerumschlag
				■ Lagerbestands-
				  reichweite
				■ Lieferverzug
				■ Servicegrad

Abb. 7.7 Logistikkennzahlen.

Für die Logistikkennzahlen sind vier *Anwendungsfälle* üblich, wobei die ersten drei für den laufenden Betrieb eines Logistiksystems gelten:

- *Führungsgrößen* sind zu erreichende Vorgaben mit den Ausprägungen ZIEL-Wert (längere Zeit gültig, z. B. ZIEL-Bestand an einem Arbeitsplatz) sowie SOLL-Wert (ggf. kurzfristige Änderungen möglich, z. B. ggü. dem Kunden zugesagter Liefertermin).
- *Stellgrößen* sind Größen, die den logistischen Prozessablauf bestimmen, z. B. der Freigabezeitpunkt für einen Auftrag oder die Losgröße.
- *Regelgrößen* werden im laufenden Betrieb durch einen Vergleich mit den Führungsgrößen überwacht und über Stellgrößen beeinflusst. Hier sind die Ausprägungen IST-Wert (gegenwartsbezogen, z. B. aktueller Bestand) sowie PLAN-Wert (zukunftsbezogen, z. B. zukünftiger Bestand) zu unterscheiden.
- *Verbesserungsgrößen* treten bspw. in einem Umgestaltungsprojekt in den Ausprägungen SOLL-Wert (z. B. % Durchlaufzeitverkürzung nach Projektende) und IST-Wert (z. B. % Durchlaufzeitverkürzung erreicht) auf.

Das Erfassen dieser Zustandsgrößen erzeugt Aufwand, der in Relation zum Nutzen zu sehen ist. Auch greift praktisch jede Messung in den beobachteten Prozess ein und es sind unterschiedliche Ursachen für Verfälschungen denkbar: Werden die Mitarbeiter bspw. an der Auslastung gemessen, richten sie ihre Rückmeldung danach aus. Ist also der Wochen- oder Monatswert für die eigene Zielerreichung bereits erreicht, lassen sie bereits fertig gestellte Aufträge meist „in der Schublade" und melden diese erst verspätet zurück, vgl. dazu die einleitend beschriebenen Stolpersteine, Abschn. 7.2.1. Es gilt die Regel: So genau wie nötig, nicht so genau wie möglich.

7.3.2 Kennzahlenmodell

In der Stückgüterindustrie hat sich das *Trichtermodell* als allgemeingültiges Beschreibungs- und Analysemodell für logistische Prozesse bewährt. Das am Institut für Fabrikanlagen und Logistik (IFA) der Leibniz-Universität Hannover entwickelte Modell basiert auf drei Annahmen:

- Ein ortsfestes System (Kapazitätseinheit) bearbeitet bewegliche Elemente (Aufträge).
- Für den Teilefluss werden ein geschlossener Materialtransport der Aufträge und ihre Bearbeitung an der Kapazitätseinheit nach bestimmten Prioritätsregeln unterstellt.
- Zugang (Input), Reihenfolge und Abgang (Output) beschreiben das logistisch relevante Systemverhalten vollständig.

Ursprünglich für die Werkstattfertigung entwickelt, ist es auch auf andere Fälle übertragbar und entsprechend erweiterbar, vgl. u. a. Wiendahl H-P (1987), Nyhuis und Wiendahl (1999, 2007), Wiendahl H-H (2011, S. 110 ff.) und die dort zitierte Literatur.

Abb. 7.8a stellt eine Kapazitätseinheit als Trichter dar. Die verschiedenen Kreise symbolisieren Aufträge mit unterschiedlichen Arbeitsinhalten. Die zugehenden Aufträge bilden gemeinsam mit dort bereits wartenden Aufträgen den Bestand, auch als Warteschlange bezeichnet. Die Aufträge fließen nach ihrer Bearbeitung aus dem Trichter ab. Die Trichteröffnung symbolisiert dabei die innerhalb der Kapazitätsgrenzen variierbare Systemleistung, auch Durchsatz, Output oder Ausbringung genannt. Die Betrachtung kann in unterschiedlichem Detaillierungsgrad erfolgen und einen Einzelarbeitsplatz, eine Arbeitsplatzgruppe oder eine ganze Fertigung umfassen.

Die Übertragung der Zugangs- und Abgangsereignisse eines Auftrags auf die Zeitachse führt zum sogenannten *Durchlaufelement,* Abb. 7.8b. Es visualisiert die zwei für das Auftragsmanagement zentralen Größen Zeit (Durchlaufzeit) und Menge (hier Arbeitsinhalt). Demnach ist die Durchlaufzeit als die Zeitspanne definiert, die ein Auftrag vom Bearbeitungsende des Vorgängers (bzw. vom Auftragsstart) bis zum Bearbeitungsende am betrachteten Arbeitsplatz benötigt. Sie setzt sich aus der Übergangszeit und der Durchführungszeit zusammen. In einer Produktion bezieht sich das Durchlaufelement auf einen Arbeitsgang und es ist üblich, den Arbeitsinhalt (auch Auftrags- oder Vorgabezeit genannt)

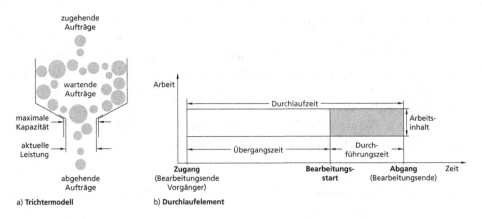

Abb. 7.8 Trichtermodell und Durchlaufelement für ein logistisches System. (Nach IFA)

weiter in Rüst- und Bearbeitungszeit zu unterteilen. Somit startet die Bearbeitung mit einem Rüstvorgang. Das Durchlaufelement bildet die Basis, um den Durchlauf von ein- und mehrstufigen Produktionsaufträgen abzubilden.

Bei Bedarf ist es möglich, das Durchlaufelement noch weiter zu zerlegen. Es beinhaltet dann fünf *aktivitätsbezogene* Bestandteile: *Liegen nach Bearbeiten, Transportieren, Liegen vor Bearbeiten, Rüsten* und *Bearbeiten*. Dabei werden die ersten drei Ablaufschritte zur Übergangszeit zusammengefasst, während Rüsten und Bearbeiten die Durchführungszeit bilden.

Zur Visualisierung logistischer Prozesse hat sich das *Durchlaufdiagramm* bewährt. In seiner Grundform als *Arbeitssystem-Durchlaufdiagramm* entwickelt, zeigt es das Abfertigungsverhalten der Aufträge mithilfe einer kumulativen Darstellung von Zugang und Abgang aus Ressourcensicht, Abb. 7.9a. Dazu werden die fertig gestellten Aufträge mit ihrem Arbeitsinhalt (in Vorgabestunden oder Anzahl Aufträgen) über dem Fertigstellungstermin kumulativ aufgetragen (Abgangskurve) und die Zeitdauer typischerweise in Arbeitstagen eingeteilt. Analog dazu erfolgt der Aufbau der Zugangskurve, indem die zugehenden Aufträge mit ihrem Arbeitsinhalt über dem Zugangstermin aufgetragen werden. Der Bestand zu Beginn des Untersuchungszeitraumes am Arbeitssystem (Anfangsbestand) bestimmt den Beginn der Zugangskurve. Am Ende des Untersuchungszeitraums lässt sich aus dem Diagramm der Endbestand ablesen. Die mittlere Steigung der Zugangskurve heißt mittlere Belastung, die mittlere Steigung der Abgangskurve heißt mittlere Leistung; der vertikale Abstand der beiden Kurven ist der mittlere Bestand, auch als Arbeits-, Umlaufbestand oder WIP (work in process) bezeichnet.

Das *Lager-Durchlaufdiagramm* betrachtet Lager- und Lieferprozesse von Rohmaterial, Zwischen- oder Endprodukten und entspricht damit einer Artikelsicht, Abb. 7.9b. In seiner Grundform beschreibt es Lagerzugang und -abgang eines Artikels,

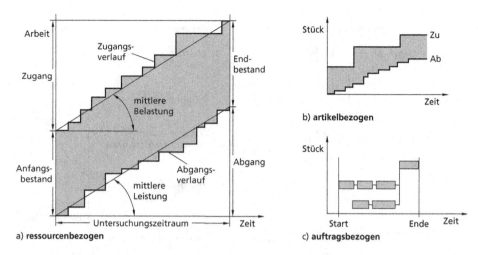

Abb. 7.9 Arten von Durchlaufdiagrammen.
(Nach IFA)

der vertikale Abstand zwischen diesen Kurven stellt hier den Lagerbestand dar. Die
Mengendimension wird in Stück (oder Werteinheiten) gemessen; der typische Verlauf ist
durch große Zugangsmengen und kleine Abgangsmengen gekennzeichnet

Das *Auftrags-Durchlaufdiagramm* zeigt das logistische Systemverhalten eines mehrstufigen Auftrags, der aus eigenen und zugekauften Komponenten bestehen kann. Die
Mengendimension wird hier in Anzahl Aufträge (alternativ Werteinheiten) dargestellt.
Am Beispiel eines zweistufigen Produktes zeigt Abb. 7.9c die Herstellungsschritte (hier
nur Eigenfertigung): Die beiden Komponenten besitzen zwei bzw. drei Vorgänge und
münden in eine Endmontage. Start und Ende der Einzelvorgänge sowie des Gesamtauf-
trags sind leicht ablesbar; es besteht eine enge Verwandtschaft zum Projekt- oder Netz-
plan. Je nach Ausprägung und Detaillierungsgrad sind unterschiedliche Begriffe wie
Fristenplan, Kunden- oder Auftragsdiagramm üblich sowie abweichende Ordinatenein-
heiten (Anzahl Komponenten, Arbeitsinhalt) möglich.

Aus logistischer Sicht visualisieren Durchlaufdiagramme das dynamische Systemverhalten vollständig quantitativ und zeitpunktgenau:

- Die kumulierte Darstellung der Ressourcen- und Artikelsicht zeigt grundsätzliche
  Trends wie Bestandsauf- oder -abbau und verändertes Zu- oder Abgangsverhalten viel
  besser als eine Zahlenreihe oder das klassische, periodenbezogene Balkendiagramm.
- Die Darstellung der Auftragsnetze verdeutlicht demgegenüber unmittelbar die termin-
  lichen Abhängigkeiten der Komponenten eines Auftrags in seinem Durchlauf.

Grundsätzlich sind sowohl die Planungs- als auch Ist-Größen darstellbar. Zielgrößen wie
bspw. ein Ziel-Bestand lassen sich oftmals sinnvoll ergänzen. Die Grafik unterstützt das
Auffinden möglicher Ursachen für Planabweichungen (und deren logistische Zusammenhänge) ebenso wie das Ableiten von Planungs- oder Steuerungsmaßnahmen.

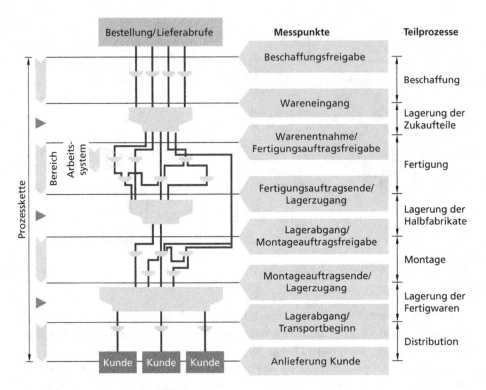

Abb. 7.10 Logistisches Ablaufmodell einer Produktion.
(Nach IFA)

Die Modellierung einer gesamten Produktion mit ihren Auftragsabwicklungsschritten vom Kunden bis zum Kunden als Trichtermodell zeigt Abb. 7.10, Wiendahl H-P (2014, S. 255 f.). Man erkennt die Kernprozesse Beschaffung, Fertigung, Montage und Distribution, verbunden durch Lager. Eine solche Modellierung lässt sich leicht auf die unternehmensübergreifende Betrachtung einer gesamten Lieferkette erweitern.

Dies schließt die Erläuterung des Trichtermodells. Der Folgeabschnitt behandelt die bereits in Abb. 7.3 angesprochenen Logistikziele des Auftragsmanagements.

7.3.3 Logistisches Zielsystem

Die zentrale Aufgabe der Planung und Steuerung besteht darin, logistische und wirtschaftliche Ziele unter Berücksichtigung der gegenseitigen Abhängigkeiten in bestmöglichem Maße zu erreichen. Die Begriffe „Logistikleistung" und „Logistikkosten" beschreiben das zugrunde liegende Zielsystem, Abb. 7.11. Hierbei sind zweckmäßigerweise Kunden- und Unternehmenssicht zu unterscheiden, vgl. Wiendahl H-P (2014, S. 250 f.).

Aus der *Liefersicht* (auch Außen- oder Kundensicht) gilt:

Abb. 7.11 Logistisches
Zielsystem.
(H-P Wiendahl)

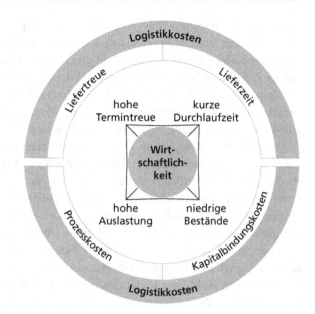

- Die vom Markt wahrgenommene *Logistikleistung* soll möglichst hoch sein: Lieferzeit und Liefertreue bewerten sie. Lagerfertiger betrachten zusätzlich den Servicegrad.
- Die *Logistikkosten,* die aus Sicht des Unternehmens möglichst gering sein sollten, bestehen zum einen aus Kapitalbindungskosten durch Bestände, zu denen häufig noch Wagniskosten (außerordentliche Kosten bspw. für Verbräuche oder Garantieleistungen) hinzugerechnet werden. Zum anderen entstehen logistikbedingte Prozesskosten für Auftragsabwicklung, Wareneingang, -ausgang und Transport sowie für Einlagerung, Lagerung und Auslagerung von Material.

Für die *Unternehmenssicht* (auch Innen- oder Dispositionssicht) bedeutet dies:

- Produktionsintern kurze Durchlaufzeiten (bei kleinen bzw. variablen Losgrößen) begünstigen kurze Lieferzeiten. Eine hohe Liefertreue erfordert eine hohe Termintreue der Auftragsabwicklung.
- Niedrige Bestände senken die Kapitalbindungskosten. Eine hohe Auslastung ist für die Prozesskosten günstig.

Generelles Ziel bildet eine *hohe Wirtschaftlichkeit,* ausgedrückt in möglichst niedrigen Herstellkosten.

Da ein Unternehmen nur über begrenzte Ressourcen verfügt und diese nicht beliebig schnell beschaffbar sind, besteht ein ständiger Wettbewerb der Aufträge um die Kapazitäten. Hieraus resultiert ein *Zielkonflikt,* den bereits Gutenberg als *Dilemma der Ablaufplanung* beschrieb, vgl. Gutenberg (1951, S. 159). Möchte das Unternehmen beispielsweise kurze

Durchlaufzeiten erreichen, müssen die Bestände niedrig sein; senkt es die Bestände, besteht die Gefahr einer Unterauslastung. Diese logistischen Zielkonflikte sind weder widerspruchsfrei lösbar noch lokal oder im Zeitverlauf gleichbleibend. Demnach existiert prinzipiell nicht nur ein Ziel, dessen Wert es zu maximieren oder zu minimieren gilt, sondern es sind immer die Auswirkungen von Maßnahmen, die ein Ziel begünstigen, auf alle anderen Teilziele zu berücksichtigen. Das Auftragsmanagement hat also die Aufgabe, dies zu thematisieren und eine Gewichtung in Bezug auf die Ziele vorzunehmen.

Obwohl diese Konflikte in der Forschung bereits lange bekannt sind, besteht in der Praxis keine hinreichende Klarheit über ihre Auswirkungen: So versuchen die Produktionsverantwortlichen vielfach, zwischen Auslastung und Durchlaufzeit zu „optimieren" und hierbei noch durch teure Sonderaktionen Kundentermine oder interne Plantermine zu halten. Jedoch ist ein solcher Ansatz nicht zielführend, weil letztlich keine geeignete Optimierungsgröße definierbar ist. Auch das Ziel minimaler Gesamtkosten hilft hier wenig, da dies nur eine (neue) Zielgröße priorisiert. Vielmehr ist von einem marktstrategisch begründeten Ziel auszugehen, wie beispielsweise der Halbierung der Lieferzeit oder auch einer Liefertreue von 95 %, um sich im Spannungsfeld der übrigen logistischen Zielgrößen positionieren zu können, vgl. dazu ausführlich Nyhuis und Wiendahl (2007, 2012, S. 4 f.). Hierzu dienen logistische Wirkmodelle, die der folgende Abschnitt erläutert.

7.3.4 Logistische Wirkmodelle

Wirkmodelle stellen Hypothesen über Ursache-Wirkungs-Beziehungen zwischen Variablen auf und erklären hiermit das Systemverhalten (deshalb auch Erklärungs- oder Kausalmodelle genannt). Für die hier relevante *logistische Positionierung* bilden die sog. logistischen Kennlinien eine geeignete Hilfestellung. Sie modellieren Wirkbeziehungen zwischen den logistischen Zielgrößen und ihre Beeinflussungsmöglichkeiten durch Planung und Steuerung und wurden am IFA Hannover entwickelt, vgl. dazu ausführlich Nyhuis P (2008) und die dort zitierte Literatur.

Dieser Abschnitt beschreibt die Basismodelle der Kennlinien für die Prozesse Produzieren und Lagern mit ihren wesentlichen strukturellen Einflussgrößen.

7.3.4.1 Wirkzusammenhänge in der Produktion

Aus logistischer Sicht besteht die Aufgabe der Produktion darin, die gewünschten Produkte in der vereinbarten Menge termingerecht und am vereinbarten Ort bereitzustellen. Hierbei sind die Entscheider mit dem erwähnten *Dilemma der Ablaufplanung* konfrontiert, bei dem zwischen hoher Auslastung einerseits und kurzen Durchlaufzeiten bzw. niedrigen Umlaufbeständen andererseits abzuwägen ist, vgl. dazu ausführlich Gutenberg (1951, S. 159), Nyhuis und Wiendahl (1999, S. 4 ff.). Zwar zeigen die bereits erläuterten Kennzahlen und Durchlaufdiagramme Abweichungen von Planungsvorgaben und helfen so, geeignete Steuerungsmaßnahmen abzuleiten. Doch die erforderlichen Wirkzusammenhänge beschreiben diese Methoden nicht vollständig. Dementsprechend sind für eine Produktion folgende Fragestellungen zu beantworten, Nyhuis P (2008, S. 196):

- Welche geringsten Durchlaufzeiten können bei gegebenen Rahmenbedingungen, d. h. bestehenden Fertigungs- und Auftragsstrukturen, erreicht werden?
- Wie hoch müssen die Umlaufbestände mindestens sein, um signifikante Leistungseinbußen zu vermeiden?
- Welche Maßnahmen erschließen welches logistische Verbesserungspotenzial und welche logistischen Nebenwirkungen sind hier zu erwarten?

Im Weiteren werden die Kennlinien des Basismodells Produzieren erläutert und Schlussfolgerungen für die Beeinflussung des produktionslogistischen Verhaltens im Betrieb abgeleitet.

Produktionskennlinien

Produktionskennlinien stellen die Zusammenhänge zwischen dem Bestand als Regelgröße und der davon abhängigen Durchlaufzeit und Produktionsleistung dar und ermöglichen so eine Aussage über die Höhe des angemessenen Bestandsniveaus. Im Folgenden werden lediglich die Abhängigkeiten zwischen Bestand, Leistung und Durchlaufzeit an einen Arbeitsplatz betrachtet und als *Basismodell* definiert.

Die Berechnung der Produktionskennlinie geht auf P. Nyhuis zurück, Nyhuis P (1991). Grundlage der Berechnungsgleichung bildet der (logistisch) ideale Produktionsprozess, bei dem weder die Aufträge warten noch die Ressource nicht genutzt wird, vgl. Wedemeyer (1989). Durch die Berücksichtigung von Auftragszeitstreuung und Kapazitätsflexibilität erfolgt die Annäherung an die reale Produktionskennlinie, vgl. dazu ausführlich Nyhuis und Wiendahl (1999, S. 62 ff.), Lödding (2016, S. 68 ff.), Nyhuis P (2008, S. 196 ff.). Abb. 7.12 zeigt die vier wesentlichen Modellkomponenten – idealer Prozess, ideale Kennlinie, reale Kennlinie sowie Elementarparameter – für das Basismodell losweise Teilefertigung.

Ausgangspunkt bildet der *ideale Produktionsprozess* mit folgenden Bedingungen Abb. 7.12a, Wiendahl H-H (2011, S. 165 f.):

- Es befindet sich zu jedem Zeitpunkt genau ein Auftrag am Arbeitssystem.
- Ein Auftrag wird unmittelbar nach seinem Zugang bearbeitet.
- Es treten keine Prozessstörungen auf.

In diesem (logistisch) idealen Produktionsprozess wartet also weder das Arbeitssystem auf einen Auftrag (noch ein Auftrag auf seine Abarbeitung). Der mittlere Bestand dieses Idealprozesses wird als *idealer Mindestbestand* des Arbeitssystems bezeichnet. Er ist der wichtigste Parameter der Produktionskennlinie.

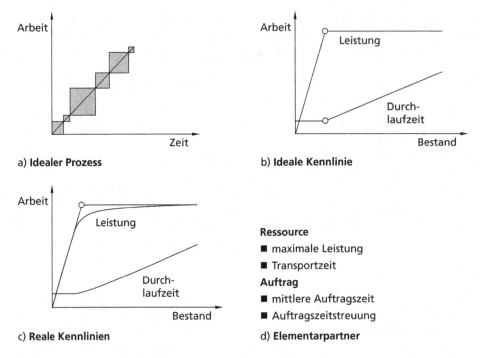

Abb. 7.12 Logistische Kennlinie Basismodell Produzieren.
(Nach IFA)

Die *ideale Produktionskennlinie* lässt sich aus dem logistischen Idealprozess ableiten. Dazu wird der Bestand des idealen Produktionsprozesses gedanklich variiert und seine Auswirkungen auf Leistung und Durchlaufzeit dargestellt. Abb. 7.12b zeigt zwei Kennlinien:

- *Leistungskennlinie:* Beim idealen Mindestbestand ist die maximal mögliche Leistung erreicht. Eine weitere Bestandserhöhung bewirkt keine Leistungssteigerung; die ideale Leistungskennlinie verläuft daher parallel zur Bestandsachse. Dagegen führt eine Bestandsverringerung zu Auslastungsverlusten; die Leistung des Arbeitssystems reduziert sich proportional zum Bestand.
- *Durchlaufzeitkennlinie:* Beim idealen Mindestbestand ist die minimal mögliche Durchlaufzeit erreicht. Eine Bestandsverringerung unter den idealen Mindestbestand kann deshalb die mittlere Durchlaufzeit nicht verkürzen. Dagegen verlängert eine Bestandserhöhung oberhalb dieses Wertes die mittlere Durchlaufzeit proportional zur Bestandserhöhung.

Die *reale Produktionskennlinie* berücksichtigt die nicht praxisgerechte Annahme des zeitlich exakt synchronisierten Auftragszugangs und -abgangs. Ein definierter Abknickpunkt für die Leistungskennlinie liegt somit nicht vor Abb. 7.12c. Logistisch ist dieser Zusammenhang wie folgt zu interpretieren: In einer realen Fertigung ist zusätzlich zum Bestand in Bearbeitung ein Pufferbestand erforderlich, um damit Leistungseinbußen aufgrund Zugangsschwankungen oder zu geringer Kapazitätsflexibilität vorzubeugen. Dieser Pufferbestand ist im Wesentlichen von denselben Größen abhängig, die auch den Abknickpunkt der idealen Leistungskennlinie bestimmen, vgl. dazu ausführlich, Nyhuis und Wiendahl (1999, S. 71 ff.). Der reale Kennlinienverlauf der Durchlaufzeit ergibt sich analog.

Die bestimmenden *Elementarparameter* lassen sich nach Ressourcen- und Auftragssicht gliedern, Abb. 7.12d:

- Leistung und Transportzeit sind der *Ressourcensicht* zugeordnet.
- Demgegenüber sind mittlere Auftragszeit und Auftragszeitstreuung der *Auftragssicht* zugeordnet.

Diese Parameter beschreiben die logistischen Rahmenbedingungen, also die Fertigungs- und Auftragsstrukturen. Sie zeigen geeignete Ansatzpunkte für logistische Rationalisierungspotenziale auf.

Neben der Betrachtung des Durchlaufzeit- und Leistungsverhaltens in Abhängigkeit der Regelgröße Bestand ist zusätzlich die Termintreue – also das Zuverlässigkeitsverhalten – zu betrachten; als Regelgröße bietet sich hierzu der Rückstand an. Er beschreibt die Differenz des IST-Abgangs gegenüber dem SOLL-Abgang.

Schlussfolgerungen

Hieraus resultieren Schlussfolgerungen zum Durchlaufzeit- und Zuverlässigkeitsverhalten einer Produktion. Diese sind im Folgenden beschrieben.

Beim *Durchlaufzeitverhalten* sind die zentralen Größen Durchlaufzeit und Bestand. Im stationären Systemzustand (alle Größen bleiben im Zeitverlauf konstant) lässt sich aus dem Durchlaufdiagramm eine Beziehung zwischen dem mittleren Bestand (vertikaler Abstand zwischen der idealisierten Zugangs- und Abgangskurve), der mittleren Bestandsreichweite bzw. mittleren Durchlaufzeit und der mittleren Leistung ableiten, Nyhuis und Wiendahl (1999, S. 35), Wiendahl H-H (2002, S. 204 f.), Nyhuis P (2008). Abb. 7.13 zeigt die Zusammenhänge, Wiendahl H-H (2011, S. 168 f.):

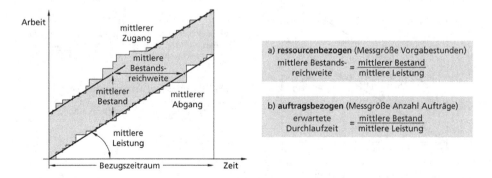

Abb. 7.13 Durchlaufzeitverhalten einer Produktion. (Nach IFA)

- *Ressourcenbezogen* gilt die sogenannte *Trichterformel:* Demnach ergibt sich die mittlere Bestandsreichweite aus dem Verhältnis des mittleren Bestandes (in Vorgabestunden) zur mittleren Leistung (in Vorgabestunden pro Zeiteinheit). Die Trichterformel besagt also, wie lange es durchschnittlich dauert, bis bei gleichbleibender mittlerer Leistung der Bestand am Arbeitssystem vollständig abgearbeitet ist, sofern zwischenzeitlich kein neuer Auftrag zugeht.
- *Auftragsbezogen* gilt *Little's Law:* Demnach lässt sich die erwartete Durchlaufzeit aus dem Verhältnis von Bestand in der Dimension Anzahl Aufträge und der Leistung in der Dimension Anzahl Aufträge pro Zeiteinheit berechnen. Little's Law sagt aus, welche Zeit ein neu am Arbeitssystem ankommender Auftrag bis zu seiner Abfertigung im Mittel verweilen muss und beschreibt somit die zu erwartende Durchlaufzeit dieses Einzelauftrags. Dies gilt nur bei der Anwendung der FCFS-Regel (First Come First Serve).

Beim *Zuverlässigkeitsverhalten* der Produktion sind die zentralen Größen Terminabweichung und Rückstand. Unterstellt man wiederum den stationären Systemzustand, ergibt sich analog zur Trichterformel ein Zusammenhang zwischen dem mittleren Rückstand (vertikaler Abstand zwischen der idealisierten SOLL- und IST-Abgangskurve), der mittleren Rückstandsreichweite bzw. mittlerer Abgangsterminabweichung und der mittleren Leistung, Yu (2001, S. 41 f.), Wiendahl H-H (2002, S. 206 f.). Abb. 7.14 zeigt die Zusammenhänge, Wiendahl H-H (2011, S. 170 f.):

- *Ressourcenbezogen* ergibt sich die mittlere Rückstandsreichweite aus dem Verhältnis des mittleren Rückstandes (in Vorgabestunden) zur mittleren Leistung (in Vorgabestunden pro Zeiteinheit). Die Terminformel (auch Yu-Formel) besagt also, wie lange es durchschnittlich dauert, bis bei gleichbleibender mittlerer Leistung der Rückstand am Arbeitssystem vollständig abgebaut ist, sofern zwischenzeitlich kein weiterer Abgang geplant ist.

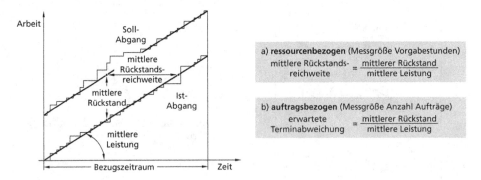

Abb. 7.14 Zuverlässigkeitsverhalten einer Produktion. (Nach IFA)

- *Auftragsbezogen* lässt sich die mittlere (erwartete) Terminabweichung aus dem Verhältnis von Rückstand in der Dimension Anzahl Aufträge und der Leistung in der Dimension Anzahl Aufträge pro Zeiteinheit berechnen. Dies beschreibt, wie viel später ein neu am Arbeitssystem ankommender Auftrag voraussichtlich abgefertigt wird – also eine zu erwartende Terminabweichung dieses Einzelauftrags. Dies unterstellt Annahmen über die Verwendung von Reihenfolgeregeln und gilt streng genommen nur bei der Abfertigung nach SOLL-Reihenfolge.

Die von Yu gefundene Beziehung identifiziert den Rückstand als zweite zentrale Regelgröße. Gleichzeitig verdeutlicht sie die Bedeutung einer kurzfristigen Kapazitätsanpassung für das Erreichen einer hohen Termintreue in der Produktion. Dies zeigt, wie die Kapazität (bzw. Leistung) das Durchlaufzeit- und Zuverlässigkeitsverhalten einer Produktion verknüpft.

Mit Kenntnis dieser Wirkzusammenhänge sind also sowohl Aussagen zu geringstmöglichen Durchlaufzeiten als auch zu angemessenen Umlaufbeständen für die Auslastung einer Produktion möglich. Darüber hinaus ist das für eine wirkungsvolle Planung und Steuerung notwendige Basiswissen der zentralen Beschreibungsgrößen des Durchlaufzeit- und Zuverlässigkeitsverhaltens in der Produktion und ihrer grundlegenden Zusammenhänge beschrieben.

7.3.4.2 Wirkzusammenhänge im Lager

Die Aufgabe eines Lagers besteht darin, im Spannungsfeld zwischen den Anforderungen der Abnehmer und dem logistischen Leistungsvermögen der Lieferanten eine zuverlässige Versorgung zu gewährleisten. Läger müssen Schwankungen im Abrufverhalten der Abnehmer (Kunden, Vertrieb oder die eigene Produktion) ebenso abfedern wie Termin- oder Mengenabweichungen der Lieferanten sowie Abweichungen zwischen Bestell- und Bedarfsmengen. Darüber hinaus ist der Lagerbestand aufgrund der damit verbundenen Bestands- und Unterhaltungskosten selbst eine wichtige beschaffungslogistische Zielgröße. Hier zeigt sich das klassische *Dilemma der Materialwirtschaft* zwischen einer hohen Lieferbereitschaft einerseits und niedrigen Lagerbeständen bzw. kurzen Lagerverweilzeiten andererseits. Entsprechend sind für ein Lager folgende Fragestellungen zu beantworten, Nyhuis und Wiendahl (2012, S. 241):

- Welche Lagerbestände sind für eine ausreichende Lieferfähigkeit erforderlich?
- Wie wirken sich Störungen – also unerwartete Abweichungen von der Planung – im Lagerzugang und -abgang auf die Lieferfähigkeit aus?
- Welche Maßnahmen erhöhen den Lieferbereitschaftsgrad und welche logistischen Nebenwirkungen sind zu erwarten?

Im Folgenden werden die Kennlinien des Basismodells Lagern – mit Blick auf Gemeinsamkeiten und Unterschiede zur Produktion – erläutert und darauf aufbauend Schlussfolgerungen für die zielgerichtete Beeinflussung des lagerlogistischen Verhaltens abgeleitet.

Lagerkennlinien

Lagerkennlinien stellen die Zusammenhänge zwischen Lagerbestand, Lagerverweilzeit und Lieferverzug sowie weiterer logistischer Zustandsgrößen für einen Artikel dar und können so die Beantwortung der o. g. Fragestellungen unterstützen. Im Folgenden werden lediglich die Abhängigkeiten zwischen Bestand, Lieferverzug und Lagerverweilzeit für einen Artikel betrachtet und als *Basismodell* definiert, vgl. dazu u. a. Gläßner (1995), Nyhuis und Wiendahl (2012, S. 244 ff.).

Die Berechnung der Lagerkennlinien wurden von Gläßner und P. Nyhuis zunächst für die Größen Lieferverzug und Lagerverweilzeit abgeleitet Gläßner (1995), Nyhuis und Wiendahl (1999) und dann von Lutz und Lödding auf den Servicegrad übertragen, Lutz et al. (2001), Lutz (2002), Lödding (2016, S. 52 ff.). Grundlage der Berechnungsgleichung bildet die Definition des idealen Lagerprozesses. Für diesen können ideale Kennlinien abgeleitet werden, die wiederum als Basis für die Annäherung der realen Lagerkennlinie dienen, vgl. dazu ausführlich Nyhuis und Wiendahl (2012, S. 244 ff.). Abb. 7.15 zeigt die vier wesentlichen Modellkomponenten für das Basismodell Lagern, Wiendahl H-H (2011, S. 173 f.).

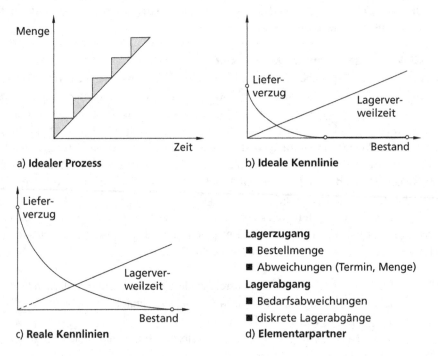

Abb. 7.15 Logistische Kennlinie Basismodell Lagern. (Nach IFA)

Ausgangspunkt bildet der *ideale Lagerprozess* mit folgenden Bedingungen:

- Der Lagerabgang erfolgt kontinuierlich mit konstanter Lagerabgangsrate und Stückzahl 1.
- Der Lagerzugang erfolgt diskret in optimalen Bestellmengen.
- Es treten keine Prozessstörungen auf.

Die Versorgungssicherheit ist jederzeit gewährleistet, denn zum Entnahmezeitpunkt des letzten Artikels trifft die nächste Bestellung ein (keine Fehlmengen), Abb. 7.15a. Somit wird auch bei Vorliegen eines Sicherheitsbestandes dieser nie angegriffen. Der so ermittelte mittlere Bestand wird als *idealer Losbestand* bezeichnet und ist der wichtigste Parameter der Lagerkennlinie, vgl. Nyhuis und Wiendahl (2012, S. 250 ff.).

Die *ideale Lagerkennlinie* lässt sich aus dem beschriebenen Idealprozess ableiten. Dazu wird der Bestand des idealen Lagerprozesses gedanklich variiert und seine Auswirkungen auf den Lieferverzug und die Lagerverweilzeit dargestellt. Abb. 7.15b zeigt zwei Kennlinien:

- *Lieferverzugskennlinie:* Beim sogenannten idealen Losbestand tritt gerade kein Lieferverzug auf (Schnittpunkt mit der Abszisse). Eine Bestandserhöhung darüber hinaus bewirkt keine Verbesserung der Lieferbereitschaft; der Lieferverzug bleibt bei *„Null"* und die ideale Lieferverzugskennlinie verläuft weiter auf der Abszisse. Dagegen führt eine Bestandsverringerung unweigerlich zu Lieferverzügen bis zum sogenannten Grenzlieferverzug (Schnittpunkt mit der Ordinate). Bei einem Bestandswert von *„Null"* wird jede eingehende Lieferung in vollem Umfang sofort in die nachgelagerte Produktionsstufe weitergegeben, um bestehende Fehlmengen auszugleichen.
- *Lagerverweilzeitkennlinie:* Die Lagerverweilzeit verläuft proportional zum Lagerbestand. Sie ist im theoretischen Grenzfall *„Null"*.

Die *reale Lagerkennlinie* löst die nicht praxisgerechten Annahmen auf und berücksichtigt sowohl Planabweichungen im Zugang und im Abgang als auch diskrete Lagerabgänge in unterschiedlichen Mengen. Die Stützpunkte der Kennlinie entfernen sich – in Abhängigkeit von den Extremwerten der vorliegenden Störungen – im Vergleich zum idealen Verlauf weiter vom Koordinatenursprung, Abb. 7.15c. Dadurch ergeben sich der praktisch minimale Grenzbestand und der praktisch minimale Grenzlieferverzug. Logistisch ist dieser Zusammenhang wie folgt zu interpretieren: In einem realen Lager ist zusätzlich zum idealen Losbestand ein Sicherheitsbestand erforderlich, um die Termin- oder Mengenabweichungen im Zugang sowie Bedarfsratenschwankungen im Abgang auszugleichen; zusätzlich sind diskrete Lagerabgänge zu berücksichtigen. Diese Grenzwerte sind im Wesentlichen von denselben Größen abhängig, die auch die Werte der idealen Lieferverzugskennlinie bestimmen, vgl. dazu ausführlich Nyhuis und Wiendahl (2012, S. 260 ff.). Real kann die Lagerverweilzeit einen theoretischen Minimalwert nicht unterschreiten. Deshalb ist die Kennlinie nahe dem Koordinatenursprung gestrichelt dargestellt.

Die so ermittelten *Elementarparameter* lassen sich nach Lagerzugang und Lagerabgang gliedern, Abb. 7.15d:

- Im *Lagerzugang* sind Bestellmengen sowie Termin- und Mengenabweichungen von
  den SOLL-Werten relevant.
- Auf der *Lagerabgangsseite* sind dies Bedarfsabweichungen und diskrete Lagerabgänge.

Diese Parameter bieten geeignete Ansatzpunkte für logistische Rationalisierungspotenziale; hierzu hat sich die logistische Lageranalyse bewährt, vgl. dazu ausführlich
Lutz (2002), Nyhuis und Wiendahl (2012, S. 282 ff.).

Schlussfolgerungen

Hieraus resultieren Schlussfolgerungen zum Durchlaufzeit- und Zuverlässigkeitsverhalten eines Lagers. Unterstellt man den stationären Systemzustand, lässt sich aus
dem Durchlaufdiagramm eine Beziehung zwischen dem mittleren Bestand (vertikaler Abstand zwischen der idealisierten Zugangs- und Abgangskurve), der mittleren
Lagerreichweite und der Abgangsrate ableiten, Nyhuis P (2002). Abb. 7.16 zeigt die
Zusammenhänge, Wiendahl H-H (2011, S. 175 f.):

- *Durchlaufzeitverhalten:* Die mittlere Lagerreichweite des Lagerbestandes ergibt sich
  aus dem Verhältnis des mittleren Lagerbestandes (in Anzahl Artikeln) zur Abgangsrate (in Anzahl Artikeln pro Zeiteinheit). Die Formel besagt also, wie lange es durchschnittlich dauert, bis der Lagerbestand bei gleichbleibender Abgangsrate verbraucht
  ist, sofern zwischenzeitlich keine neuen Artikel zugehen.
- *Zuverlässigkeitsverhalten:* Der mittlere Lieferverzug ergibt sich aus dem Verhältnis
  des mittleren Fehlbestandes (in Anzahl Artikeln) zur Abgangsrate (in Anzahl Artikeln
  pro Zeiteinheit). Die Formel besagt also, wie lange das Lager durchschnittlich keine
  Bedarfe befriedigen kann (Zeitdauer der sogen. Stock Outs), wenn die Lagerzugänge
  wie geplant eintreffen.

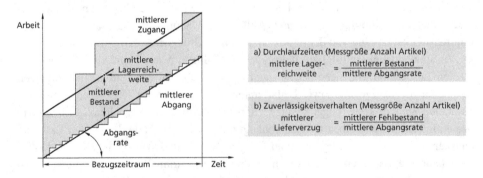

Abb. 7.16 Durchlaufzeit- und Zuverlässigkeitsverhalten im Lager.
(Nach IFA)

Das Auftragsmanagement hat nun die Aufgabe, die Kunden- und Lageraufträge sowie Bestellungen unter Beachtung der logistischen Ziele und Wirkzusammenhänge zu planen und zu steuern. Die beiden Folgeabschnitte beschreiben diese Aufgaben getrennt nach inner- und überbetrieblichen Aspekten.

Die Kenntnis dieser Wirkzusammenhänge erlaubt also sowohl Aussagen zu den für eine ausreichende Lieferfähigkeit notwendigen Lagerbeständen als auch zu den Auswirkungen von Störungen bzw. Abweichungen in Zu- und Abgang eines Lagers. Darüber hinaus ist das für eine wirkungsvolle Planung und Steuerung notwendige Basiswissen der zentralen Beschreibungsgrößen des Durchlaufzeit- und Zuverlässigkeitsverhaltens im Lager und ihrer grundlegenden Zusammenhänge beschrieben.

7.4 Innerbetriebliche Planung und Steuerung (PPS)

Die methodischen Wurzeln der Produktionsplanung und -steuerung (PPS) entstammen den Arbeiten von Taylor und Hippler (Taylor FW 1909, 1913; Hippler 1921): Sie strebten über eine Systematisierung der Tätigkeiten eine technisch-organisatorische Perfektion an. Insbesondere Hippler konzentrierte sich auf die planenden Tätigkeiten; er legte für „Arbeitsverteilung und Terminwesen" die Grundlagen für die bis heute übliche stücklisten- und arbeitsplanbasierte Planungslogik und damit gleichzeitig auch die einer stark technisch geprägten Sicht auf die PPS.

▶ Die *Produktionsplanung und -steuerung* (PPS) ist die organisatorische Planung, Steuerung und Überwachung der technischen Auftragsabwicklung von der Angebotsbearbeitung bis zum Versand. Als Querschnittsfunktion betrachtet sie die Material- und Informationsflüsse, vgl. u. a. VDI (1992, S. 167), Schotten et al. (1998, S. 3), Schuh und Stich (2012, S. 3 f., 29).

Die PPS umfasst die Teilgebiete vorausschauende *Planung* und Prozess begleitende *Steuerung,* wobei die Planung die Rahmenbedingungen der Steuerung setzt.

Ursprünglich als manuelle Lösungen konzipiert, übernahmen Rechner die Aufgaben schrittweise und entlasteten die Mitarbeiter so von Routineaufgaben. Die IT-Unterstützung vollzog sich grob in drei Schritten, vgl. dazu u. a. Schotten et al. (1998, S. 3), Wiendahl H-H (2011, S. 4), Schuh und Stich (2012, S. 3 ff.) sowie die dort zitierte Literatur:

- Es startete in den 1960er Jahren mit der so genannten BOM-Auflösung (BOM engl. Bill of Material = Stückliste). Dies war zunächst eine reine Mengenrechnung.
- Daraus entwickelte sich MRP I (engl. Material Requirements Planning). Diese Nettobedarfsrechnung berücksichtigte die Lagerbestände (deshalb Nettobedarf) sowie ggf. eine Losgrößenbildung (Abschn. 7.4.2.2) und beinhaltete durch die

Unterscheidung unterschiedlicher Perioden bereits eine erste Terminrechnung mithilfe der sogenannten Vorlaufzeit.

- Später trat dann die Termin- und Kapazitätsplanung der Eigenfertigung hinzu, und MRP I wurde zu MRP II (engl. Manufacturing Resource Planning) erweitert.

Der von Hackstein geprägte Begriff der *PPS* entstand Anfang der 1980er Jahre in Deutschland aus der Integration der Material- und Zeitwirtschaft in der produzierenden Industrie. Er betrachtet also Material und Kapazität und gestaltet bzw. steuert hierzu Material- und Informationsflüsse.

Heute ist der Begriff *ERP* (Enterprise Resource Planning) üblich. Diese Unternehmens-Ressourcen-Planung verdeutlicht, dass nicht nur die Produktion, sondern sämtliche an der Wertschöpfung eines Unternehmens beteiligten Ressourcen integriert geplant und gesteuert werden müssen und neben Material- und Informationsflüsse außerdem die Finanzflüsse zu gestalten und zu steuern sind. ERP erweitert also MRP II-Begriff.

Dieser Abschnitt beschreibt zunächst die *Grundlagen* der innerbetrieblichen Planung und Steuerung (Abschn. 7.4.1), mit Grobablauf und dem zugrunde liegenden Regelkreis der PPS sowie den planungs- und steuerungsrelevanten Merkmalen. Darauf aufbauend folgt die Erläuterung der *Funktionen* (Abschn. 7.4.2), getrennt nach den beiden Aufgabengebieten Planung und Steuerung. Abschließend erfolgt eine Erläuterung typischer *Ineffizienzen* (Abschn. 7.4.3), hier des sogenannten Fehlerkreises der PPS.

7.4.1 Grundlagen der PPS

Wie beschrieben, besteht die operative Aufgabe der PPS darin, die auf dem Absatzmarkt gewonnenen Aufträge in vereinbarter Menge, Termin und Übergabeort zu erfüllen. Eine geschlossene Lösung hierfür existiert nicht.

Zum tieferen Verständnis steht deshalb zunächst die *Eingliederung der PPS* in den Unternehmensablauf und der zugrunde liegende *Regelkreis* der Planung und Steuerung am Beginn (Abschn. 7.4.1.1). Daran schließt sich die Beschreibung des lokalen Auftragsmanagements anhand der Merkmale Marktbedingungen und Produktionsformen an (Abschn. 7.4.1.2).

7.4.1.1 Eingliederung und Regelkreis

Die *Eingliederung der PPS* in den Unternehmensablauf zeigt Abb. 7.17, vgl. Wiendahl H-P (2014, S. 278 f.).

Ausgangspunkt der PPS bilden im Wesentlichen konkrete Kundenaufträge aus Bestellungen oder Abrufen sowie Vorratsaufträge aus Vertriebsprognosen, die sogenannten *Primärbedarfe*. Die erforderlichen *Sekundärbedarfe* werden aus der Stücklistenstruktur abgeleitet und in *Aufträge* an die eigene Fertigung und Montage sowie in *Bestellungen* an den Beschaffungsmarkt umgewandelt. Hierbei sind verfügbare Lagerbestände sowie erwartete Zugänge aus laufenden Produktionsaufträgen und Bestellungen zu berücksichtigen.

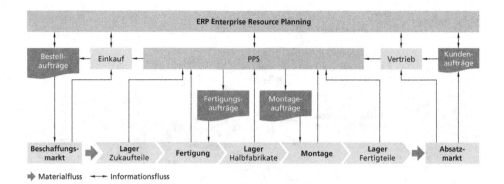

Abb. 7.17 Eingliederung der PPS in den Unternehmensablauf. (H-P Wiendahl)

Nach Wareneingang fließt das Material über das Eingangslager in die Fertigung, die dort erzeugten Halbfabrikate über ein Zwischenlager in die Montage und die Endprodukte über das Fertigwarenlager zum Kunden. Die Überwachung des Auftragsflusses in Beschaffung und Produktion sowie die Kapazitätsbelastung über die Produktions- und Transportschritte erfolgt mit Rückmeldungen an die PPS.

Funktional folgen die PPS-Funktionen der MRP II-Logik. Sie sind – wie in Abb. 7.17 dargestellt – heute Teil der sog. ERP-Software.

Das funktionale Zusammenwirken der operativen Planung und Steuerung verdeutlicht ein Regelkreis. Hierbei sind vier Terminkreise zu unterscheiden, Abb. 7.18:

- Die *Zielsetzung* bezüglich der strategischen Positionierung gibt zunächst die *ZIEL-Werte* vor. Diese sind meist Leistungsziele wie bspw. eine bestimmte Termintreue oder Durchlaufzeit.
- Der Bedarf von Vertrieb und Kunden bestimmt die *SOLL-Werte* – diese ergeben sich durch eine Rückwärts-Terminierung (ausgehend vom Kundenwunsch- oder Vertragstermin „rückwärts" in Richtung „Vergangenheit"). Diese SOLL-Werte müssen *vertragskonform* sein.
- Bestimmte Auftragsmanagement-Funktionen setzen diese in *PLAN-Werte* für Produktions- und Beschaffungsaufträge um – klassischerweise über eine Vorwärts-Terminierung (ausgehend vom frühesten Starttermin – i. d. R. SOLL-Start oder „heute" – in Richtung „Zukunft"). Diese PLAN-Werte müssen *erfüllbar* sein.
- Nach der Durchführung stellen Rückmeldefunktionen die *IST-Werte* bereit.

Der Vergleich der so ermittelten ZIEL-, SOLL-, PLAN- und IST-Werte ergibt mehrere Regelkreise, Wiendahl H-P (2020, S. 352 f.):

- Der erste Regelkreis prüft die *Zielerfüllung* des Produktionsplans bzw. des Produktionsprogramms. Ggf. sind Korrekturen entweder an den Zielen oder dem Plan erforderlich.

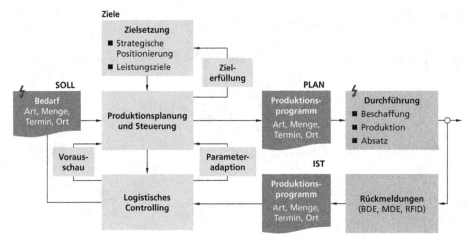

SOLL Kundenwunsch/Bedarf, PLAN durch die PPS eingeplant, IST nach Durchführung erreicht
⚡ Änderungen, Störungen

Abb. 7.18 Regelkreis der PPS.
(H-P Wiendahl/H-H Wiendahl)

- Ein zweiter Regelkreis überprüft im Sinn einer *Vorausschau,* ob die als erreichbar definierten PLAN-Termine die als Vorgabe vereinbarten SOLL-Termine treffen. Abweichungen erfordern vorausschauende Eingriffe.
- Der dritte Regelkreis überprüft im Sinne einer *Rückschau,* ob die IST-Termine die PLAN-Termine getroffen haben. Abweichungsgründe sind bspw. unerwartete Störungen wie Maschinen- und Personalausfälle, verspätete Materialanlieferungen, Qualitätsmängel. Auch sie erfordern Eingriffe, die allerdings erst im Nachhinein berücksichtigt werden können.
- Der vierte Regelkreis prüft, ob die eingestellten Parameter (z. B. SOLL-Durchlaufzeiten oder -Kapazitäten) so eingestellt sind, dass die vorgegebenen Bedarfe bzw. Termine erreichbar sind. Dies löst ggf. eine *Parameteradaption* aus.

Das Modell sichert also nicht nur die logistische Qualität der Durchführung, sondern auch die der Planung. Hierbei bestimmt vor allem die (mittlere) Durchlaufzeit der Aufträge die Regelkreisdauer. Darüber hinaus verdeutlicht das Regelkreisverständnis die Notwendigkeit einer echtzeitnahen Erfassung und Verarbeitung von Rückmeldedaten, denn ein hoher Zeitversatz führt zwangsläufig zu Fehlentscheidungen bei der Planung und Steuerung.

Die periodisch erhobenen Kennzahlen dienen zum einen der Überwachung der Auftragsabwicklung, zum anderen der Trenderkennung sowie dem überbetrieblichen Vergleich im Rahmen eines Benchmarkings. Spitzenkennzahlen sind meist Termintreue, Durchlaufzeit, Auslastung und Bestände. Der englische Begriff Benchmark stammt ursprünglich aus der Landvermessung und bedeutet Festpunkt oder Landmarke. Übertragen bedeutet Benchmark (auch Benchmarking) den Vergleich von Prozessen, Produkten und Dienstleistungen, um „vom Besten zu lernen", vgl. dazu ausführlich Wiendahl H-P et al. (1998), Luczak et al. (2004).

7.4.1.2 Auftragsmanagement-Morphologie Standort

Die konkrete Ausgestaltung der innerbetrieblichen Planung und Steuerung unterscheidet sich von Unternehmen zu Unternehmen stark. Um sie dennoch vergleichbar zu machen, ist eine Betriebsmorphologie hilfreich. Die bekannteste geht auf Schomburg zurück, vgl. Schomburg (1980, S. 34 ff.) und wurde seitdem vielfältig weiterentwickelt, vgl. dazu ausführlich Wiendahl H-H (2011, S. 189 ff.) und die dort zitierte Literatur.

Abb. 7.19 zeigt die lokalen AM-Funktionen gegliedert nach den Merkmalen Artikel, Kapazitätseinheit und Auftrag mit ihren jeweiligen Ausprägungen in Form einer morphologischen Matrix:

- Der *Kundenbezug des Endproduktes* beschreibt, wie Produkte entwickelt und am Markt angeboten werden. Dies betrifft zum einen den Einfluss des Kunden auf die Produktkonstruktion und zum anderen den organisatorischen Aufwand für die Erfüllung eines Kundenauftrags.
- Die *Zulieferebene* beschreibt die Stellung des Endproduktes am betrachteten Standort im Vergleich zum Endprodukt des gesamten Logistiknetzwerks und gibt Hinweise auf den Marktzugang. Zulieferer haben keinen direkten Kontakt zum Endnutzer.
- Die *Stücklistentiefe* kennzeichnet den konstruktionsbedingten Produktaufbau. Die damit zusammenhängende lokale Fertigungstiefe ist über die Dispositionsstufen sowie die Anzahl aufeinanderfolgender Arbeitsgänge im Arbeitsplan ergänzend beschreibbar.
- Das *Ablaufprinzip* beschreibt die räumliche Zusammenfassung der Betriebsmittel zu Kapazitätseinheiten, ggf. differenziert nach Teilefertigung und Montage. Das Merkmal beschreibt die Planungs- und Steuerungskomplexität aus Auftragssicht.

	Merkmale	Ausprägungen			
Artikel	Kundenbezug des Endproduktes	kundenspezifisch	Produktfamilien (variantenreich)	Standardprodukt (mit Varianten)	Standardprodukt
	Zulieferebene	Einzelteil	Komponente	Endprodukt	
	Stücklistentiefe/ Dispositionsstufen	viele	wenige	einstufig	Handel (inkl. externe Produktion)
Kapazitäts- einheit	Ablaufprinzip	Baustelle	Insel	Werkstatt	Linie
	Materialfluss- komplexität	komplex mit Rückflüssen	komplex ohne Rückflüsse	linear	
	Planungs- besonderheiten	Rüstzyklen Kampagnen	Mindestmenge Charge	gemeinsame Bearbeitung	Schleifenprozesse
Auftrag	Bevorratungs- strategie	engineer-to-order	make-to-order	assemble-to-order	make-to-stock
	Auslösegrund	Nachfrage Kundenauftrag	Prognose Vorhersageauftrag	Verbrauch Lagernachfüllung	
	Auftragstyp	Einzelstück	Kleinserie	Serie	Großserie Massenfertigung

Abb. 7.19 Auftragsmanagement-Morphologie Standort.

- Die *Materialflusskomplexität* beschreibt die Richtung und Vielfalt der Materialfluss-beziehungen und damit die Planungs- und Steuerungskomplexität aus Ressourcensicht.
- Die *Planungsbesonderheiten* beziehen sich auf die Auftragseinplanung. Das Merkmal charakterisiert die Planungs- und Steuerungskomplexität aus Artikelsicht.
- Die *Bevorratungsstrategie* (Auftragsabwicklungstyp) charakterisiert die Bindung der Produktion an den Absatzmarkt aus Auftragssicht. Das Merkmal bezieht sich auf die verkauften Produkte des Kundenauftrags und damit auf die Primärbedarfe; er wurde in Abschn. 7.2.5 beschrieben.
- Der *Auslösegrund* (Auftragsauslösungsart, Dispositionsart) beschreibt die Ursache des Bedarfs, der verbrauchs-, prognose- oder kundengesteuert sein kann. Das Merkmal bezieht sich also auf den Eigenfertigungs- oder Fremdbezugsauftrag und damit auf die Sekundärbedarfe. Das Merkmal differenziert das vorhergehende, strategische Merkmal der Bevorratungsstrategie und wird detaillierter im Folgeabschnitt beschrieben.
- Der *Auftragstyp* (Fertigungsart) beschreibt die Wiederholfrequenz der Eigenferti-gungs- oder Fremdbezugsaufträge des jeweiligen Produktes. Das Merkmal bezieht sich also ebenfalls auf die Sekundärbedarfe und beschreibt, wie die Frequenz der Kundennachfrage in die Frequenz der Produktionsaufträge umgesetzt wird.

Werden bestimmte Ausprägungen zu häufigen Kombinationen verdichtet, lassen sich *Grund- oder Idealtypen* der Auftragsabwicklung ableiten. Diese Typen beschreiben vergleichbare PPS-Anforderungen bzw. -Ausprägungen und erlauben so den unter-nehmensübergreifenden Vergleich unterschiedlicher Unternehmen oder den internen Vergleich von Bereichen auf die Ähnlichkeit ihrer PPS.

Das bekannteste Beispiel ist die Unterscheidung von Auftrags-, Rahmenauftrags-, Varianten- und Lagerfertiger, vgl. dazu ausführlich Schuh (2006, S. 121 ff.). Als domi-nierendes Merkmal gilt also die Bevorratungsstrategie, wobei weiter vereinfachend Lager- und Auftragsfertiger unterschieden werden. Der *idealtypische Lagerfertiger* wäre demnach wie folgt eingeordnet: Als Endprodukthersteller (OEM) produziert er Standard-produkte (ohne oder mit Varianten) mit einer (oder wenigen) Stücklistenstufe(n). Die Produktion ist als Linie organisiert, der Materialfluss verläuft linear. Zur Rüstkostenre-duzierung produziert er in größeren Losen (Mindestmengen). Die Produktion erfolgt auf Lager (make-to-stock) mit Verbrauchs- und Prognoseaufträgen in Serie bzw. Großserie.

7.4.2 Funktionen der PPS

Die aus dem Auftragsbestand resultierende Belastung und die verfügbare Kapazität sind offensichtlich umso ungenauer zu bestimmen, je weiter der Zeitpunkt für die gewünschte Aussage „Sind die Wunschtermine des Kunden einhaltbar?" in der Zukunft liegt. Auch sind zum Einplanungszeitpunkt der Aufträge nicht immer alle Informationen über den genauen Produktionsablauf bekannt. Deshalb hat sich eine Planung in Stufen zunehmender Genauigkeit durchgesetzt (bekannt auch als Grob-, Mittel- und Feinplanung), die zyklisch durchlaufen wird:

- Die *klassische Funktionsgliederung* der PPS entstand Anfang der 1980er Jahre und geht auf Hackstein zurück. Sie ist in die Teilgebiete Produktionsplanung und Produktionssteuerung, mit fünf Haupt- und entsprechenden Teilfunktionen aufgeteilt, Hackstein (1989, S. 5 ff.).
- Das etwa zehn Jahre später entstandene *Aachener PPS-Modell* folgt in seiner Aufgabensicht einer Modulstruktur. Es gliedert sich in vier Kernaufgaben und drei Querschnittsaufgaben, das *Datenmanagement* bildet das notwendige Fundament, vgl. Schuh und Stich (2012, S. 30 ff.).

Die Funktionen werden im Folgenden knapp für Produktionsunternehmen der Stückgüterindustrie erläutert. Weiterführende Informationen sowie andere Funktionsgliederungen sind der Literatur zu entnehmen, vgl. dazu u. a. Hackstein (1989), Glaser et al. (1992), Drexl et al. (1994), Hartmann (2005), Mertens und Meier (2009), Schuh und Stich (2012), Gulyássy und Vithayathil (2014), Wiendahl H-P (1996, 2014, S. 278 ff.), Trovarit-ERP (2017, S. 28 ff.), Schönsleben (2016, S. 230 ff.) sowie die dort zitierte Literatur.

Basis für das tiefere Verständnis des PPS-Konzeptes und seiner in den Folgeabschnitten beschriebenen Teilfunktionen bilden einerseits der *Funktionsüberblick* und andererseits die Kenntnis der für die Planung und Steuerung zentralen Datenobjekte *(PPS-Objekte und Bedarfsarten)*. Die anschließenden vier Abschnitte (Abschn. 7.4.2.1 bis Abschn. 7.4.2.4) behandeln die Hauptfunktionen der PPS und die dort eingesetzten wesentlichen Methoden.

Funktionsüberblick PPS

Abb. 7.20 zeigt die Zweiteilung der PPS-Funktionen in Produktionsplanung und Produktionssteuerung, geordnet nach ihrem Zeithorizont; das zugrunde liegende Datenmanagement ist nicht dargestellt. Die Teilschritte sind als Hauptfunktionen erkennbar und weiter in Teilfunktionen gegliedert, Wiendahl H-P (2014).

Die langfristige *Produktionsprogrammplanung* bestimmt aus Absatzprognosen und vorliegenden Kundenaufträgen unter Berücksichtigung vorhandener Kapazitäten den *Primärbedarf* an verkaufsfähigen Erzeugnissen und Ersatzteilen; dies geschieht meist im Monatsrhythmus mit einem Planungshorizont von 1 bis 3 Jahren. Diese Grobplanung legt also die erforderlichen Kapazitäten (Konstruktion, Produktion, Beschaffung) aus und die Beteiligten (v. a. Vertrieb, Produktion, Einkauf, Logistik) vereinbaren das sogenannte *Produktionsprogramm*.

Die mittelfristige Produktionsplanung umfasst die *Mengenplanung* sowie die *Termin- und Kapazitätsplanung*. Sie läuft heute meist täglich mit einem typischen Planungshorizont von mehreren Monaten. Die wesentlichen Ergebnisse sind:

- *Mengenermittlung* der Eigen- und Fremdbezugsteile (sog. Sekundärbedarfe),
- *Terminermittlung* der Eigen- und Fremdbezugsaufträge (sog. Bedarfsdecker) sowie
- *Kapazitätsbedarfsermittlung und -abgleich* für die Eigenfertigungsaufträge.

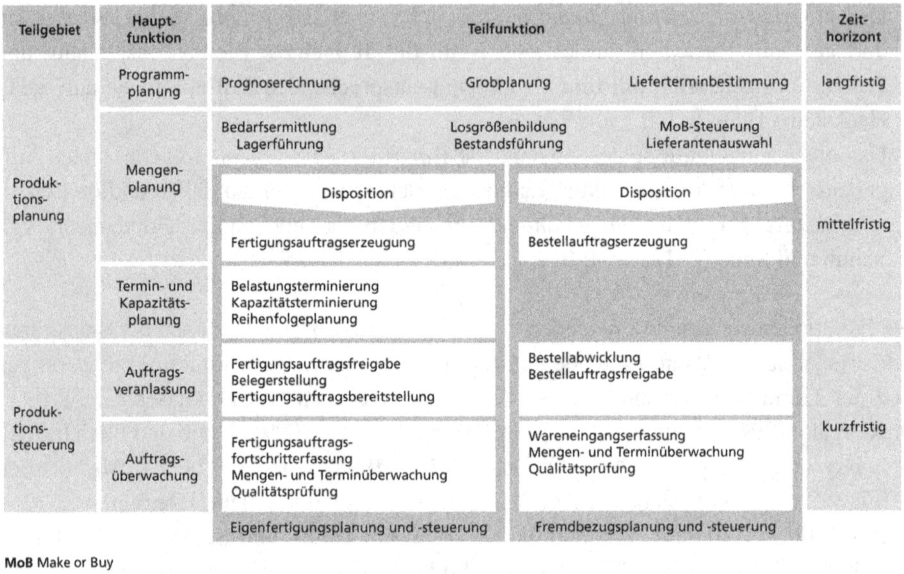

Teilgebiet	Haupt-funktion	Teilfunktion			Zeit-horizont
Produktions-planung	Programm-planung	Prognoserechnung	Grobplanung	Lieferterminbestimmung	langfristig
	Mengen-planung	Bedarfsermittlung Lagerführung	Losgrößenbildung Bestandsführung	MoB-Steuerung Lieferantenauswahl	mittelfristig
		Disposition	Disposition		
		Fertigungsauftragserzeugung	Bestellauftragserzeugung		
	Termin- und Kapazitäts-planung	Belastungsterminierung Kapazitätsterminierung Reihenfolgeplanung			
Produktions-steuerung	Auftrags-veranlassung	Fertigungsauftragsfreigabe Belegerstellung Fertigungsauftragsbereitstellung	Bestellabwicklung Bestellauftragsfreigabe		kurzfristig
	Auftrags-überwachung	Fertigungsauftrags-fortschritterfassung Mengen- und Terminüberwachung Qualitätsprüfung	Wareneingangserfassung Mengen- und Terminüberwachung Qualitätsprüfung		
		Eigenfertigungsplanung und -steuerung	Fremdbezugsplanung und -steuerung		

MoB Make or Buy

Abb. 7.20 Funktionen der Produktionsplanung und -steuerung.
(Nach Hackstein, H-P Wiendahl)

Technisch integriert die PPS-Software diese Funktionen in einen – meist nächtlichen – Planungslauf. Entsprechend des funktionalen Reifegrades bzw. der logistischen Anforderungen lassen sich drei Ausprägungen (vgl. auch Abb. 7.1) unterscheiden:

- Als *MRP I-Lauf* führt die Software eine reine Materialbedarfsplanung durch (Mengen- und Terminermittlung). Hierzu koppelt sie insbesondere die operativen Teilfunktionen der *Bedarfsermittlung* (Brutto-Netto-Sekundärbedarf inkl. Terminierung, Abschn. 7.4.2.2.1) sowie der *Auftragserzeugung* (mit vorgegebenen Losgrößen und Beschaffungsarten) sowie die *Bestandsführung* fest miteinander.
- Als *MRP II-Lauf* integriert die Software zusätzlich eine Kapazitätsbedarfsrechnung für die Eigenfertigung (Termin- und Kapazitätsbedarf). Diese *Belastungsterminierung* berücksichtigt also keine Kapazitätskonkurrenz der Aufträge.
- Als *APS-Lauf* (Advanced Planning and Scheduling) erfüllt das System zusätzlich die Teilfunktionen *Kapazitätsterminierung* und *Reihenfolgeplanung*, berücksichtigt damit also konkurrierende Aufträge und die Verfügbarkeit des Materials. Dies integriert die Funktionen der Materialbedarfsplanung sowie Eigenfertigungsplanung und -steuerung und überwindet damit einige der kritisierten MRP-Defizite.

Das Ergebnis ist zweigeteilt: Einerseits sind dies Vorschläge für Eigen- und Fremdbezugsaufträge sowie einen Produktiop1nsplan. Andererseits zeigen Ausnahmemeldungen mengenmäßige, terminliche oder auch kapazitive Handlungsbedarfe auf.

Die jeweils operativ Verantwortlichen in Einkauf und Produktion müssen beide Ergebnisse prüfen und die Vorschläge bestätigen oder anpassen; Auftragserzeugung und -auslösung bzw. Kapazitätsplanung und -steuerung sind also meist nicht vollständig automatisiert.

Abb. 7.21 zeigt die drei beschriebenen Ausprägungen des PPS-Laufs, Wiendahl und Kluth (2017). Die zugeordneten zeitlichen Entwicklungsschritte verdeutlichen die zunehmende Funktionsintegration in Richtung einer Simultanplanung.

Die *kurzfristige Produktionssteuerung* umfasst die Freigabe, Rückmeldung und Überwachung der Fertigungs- und Bestellaufträge. Sie läuft meist täglich, manchmal auch im Schichtrhythmus und hat einen Zeithorizont von einigen Wochen:

- *Eigenfertigung:* Kurze Zeit vor dem Starttermin der Fertigungsaufträge prüft die *Auftragsfreigabe,* ob alle Voraussetzungen zur Auftragsdurchführung hinsichtlich des Materials, der Kapazität und Betriebsmittel wie Werkzeuge, Vorrichtungen, Messmittel und NC-Programme gegeben sind, gibt die Aufträge dann frei und erstellt die Auftragspapiere.
- *Fremdbezug:* Nach der *Beschaffungsdurchführung* und ggf. erforderlichen Angebotseinholung und -bewertung sowie Lieferantenauswahl erfolgt die *Bestellfreigabe.* Die Bestellung regelt neben der Gegenstandsbeschreibung u. a. die Art der Bereitstellung eines Produktes oder einer Dienstleistung und mündet in ein Vertragsverhältnis.

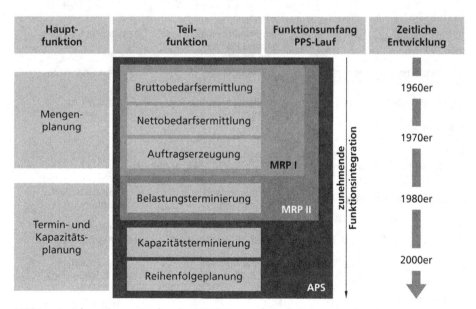

MRP I material requirements planning, MRP II manufacturing resource planning, APS advanced planning and scheduling, PPS Produktionsplanung und -steuerung

Abb. 7.21 Ausprägungen des PPS-Laufs. (H-H Wiendahl und Kluth)

Die *Fortschrittserfassung, Mengen- und Terminüberwachung* sowie *Qualitätsprüfung* gelten für Eigen- und Fremdbezug: Die Fortschrittsmeldung der Fertigungsaufträge erfolgt i. d. R. arbeitsganggenau, bei Bestellaufträgen ist sie meist auf den Wareneingang beschränkt.

Oft unterstützen eigene Softwarewerkzeuge die Funktionen der Eigenfertigungsplanung und -steuerung: Früher als Werkstattsteuerungssysteme bezeichnet, sind heute die Begriffe MES (Manufacturing Execution System, etwa Fertigungsdurchsetzungswerkzeug) oder APS-Software verbreitet. Für die Rückmeldung werden BDE-Funktionen (Betriebsdatenerfassung) und MDE-Funktionen (Maschinendatenerfassung) genutzt, vgl. dazu Abschn. 7.6.2.

PPS-Objekte und Bedarfsarten

Basis des PPS-Konzeptes bilden die *Planungsobjekte* und verwendeten *Bedarfsarten*. Abb. 7.22 stellt diese vereinfachend dar; vgl. dazu ausführlich Hartmann (2005, S. 278), Wiendahl H-H (2002, S. 67), Gulyássy und Vithayathil (2014, S. 166), Schönsleben (2016, S. 251).

Abb. 7.22a zeigt die zentralen *PPS-Objekte*. Sie unterscheiden sich nach ihrer Verbindlichkeit in vorläufige und endgültige (d. h. fixierte) Objekte bzw. Zustände:

Objekt	Ausprägungen	
	vorläufig	endgültig
Bedarf	Plan-Primärbedarf Sekundärbedarf	Auftragsreservierung
Bedarfsdecker eigen	Planauftrag	Fertigungsauftrag
Bedarfsdecker fremd	Bestellanforderung	Bestellung

a) **PPS-Objekte**

Klassifikationskriterium	Ausprägungen	
Bedarfsbeziehung	Primärbedarf (unabhängig)	Sekundärbedarf (abhängig)
Bestandsabgleich	Bruttobedarf (kein Abgleich)	Nettobedarf (mit Abgleich)
Zeitliche Detaillierung	Periodenbedarf (i. d. R. Planung)	Terminbedarf (i. d. R. Steuerung)

b) **Bedarfsarten**

Abb. 7.22 PPS-Objekte und Bedarfsarten

- Der *Bedarf* beschreibt die Materialnachfrage nach Art, Menge, Termin und Anliefer-ort. Bei den vorläufigen Bedarfen wird noch zwischen Primär- und Sekundärbedarf unterschieden.
- Der *Bedarfsdecker* ist entweder ein Lagerbestand oder ein Auftrag (Eigenfertigung oder Fremdbezug) und enthält ebenfalls die vier Attribute Art, Menge, Termin und Ort.

Der Planungslauf (in der Praxis meist als MRP-Lauf bezeichnet) erzeugt, löscht oder verschiebt Bedarfe und Bedarfsdecker unter Berücksichtigung ihrer Verbindlichkeit nach bestimmten Regeln.

Abb. 7.22b klassifiziert die *Bedarfsarten* nach drei Kriterien:

- Das Kriterium *Bedarfsbeziehung* unterscheidet Primär- und Sekundärbedarf. Ersterer umfasst verkaufsfähige Artikel und kann sowohl Endprodukte als auch Baugruppen, Eigen- oder Kaufteile, die durch den Kunden bestellt werden (Liefersicht) umfassen. Demgegenüber beschreibt der Sekundärbedarf Rohstoffe, Teile und Gruppen zur Her-stellung des Primärbedarfs (Dispositionssicht).
- Das Kriterium *Bestandsabgleich* unterteilt in Brutto- und Nettobedarf. Der Brutto-bedarf berücksichtigt keine Lagerbestände, erwartete Zugänge oder Reservierungen, der Nettobedarf bezieht diese mit ein.
- Die *zeitliche Detaillierung* unterscheidet perioden- von termingenauen Bedarfs-rechnungen. Erstere gibt den Bedarf für eine Periode an, z. B. Woche, letztere zeit-punktbezogen.

Im Folgenden werden die Hauptfunktionen der lokalen PPS näher betrachtet.

7.4.2.1 Produktionsprogrammplanung

Die *Produktionsprogrammplanung* bestimmt das Produktionsprogramm, welches die herzustellenden Primärbedarfe nach Art, Menge, Termin und Ort periodenbezogen fest-legt. Je nach Branche geschieht dies auf Produkt- oder Produktgruppenebene und kann auch Reihenfolgeinformationen (sog. Produktionssequenzen) umfassen, vgl. dazu aus-führlich Schuh und Stich (2012, S. 39 ff.), Wiendahl H-P (2014, S. 285 ff.), Hackstein (1989, S. 89 f.), Mertens (1996, S. 14–13 ff.) sowie die dort zitierte Literatur.

Das *Produktionsprogramm* umfasst sowohl erteilte als auch prognostizierte Aufträge:

- Erteilte Aufträge haben eine hohe Verbindlichkeit. Sie basieren auf Kunden- und Abrufaufträgen oder internen Bestellungen z. B. Entwicklungsaufträgen.
- Prognostizierte Aufträge haben eine geringere Verbindlichkeit und basieren auf Prog-nosen über externe oder interne Bedarfe.

▶ Das *Produktionsprogramm* legt den Primärbedarf (verkaufsfähige Erzeugnisse und Ersatzteile) nach Art, Menge und Termin sowie Anlieferort für einen definierten Zeit-raum fest.

Die Teilfunktionen der Programmplanung sind:

- Die *Prognoserechnung* (auch Absatzprognose) ermittelt Absatzmengen aus Kunden-bestellungen oder über statistische Methoden und leitet daraus den *Nettoprimärbedarf* unter Berücksichtigung von Lagerbeständen ab.
- Die *Grobplanung* (auch Ressourcengrobplanung) prüft diesen auf Realisierbarkeit auf verdichteter Ebene für Personal, Betriebsmittel und Material mit unterschiedlichen Bedarfsermittlungsverfahren, vgl. dazu ausführlich, Mertens (1996, S. 14–13 ff.), Hackstein (1989, S. 101 ff.). Je nach Ergebnis ist eine Anpassung von Bedarf und/ oder Angebot notwendig.
- Die *Lieferterminermittlung* bestimmt die Liefertermine entweder in Form eines Lieferzeitkatalogs (meist nur für Standardprodukte) oder durch individuelle Prüfung (insbesondere bei kundenspezifischen Produkten), vgl. auch Abschn. 7.5.2.1.

Die logistische Geschäftsart bzw. Bevorratungsstrategie bestimmen Art und Form des Zusammenwirkens dieser Teilfunktionen:

- Bei der *kundenanonymen Produktion* bestimmen die Absatzerwartungen des Ver-triebs das Verkaufsprogramm. Das Produktionsprogramm *(Programmplanung Vorratsaufträge)* ergibt sich nach interner Abstimmung vor allem mit Produk-tion und Einkauf. Somit dominieren Prognoserechnung und Grobplanung und die Lieferterminermittlung ist funktional simpel (periodenbezogene Prüfung von Produktreservierungen). Der häufigste Anwendungsfall betrifft Konsumgüter wie Haushaltsmaschinen, Unterhaltungselektronik oder Kommunikationstechnik.
- Bei der *kundenspezifischen Produktion* bestimmen konkrete Kundenanfragen oder Ausschreibungen das Produktionsprogramm. Dabei sind *Angebotsplanung,* basie-rend auf Kundenanfragen, und *Auftragsterminplanung,* basierend auf verbindlichen Kundenbestellungen, zu unterscheiden. Somit dominieren Lieferterminermittlung und Grobplanung, und die Prognoserechnung ist funktional simpel (Übernahme von Kundenaufträgen). Den typischen Anwendungsfall bildet das Anlagengeschäft mit sei-nen kundenspezifischen Lösungen wie Walzwerken, Papierfabriken oder Kraftwerken.
- Insbesondere Varianten- und Serienfertiger schließen *Rahmenverträge* für bestimmte Produkte und deren Varianten für einen bestimmten Zeitraum. Diese Verträge regeln generelle Konditionen (Produktbeschreibung, Qualität) sowie Liefer- und Zahlungs-bedingungen für einen bestimmten Zeitraum (bspw. die Laufzeit eines Produkt-modells). Für deren Steuerung sind insbesondere Spannweiten für Liefermengen und Termine wichtig. Die Realisierung erfolgt dann durch Abrufe mit Menge und Ter-min, vgl. dazu ausführlich Schönsleben (2016, S. 248 ff.). Somit werden Prognose-rechnung und Grobplanung in enger Abstimmung zwischen Kunde und Lieferant durchgeführt und bestimmen die Lieferterminermittlung. Rahmenverträge sind ins-besondere für die Automobilindustrie typisch, Herlyn W (2012), aber auch andere Branchen wie Maschinenbau, Möbelindustrie sowie Elektro- und Elektronikindustrie nutzen diese.

Das abgestimmte Produktionsprogramm bildet die Basis für die weiteren Planungen wie bspw. Budgetplanungen.

7.4.2.2 Mengenplanung

Die Mengenplanung (auch Materialplanung, Material- oder Produktionsbedarfsplanung, Disposition) leitet aus den Primärbedarfen die erforderlichen Sekundärbedarfe an Material ab. Diese umfassen Rohstoffe, Einzelteile und Baugruppen. Die entsprechenden Hilfs- und Betriebsstoffe heißen Tertiärbedarfe und werden im Weiteren vernachlässigt. Ergebnis der Mengenplanung sind die nach Art, Menge, Termin und Ort benötigten Materialbedarfe (und müsste deshalb streng genommen Mengenterminplanung heißen), denen entsprechende Bedarfsdecker (Lagerbestand, Eigen- oder Fremdbezugsaufträge) gegenüberstehen.

Die Literatur unterscheidet im Wesentlichen sieben *Teilfunktionen* der Mengenplanung, vgl. Abb. 7.20. Zunächst beschreibt Abschn. 7.4.2.2.1 knapp die Teilfunktionen und die wichtigsten Bedarfsermittlungsmethoden. Abschn. 7.4.2.2.2 erläutert das Zusammenwirken der Teilfunktionen sowie die grundlegenden Kriterien und Regeln ihrer Konfiguration.

7.4.2.2.1 Teilfunktionen und Methoden der Mengenplanung

Die *Bedarfsermittlung* (genauer Brutto-/Netto-Sekundärbedarfsermittlung) ermittelt die Sekundärbedarfe nach Termin und Menge:

- Die *Bruttorechnung* leitet diese entweder deterministisch aus den Primärbedarfen über die Stücklistenauflösung ab oder ermittelt sie stochastisch über unterschiedliche Methoden.
- Die *Nettorechnung* berücksichtigt zusätzlich die verfügbaren Lagerbestände, erwartete Zugänge aus Eigen- und Fremdbezug sowie Sicherheits- und Meldebestände.

Die *Losgrößenbildung* (auch Bestell- oder Losgrößenrechnung) legt für die Eigenfertigung die wirtschaftliche Losgröße und für den Fremdbezug die optimale Bestellmenge fest.

Die *Make-or-Buy-Steuerung* (auch Beschaffungsartzuordnung) entscheidet zwischen Eigenfertigung oder Fremdbezug:

- Diese Festlegung hat strategischen Charakter. Sie berücksichtigt Differenzierungs-, Kompetenz-, Know-how- und Kostenkriterien.
- Die operative Festlegung geschieht fallweise.

Insbesondere Auftragsfertiger nutzen sogenannte X-Teile (hier ist Eigen- oder Fremdbezug möglich) zur Belastungssteuerung in Über- oder Unterlastphasen.

Die *Lieferantenauswahl* beinhaltet die Angebotseinholung, deren Bewertung sowie den Abschluss; Neuheitsgrad und Teilekomplexität bestimmen Aufwand und Umfang. Der Angebotsvergleich kann komplex sein, da technische, terminliche und kaufmännische Angebotsbedingungen häufig nicht unmittelbar vergleichbar sind. Oft werden bei wichtigen Artikeln Probelieferungen und eine Auditierung der Lieferanten vereinbart. Größere Abschlüsse umfassen Vergabeverhandlungen, die bereits erwähnten Rahmenverträge gelten meist für die Produktlaufzeit.

Bestandsführung und *Lagerführung* (auch Bestands- bzw. Lagerverwaltung) sind inhaltlich eng verknüpft:

- Sie erfassen sämtliche Bestandsbewegungen und Lagerbestände nach Art, Menge, Termin und Ort mit Warenannahme, Identitätsprüfung, Wareneingangsmeldung, Mengen- und ggf. Qualitätsprüfungen (und -ergebnissen). Es sind sowohl IST- als auch PLAN-Bewegungen sowie entsprechende Planungsparameter wie z. B. Sicherheits- und Meldebestand zu verwalten.
- Ggf. ist eine Differenzierung nach Chargen (Gesamtheit von Produkten, die unter gleichen Bedingungen hergestellt oder verpackt wurden) notwendig oder sogar gesetzlich vorgeschrieben. Dies gewährleistet eine Rückverfolgung bei Feststellung von Produktionsfehlern.

Die *Auftragserzeugung* (auch Bestellrechnung) schließt die Funktionen der Mengenplanung ab: Sie fasst die ermittelten Nettobedarfe unter Berücksichtigung der optimalen Losgrößen zu Vorschlägen für Eigen- bzw. Fremdbezugsaufträge zusammen und heißt auch Fertigungs- bzw. Bestellauftragserzeugung.

▶ Eine *Methode* (auch Verfahren) unterstützt bestimmte Funktionen der Planung und Steuerung durch eine Automatisierung. Sie folgt hierzu definierten Regeln und Abläufen, die mit bestimmten Input-Informationen (z. B. Verbräuche vergangener Perioden) Output-Informationen (z. B. Bedarfe künftiger Perioden) ermitteln, vgl. dazu Duden (1985, S. 440, 701).

Methoden automatisieren die notwendigen Entscheidungsabläufe so, dass sie unter denselben Randbedingungen dieselben Ergebnisse erzeugen (Wiederholbarkeit). Im Rahmen des Auftragsmanagements unterstützen Methoden die Prognose-, Belegungs- und Entscheidungsfunktionen, vgl. hierzu ausführlich Wiendahl H-H (2002, S. 90 ff.).

Die *Bedarfsermittlungsmethoden* werden meist zwei Kategorien zugeordnet, VDI (1974, S. VI f.), Hartmann (2005, S. 282 ff.), Scheer (1994, S. 126 ff.), Schönsleben (2016, S. 251 ff., 406 ff.). Sie sind für Primär- und Sekundärbedarfe anwendbar:

Die *deterministische Bedarfsermittlung* (bedarfsgesteuerte Disposition) unterstellt eine bekannte Nachfrage und berechnet daraus die notwendigen Artikelbedarfe aufgrund gegebener Verhältnisse:

- Die *Primärbedarfsermittlung* übernimmt somit lediglich die Kundenbedarfe.
- Grundlage der *Sekundärbedarfsermittlung* sind die Bedarfszahlen der übergeordneten Primärbedarfe. Die *Mengenberechnung* erfordert ein bekanntes Produktionsprogramm, Stücklisten und ggf. Ausschussquoten. Die *Terminberechnung* erfordert

Bedarfstermine und Durchlaufzeitannahmen für die Bedarfsdecker (Vorlaufverschiebung als Frist zwischen Bestellauslösung und Materialverfügbarkeit). Hierbei können die Stücklisten nach zwei Methoden aufgelöst werden, vgl. dazu ausführlich Wiendahl H-P (2014, S. 295 ff.), Schuh und Stich (2012, S. 204 f.), Dickersbach und Keller (2014, S. 276 f., 488):

- Das *Fertigungsstufenverfahren* erzeugt Einzelbedarfe je Material-Nr., diese liegen ggf. terminlich auseinander. Nachteilig ist hier die fehlende Bedarfszusammenfassung. Dies kann zu Mehrfachbestellungen führen, die dem Kostenminimierungsziel widersprechen.
- Das *Dispositionsstufenverfahren* fasst die Einzelbedarfe je Material-Nr. zusammen und verzerrt so den Bedarf auf den frühesten Bedarfszeitpunkt aller Erzeugnisstrukturen. Abb. 7.23a visualisiert seine Funktionsweise, also die Terminierung über eine Vorlaufverschiebung und die auftragsübergreifende Zusammenfassung auf den Bedarfszeitpunkt der untersten Auflösungsstufe. Nachteilig ist hier der zu frühe Bedarfstermin: So entstehen einerseits unnötige Bestände. Andererseits verschwindet der „echte" Bedarfstermin, so dass bei Auftragsverspätungen die Möglichkeit fehlt, kritische Bedarfe zu identifizieren.

Die *stochastische Bedarfsermittlung* (verbrauchgesteuerte Disposition) nutzt eine Vorhersage zur Abschätzung des künftigen Bedarfes aufgrund der Vergangenheit und berücksichtigt Vorhersagefehler durch Einbau von Sicherheitsbeständen. Bedarfsmengen und -termine werden integriert berechnet. Abläufe und Anwendungsbereiche sind für Primär- und Sekundärbedarfe gleich.

Neben der Bestellmenge beeinflusst auch der *Bestellzeitpunkt* die Lagerhaltung. Bei der deterministischen Ermittlung resultiert dieser aus einer Rückwärtsrechnung vom Bedarfszeitpunkt durch die erwähnte Vorlaufverschiebung. Für die stochastische Bedarfsermittlung sind zwei Grundformen der *Bedarfsauslösung* zu unterscheiden:

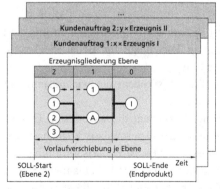
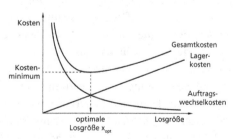
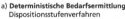

a) **Deterministische Bedarfsermittlung**
Dispositionsstufenverfahren

b) **Losgrößenbildung**
Grundmodell nach Andler/Harris

Abb. 7.23 Funktionen der Mengenplanung.
(Nach H-P Wiendahl, REFA)

- Das *Bestellpunktverfahren* löst die Bestellung abhängig vom sogenannten Melde- oder Auslösebestand aus.
- Das *Bestellrhythmusverfahren* löst die Bestellung abhängig vom Termin aus.

In beiden Ausprägungen ist die Bestellung fester oder variabler Mengen denkbar, vgl. dazu ausführlich Zäpfel (1994).

Wie beschrieben, legt die *Losgrößenbildung* eine wirtschaftliche Losgröße bzw. optimale Bestellmenge fest und zielt auf minimale Stückkosten. Ihre Berechnung geht auf Harris (1913) bzw. Andler (1929) zurück, Abb. 7.23b:

- In der Eigenfertigung entstehen zwischen zwei Aufträgen typischerweise Auftragswechselkosten (Rüstkosten); im Fremdbezug bestellfixe Kosten je Auftrag.
- Die Lagerung der Fertigteile erzeugt Kapitalbindungskosten und sonstige Lagerkosten.

Bei bekanntem Bedarf sind die Gesamtkosten einer Betrachtungsperiode zu minimieren, so resultiert die optimale Losgröße X_{opt}. Die Grundüberlegung wurde sowohl hinsichtlich der Bedarfsschwankungen als auch der Kostenbestandteile (Bestandskosten im Auftragsdurchlauf sowie Terminabweichungskosten) vielfach erweitert, vgl. dazu ausführlich Wiendahl H-H (2011, S. 125 ff.), Wiendahl H-P (2014, S. 316 ff.). sowie die dort zitierte Literatur. Die Industrie nutzt so ermittelte Werte meist nur als Richtschnur, oftmals bestimmen praktische Restriktionen wie bspw. Lagerfähigkeit der Ware, Lager- oder Behältergrößen die reale Losgröße.

7.4.2.2.2 Zusammenwirken und Konfiguration

Abb. 7.24 zeigt das Zusammenwirken der drei operativen Teilfunktionen der Mengenplanung sowie die erforderlichen Stamm- und Bewegungsdaten zum MRP I-Lauf (Materiabedarfsplanungslauf). Sie folgen im Wesentlichen einer sequenziellen Reihenfolge:

- Hierbei erzeugt der MRP-Lauf über die drei *operativen Teilfunktionen* Brutto- und Nettobedarfsermittlung sowie Auftragserzeugung Vorschläge für Bedarfsdecker, je nach Anzahl der Dispositionsstufen auch mehrstufig.
- *Bewegungsdaten* bilden die eine Klasse der Eingangsgrößen; die wichtigsten sind Bedarfe und (verfügbare) Bestände.
- *Stammdaten* bilden die zweite Klasse der Eingangsgrößen; die wichtigsten Größen sind Beschaffungsart (eigen/fremd) und Dispositionsart (deterministisch/stochastisch) sowie Stückliste und Materialstamm. Für die deterministische Bedarfsermittlung sind vor allem Stücklisten und Terminierungsparameter (Standard-Durchlaufzeit Eigen/Fremd, also Wiederbeschaffungszeit und Eigenfertigungszeit), für die stochastische Bedarfsermittlung Melde- und Sicherheitsbestand relevant.

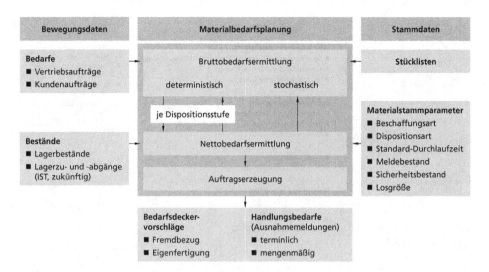

Abb. 7.24 Materialbedarfsplanungsfunktionen im Zusammenwirken.
(H-P, H-H Wiendahl)

Nicht immer sind alle Bedarfsmengen und -termine erfüllbar, wodurch Planungskonflikte entstehen. Deshalb ist das Ergebnis zweigeteilt:

- Einerseits entstehen *Bedarfsdeckervorschläge* – also ein Beschaffungsplan für Eigenfertigung und Fremdbezug als Umsetzungsvorgabe.
- Andererseits entstehen *Handlungsbedarfe* für die operativ Verantwortlichen. Sogenannte Ausnahmemeldungen zeigen nicht automatisiert lösbare Abweichungen von Bedarf und Bedarfsdecker aus Mengen- und/oder Terminsicht auf.

Die operativ Verantwortlichen müssen die Planungskonflikte auflösen, ggf. Neuplanungen anstoßen und die erzeugten Bedarfsdecker bestätigen oder ggf. ändern.

Zur Konfiguration, also zur Gestaltung der Materialbedarfsermittlung, sind vor allem die Kriterien Artikelwert und Verbrauchskonstanz relevant. Zur Analyse dienen ABC- und XYZ-Analyse, vgl. u. a. Specht (1994), Wiendahl H-P (2014, S. 292 f.), Nyhuis und Wiendahl (2012, S. 267 ff.), Schönsleben (2016, S. 453 ff.):

Die 1951 von der Firma General Electric in den USA entwickelte *ABC-Analyse* (auch Pareto-Analyse) betrachtet den *Artikelwert:* Hierzu ermittelt sie je Artikel den durchschnittlichen Jahresverbrauchswert als Produkt von Menge und Kosten und sortiert diese Werte absteigend. Über die Gesamtsumme normiert man die Einzelwerte, errechnet eine Summenkurve und unterteilt diese in drei Klassen (A, B, C). A-Artikel bilden mit einer relativ kleinen Artikelanzahl einen großen Wertanteil am Jahresverbrauch; sie sind deterministisch zu bestimmen. C-Artikel haben einen großen Mengenanteil am Jahresverbrauch, jedoch wertmäßig einen geringen Anteil, diese sind stochastisch zu bestimmen. Bei B-Artikeln mit mittlerem Mengen- und Wertanteil sind beide Formen anwendbar.

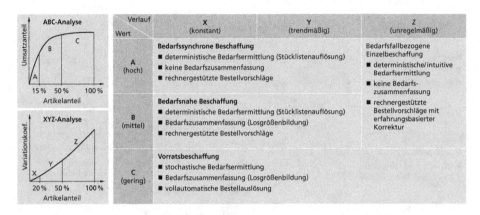

Abb. 7.25 Regelwerk Bedarfsermittlungsverfahren.
(H-H, H-P. Wiendahl)

Die *XYZ-Analyse* betrachtet demgegenüber die *Verbrauchskonstanz* und teilt diese ebenfalls in drei Klassen ein (X, Y, Z): X-Artikel zeigen konstante, Z-Artikel völlig unregelmäßige Verbräuche. Dementsprechend leicht oder schwer ermöglichen es stochastische Methoden, aus den Vergangenheitsverbräuchen zukünftige Bedarfe mit hoher Treffsicherheit abzuleiten.

Die Kombination der beiden Analysen erlaubt ein verfeinertes Entscheidungsschema zur Konfiguration mit Methodenauswahl und Parametrierung der Bedarfsermittlungsverfahren. Abb. 7.25 ordnet den so gebildeten Feldern Konfigurationsausprägungen anhand der Kriterien Bedarfsermittlung, Bedarfszusammenfassung (Losgrößenbildung) sowie Rechnerunterstützung zu.

7.4.2.3 Termin- und Kapazitätsplanung

Die Termin- und Kapazitätsplanung (auch Kapazitätsterminplanung, Eigenfertigungsplanung und -steuerung) plant die Fertigungsaufträge (bzw. -vorschläge) so ein, dass sie die vorgegebenen Bedarfsmengen und -termine unter Berücksichtigung der verfügbaren Kapazität bestmöglich erreichen. Als Ergebnis sind die Aufträge nach Menge, Termin und Herstellort fixiert und dabei nach terminlicher und kapazitiver Machbarkeit geprüft.

Aus Gestaltungssicht ist im Wesentlichen festzulegen, nach welchen Regeln die Termine ermittelt werden und welche Kapazitätsrestriktionen und ggf. Materialverfügbarkeitsrestriktionen zu berücksichtigen sind. Planungsbasis bilden Konventionen über Kapazitäts- und Stundenbegriffe:

Es werden Kapazitätsbedarf und -angebot unterschieden, beide beziehen sich auf Planungsperioden:

- Der *Kapazitätsbedarf* beschreibt den zur Herstellung erforderlichen Zeitverbrauch einer Ressource.
- Das *Kapazitätsangebot* beschreibt die zur Herstellung verfügbare Zeit einer Ressource (Mensch oder Betriebsmittel).

Für die Planung und Steuerung sind Vorgabe- von Ist-Stunden zu unterscheiden:

- *Vorgabestunden* beschreiben die für eine Tätigkeit unter Normalbedingungen voraussichtlich notwendige Zeit. I. d. R. legen Arbeitspläne (vgl. Kap. 6) diese Planzeit fest.
- *Ist-Stunden* beschreiben die für eine Tätigkeit tatsächlich benötigte Zeit. Rückmeldewerkzeuge wie bspw. BDE-/MDE-Software registrieren diese Werte.

Die aus der Literatur und Praxis bekannten Funktionen der Termin- und Kapazitätsplanung werden hier zu drei *Teilfunktionen* zusammengefasst, Abb. 7.20. Zunächst beschreibt Abschn. 7.4.2.3.1 die Teilfunktionen und die wichtigsten Ausprägungen. Abschn. 7.4.2.3.2 erläutert das Zusammenwirken der Teilfunktionen sowie die Kriterien und Regeln ihrer Konfiguration.

7.4.2.3.1 Teilfunktionen und Methoden der Termin- und Kapazitätsplanung

Die *Belastungsterminierung* für die Eigenfertigung verfeinert die Terminierung der Sekundärbedarfsermittlung meist arbeitsganggenau und ermittelt die Kapazitätsbedarfe:

- Zur *Durchlaufterminierung* sind grundsätzlich Rückwärts-, Vorwärts- oder Mittelpunktsterminierung oder Kombinationen denkbar.
- Sind die Endtermine mit den eingestellten Standard-Durchlaufzeiten nicht erreichbar, sind Durchlaufzeitverkürzungen erforderlich. Dann kommen als wichtigste *Kürzungsregeln* Übergangszeitkürzung (Kürzen der Wartezeiten an den Arbeitsplätzen), Überlappen (Weitergeben von Teilmengen) und Splitten (Aufteilen der Mengen auf mehrere Arbeitsplätze) infrage.
- Die *Kapazitätsbedarfsermittlung* ermittelt schließlich über Arbeitspläne den Kapazitätsbedarf. Durch eine periodenbezogene Verdichtung auf sogenannte Planungsperioden (meist tages- oder schichtbezogen) entsteht dann das arbeitsplatzbezogene *Belastungsprofil*.

Die *Kapazitätsterminierung* soll die Kapazitäten abgleichen, also einen realisierbaren Plan aufstellen. Der Produktionsfeinplan und Handlungsbedarfe bilden das Ergebnis. Die Methoden bzw. Softwarewerkzeuge unterstützen beide Teilfunktionen unterschiedlich stark automatisiert:

- Die *Kapazitätsangebotsermittlung* ermittelt das tatsächlich verfügbare Kapazitätsangebot. Es ist insbesondere durch die Anzahl der Arbeitsplätze, die Schichtmodelle sowie die technische Verfügbarkeit (vgl. Abschn. 8.3.4) bestimmt.
- Die *Kapazitätsabstimmung* für die Eigenfertigung (auch Kapazitätsabgleich) stellt nun Bedarf und Angebot gegenüber und gleicht Über- oder Unterlasten ab. Hierzu kommen Kapazitäts- oder Belastungsanpassungen sowie ein Belastungsabgleich (zeitlich, technologisch) infrage.

- Mitunter gilt auch die *Personaleinsatzplanung* als separate Teilfunktion. Hier werden Bedarf und Angebot sehr viel detaillierter unter Berücksichtigung der Kompetenzen beschrieben, um daraus die mitarbeiterspezifischen Einsatzpläne abzuleiten. In der Praxis haben sich hierfür noch keine anerkannten Vorgehensweisen etabliert, sodass Funktionsumfang und -breite stark variieren; oftmals stellt eine MES-Software diese Funktionen bereit, vgl. Abschn. 7.6.2.

Die *Reihenfolgeplanung* (auch Belegungsplanung, Arbeitsverteilung, Reihenfolgebildung) verfeinert nochmals die Terminierung (Abarbeitungsreihenfolge) und die Arbeitsplatzzuordnung:

- Einerseits bestimmt sie die Abarbeitungsreihenfolgen an den Arbeitsplätzen.
- Andererseits legt sie die genaue Zuordnung der Aufträge zum Einzelarbeitsplatz fest, da Durchlaufterminierung oftmals nur eine Arbeitsplatzgruppe betrachtet.

Da viele Unternehmen diese Zuordnung erst nach Auftragsfreigabe durchführen, gilt sie oftmals als Produktionssteuerungsaufgabe.

Wie bereits erwähnt, ist die Qualität der Durchlaufterminierung für eine termingerechte Abarbeitung der Fertigungsaufträge von zentraler Bedeutung. Die verfügbaren *Methoden der Durchlaufterminierung* unterscheiden sich im Wesentlichen nach Detaillierungsgrad und Zeitbezug:

- Es sind die drei *Detaillierungsstufen,* auftragsgenau, arbeitsganggenau oder arbeitsganggenau differenziert nach Übergangs- und Durchführungszeit relevant.
- Der Aspekt *Zeitbezug* unterscheidet vergangenheits- von zielbezogener Ermittlung. Erstere nutzt mittlere Durchlaufzeiten aus der Vergangenheit zur Terminierung, zweitere leiten die mittleren Durchlaufzeiten aus einem Zielbestand ab.

Die aufwendigste, aber genauere Methode, ist eine arbeitsgangweise Terminierung, die ihre Durchführungszeit aus der Vorgabezeit und die Übergangszeit am Arbeitsplatz aus dem Zielbestand ableitet, vgl. dazu ausführlich Wiendahl H-P (2014, S. 323 ff.).

Die wichtigsten *Methoden der Reihenfolgeplanung* bilden Prioritäts- oder Reihenfolgeregeln. Wie erwähnt, sind diese sowohl bei der Einplanung (Planungsaufgabe) als auch bei der Abarbeitung (Steuerungsaufgabe) anwendbar. Die Regeln sind zweckmäßigerweise nach ihrer Wirkung zu gliedern, vgl. dazu ausführlich Lödding (2016, S. 507 ff.), Wiendahl H-H (2011, S. 243 ff.), Wiendahl H-P (2014, S. 328 f.) sowie die dort zitierte Literatur:

- *Zuverlässigkeitsmaximierende Reihenfolgeregeln* zielen entweder auf eine höhere Liefertreue (v. a. für Auftragsfertiger relevant) oder einen höheren Servicegrad (v. a. für Lagerfertiger relevant):
  - Die wichtigsten Regeln zum Einhalten einer hohen *Liefertreue* sind *FIFO* (First In – First Out) bzw. FCFS (First Come – First Serve) sowie Restschlupf (verbleibende Zeit zum SOLL-Ende des Auftrags) bzw. FPE (früherster Plan-Endtermin).
  - Bei Lagerfertigern wären Aufträge zu bevorzugen, deren Lagerverfügbarkeit am ehesten gefährdet ist. Dies sind die *Critical Ratio* sowie die von Lödding entwickelten flussgradbasierten Prioritätskennzahlen, vgl. Lödding (2016, S. 512 ff.). Bei den sogen. Mischfertigern, die gleichzeitig Lager- und Kundenaufträge fertigen, wird die Priorisierung entsprechend komplexer.
- *Leistungsmaximierende Reihenfolgeregeln* zielen auf einen hohen Durchsatz. Die Aufträge werden terminlich so geordnet, dass der Umstellungsaufwand an den Arbeitsplätzen möglichst gering ist. Je nach Position in der Rüstreihenfolge beschleunigt oder verzögert das den jeweiligen Auftrag.
- *Weitere Reihenfolgekriterien sind KOZ* (kürzeste Operationszeit) oder *LOZ* (längste Operationszeit). Sie bevorzugen Aufträge mit dem geringsten bzw. größten Arbeitsinhalt.

Grundsätzlich sinkt die Wirkung der Prioritätsregeln mit abnehmenden Umlaufbeständen.

7.4.2.3.2 Zusammenwirken und Konfiguration

Abb. 7.26 zeigt das Zusammenwirken der Termin- und Kapazitätsplanungsfunktionen sowie die erforderlichen Eingangsdaten:

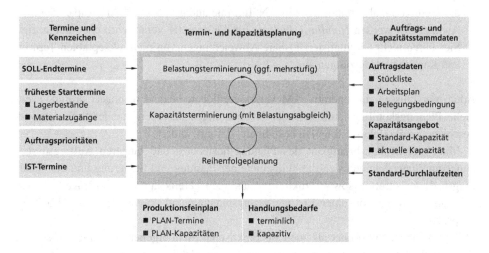

Abb. 7.26 Termin- und Kapazitätsplanungsfunktionen im Zusammenwirken

- Die Termin- und Kapazitätsplanung erzeugt über die drei *operativen Teilfunktionen* Belastungsterminierung, Kapazitätsterminierung und Reihenfolgeplanung einen Produktionsfeinplan, je nach Anzahl der Dispositionsstufen auch mehrstufig.
- *Termine und Kennzeichen* bilden die eine Klasse der Eingangsgrößen: SOLL-Endtermine (i. d. R. aus den Bedarfsterminen abgeleitet), früheste Starttermine (i. d. R. aus erwarteten Materialverfügbarkeiten abgeleitet) sowie IST-Termine (i. d. R. aus Fertigungsrückmeldungen bekannt) begrenzen die möglichen Terminlagen. Darüber hinaus sind Auftragskennzeichen wie Auftragsprioritäten notwendig.
- *Auftrags- und Kapazitätsstammdaten* bilden die zweite Klasse der Eingangsgrößen: Zum einen sind dies dem Auftrag zugeordnete Daten wie Stücklisten und Arbeitspläne. Zur Reihenfolgeplanung sind Auftragsprioritäten oder Belegungsbedingungen wie bspw. Rüstfamilienkennzeichen notwendig. Zum anderen beschreiben Standard- bzw. aktuelle Kapazität das Kapazitätsangebot.
- Außerdem sind *Standard-Durchlaufzeiten* für die Belastungs- und Kapazitätsterminierung erforderlich, in feinerer Detaillierung als die Durchlaufzeitparameter der Materialbedarfsplanung.

Wegen der geringen Standardisierung ist die Personaleinsatzplanung mit den hierfür notwendigen Eingangsgrößen nicht dargestellt.

Grundsätzlich bestimmen Machbarkeit und Planungsphilosophie, in welchem Umfang Planungskonflikte automatisiert gelöst werden können – bzw. sollen. Deshalb ist das Ergebnis zweigeteilt:

- Einerseits entsteht ein *Produktionsfeinplan*. Dieser enthält Umsetzungsvorgaben für die Produktion, also mindestens PLAN-Termine und ggf. auch PLAN-Kapazitäten.
- Andererseits werden *Handlungsbedarfe* für die operativ Verantwortlichen aufgezeigt. Sie zeigen nicht automatisiert lösbare Abweichungen von nicht akzeptablen Termin- und Kapazitätsverletzungen auf.

Auch hier müssen die operativ AM-Verantwortlichen beide Ergebnisse prüfen, eventuelle Planungskonflikte auflösen oder Neuplanungen anstoßen und letztlich den vorgeschlagenen Produktionsfeinplan bestätigen oder ggf. ändern.

Mit abnehmender Fristigkeit des Planungshorizontes und längeren Auftragsdurchlaufzeiten überschneiden sich die Teilgebiete der Planung und Steuerung und die Handlungsbedarfe betreffen sowohl zukünftige als auch bereits laufende Aufträge. Deshalb wird auch oftmals von einer Eigenfertigungsplanung und -steuerung (vgl. Abb. 7.20) gesprochen.

Sowohl aus theoretischer als auch aus praktischer Sicht ergeben sich unterschiedliche Schwierigkeiten im Zusammenwirken. Diese beeinträchtigen die Wirksamkeit der Termin- und Kapazitätsplanung, was die bereits oben beschriebene Kritik an der klassischen PPS (also dem MRP-Ansatz) auslöste. Drei Punkte erscheinen hier wesentlich:

1) Realistischer Plan

Innerhalb der Termin- und Kapazitätsplanung bestehen direkte Abhängigkeiten, die die terminliche Betrachtung verdeutlicht: Belastungs- und Kapazitätsterminierung treffen beide Durchlaufzeitannahmen, die nicht zwangsläufig gleich sein müssen. Terminverletzungen können z. B. die Durchlaufzeitannahmen der Materialbedarfsplanung betreffen, bspw. verursacht ein Vorziehen von Fertigungsaufträgen entsprechend frühere Rohmaterialbedarfe.

Nun durchläuft der klassische PPS-Ansatz diese Funktionen sukzessive (MRP-Planungslauf). Widersprüche müssten entsprechende Planungsschleifen auslösen, die ggf. bis in die Materialbedarfsplanung zurückwirken, also eine neue Sekundärbedarfsermittlung erfordern. Das unterbleibt aber in der Praxis meist aus Aufwandsgründen. Dann haben nicht aufgelöste Widersprüche die mannigfaltig kritisierten unrealistischen Pläne zu Folge.

Prinzipiell kann also nur eine durchgängig simultane Planung diese Abhängigkeiten berücksichtigen. Die bereits erwähnten *APS-Softwarewerkzeuge* berücksichtigen diese und etablieren sich insbesondere bei komplexen Produkt- und Produktionsstrukturen der Einzelfertigung zunehmend als Zusatzwerkzeug zur ERP-Software.

2) Realistische Terminierungsparameter

Sowohl die Funktionen der Termin- und Kapazitätsplanung als auch die der Mengen(termin)planung nutzen Durchlaufzeitannahmen. Diese Terminierungsparameter sollten realistisch, also einerseits *wunschgerecht* bzw. *vertragskonform* (SOLL-Terminierung) und andererseits für die Produktion *erfüllbar* (PLAN-Terminierung) sein (s. auch Abschn. 7.4.1.1). Praktiker widmen ihrer Ermittlung und Pflege oftmals überraschend wenig Aufmerksamkeit. Vielleicht auch deswegen, weil die heutige ERP- und APS-Software die Ermittlung dieser Werte oftmals nur unzureichend unterstützt.

3) Realistische Kapazitätsangebotsermittlung

In der Praxis gestaltet sich die Kapazitätsangebotsermittlung oft überraschend schwierig: Viele Unternehmen pflegen weder die Schichtmodelle aktuell und konsequent in ihrer Planungssoftware noch kennen sie die tatsächliche Maschinen- oder Anlagenverfügbarkeit. Dies ist zunächst inhaltlich begründbar: Schlecht oder gar nicht vorhersehbare Ereignisse wie Maschinen- oder Personalausfälle erschweren korrekte Werte. Erfahrungsgemäß spielen aber die eingangs unter den Stolpersteinen genannten Ursachen wie unzureichendes Logistik- und Softwarewissen sowie mangelnde Konsequenz in der Umsetzung getroffener Vereinbarungen eine viel größere Rolle (Abschn. 7.2.1). Dieser Mangel führt naturgemäß zu unrealistischen Belegungsplänen.

7.4.2.4 Produktionssteuerung

Die Produktionssteuerung hat die Aufgabe, die erzeugten Pläne für Eigenfertigung und Fremdbezug trotz unvermeidlicher Änderungen der Kundenbedarfe und -aufträge bzgl. Menge, Termin und Störungen durch Personal- und Maschinenausfall, verspätete Materialanlieferungen oder Ausschuss bestmöglich zu realisieren. Zu treffen sind also konkrete, meist kurzfristig notwendige Einzelfallentscheidungen. Diese folgen möglichst einer Leitlinie, um Widersprüche bestmöglich zu vermeiden bzw. zu reduzieren.

▶ Die *Produktionssteuerung* ist das Veranlassen, Überwachen und Sichern der Durchführung von Produktionsaufgaben hinsichtlich Bedarf (Menge und Termin), Qualität und Kosten, nach VDI (1992, S. 167).

Nach allgemeinem Verständnis gilt die Auftragsfreigabe als Schnittstelle zwischen Planung und Steuerung, was die Auftragssicht widerspiegelt. Aus Ressourcensicht hat sich heute der bereits einleitend erläuterte Regelkreisgedanke durchgesetzt; anders als früher sind Planung und Steuerung jedoch zeitlich nicht mehr so strikt voneinander entkoppelt, sodass die klare Abgrenzung der Teilgebiete an Bedeutung verliert.

Abschn. 7.4.2.4.1 ist zweigeteilt: Zunächst beschreibt er die in Abb. 7.20 genannten Teilfunktionen knapp. Als Verständnisgrundlage für das Zusammenwirken der Entscheidungsaufgaben der Steuerung bietet sich das von Lödding entwickelte Fertigungssteuerungsmodell an, Lödding (2016, S. 8 ff.). Es wird deshalb anschließend erläutert. Der Folgeabschnitt Abschn. 7.4.2.4.2 beschreibt ausgewählte Steuerungsmethoden, klassifiziert sie anhand des Fertigungssteuerungsmodells und gibt so entsprechende Konfigurationshinweise.

7.4.2.4.1 Teilfunktionen und Zusammenwirken

Die *Auftragsveranlassung* betrachtet Eigenfertigung und Fremdbezug.

In der *Eigenfertigung* gibt sie die Aufträge frei, führt die zur Bearbeitung erforderlichen Auftragspapiere zusammen und stellt diese gemeinsam mit dem Material sowie allen anderen erforderlichen Fertigungshilfsmitteln der Produktion bereit:

- Die *Auftragsfreigabe* prüft die Verfügbarkeit von Material und Kapazität sowie ggf. weiterer Fertigungshilfsmittel wie NC-Programme, Werkzeuge oder Vorrichtungen zum PLAN-Starttermin. Dies vermeidet die Belastung der Produktion mit nicht durchführbaren Aufträgen, was auch bei sorgfältiger Planung aufgrund der oben angeführten Änderungen und Störungen nicht immer sichergestellt ist.
- Die *Belegerstellung* stößt Druck und Bereitstellung der erforderlichen Auftragspapiere an, also vor allem den Fertigungsauftrag mit dem dazu gehörigen Arbeitsplan sowie Zeichnungen und Stücklisten. Diese Unterlagen werden heute zunehmend über das interne Datennetz am Arbeitsplatz zur Verfügung gestellt.
- Die *Fertigungsauftragsbereitstellung* umfasst die Anforderung der Materialien und Fertigungshilfsmittel sowie ihre rechtzeitige Bereitstellung gemeinsam mit den Auftragspapieren.

Mitunter nennt die Literatur auch noch die bereits erläuterte Funktion der *Arbeitsverteilung*.

Beim *Fremdbezug* beinhaltet die Auftragsveranlassung zwei Teilfunktionen: Die *Bestellabwicklung* fasst erforderliche administrative Funktionen zusammen; je nach Abwicklungsfall erfolgt auch die Lieferantenauswahl erst nach Bestellauftragsbildung. Nach Entscheid erfolgt die *Bestellfreigabe* mit der Übermittlung des Auftrags an den Lieferanten.

Die *Auftragsüberwachung* soll den Auftragsfortschritt der Eigenfertigung und des Fremdbezugs beobachten:

- Die *Fortschrittserfassung* erfolgt in der Eigenfertigung meist arbeitsganggenau auf der Basis von Teil- und Endrückmeldungen. Früher stark manuell geprägt (zentrale Eingabe der beim Meister abgegebenen Rückmeldescheine), ist heute elektronische BDE-Software (Betriebsdatenerfassung) üblich, oft mit direkter Maschinenkopplung. Für Fremdbezugsaufträge beschränken sich die Rückmeldeinformationen meist auf Lieferterminbestätigung und Wareneingangsmeldung. Lediglich für teure oder terminkritische Artikel sind Zwischenmeldungen durch den Lieferanten üblich.
- Die *Mengen- und Terminüberwachung* beruht auf dem fallweisen oder periodischen Vergleich der rückgemeldeten IST-Werte mit den SOLL-Werten.
- Die *Qualitätsprüfung* erfolgt an vorher definierten Prozessschritten. Sie ist in der Eigenfertigung i. d. R. als Arbeitsgang im Arbeitsplan enthalten und erfolgt für den Fremdbezug bspw. über Prüflose.

Abweichungen vom geplanten Fortschritt lösen zwei Arten von Maßnahmen aus:

- Im Einzelfall sind die bereits oben beschriebenen operativ steuernden Eingriffe erforderlich. Hierbei werden Entscheidungen zur Arbeits(um)verteilung, Kapazitätssteuerung oder Reihenfolgebildung getroffen.
- Über statistische Auswertungen ist zu prüfen, ob einerseits vorgegebene Zielwerte dauerhaft erreicht werden und andererseits die PPS-Parameter realistisch eingestellt sind (vgl. auch Abb. 7.1).

Das *Zusammenwirken* der Entscheidungsaufgaben und die Wirkbeziehungen zu den logistischen Zielgrößen beschreibt das von Lödding entwickelte Wirkmodell, vgl. dazu ausführlich Lödding (2016, S. 8 ff.), Wiendahl H-H (2011, S. 237 ff.), Abb. 7.27:

- Die *Auftragserzeugung* gibt – als Bestandteil der Materialbedarfsplanung – die SOLL-Werte bzgl. Zu- und Abgang sowie die Reihenfolge vor.
- Die *Auftragsfreigabe* bestimmt den Auftragszufluss, also den IST-Zugang.
- Die *Kapazitätssteuerung* beeinflusst das Kapazitätsangebot und darüber den IST-Abgang.
- Demgegenüber ordnet die *Reihenfolgebildung* die Warteschlange der Aufträge an den Arbeitssystemen und bestimmt so die IST-Reihenfolge.

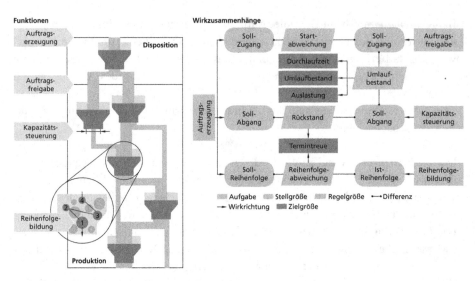

Abb. 7.27 Fertigungssteuerungsmodell.
(In Erweiterung zu Lödding)

Die Aufgaben beeinflussen die Stellgrößen, welche über die *Regelgrößen* die *Zielgrößen* bestimmen, vgl. auch Abschn. 7.3.4. Diese Wirkbeziehungen zwischen Aufgabe und Zielgröße beschränken sich auf die starken, qualitativen Abhängigkeiten. Dadurch gelingt eine einfache und für Praktiker anschauliche Darstellung.

Aus dem Modell resultieren Schlussfolgerungen, die auch für die Gestaltung von Fertigungssteuerungsmethoden gelten, vgl. dazu ausführlich Lödding (2016, S. 102 ff.):

▶   Die Fertigungssteuerung soll
   1. den Bestand mit möglichst geringen Schwankungen an den Arbeitssystemen regeln;
   2. den Rückstand über flexible Kapazitäten ausgleichen;
   3. möglichst wenig Reihenfolgeabweichungen verursachen;
   4. die Auslastung an Engpasskapazitäten besonders beachten.

Etwas verkürzt resultiert daraus folgende Konfigurationsempfehlung, vgl. dazu ausführlich Wiendahl H-H (2002, S. 44, 62, 201 ff.), Lödding (2016, S. 102 ff., 507 ff., 583):

• Eine *Bestandsregelung* sollte über den Zugang erfolgen. Die bestandsregelnde Auftragsfreigabe bestimmt, *wann* die Aufträge freigegeben werden.
• Eine *Rückstandsregelung* sollte über den Abgang erfolgen. Die rückstandregelnde Kapazitätssteuerung bestimmt, *wieviel* Aufträge abgearbeitet werden.
• Eine hohe *Reihenfolgedisziplin* ist neben einem geringen Rückstand die zweite Bedingung für eine hohe Termintreue. Die Reihenfolgeeinhaltung ist also zu beobachten und durchzusetzen.

Die hierzu verfügbaren Methoden erfüllen die Aufgaben in unterschiedlicher Abdeckung mit teilweise unterschiedlichen Wirkmechanismen. Beide Aspekte werden im Folgeabschnitt erläutert.

7.4.2.4.2 Methoden und Konfiguration

Forschung und Praxis haben in den letzten Jahrzehnten eine nahezu unübersehbare Fülle von Methoden und Verfahren zur Fertigungssteuerung entwickelt. Lödding systematisierte sie anhand des oben erläuterten Fertigungssteuerungsmodells und identifizierte etwa 30 Methoden. Diese erfüllen nicht alle, sondern nur ausgewählte Entscheidungsaufgaben der Fertigungssteuerung. Deshalb ist ihre konsistente Konfiguration sicherzustellen, vgl. dazu ausführlich Wiendahl H-P (1987, 1997), Wiendahl H-H (2002), Lödding (2016) sowie die dort zitierte Literatur.

Es folgt die Beschreibung ausgewählter Philosophien und Methoden, die eine hohe theoretische und/oder praktische Bedeutung haben. Sie sind nach den Aspekten Entstehungsgeschichte, Grundidee, theoretische und praktische Bedeutung sowie Konfigurationshinweisen gegliedert.

Leitstand

Leitstände bilden das klassische Unterstützungsinstrument der Werkstattsteuerung. Historisch aus einer *manuellen Plantafel* entstanden, planten sie die Aufträge nach dem Prinzip der Genauplanung ein. So leiteten sie einen Belegungsplan für jeden Arbeitsplatz ab, führten also eine Arbeitsverteilung und Reihenfolgeplanung durch. Den ursprünglichen Einsatzschwerpunkt bildeten Einzel- und Kleinserienfertiger, die nach dem Baustellen- oder Werkstattprinzip organisiert sind.

Mit zunehmender Rechnerentwicklung entstanden *elektronische Leitstände*. Diese behielten zunächst das Prinzip der Genauplanung und boten zu Beginn Einplanungen gegen begrenzte und unbegrenzte Kapazitäten sowie interaktive Einplanungen an, vgl. dazu ausführlich Warnecke und Aldinger (1983), Aldinger (1985). Heute existieren verschiedenste Methoden mit entsprechenden Algorithmen, die die Einplanung unterschiedlich stark automatisiert unterstützen. Das verwässerte auch die ursprünglich einheitliche Methodik und es blieb weder die ursprüngliche Grundidee der Genauplanung noch das ursprüngliche Einsatzgebiet für alle Ausprägungen erhalten. Eine Bewertung sowie allgemeingültige Konfigurationshinweise für die Fertigungssteuerung sind also nicht mehr möglich.

Die ursprüngliche Visualisierungsform hat sich aber in fast allen Werkzeugen bis heute erhalten, Abb. 7.28: Auf der linken Seite ist die Liste der einzuplanenden Aufträge dargestellt, rechts sieht man die Plantafel mit den bereits belegten Arbeitsplätzen. Die Pfeile visualisieren den mehr oder weniger stark automatisierten, oftmals interaktiven, Einplanungsvorgang.

Praktische Bedeutung haben die elektronischen Leitstände heute als typisches MES-Modul (Abschn. 7.6.2). Dieses kann alle Funktionen der Termin- und Kapazitätsplanung sowie Produktionssteuerung beinhalten. Heutiger Einsatzschwerpunkt sind komplexe Produktionsumgebungen, in denen eine manuelle Planung und Steuerung versagt.

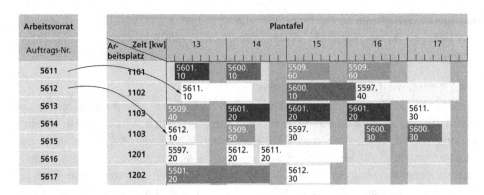

Abb. 7.28 Elektronische Plantafel.
(Nach Aldinger, IPA)

Optimized Production Technology (OPT)

Die OPT-Philosophie wurde Anfang der 1980er Jahre maßgeblich von Goldratt entwickelt, gemeinsam mit Fox in dem Roman „Das Ziel" populärwissenschaftlich beschrieben und später dann zur Theory of Constraints (ToC) weiterentwickelt, Goldratt und Cox (1984), Goldratt E M (1990). Einsatzschwerpunkt der daraus abgeleiteten Steuerungsmethode sind Einzel- und Kleinserienfertiger, die nach dem Werkstatt- oder Inselprinzip organisiert sind und über stabile Engpasssituationen verfügen.

Die Grundidee basiert auf der Annahme, dass jede Fertigung einen Engpass besitzt, dessen Leistung die Ausbringung der Gesamtproduktion begrenzt. Deshalb sollte der Durchsatz am Engpass maximiert werden, was für die Steuerung zum sogenannten Drum-Buffer-Rope-Ansatz führt:

- Der Engpass gibt den Produktionstakt vor, spielt also die „Trommel".
- Ein Sicherheitsbestand (Puffer) vor dem Engpass stellt die erforderliche Auslastung sicher.
- Ein Informationsfluss (Seil) verbindet den Engpass mit den vorgelagerten Arbeitssystemen und regelt darüber den Bestand.

Nicht-Engpässe sind deshalb nicht durchsatzbestimmend und es gilt die Grundregel: „Balance flow, not capacity", Fox (1982).

Die eigentliche OPT-Steuerungsmethode muss nun den Hauptengpass ermitteln und dann die Aufträge terminieren. Der zugrunde liegende Algorithmus wurde nicht veröffentlicht, allerdings in Form von Regeln teilweise beschrieben, Spencer und Cox (1985). Demnach bilden Programmplanung und Terminierung die Hauptfunktionen: Die Programmplanung stellt ein machbares Produktionsprogramm sicher und die Terminierung folgt dem oben beschriebenen Drum-Buffer-Rope-Ansatz, vgl. dazu ausführlich Lödding (2016, S. 401 ff.). Abb. 7.29 zeigt die aus der Grundidee abgeleitete Bildung des OPT-Produktnetzes (a) und die dazu korrespondierende Einplanungslogik mit Belastungsabgleich, Belegungsplanung am Engpass und den beiden unterschiedlichen Terminierungsregeln (b).

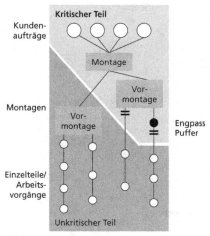

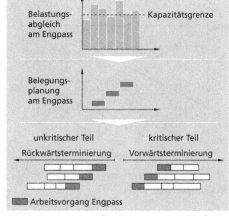

a) **Aufbau des OPT-Produktnetzes**

b) **Einplanungslogik**

Abb. 7.29 OPT.
(Nach Fox, Creative Output; H-P Wiendahl)

Ihre *theoretische Bedeutung* liegt vor allem im Engpassprinzip und der daraus abgeleiteten bestandsregelnden Auftragsfreigabe für den Engpass sowie bestandsregelnde Kapazitätssteuerung für die Nicht-Engpässe. Die Regeln beschränken die Erkenntnisse im Wesentlichen auf qualitative Zusammenhänge.

Die *praktische Bedeutung* der Grundüberlegungen zum Engpassprinzip und die daraus abgeleiteten Steuerungs- und Gestaltungsempfehlungen sind – nicht zuletzt wegen des erfolgreichen Marketings – sehr einleuchtend und haben sich in der Industrie durchgesetzt. Demgegenüber ist die Anwendung der originären Steuerungsmethode – zumindest in Europa – gering.

Die fehlende Offenlegung erschwert Hinweise für die *Konfiguration* der Fertigungssteuerung: Vermutlich setzt die eigentliche OPT-Steuerungsmethode aber auf erzeugten Aufträgen auf, sie bestimmt die Auftragsfreigabe und Reihenfolgebildung; eine Kapazitätssteuerung erfolgt lediglich an Nicht-Engpässen aufgrund der Bestandshöhe.

Belastungsorientierte Auftragsfreigabe (BOA)

Die von Bechte entwickelte und am IFA weiterentwickelte Methode ist Gegenstand zahlreicher nationaler und internationaler Veröffentlichungen und hat sich gleichzeitig in der Praxis bewährt, vgl. Bechte (1984), Wiendahl H-P (1987). Einsatzschwerpunkte sind Einzel- und Kleinserienfertiger, die nach dem Werkstatt- oder Inselprinzip organisiert sind und wechselnde Engpässe haben können.

Grundidee ist, einen Auftrag erst dann freizugeben, wenn der Werkstattbestand einen bestimmten Wert unterschritten hat (WIP Cap). Ausgehend von den aus der Mengenplanung disponierten Fertigungsaufträgen werden die Schritte Dringlichkeitsprüfung (Kriterium Termin) und Freigabeprüfung (Kriterium Bestand) durchlaufen. Die Steuerung

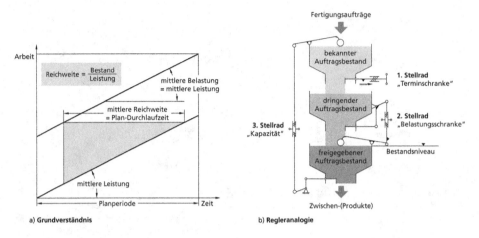

Abb. 7.30 Belastungsorientierte Auftragsfreigabe.
(Nach H-P Wiendahl)

bezieht sich auf den gesamten Umlaufbestand. Abb. 7.30a stellt die Grundidee dar: Im stationären Betriebszustand lässt sich über die Trichterformel die voraussichtliche Durchlaufzeit ableiten (vgl. Abb. 7.13) und so die BOA konsistent parametrieren. Abb. 7.30b zeigt die Regleranalogie zur Auftragsfreigabe mit den drei Stellrädern Terminschranke (zur Dringlichkeitsprüfung), Belastungsschranke und Kapazität (zur Freigabeprüfung).

Ihre *theoretische Bedeutung* liegt einerseits in der bestandsregelnden Auftragsfreigabe und ihren Verfahrensparametern: Die generische Methode unterstützt die künftig erforderliche Wandelbarkeit im Auftragsmanagement, vgl. dazu ausführlich Lödding (2016, S. 444 f.), Wiendahl H-H (2009). Andererseits gab das zunächst eng mit der BOA verknüpfte Trichtermodell wichtige Impulse zum logistischen Grundverständnis und wurde am IFA Hannover zu einem heute allgemein anerkannten Beschreibungs-, Analyse- und Wirkmodell für Produktionsprozesse weiterentwickelt, das die Wirkzusammenhänge auch quantifiziert (vgl. Abschn. 7.3).

Ihre *praktische Bedeutung* stieg in den späten 1980er Jahren stark an und bildete ein Funktionsmodul in vielen PPS-Softwarewerkzeugen. Mit abnehmendem Anteil an Werkstattfertigungen sowie dem Aufkommen verbesserter und alternativer Planungsalgorithmen sowie dem Vordringen des Ansatzes der Schlanken Produktion sank die Einsatzhäufigkeit. Der Grundgedanke einer bestandsregelnden Auftragsfreigabe ist allerdings bis heute anerkannt und Bestandteil von Gestaltungsempfehlungen und Steuerungsmethoden.

Für die *Konfiguration* der Fertigungssteuerung ist zu beachten: Die BOA setzt auf erzeugten Aufträgen auf, sie bestimmt die Auftragsfreigabe; Reihenfolgebildung und Kapazitätssteuerung sind korrespondierend zu konfigurieren.

Fortschrittszahlensteuerung

Fortschrittszahlen werden seit Jahrzehnten in der Automobilindustrie zur Planung und Steuerung angewendet. Die erstmals von Heinemeier ausführlich beschriebene Grundidee wurde von Lödding zur Fortschrittszahlensteuerung formalisiert, vgl. Heinemeier (1988), Lödding (2016, S. 285 ff.). Einsatzschwerpunkt ist die variantenarme Serienproduktion mit wenigen Stücklistenstufen, die in Inseln oder Linien organisiert ist.

Grundidee ist, die Produktion an definierten Kontrollpunkten über die Zahl der durchfließenden Objekte zu koordinieren. Die variantenspezifische Fortschrittszahl stellt diese Materialbewegungen am Kontrollpunkt kumulativ dar. Ein Vergleich von SOLL- und IST-Fortschrittszahl identifiziert Handlungsbedarf; die Fortschrittszahl selbst dient zur Reichweitenermittlung, Programmkontrolle und Nettobedarfsermittlung:

- Als *Fortschrittszahlenprinzip* unterstützt es die Programm- und Materialbedarfsplanung.
- Die von Lödding formalisierte *Fortschrittszahlensteuerung* erzeugt Aufträge und gibt sie zur Bearbeitung frei.

Abb. 7.31a zeigt die aus der Grundidee abgeleitete Bildung von Kontrollblöcken mit ihren Kontrollpunkten sowie die dazu darstellbaren IST- und SOLL-Fortschrittszahlen. Abb. 7.31b stellt die drei wichtigsten Anwendungsmöglichkeiten der Fortschrittszahlen dar.

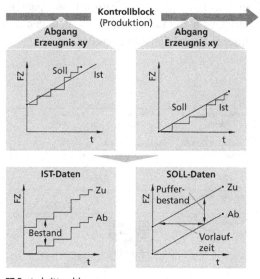

FZ Fortschrittszahl
a) **Aufbau von Kontrollblöcken**

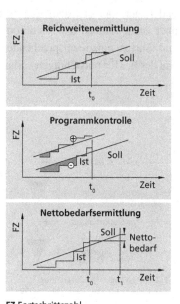

FZ Fortschrittszahl
b) **Anwendungsmöglichkeiten**

Abb. 7.31 Fortschrittszahlensteuerung.
(Nach Heinemeier; H-P Wiendahl)

Ihre *theoretische Bedeutung* liegt in der Visualisierung des Auftragsdurchlaufs eines Artikels über mehrere Stufen: Diese zeigt einerseits den Steuerungsbedarf und andererseits den Rückstand je Artikelvariante einfach nachvollziehbar auf.

Ihre *praktische Bedeutung* ist nach wie vor hoch. Das Prinzip hat sich in der Automobilindustrie für die Materialwirtschaft und der Produktionsverbundsteuerung von Herstellerwerken bewährt; zunehmend setzen es auch ihre Zulieferunternehmen ein. Im Flugzeugbau ist es unter dem Begriff Schrägkurve verbreitet.

Für die *Konfiguration* der Fertigungssteuerung ist zu beachten: Die Fortschrittszahlensteuerung in der von Lödding formalisierten Form bestimmt die Auftragserzeugung; Auftragsfreigabe, Reihenfolgebildung und Kapazitätssteuerung sind korrespondierend zu konfigurieren.

Kanban

Die Kanban-Steuerung ist ein wichtiger Bestandteil des Toyota-Produktionssystems und geht auf Ohno zurück, vgl. auch Ohno (1988), Kap. 8. Einsatzschwerpunkt ist die variantenarme Serienproduktion, die in Inseln oder Linien organisiert ist.

Grundidee ist, dass jedes Arbeitssystem nach dem Supermarktprinzip nur das nachfertigt, was der Verbraucher aus dem Ausgangslager entnimmt. Die Steuerung erfolgt variantenspezifisch über den namensgebenden Kanban (japan.: Karte); es werden Produktions- und Transport-Kanbans unterschieden (zur ausführlichen Erläuterung vgl. Kap. 9). Abb. 7.32a zeigt das Gestaltungsmuster, also die Unterteilung des Wertschöpfungsprozesses in Kanban-Regelkreise mit den Abschnitten Produktionsbereich (interner oder externer Lieferant) und Lager. Der aus dem Lager kommende Verbrauchsimpuls (auch Pull-Steuerung) löst über einen Kanban die Nachproduktion bei einem internen oder externen Lieferanten aus und führt zu einem entsprechenden Materialzugang in das Lager. Abb. 7.32b stellt den Aufbau des hierfür notwendigen variantenspezifischen Produktions-Kanbans dar.

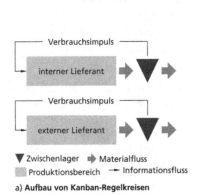

a) **Aufbau von Kanban-Regelkreisen**

b) **Aufbau eines Produktions-KANBANs**

Abb. 7.32 Kanban-Steuerung.
(Nach H-P Wiendahl)

Ihre *theoretische Bedeutung* liegt vor allem in der verbrauchsgesteuerten Auftragserzeugung: Sie deckelt gleichzeitig den Variantenbestand und beinhaltet damit eine Bestandsregelung, vgl. Abschn. 8.4.1: Pull-Prinzip. Die Idee einer WIP Cap (Bestandsdeckel) inspirierte die Entwicklung vieler neuerer Steuerungsmethoden.

Ihre *praktische Bedeutung* ist nach wie vor hoch. Insbesondere die heute allgemein anerkannten Überlegungen zum Lean Management und die damit einhergehenden Umstrukturierungen der Produktion fördern notwendige Einsatzvoraussetzungen und erforderliches Grundverständnis.

Für die *Konfiguration* der Fertigungssteuerung ist zu beachten: In der engen Definition bestimmt Kanban lediglich die Auftragserzeugung; Auftragsfreigabe, Reihenfolgebildung und eine Kapazitätssteuerung ist korrespondierend zu konfigurieren.

Die Erläuterung der Produktionssteuerung mit ihren Methoden schließt diesen Abschnitt. Der Folgeabschnitt beschreibt typische Ineffizienzen der innerbetrieblichen PPS.

7.4.3 Typische Ineffizienzen

Das logistische Verhalten einer Fertigung und seine Konsequenzen für Planung und Steuerung werden seit langem diskutiert. Zum einen ist der Grund in den viel diskutierten Schwächen des MRP-Ansatzes (Abschn. 7.4.2.3.2) zu suchen. Zum anderen spielt aber auch das mangelnde Logistikverständnis der PPS-Anwender eine große Rolle.

Insbesondere der Fehlerkreis der Produktionssteuerung (vicious manufacturing cycle) gibt ein anschauliches Beispiel für die Unkenntnis der tatsächlichen Zusammenhänge zwischen den Zielgrößen und den Auswirkungen auf das logistische Verhalten einer Fertigung, Abb. 7.33. Er wurde vermutlich von Plossl das erste Mal beschrieben, in Deutschland schilderten insbesondere Kettner und H.-P. Wiendahl seine Konsequenzen, Kettner und Bechte (1981), Wiendahl H-P (1987, S. 22).

Der Teufelskreis beginnt damit, dass von der schlechten Termineinhaltung auf zu kurze Plan-Durchlaufzeiten geschlossen wird. Vergrößert man nun diese Werte in der Vorlaufzeitrechnung bzw. Durchlaufterminierung, gelangen die Aufträge früher als bisher in die Werkstatt, die Bestände und somit die Warteschlangen vor den Arbeitsplätzen steigen an. Dies bedeutet im Mittel längere Liegezeiten und damit längere Durchlaufzeiten für die Aufträge, verbunden mit einer größeren Streuung.

Im Ergebnis wird auch die Termineinhaltung schlechter und die wichtigsten Aufträge können nur noch mit Eilaufträgen und kostspieligen Sonderaktionen termingerecht fertiggestellt werden. Der Fehlerkreis wird zu einer Fehlerspirale, die sich erst auf einem viel zu hohen Niveau der Durchlaufzeiten stabilisiert, Wiendahl H-P (1987, S. 7 f.).

Dieser Teufelskreis bildet das prominenteste Beispiel für logistisch falsche Reaktionen, die letztlich die Gesamtsituation schleichend verschlechtern. Weitere Beispiele finden sich in Wiendahl H-H (2011), Lödding (2016). Ihnen allen ist gemein, dass eine logistische Verbesserung ein kontra-intuitives Verhalten voraus setzt.

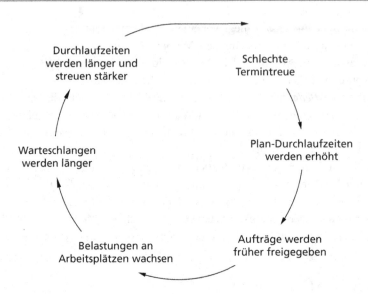

Abb. 7.33 Der Teufelskreis der Produktionssteuerung.
(Nach Plossl, Kettner; H-P Wiendahl)

Die Ausführungen beschließen die Schilderung der Grundlagen, Funktionen und Methoden der innerbetrieblichen Planung und Steuerung. Die Beschreibung dieser Aspekte für die überbetriebliche Planung und Steuerung ist Gegenstand des Folgeabschnitts.

7.5   Überbetriebliche Planung und Steuerung (SCM)

Mit reduzierter Wertschöpfungstiefe je Standort bzw. Unternehmen konkurrieren nicht mehr einzelne Unternehmen, sondern ganze Lieferketten (engl. Supply Chain) bzw. Wertschöpfungs- oder Produktionsnetze miteinander. Daraus entstand die Notwendigkeit, die Auftragsabwicklungsprozesse auch überbetrieblich zu planen und zu steuern, was heute als Supply Chain Management (SCM) bezeichnet wird. Je nach Autor ergänzen sich PPS und SCM oder das SCM umfasst die PPS als innerbetriebliches Teilgebiet. Ihre Entstehungsgeschichte erklärt die eher betriebswirtschaftliche Prägung.

▶ Das *Supply Chain Management* (SCM) gestaltet, plant und steuert die Material-, Informations- und Werteflüsse entlang der gesamten Wertschöpfungskette ausgehend vom Kunden bis zum Rohstofflieferanten, vgl. u. a. Scholz-Reiter und Jakobza (1999, S. 8), Heinzel (2001, S. 55), Kuhn und Hellingrath (2002, S. 10).

Grundsätzlich entspricht die Zielstellung der der PPS, vgl. Abschn. 7.4. Die Literatur erweitert die zeitbezogenen Logistikziele auf Preis- und Qualitätsziele und betont bei allem die kundenbezogene Sicht. Darüber hinaus wird mit der rascheren Marktanpassung (auch) eine neue Zielkategorie wie Flexibilität, Agilität und Wandlungsfähigkeit notwendig, vgl. u. a. Westkämper und Zahn (2009).

Die Anwendungsbereiche Konsumprodukte sowie Automobilindustrie prägen die SCM-Diskussionen und das Verständnis vergleichsweise stark. Eine einheitliche oder zumindest anerkannte Sicht auf Grundlagen und Funktionen schält sich erst schrittweise heraus.

Dieser Abschnitt beschreibt zunächst die *Grundlagen* der überbetrieblichen Planung und Steuerung (Abschn. 7.5.1) sowie die planungs- und steuerungsrelevanten Merkmale. Darauf aufbauend folgt die Beschreibung der *Funktionen* (Abschn. 7.5.2), mit dem Fokus der überbetrieblichen Aspekte. Abschließend erfolgt eine Vorstellung typischer *Ineffizienzen* (Abschn. 7.5.3).

7.5.1 Grundlagen des SCM

Die Aufgabe des SCM besteht darin, die auf dem Absatzmarkt – für diese Lieferkette oder das Produktionsnetzwerk – gewonnenen Aufträge in vereinbarter Menge, Termin und Übergabeort zu erfüllen. Eine geschlossene Lösung für die überbetriebliche Planung und Steuerung der Auftragsabwicklung existiert auch hier nicht.

Die Wertschöpfungsaufteilung auf autonome Partner einer gemeinsam agierenden Lieferkette steigert die Bedeutung von Vertrauens-, Kontroll- und Machtaspekten. Dabei ist das interessengeleitete Handeln von Personen bei Gestaltung und Betrieb besonders zu beachten. Es reicht also nicht aus, lediglich die Aufgaben- bzw. Funktionsverteilung der Planungs- und Steuerungsaufgaben zu beschreiben, sondern es sind zunächst Spannungsfelder und Erfolgsfaktoren von Lieferketten bzw. Produktionsnetzen zu betrachten.

Deshalb steht ihre Erläuterung am Beginn (Abschn. 7.5.1.1). Daran anschließend beschreibt die *Auftragsmanagement-Morphologie Netzwerk* die für die überbetriebliche Planung und Steuerung relevanten Merkmale (Abschn. 7.5.1.2).

7.5.1.1 Spannungsfelder und Erfolgsfaktoren

Ganz grundsätzlich folgt der Grobablauf einer überbetrieblichen Planung und Steuerung der Grundlogik der innerbetrieblichen PPS: Sie wandelt Primärbedarfe (Kunden- oder Vorratsaufträge) in Sekundärbedarfe und Bedarfsdecker (Eigen-/Fremdbezugsaufträge) um.

Unterstellt das klassische PPS-Verständnis noch eine zentralisierte Aufgabenwahrnehmung mit hierarchischer Koordination, rückt im SCM die Aufgabenverteilung und damit auch die zu wählende Koordinationsform in den Vordergrund. Das regelkreisbasierte Verständnis im klassischen Ansatz wird also durch verhandlungsbasierte Ansätze ergänzt, vgl. dazu bspw. Sydow (1992), Corsten und Gössinger (2008, S. 8 ff.), Wiendahl H-H (2011, S. 86 ff., 97 ff.) und die dort zitierte Literatur. Spätestens hiermit sind die Akteure mit ihren Interessen bei Gestaltung und Betrieb von Supply Chains zu berücksichtigen. Der technikzentrische Beschreibungsansatz der klassischen PPS ist um akteursbezogene Aspekte zum sozio-technischen Ansatz zu erweitern, vgl. auch Abschn. 1.2.

Da sowohl hierarchische als auch marktliche Koordinationsformen auftreten, entstehen Hybridformen, in denen Kooperation und Wettbewerb nebeneinander existieren. Sydow identifiziert 4 Spannungsfelder (Sydow et al. 1995, S. 62):

- Spezialisierung versus Integration
- Autonomie versus Abhängigkeit
- Vertrauen versus Kontrolle
- Kooperation versus Wettbewerb

Sowohl für die Netzwerkgestaltung als auch für die operativen Planungs-, Steuerungs- und Überwachungsaufgaben sind die Auswirkungen zu betrachten, vgl. dazu u. a. Kuhn und Hellingrath (2002), Corsten und Gabriel (2004), Busch und Dangelmaier (2002), Corsten und Gössinger (2008) sowie die dort zitierte Literatur:

- Mit räumlicher Entfernung und zunehmender Komplexität solcher Netze gewinnt die Informations- und Kommunikationstechnologie an Bedeutung. Viele Autoren nennen diese sogar ausdrücklich als Enabler (Befähiger), da sie Zeitverzüge in der Informationsübertragung und -verarbeitung reduziert. Der in diesem Zusammenhang genannte Begriff des E-Commerce meint die internetbasierte Abwicklung, deren Chancen und Risiken in den letzten Jahren ausführlich diskutiert wurden.
- SCM-Software setzt meist auf den bestehenden ERP-Werkzeugen der Netzpartner auf. Somit verschwimmen die Aufgaben zwischen lokaler und globaler Planung und Steuerung auch in den Softwarewerkzeugen.
- Die Netzwerkpartner sind Akteure mit Eigeninteressen. Diese geben Versprechen, wenn sie sich Vorteile bei der Leistungsverhandlung oder Bewertung der Leistungserfüllung erhoffen.
- Sowohl die Informationslaufzeiten als auch Akteursinteressen führen zu unterschiedlichen Informationsständen und schränken die geforderte Transparenz in der Lieferkette ein.
- Mit der Aufgabenverteilung im Netz sind Konzepte für verteilte Entscheidungen zu betrachten.

Die Ausführungen verdeutlichen die notwendige Berücksichtigung akteursbezogener Aspekte, auch deshalb, weil die Verbesserung des Gesamtsystems Lieferkette bzw. Produktionsnetz nicht zwangsläufig zu einer Verbesserung bei allen Netzwerkpartnern führen muss.

Aus einer eher pragmatischen Sicht leitet D. Corsten branchen- bzw. unternehmensübergreifende *Erfolgsfaktoren* im SCM ab, Corsten und Gabriel (2004, S. 11 ff.):

- *Positionierung:* Grundlage für das SCM bildet das Verständnis der strategischen Positionierung. Sie folgt der Logik: Kundenbedürfnisse ermitteln, Wertkette visualisieren, kritische Leistungen bestimmen sowie Strategie anpassen.

- *Variantenbeherrschung:* Die Produktarchitektur bestimmt die Kosten im Wertschöpfungsprozess von der Beschaffung bis zur Auslieferung beim Kunden. Eine möglichst späte Variantenbildung erleichtert Auslegung sowie Planung und Steuerung der Lieferkette, da ein Lager den variantenneutralen Herstellungsprozess verbrauchsbezogen entkoppelt, s. a. Bevorratungsstrategie Abschn. 7.2.5. Modularisierte Produkte sowie standardisierte Schnittstellen erleichtern die notwendige Anpassung der Prozessarchitektur.

- *Planung:* Idealerweise erfolgt die Bedarfs- und Kapazitätsplanung einer Lieferkette nahtlos vom Rohstoff bis ins Kundenregal beim Händler. Informationsaustausch, integrierte IT-Systeme sowie verbesserte Planungsalgorithmen bilden hier wichtige Verbesserungsbausteine. Eine unzureichende Abstimmung führt zum sog. Bull-whip-Effekt (Peitscheneffekt), vgl. Abschn. 7.5.3.

- *Pull-Prinzip* (auch Zieh-Prinzip): Im hier verwendeten Begriffsverständnis des Lean Managements meint es die Synchronisation der Herstellprozesse über alle Stufen, ausgelöst durch den jeweiligen Kundenwunsch. Im Gegensatz zu einer reinen Programmsteuerung löst also ein Auftragssignal den Prozess aus. Dieser verbrauchs- oder bedarfsbezogene Anstoß bezieht sich nur auf die Mengensicht: Es soll genau die Menge nachgeliefert werden, die der Kunde bestellt, um so eine robuste Selbststeuerung zu erreichen, vgl. dazu Abschn. 8.4.1: Pull-Prinzip.

- *Partnerschaft:* Traditionell zielen die Unternehmen auf lokale Verbesserungen und vernachlässigen hierbei die Gesamtoptimierung der Wertschöpfungskette. Doch nur eine übergreifende Verbesserung stärkt die Position der eigenen Lieferkette im Wettbewerb zu anderen Lieferketten. Daher müssen die Partner Kosten effektiv verringern und nicht auf andere abwälzen. Die sogenannten Win-Win-Beziehungen beschreiben diesen neuen Denkansatz.

Die beschriebenen Erfolgsfaktoren betreffen nicht nur die überbetriebliche Planung und Steuerung, sondern weisen auch eine Übereinstimmung mit den Gestaltungsrichtlinien des Wertstromdesigns (vgl. Kap. 8) auf.

7.5.1.2 Auftragsmanagement-Morphologie Netzwerk

In der Literatur finden sich unterschiedlichste Ansätze zur Beschreibung des Auftragsmanagements in Netzwerken, vgl. u. a. Sydow (1992, S. 83 ff.), Buse et al. (1996), Schönsleben und Hieber (2002), Schuh (2006, S. 84 ff.), Corsten und Gössinger (2008, S. 18 ff.), Meyr H und Stadtler H (2010), und die dort zitierte Literatur. Abb. 7.34 zeigt die Morphologie zur Beschreibung der Lieferkette bzw. des Produktionsnetzes. Sie beschreibt die Planungs- und Steuerungslogik anhand der wichtigsten Merkmale und ihrer Ausprägungen analog zur AM-Morphologie eines Standortes, vgl. Abb. 7.19.

Die Merkmale *Kundenbezug des Endproduktes* und *Bevorratungsstrategie* beschreiben auch das Auftragsmanagement aus Standortsicht, sie sind bereits dort erläutert, vgl. Abschn. 7.4.1.2. Die Zuordnung der Merkmale für ein Produktionsnetzwerk ist ggf. nach Endprodukten oder -Produktfamilien zu differenzieren.

Merkmale		Ausprägungen			
Artikel und Bevorratung	Kundenbezug des Endproduktes	kundenspezifisch	Produktfamilien (variantenreich)	Standardprodukt (mit Varianten)	Standardprodukt
	Produktstruktur	mehrteilig mit komplexer Struktur	mehrteilig mit einfacher Struktur	geringteilig	
	Produktneuauflage	< 6 Monate	6 Monate – 3 Jahre	3–9 Jahre	> 9 Jahre
	Bevorratungsstrategie	engineer-to-order	make-to-order	assemble-to-order	make-to-stock
Zusammenarbeit	Dauer	einmalig auftragsbezogen	temporär wiederkehrend	saisonal	konstant
	Stabilität	anfällig-formal	intensiv-formal	intensiv-vertraut	
	Koordinationsform	Marktmechanismen	Selbstabstimmung	Programme oder Pläne	persönliche Weisung
Netzwerkstruktur	Substituierbarkeit	flexibel mit geringen Wechselkosten	flexibel mit hohen Wechselkosten	eingeschränkt mit hohen Wechselkosten	
	Dominanz	beschaffungsseitig dominiert	absatzseitig dominiert	heterarchisch	

Abb. 7.34 Auftragsmanagement-Morphologie Netzwerk. (Nach FIR Aachen)

Die *Produktstruktur* kennzeichnet den konstruktionsbedingten Produktaufbau. Sie bezieht sich auf das Endprodukt der Lieferkette bzw. die Endprodukte des Netzwerkes.

Die *Produktneuauflage* bezieht sich auf die Lebensdauer des Produktes/einer Produktvariante. Diese bestimmt, wie oft das Netzwerk seine Beschaffungs-, Produktions- und Distributionsprozesse darauf hin anpassen muss. Häufige Gründe sind technologische Innovationen oder Mode- und Saisontrends.

Die *Dauer der Zusammenarbeit* kennzeichnet die Kooperationsdauer der Netzpartner. Sie bestimmt, wie häufig und umfangreich Kooperationsvereinbarungen zu treffen sind und welcher Aufwand hieraus für die Partner resultiert. Mit zunehmender Dauer steigen erfahrungsgemäß Prozessstandardisierung und -spezifität zwischen den Partnern.

Die *Stabilität der Zusammenarbeit* beschreibt demgegenüber ihre Intensität und Vertrautheit. Dies spiegelt damit die Anfälligkeit der Beziehungen, bspw. aufgrund von Fehlern oder Preisänderungen wider.

Die *Koordinationsform* kennzeichnet die aus der Arbeitsteilung zwischen den Netzwerkpartnern notwendigen Abstimmungs- und Entscheidungsprozesse zur Planung und Steuerung. Als maßgebliches Kennzeichen gilt dabei die „Institutionalisierung der Koordinationsmedien" die von unpersönlichen Marktmechanismen über Selbstabstimmungsformen bis zur persönlichen Weisung reichen.

Die *Substituierbarkeit* im Netzwerk bezieht sich auf die Lieferantenseite. Sie kennzeichnet den finanziellen und logistischen Aufwand von Lieferantenwechseln und ist umso geringer, je spezifischer die vom Lieferanten gelieferten Komponenten sind. Hierbei sind die Aspekte Flexibilität (Ist ein Austausch überhaupt denkbar?) und Höhe der Wechselkosten relevant.

Die *Dominanz* ist vor allem von der Marktmacht der einzelnen Netzwerkpartner bestimmt. Neben der Anzahl der Konkurrenten sind hier weitere Faktoren wie bspw. Kontakte oder Markenstärke relevant.

Eine Verdichtung bestimmter Ausprägungen zu häufigen Kombinationen führt auch hier zu *Grund- oder Idealtypen* von Lieferketten bzw. Produktionsnetzen, vgl. u. a. Buse et al. (1996), Corsten und Gabriel (2004, S. 243 ff.), Schuh (2006, S. 93 ff.), Corsten und Gössinger (2008, S. 18 ff.), Knackstedt (2016) sowie die dort zitierte Literatur. Analog zur innerbetrieblichen Sicht (Abschn. 7.4.1.2) beschreiben diese vergleichbare SCM-Anforderungen bzw. -Ausprägungen und erlauben so den lieferkettenübergreifenden Vergleich unterschiedlicher Unternehmen auf die Ähnlichkeit ihrer Planung und Steuerung.

Ein Beispiel dafür ist die Unterscheidung von Projektnetzwerk, hierarchisch stabile Kette, Hybridfertigungsnetzwerk, entwicklungsgeprägtes Seriennetzwerk und fremdbestimmtes Lieferanten-Netzwerk, vgl. dazu ausführlich Schuh (2006, S. 93 ff.). In diesem Fall gilt die Art und Dauer der Zusammenarbeit als dominierendes Merkmal. Die *hierarchisch stabile Kette* wäre demnach wie folgt eingeordnet: Das Produktionsnetz stellt Standardprodukte (ohne oder mit Varianten) her, die Produkte sind geringteilig oder mehrteilig mit einfacher Struktur. Eine Produktneuauflage erfolgt zwischen 6 Monaten und 3 Jahren, es wird auftragsbezogen montiert oder produziert (assemble oder make-to-order). Eine konstante Dauer der Zusammenarbeit bei hoher Stabilität (intensiv-formal oder -vertraut) erlaubt eine Koordination über Produktionspläne oder -programme. Eine eingeschränkte Substituierbarkeit der Netzwerkpartner (eingeschränkt oder flexibel mit hohen Wechselkosten) sowie eine absatzseitige Dominanz kennzeichnen die Netzwerkstruktur.

7.5.2 Funktionen des SCM

Die Literatur gliedert die Funktionen bzw. Aufgaben uneinheitlich (vgl. dazu u. a. Rohde et al. (2000), Steven und Krüger (2002), Hellingrath et al. (2002), Laakmann et al. (2003, S. 61 ff.), Balla und Layer (2010, S. 17 ff.), Corsten und Gössinger (2008, S. 164), Stadtler und Kilger (2010), Schuh und Stich (2012, S. 30 ff.), Gulyássy und Vithayathil (2014, S. 64 ff.) sowie die dort zitierte Literatur) stimmt aber hinsichtlich folgender Aspekte im Grundsatz überein:

- Die hierarchische, aus der innerbetrieblichen PPS bekannte Gliederung nach ihrer Fristigkeit in die drei Planungsebenen lang-, mittel- und kurzfristig.
- Die Unterscheidung in netzwerk- und unternehmensbezogene Funktionen bzw. Aufgaben.
- Eine Gliederung in Funktionsmodule, wobei netzwerkbezogene operative Aufgaben (wie bspw. Transportplanung und -steuerung) sowie kundenbezogene Aufgaben (wie bspw. die Verfügbarkeitsprüfung) an Bedeutung gewinnen.

Zunächst gibt der erste Abschnitt einen kurzen *Funktionsüberblick* (Abschn. 7.5.2.1), beschreibt also: ‚Was ist zu tun?'. Darauf aufbauend behandelt der zweite Abschnitt *Grundprinzipien* und ausgewählte *Methoden* der überbetrieblichen Planung und Steuerung (Abschn. 7.5.2.2) und beleuchtet hierbei auch den Aspekt ‚Wer tut es?' näher.

7.5.2.1 Funktionsüberblick

Abb. 7.35 gliedert die Funktionen des Supply Chain Management anhand der logistischen Prozesskette Beschaffen, Produzieren, Verteilen sowie dem Absatz. Die innerbetrieblichen Funktionen entsprechen denen der Mengen-, Termin- und Kapazitätsplanung sowie der Produktionssteuerung.

Die Funktionen werden im Folgenden knapp für Produktionsunternehmen der Stückgüterindustrie mit Schwerpunkt auf der operativen Planung und Steuerung anhand der oben zitierten Literatur erläutert. Die Beschreibung adressiert die Frage ‚Was ist zu tun?' und behandelt auch das Betrachtungsobjekt Netzwerk bzw. Unternehmen.

Gemäß der Gliederung der innerbetrieblichen PPS werden auch hier die zwei Teilgebiete Planung und Steuerung unterschieden (vgl. dazu Schönsleben 2000, S. 129; Wiendahl H-H 2002, S. 35):

- In der *Lieferkettenplanung* läuft der Daten- und Steuerungsfluss zeitlich deutlich vor dem Güterfluss, Lenkungs- und Ausführungsaktivitäten laufen also zeitlich sequenziell ab. Diese Module dienen der Entscheidungsunterstützung.
- In der *Lieferkettensteuerung* begleitet der Daten- und Steuerungsfluss den Güterfluss; Lenkungs- und Ausführungsaktivitäten überlappen also zeitlich. Diese Module dienen der Ausführungsunterstützung.

Teilgebiet	Funktionsmodule				Zeithorizont
	Netzwerkgestaltung				langfristig
Lieferkettenplanung	Netzwerkbezogene Programmplanung			Netzwerkbezogene Absatzplanung	mittelfristig
	Unternehmensbezogene Beschaffungsplanung	Unternehmensbezogene Produktionsplanung	Netzwerkbezogene Distributionsplanung		
	Unternehmensbezogene Beschaffungsfeinplanung	Unternehmensbezogene Produktionsfeinplanung	Netzwerkbezogene Transportplanung	Netzwerkbezogene Verfügbarkeitsprüfung	kurzfristig
Lieferkettensteuerung	Unternehmensbezogene Beschaffungssteuerung	Unternehmensbezogene Produktionssteuerung	Netzwerkbezogene Transportsteuerung	Netzwerkbezogene Auftragssteuerung	
Prozess	Beschaffung	Produktion	Distribution	Absatz	
	Unternehmensbezogene Module				

Abb. 7.35 Funktionen des Supply Chain Management. (Nach Rohde, SCM-CTC)

Für die Softwareunterstützung gilt: SCM-Software unterstützt stärker die lang- bis mittelfristigen, eher netzwerkbezogenen Funktionen, ERP-Software stärker die mittel- bis kurzfristigen, eher unternehmensbezogenen Funktionen, vgl. auch Abschn. 7.6.

Die *Netzwerkgestaltung* positioniert das Netzwerk am Markt (langfristig-strategische Ebene). Hierzu legt sie das Produktprogramm fest und richtet darauf das Wert- schöpfungsnetz aus. Wesentliche Funktionen sind:

- Die *Produktprogrammplanung* definiert die vom Netz angebotenen Produkte nach Art, Varianten, Qualität und Mengen sowie die Absatz- und Beschaffungskanäle. Dar- aus sind die erforderlichen Bevorratungsstrategien (vgl. Abschn. 7.2.5) und damit auch Entkopplungsläger und ihre Versorgungsstrategien abzuleiten.
- Die *Netzwerkauslegung* bestimmt die Wertschöpfungsnetzstruktur, also die Beschaf- fungs-, Produktions- und Distributionsstandorte, die an Absatzgebieten bzw. Kunden- standorten auszurichten sind. Aus Netzwerksicht sind also die Wertschöpfungstiefe, die strategische Auswahl und Bewertung der wichtigsten Kunden und Zulieferer sowie die Vertragsgestaltung festzulegen.

Wiederholfertiger wie z. B. die Automobilhersteller bestimmen das Netzwerk für die Laufzeit eines Modells, Projektfertiger wie Anlagenbauer konfigurieren ihr Netzwerk oftmals nur für einen einzigen Kundenauftrag.

Netzwerkbezogene Absatzplanung und *Programmplanung* (mittelfristig-taktische Ebene) bilden das logische Pendant zur unternehmensbezogen, also dezentral durch- geführten Produktionsprogrammplanung mit Prognoserechnung und Grobplanung (Abschn. 7.4.2.1). Auch hier ist ein monatlicher Planungsrhythmus bei einem Horizont von 2–3 Jahren typisch.

Die *netzwerkbezogene Absatzplanung* bestimmt aus einer Markt- bzw. Kundensicht die Primärbedarfe in Periodenrastern z. B. Woche oder Monat.

- Die *Absatzmengenermittlung* erfolgt grundsätzlich mit den bereits beschriebenen Methoden der Bedarfsermittlung, vgl. Abschn. 7.4.2.2.1. Dies geschieht auf Pro- dukt- oder Produktgruppenebene; bei Konsumgütern sind Werbeaktionen und Produktlebenszyklen zu berücksichtigen.
- Sind mehrere Absatzmärkte oder -kanäle sowie Netzwerkpartner zu beachten, kommt zusätzlich eine *Absatzmengenkonsolidierung* hinzu: Diese kann Top-Down durch Verteilung der Gesamtmenge auf die Partner erfolgen. Ein Bottom-Up-Vorgehen mit Ermittlung der Einzelmengen je Partner, Konsolidierung und ggf. Umverteilung bietet sich bei mehreren Absatzmärkten oder -kanälen an.

Der so ermittelte Netzwerkabsatzplan bildet die Grundlage für eine unternehmensüber- greifende Umsatz- und Budgetplanung, die dann unternehmensbezogen zu detaillieren ist.

Die *netzwerkbezogene Programmplanung* (Netzwerkmasterplanung, Verbund-
planung) verteilt die ermittelten Mengen der Produkte auf die Netzwerkpartner, um so
die Bedarfsdeckung bei bestmöglicher Nutzung der Beschaffungs-, Produktions- und
Distributionsressourcen sicherzustellen:

- Die *Netzwerkkapazitätsplanung* gleicht die Primärbedarfe mit verfügbaren Ressourcen und ggf. Beständen ab, sodass ein grober Netzwerkproduktionsplan entsteht.
  Wichtige Ziel- bzw. Entscheidungskriterien bei dieser Zuordnung sind Kapazitätsaus-
  lastung, Nähe zum Absatzmarkt, Produktionsquoten oder Materialverfügbarkeit.
- Die *Netzwerkbeschaffungsplanung* betrachtet die kritischen Sekundärbedarfe nach der
  gleichen Logik. Bei der Herstellung gleicher oder ähnlicher Produkte ist darüber hinaus eine Ermittlung gleicher oder ähnlicher Sekundärbedarfe sinnvoll, um über eine
  standortübergreifende Zusammenfassung Verhandlungsvorteile mit den Lieferanten
  zu erzielen.

Um die Komplexität der netzwerkbezogenen Absatz- und Programmplanung zu
beherrschen, ist eine Konzentration auf Endprodukte, kritische Komponenten und Engpassressourcen typisch, oftmals wird sogar zusätzlich auf Produkt-, Material- und
Ressourcengruppen aggregiert.

Die *netzwerkbezogene Distributionsplanung* gleicht die Bedarfsmengen nach Art und
Ort mit den Verfügbarkeitsmengen nach Art und Ort ab. Dies geschieht periodengenau
und leitet die hieraus erforderlichen Lagermengen und Transportströme unter Berücksichtigung der Bevorratungsstrategie ab:

- Die *Lagerbestandsplanung* ermittelt die erforderlichen Lagerbestände und zwar
  jeweils für die festgelegten Entkopplungspunkte.
- Die *Versandplanung* leitet die erforderlichen Versandmengen pro Planungsperiode ab.

Wichtige Ziel- bzw. Entscheidungskriterien sind hierbei Lager- und Transportkosten, die
bei gegebener Logistikleistung zu minimieren sind.

SCM-Softwarelösungen versuchen, Programm- und Distributionsplanung mit Operations Research-Methoden der linearen Optimierung zu lösen. Beide sind eng verbunden,
sodass manche Autoren die Distributionsplanung der Programmplanung zurechnen.

Ergebnis der beiden Funktionsblöcke sind standortübergreifende Zugänge in vorgegebenen Periodenrastern (sogenannte Topf- oder Bucket-Planung) über die logistische
Kette. Diese sind nun im Folgeschritt in konkrete Bedarfe bzw. Bedarfsdecker umzuwandeln. Die Schnittstellenfunktion ist entweder der Netzwerkbeschaffungsplanung oder
der lokalen Beschaffungs- und Produktionsplanung sowie der netzwerkbezogenen Transportplanung zugeordnet. In jedem Fall sind die aus den Kundenanfragen und -aufträgen
resultierenden Ergebnisse der Verfügbarkeitsprüfung zu berücksichtigen.

Die sechs *unternehmensbezogenen Module* aus Abb. 7.35 entsprechen weitgehend den Funktionen der innerbetrieblichen Planung und Steuerung, jedoch ohne Programmplanung, vgl. Abb. 7.20. Ihr Schwerpunkt ist die Umwandlung der Bedarfe in Bedarfsdecker und ihre termin- und mengengerechte Abwicklung. Sie wurden bereits in den Abschnitten Mengenplanung (Abschn. 7.4.2.2), Termin- und Kapazitätsplanung (Abschn. 7.4.2.3) sowie Produktionssteuerung (Abschn. 7.4.2.4) erläutert.

Die *Transportplanung und -steuerung* hat die Aufgabe, die Transportbedarfe in Transportaufträge umzuwandeln und diese termin- und mengengerecht abzuwickeln. Dementsprechend überschneiden sich die Funktionen stark mit entsprechenden Softwarewerkzeugen der Speditionsplanung und -abwicklung:

- Die *Planungsfunktionen* der Beladungs- und Tourenplanung legen geeignete Transportmittel fest und stellen die Ladungen und Routen zusammen. Sonderfunktionen ergeben sich bspw. bei der Planung und Genehmigung von Schwerlasttransporten und -routen für Schwermaschinen oder Gefahrgut.
- Für die *Steuerung* sind die Transportabwicklung wie das Erstellen entsprechender Transportdokumente sowie die Kontrolle zum sogenannten „Tracking and Tracing" relevant.

Der Wechsel von Verkäufer- zu Käufermärkten steigert die Bedeutung der kundenbezogenen Funktionsmodule, also der netzwerkbezogenen Verfügbarkeitsprüfung und der Auftragssteuerung.

Die *netzwerkbezogene Verfügbarkeitsprüfung* bildet den planerischen Kern. Ihre Aufgabe ist es, die Machbarkeit für konkrete Kundenanfragen bzw. -aufträge zu prüfen und für diese ggf. auch Material und Kapazitäten zu reservieren. Logisch bildet sie also das auftragsbezogene Gegenstück zur meist periodenbezogenen Programmplanung. Die *Lieferterminbestimmung* kann lokal oder für das gesamte Netz erfolgen. Weiterhin sind zwei Ausprägungen relevant:

- Die *ATP-Prüfung* (available-to-promise) prüft die *Verfügbarkeit* des gewünschten Produktes in gewünschter Menge im Lagerbestand oder im Produktionsplan. Je nach Einstellung wird also gegen tatsächlich verfügbare Lagerbestände oder zusätzlich gegen bestätigte Lagerzugänge geprüft.
- Die *CTP-Prüfung* (capable-to-promise) prüft die *Herstellbarkeit* des gewünschten Produktes in gewünschter Menge; hier sind zusätzlich Material- und Kapazitätsverfügbarkeitsrechnungen notwendig. Über eine probeweise Einlastung von Aufträgen müssen Planaufträge und Bestellanforderungen ggf. mehrstufig erzeugt und terminlich eingeplant werden.

Die Forderung der Praktiker nach solchen Funktionen leuchtet ein. Hierbei ist allerdings zu beachten:

- Zum einen wird die *Einplanungsfunktionalität* mit zunehmender Anzahl von Stufen immer anspruchsvoller; im Extremfall wäre für eine Kundenanfrage ein Planungslauf über alle Dispositionsstufen bis zum Rohmaterial durchzuführen, um eine belastbare Aussage zu erzeugen.
- Zum anderen sind die *Einplanungsregeln* zu definieren. Für eine zuverlässige Aussage sind einerseits die Reservierungsregeln zu klären, da andere Anfragen möglicherweise auf dieselben Ressourcen zugreifen. Andererseits sind Prioritätsregeln festzulegen, um auf diese Weise bestehende bzw. fixierte Produktionspläne anzupassen.

Die zunehmende Rechner- und Speicherleistung mit hauptspeicherresidenten Planungsalgorithmen erzielten in den letzten Jahren bei diesen Funktionen erhebliche Fortschritte. Doch in der Praxis zeigt sich oftmals die Festlegung der Reservierungs- und Prioritätsregeln als die eigentliche Herausforderung.

Die *netzwerkbezogene Auftragssteuerung* schafft die erforderliche Transparenz zur Überwachung und Ableitung notwendiger Steuerungsentscheidungen. Logische Grundlage bildet das mehrstufige Auftragsnetz, welches durch das Auftragsdurchlaufdiagramm (vgl. Abb. 7.9c) visualisiert werden kann. Die Zuordnung von Bedarf und Bedarfsdecker über alle Dispositionsstufen (sog. Pegging) ist hier die wesentliche datentechnische Voraussetzung. Warnhinweise (sog. Alerts) entsprechen den bereits beschriebenen Ausnahmemeldungen und zeigen in moderner SCM-Software bereits eingetretene oder erwartete Abweichungen vom geplanten Auftragsdurchlauf.

7.5.2.2 Grundprinzipien und Methoden

SCM setzt eine partnerschaftliche Zusammenarbeit in der Lieferkette bzw. im Netzwerk voraus. Mit Kenntnis der notwendigen Funktionen sind diese Arten näher zu beleuchten.

Die hierzu in Forschung und Praxis diskutierten Methoden lassen sich auf die zwei *Grundprinzipien* Information und Kooperation zurückführen, vgl. dazu insbesondere Lödding (2016, S. 157 ff.) sowie die bereits abschnittseinleitend zitierte Literatur.

Informationen: Nach allgemeinem Verständnis verfügt ein Unternehmen vor allem über seine eigenen Informationen und es erlangt Auftragsinformationen seiner unmittelbaren Kunden und Lieferanten oftmals erst auf Nachfrage. Diese „Froschperspektive" erschwert es, die lokalen Entscheidungen auf die Anforderungen der gesamten Lieferkette auszurichten. Daher besteht die Kernidee des SCM darin, sämtliche relevanten Informationen zentral zu bündeln und allen Netzwerkpartnern zur Verfügung zu stellen. Diese sind:

- *Nachfrage- und Bestandsinformationen:* Einerseits verringert ihre schnelle und unverfälschte Weitergabe den sogenannten Bullwhip-Effekt (Abschn. 7.5.3), andererseits unterstützt ihre Kenntnis Entscheidungen zur Nachfertigung von Varianten und ihre Verteilung auf Absatzkanäle.

- *Kapazitätsinformationen:* Der Austausch von Belastungs- und Kapazitätsinformationen unterstützt operativ eine frühzeitige Engpasssteuerung und gestalterisch die abgestimmte Auslegung von Kapazitätsquerschnitten.

- *Frühwarnsysteme:* Eine frühzeitige Kommunikation absehbarer Termin- und Mengenabweichungen im Auftragsfortschritt erlaubt den Partnern wirksame Reaktionen und Plananpassungen.

- *Kosteninformationen:* Ihr Austausch erlaubt eine Kostenreduzierung im Gesamtnetz. Kritisch sind Zusatzkosten zulasten eines Partners, die darüber hinaus gehende Kosteneinsparungen im Gesamtnetz realisieren sollen. Oftmals scheitert eine Umsetzung in der Praxis an den daraus resultierenden Kompensationsdiskussionen.

In Erweiterung zum klassischen Verständnis geht der Informationsaustausch also sehr viel stärker in beide Richtungen und die höhere Transparenz sichert Entscheidungen besser ab.

Kooperation: Die Kernidee besteht darin, die für das Gesamtnetz bestmögliche Lösung zu erreichen und lokale Optimierungen zulasten anderer Partner zu vermeiden. Heute übliche Formen der Zusammenarbeit sind bereits in Abschn. 7.5.1.2 beschrieben.

Wesentliche Umsetzungsvoraussetzung ist also das *Vertrauen* zwischen den Netzpartnern. Denn eine Transparenz über eine geringe Auslastung schwächt möglicherweise die Verhandlungsposition dieses Partners bei Termin- und/oder Preisverhandlungen. Eine erfolgreiche Umsetzung führt zu den bereits unter den Erfolgsfaktoren erläuterten Win-Win-Beziehungen.

Auch zur überbetrieblichen Planung und Steuerung nennen Forschung und Praxis unterschiedliche *Methoden* und Verfahren, vgl. u. a. die bereits abschnittseinleitend zitierte Literatur sowie Kurbel (2016, S. 418 ff.), Lödding (2016, S. 157 ff.). Unter dem Aspekt Planungsverantwortung erscheinen insbesondere die beiden Methoden VMI und CPFR bedeutsam. Sie entstanden in der Zusammenarbeit Handel – Produzent, sind aber grundsätzlich auch auf andere Partner übertragbar.

Das *VMI* (Vendor Managed Inventories) verlagert die Verantwortung für die *Lagerbestandsplanung, -überwachung* und *Auftragserzeugung* (Bestellung) vom Handel auf den Produzenten (Hersteller der Markenartikel):

- Nach traditionellem Verständnis bestellt der Händler beim Produzenten und kontrolliert damit Bestellzeitpunkt und -menge. Mit Kenntnis der Verkaufsdaten plant und überwacht der Händler seine Lagerbestände.

- Nach neuem Verständnis übernimmt der Produzent die Verantwortung für die Lieferfähigkeit des Handels, letzterer erhält also keine Bestellungen mehr. Hierfür benötigt er aktuelle Informationen über die Lagerbestände und Verkaufsdaten.

Das Konzept zielt auf einen verringerten Bullwhip-Effekt, reduzierte Lagerbestände, höheren Servicegrad des Endkunden, geringeren administrativen Aufwand sowie gleichmäßigere Produktionsauslastung.

Mit VMI verändert sich die Zusammenarbeit zwischen Handel und Produzenten grundlegend: Die Verantwortungsübergabe des Handels erhöht seine Abhängigkeit vom Produzenten; letzterer kann seinen wirtschaftlichen Erfolg stärker beeinflussen.

Das *CPFR* (Collaborative Planning, Forecasting and Replenishment) verändert die Verantwortungsaufteilung in Richtung einer gemeinsamen *Absatzplanung* von Handel und Hersteller. Diese planen und plausibilisieren ihre Einschätzungen gegenseitig. So werden Planungsfehler schneller erkannt und korrigiert. Die Grundüberlegung geht auf ein Pilotprojekt des Handelskonzerns Walmart mit einem seiner Lieferanten im Jahr 1995 zurück.

Der Folgeabschnitt beschreibt den bereits mehrfach genannten Bullwhip-Effekt. Er bildet das bekannteste Beispiel für eine Ineffizienz der überbetrieblichen Planung und Steuerung.

7.5.3 Typische Ineffizienzen

Der Bullwhip-Effekt (dt: Stierpeitscheneffekt, auch Burbidge-Effekt) beschreibt das Phänomen sich aufschaukelnder Nachfrageschwankungen in den vorgelagerten Wertschöpfungsstufen einer Lieferkette. Dieser von Forrester Ende der 1950er Jahre beschriebene Effekt gilt heute nahezu als „Grundgesetz" der Lieferkettendynamik, vgl. Forrester (1958), Lee et al. (1997), Burbidge (1996), Corsten und Gössinger (2004, S. 9 f.), Lödding (2016, S. 139 ff.).

Abb. 7.36a zeigt das Aufschaukeln der Nachfragemenge eines Artikels in der Lieferkette vom Konsumenten über die Zwischenschritte Einzel- und Großhändler bis zum Hersteller an dem von Lee beschriebenen Beispiel. Nach diesem Grundmuster schaukeln sich

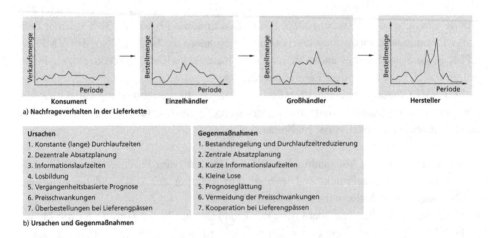

a) Nachfrageverhalten in der Lieferkette

Ursachen	Gegenmaßnahmen
1. Konstante (lange) Durchlaufzeiten	1. Bestandsregelung und Durchlaufzeitreduzierung
2. Dezentrale Absatzplanung	2. Zentrale Absatzplanung
3. Informationslaufzeiten	3. Kurze Informationslaufzeiten
4. Losbildung	4. Kleine Lose
5. Vergangenheitsbasierte Prognose	5. Prognoseglättung
6. Preisschwankungen	6. Vermeidung der Preisschwankungen
7. Überbestellungen bei Lieferengpässen	7. Kooperation bei Lieferengpässen

b) Ursachen und Gegenmaßnahmen

Abb. 7.36 Bullwhip-Effekt, Ursachen und Gegenmaßnahmen. (Nach Lee, Lödding)

geringe Schwankungen der Endkonsumentennachfrage von 3 bis 5% über die Lieferkette bis zu Ausschlägen von 30 bis 50 % bei den Rohstoffherstellern auf.

Die wesentlichen Ursachen sowie geeignete Gegenmaßnahmen zeigt Abb. 7.36b; eine echte 1:1 Beziehung zwischen Ursachen und Gegenmaßnahmen besteht hierbei nicht, vgl. dazu ausführlich Lee et al. (1997), Lödding (2016, S. 139 ff.) sowie die dort zitierte Literatur:

1. *Konstante (lange) Durchlaufzeiten:* Klassische Dispositionsmethoden streben konstante Bestandsreichweiten (in den Lägern zwischen den Partnern) an, dies entspricht konstanten SOLL-Durchlaufzeiten (vgl. Abb. 7.13). Eine Nachfrageerhöhung fordert also unmittelbar höhere SOLL-Bestände. Der geforderte Bestandsaufbau verstärkt die Nachfrageerhöhung des direkten Kunden um eine einmalige Zusatznachfrage bei seinem direkten Lieferanten; dies gilt je Lieferstufe. Längere Durchlaufzeiten verstärken diesen Effekt, da die absoluten Bestandsdifferenzen steigen (vgl. Abb. 7.13). Eine *Bestandsregelung* bzw. *Durchlaufzeitreduzierung* bilden die entsprechenden Gegenmaßnahmen.

2. *Dezentrale Absatzplanung:* In diesem Fall plant jeder die direkten Bedarfe für seine Zwischenprodukte losgelöst von seinen Partnern. Dies birgt das Risiko, dass der jeweilige Lieferant die höhere Nachfrage seines direkten Kunden als längerfristige Nachfrageerhöhung fehlinterpretiert – anstatt als einmalige Zusatznachfrage zum Bestandsaufbau (vgl. Ursache 1). Eine *zentrale Absatzplanung* der Endprodukte der gesamten Lieferkette verringert diese Gefahr.

3. *Informationslaufzeiten:* Je später ein Lieferant eine Nachfrageerhöhung erkennt, desto höher ist die Gefahr von Lieferschwierigkeiten (bei diesem). Längere Informationslaufzeiten erhöhen diese Gefahr. Die Laufzeiten entstehen, wenn ein Netzwerkpartner lediglich die Bestellungen seines direkten Kunden kennt (und nicht die des Endkunden): somit bestimmen Bestellrhythmen und ihre Abstimmung die Informationslaufzeit über die gesamte Kette (vgl. auch Ursache 2). Ein Zurückhalten von Informationen verstärkt diesen Effekt. Heutige Informationstechniken ermöglichen *kurze Informationslaufzeiten,* wenn sich die Partner für eine entsprechende Transparenz (und eine zentrale Absatzplanung) entscheiden.

4. *Losbildung:* Sie verzerrt die ursprünglichen Nachfrageinformationen zusätzlich und verstärkt so die Nachfrageschwankungen in der Lieferkette. Asynchrone Bestellperioden wirken ähnlich. *Kleine Lose* begrenzen diesen Effekt.

5. *Vergangenheitsbasierte Prognose:* Nutzen die Unternehmen das Bestellbestandsverfahren, löst das Unterschreiten einer bestimmten Bestandshöhe (Bestellbestand) eine Bestellung aus. Mittelwert und Standardabweichung der erwarteten Nachfrage sind die wesentlichen Parameter zur Berechnung einer Bestellmenge. Basiert die Ableitung auf Vergangenheitsdaten, schwanken Mittelwert und Standardabweichung über der Zeit. Das verändert die erforderlichen Sicherheitsbestände (und damit auch die Bestellbestände und -mengen) über der Zeit und verursacht so zusätzliche Nachfrageschwankungen. Eine *Prognoseglättung* (bspw. mit gleitender Mittelwertbildung über viele Perioden) mildert diesen Effekt.

6. *Preisschwankungen:* Variieren Unternehmen ihre Preise und bieten bspw. über Marketingaktionen zeitlich begrenzte Preisnachlässe an, beginnen Kunden mit der Ware zu spekulieren: Niedrige Preise begünstigen ein Vorziehen und hohe Preise ein Aufschieben der Nachfrage. Preisnachlässe bei hohen Bestellmengen (also Mengenrabatte) wirken ähnlich. Ein *Vermeiden unkoordinierter Preisschwankungen* senkt den Anreiz für Spekulationskäufe und damit Bedarfsschwankungen: Dauerhafte Niedrigpreisstrategien (wie bspw. in der Konsumgüterindustrie) oder eine antizyklische Preispolitik (wie bspw. in Industrien mit hohem Fixkostenanteil) können diese Effekte mildern.

7. *Überbestellungen bei Lieferengpässen:* Bei auftretenden Lieferengpässen rationieren Lieferanten typischerweise ihre Kundenzuteilungen. Erwartet der Kunde ein solches Verhalten, glaubt er der drohenden Unterversorgung damit begegnen zu können, dass er entsprechend mehr bestellt. Dieses lokale Sicherheitsdenken verzerrt die Nachfrageinformation zusätzlich. Eine *Kooperation bei Lieferengpässen* über die Lieferstufen hinweg verringert dieses Risiko.

Lödding weist darüber hinaus auf die Wirkung von Kapazitätsrestriktionen hin: Einerseits können begrenzte Kapazitäten Lieferengpässe verursachen oder den Kunden zu Überbestellungen verleiten. Andererseits können sie aber auch den Bullwhip-Effekt dämpfen, da Kapazitätsgrenzen einen kurzfristigen Bestandsaufbau begrenzen (vgl. Ursache 1). Das wirft ein überraschendes Licht auf die lokalen Bemühungen eines Partners, seine Kapazitätsflexibilität zu erhöhen. Aus der Perspektive einer gesamten Lieferkette hebt eine Kapazitätserhöhung die Begrenzung des Bullwhip-Effektes lokal auf und verschiebt das Problem lediglich zu einem anderen Partner.

Die Diskussion verdeutlicht nochmals die einleitend erläuterten Erfolgsfaktoren im Supply Chain Management: Gelten *lokales Sicherheitsdenken* und *mangelnde Informationsweitergabe* als übergeordnete Ursachen des Bullwhip-Effektes, so bilden *Transparenz* und *Kooperation* die übergeordneten Gegenmaßnahmen.

Das beschließt die Schilderung der Grundlagen, Funktionen und Methoden der überbetrieblichen Planung und Steuerung. Der Folgeabschnitt behandelt die für die inner- und überbetriebliche Planung und Steuerung eingesetzten IT-Werkzeuge.

7.6   IT-Werkzeuge des Auftragsmanagements

Erweiterte Hard- und Softwaremöglichkeiten einerseits sowie zunehmende Planungs- und Steuerungskomplexität andererseits führten dazu, dass die operative Auftragsabwicklung heute in allen Produktionsunternehmen softwaregestützt abläuft. Ausgehend von den Großunternehmen hat sich der IT-Einsatz in der Auftragsabwicklung durchgesetzt und ist heute in kleinen und mittelständischen Unternehmen Stand der Technik, in Handwerksbetrieben aber erst teilweise. Die Verfügbarkeit des Internets unterstützt diese Entwicklung.

Die Software ist ein Werkzeug, welches die Geschäftsprozesse von der Kundenanfrage bis zum Zahlungseingang unterstützt. Das Auftragsmanagement-System umfasst allerdings mehr als die Software der Planungs- und Steuerungswerkzeuge, deshalb erscheint der Begriff Software präziser, vgl. dazu auch Schönsleben (2016, S. 377).

▶ Eine *Business Software* unterstützt die Geschäftsprozesse eines Unternehmens. Sie stellt hierzu IT-Funktionen bereit, die in begrenzten Umfang an die unternehmensspezifischen Bedingungen anpassbar sind.

Die folgenden Abschnitte beschreiben das „Womit?" näher und gliedern die Softwarewerkzeuge zur Unterstützung der Auftragsabwicklung eines Industrieunternehmens in den Kategorien ERP, MES und SCM vgl. dazu ausführlich Schönsleben (2016, S. 377 ff.), Kurbel (2016), Gronau (2014).

7.6.1 ERP-Software

Eine ERP-Software adressiert sämtliche an der Wertschöpfung eines Unternehmens beteiligten Ressourcen. Sie unterstützt die integrierte Bearbeitung administrativer Routineaufgaben der Planung und Steuerung aller an der Auftragsabwicklung beteiligten Abteilungen und bildet so das zentrale Informationsrückgrat der unternehmensweiten Kommunikation. Dieser „Unternehmensbackbone" wird deshalb auch als „Single-Source-of-Truth" bezeichnet, weil sie die im Unternehmen gültige „Wahrheit" widerspiegelt.

▶ Eine *Enterprise Resource Planning (ERP)-Software,* früher auch Produktionsplanungs- und -steuerungs-Software (PPS), unterstützt als IT-Werkzeug die integrierte Auftragsabwicklung eines Produktionsunternehmens in den erforderlichen Funktionen und Bereichen. Operativ bildet sie das zentrale Informationsrückgrat der *unternehmensweiten Kommunikation.*

Abb. 7.37 gibt einen Überblick über die von einer typischen ERP-Software behandelten Geschäftsprozesse, vgl. dazu ausführlich Gronau (2014), Trovarit-ERP (2017).

- Als wesentlicher Einsatzbereich einer ERP-Software gilt zunächst der *Vertrieb.* Dieser verantwortet die Angebots- und Auftragsgewinnung einschließlich der damit verbundenen Markt- und Kundenanalysen.
- *Produktion* und *Einkauf* wickeln die Aufträge ab, ihre ERP-Funktionen entsprechen weitgehend den beschriebenen PPS-Funktionen.
- Das *Rechnungswesen* überwacht mithilfe der Buchführung alle kaufmännischen Vorgänge, während das *Finanzwesen* die Versorgung mit Kapital sicherstellt.
- Das *Personalwesen* umfasst sowohl die Mitarbeiterentlohnung mit Gehaltsberechnung und -abrechnung, als auch die Mitarbeiterführung mit Leistungsbewertung und Mitarbeitergesprächen.

Abb. 7.37 Funktionen einer ERP-Software.
(Nach Gronau)

Die ERP-Software selbst ist als Datenbanksystem aufgebaut, das der Datenhaltung und -pflege, der Organisation von Routineabläufen (sogen. Workflows, vgl. u. a. Luczak und Becker 2003) sowie dem Controlling in Form von Kennzahlenreports und Auswertungen dient. Die hier skizzierten Funktionen werden teilweise noch weiter gefasst, so wird z. B. auch das Produkt-Lifecycle-Management (PLM) oder das Facility Management (FM) einbezogen.

Wegen der unterschiedlichen Unternehmensgrößen und logistischen Anforderungen existiert eine nahezu unübersichtliche Fülle von Anbietern für ERP-Software, vgl. dazu ausführlich Trovarit-ERP (2017). Der Markt wird durch wenige Anbieter bestimmt, Marktführer ist der deutsche Anbieter SAP. An der SAP-Modul- und Funktionsstruktur richten sich bis heute viele Anbieter, Anwender und Berater aus. Das liegt zum einen an der marktbeherrschenden Stellung, die eine entsprechende Referenz darstellt. Zum anderen spiegelt diese Struktur die Entwicklung der klassischen PPS-Software sehr gut wider, da der Funktionsumfang mit den neuen Möglichkeiten der IT und Informatik entsprechend wuchs.

In den Industrieunternehmen hat sich die ERP-Software heute als das zentrale IT-Werkzeug einer weitgehend softwaregestützten Arbeitsweise durchgesetzt. Der Kerngedanke besteht nach wie vor darin, die Auftragsabwicklungsprozesse hochintegriert – idealerweise in einer Softwarelösung – abzubilden. Ein hoher funktionaler Reifegrad bei vielfältigen Konfigurationsmöglichkeiten – insbesondere bei etablierten Softwareanbietern – decken unternehmensindividuelle Gegebenheiten recht gut ab. Insbesondere etablierte Softwarehersteller integrierten im Laufe der Zeit auch SCM- und CRM-Funktionalitäten (Customer Relationship Management = Management der Kundenbeziehungen). Mit dem Vordringen der Cloud-Technologie residiert die Software zunehmend nicht mehr in den unternehmenseigenen Rechenzentren, sondern in der Cloud, einem Rechnerverbund mit beliebig großer Verarbeitungs- und Speicherkapazität, der von Dienstleistern wie Google oder IBM angeboten wird.

Allerdings führte die funktionale Weiterentwicklung zu immer komplexeren Werkzeugen, deren Beherrschbarkeit in Gestaltung und Betrieb zunehmend kritischer erscheint:

- Zum einen entstanden monolithische IT-Strukturen: Deren Wartbarkeit und Anpassbarkeit stößt sowohl aus IT-technischer Sicht als auch wegen der funktional erwünschten Wechselwirkungen an Grenzen. Hier stehen insbesondere etablierte Softwareanbieter vor der Herausforderung, die alten, funktional ausgereiften Lösungen schrittweise in moderne Lösungenzu migrieren.
- Zum anderen bleibt die Datenqualität kritischer Erfolgsfaktor: Die Qualität der Stamm- und Bewegungsdaten erscheint nach wie vor mangelhaft, führt zu den bereits mehrfach beschriebenen unrealistischen Planungsergebnissen und gilt deshalb als klassischer Stolperstein der PPS, vgl. Abschn. 7.2.1

Inwieweit die unter dem Begriff Industrie 4.0 diskutierten Ansätze dazu führen, diese monolithischen Strukturen aufzulösen ist umstritten, vgl. auch Abschn. 7.8.

7.6.2 MES-Software

Die geschilderten Schwächen der ERP-Software im Teilgebiet Produktions- und Werkstattsteuerung motivierten einzelne Anwender und Softwareanbieter zu eigenen Weiterentwicklungen. Die früher als Werkstattsteuerung bezeichneten Aufgaben haben sich als eigenständiger Bereich etabliert und werden heute unter dem Begriff MES (Manufacturing Execution System) zusammengefasst.

▶ Eine *Manufacturing Execution System (MES)-Software* unterstützt als IT-Werkzeug die integrierte Produktionsabwicklung in den erforderlichen Funktionen und Bereichen. Operativ bildet sie das zentrale Informationsrückgrat der *produktionsbezogenen Kommunikation*.

Historisch entstand dieses Gebiet aus zwei Entwicklungen:

- Ein Auslöser war die Forderung nach einer *realistischeren Einplanung* der Fertigungsaufträge: Ursprünglich erfolgte die Einplanung über sogenannte Plantafeln vollständig manuell. Elektronische Leitstände automatisierten diese Funktion schrittweise und entwickelten sich unter Nutzung unterschiedlicher Planungsalgorithmen zur heute so bezeichneten APS-Software (Advanded Planning and Scheduling). Da diese auch zur überbetrieblichen Planung und Steuerung einsetzbar sind, ordnen einige Autoren sie auch der SCM-Software zu, vgl. Abschn. 7.6.3.
- Zweiter Auslöser war die Forderung nach einer besseren *administrativen Unterstützung* produktionsnaher Aufgaben: Branchen wie insbesondere die Prozessindustrie automatisierten bereits sehr frühzeitig Rückmeldesysteme oder Auswertefunktionen, um das operative Fertigungsmanagement umfassend zu unterstützen.

Daraufhin bildete sich der Begriff MES Anfang der 2000er Jahre schrittweise heraus. Im deutschsprachigen Raum schuf die VDI-Richtlinie 5600 einen begrifflichen Rahmen, der heute in der Industrie anerkannt ist, vgl. dazu ausführlich VDI (2017), Kletti (2006), Trovarit-MES (2019). Abb. 7.38 zeigt die heute üblichen Funktionsmodule und deren Einordnung in die Unternehmensleitebenen.

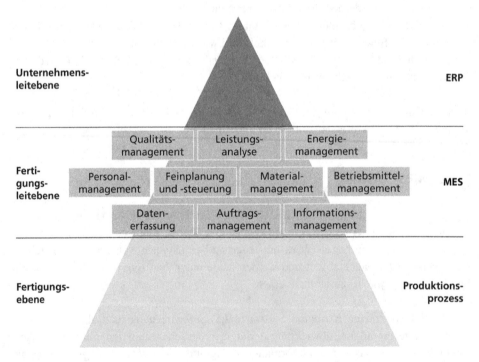

Abb. 7.38 MES-Module.
(VDI 5600)

Die Darstellung verdeutlicht, dass MES die prozessnahe und reaktionsschnelle Informationsverarbeitung und -bereitstellung, die Datenintegration aus übergeordneten Planungsebenen mit der Automatisierungsebene sowie die Transparenz in der Produktion unterstützt.

Mit dem Vordringen der Digitalisierung unter dem Leitbegriff Industrie 4.0 wird eine echtzeitnahe Verbindung von MES mit den Produktionsprozessen und -einrichtungen angestrebt, um Lieferzeit, Pünktlichkeit und Produktqualität weiter zu verbessern.

Für MES-Werkzeuge existiert eine nahezu unübersichtliche Fülle von Anbietern mit unterschiedlichstem Funktionsumfang und Branchenausrichtung, vgl. dazu ausführlich Wochinger und Kluth (2014), Trovarit-MES (2019). Bis heute hat sich keine so branchen- und anforderungsübergreifende Anbieterstruktur wie bei den ERP-Anbietern herausgebildet. Somit kommt einer detaillierten Softwareauswahl eine höhere Bedeutung zu als im ERP-Bereich.

In den Industrieunternehmen mit komplexen Produktionen setzen sich MES-Werkzeuge als zentrales IT-Werkzeug zunehmend durch. Ihre konsequente Nutzung führt typischerweise zu einem Transparenzgewinn bei verbesserter Feinplanung und damit besserer logistischer Zielerreichung (z. B. kürzere Durchlaufzeiten oder höhere Termintreue). Die grundsätzlichen Kritikpunkte entsprechen denen an der ERP-Software; einige Softwareanbieter trennten sich allerdings von ihren alten Lösungen und zeigen so die IT-technischen Verbesserungspotenziale auf.

7.6.3 SCM-Software

Die sinkende Wertschöpfungstiefe eines Standortes und seine verstärkte Einbindung in Produktions- und Liefernetze erfordern eine Betrachtung der gesamten Lieferkette bzw. des Wertschöpfungsnetzwerks. Damit wird eine überbetriebliche Planung und Steuerung immer wichtiger. Aufgrund dieser Entwicklung sind entsprechende SCM-Softwarepakete entstanden, die bis heute sehr unterschiedliche Aufgaben und Funktionen erfüllen. Einerseits bauen sie auf bestehenden innerbetrieblichen IT-Werkzeugen wie ERP- oder MES-Software auf und verbessern oder verfeinern bestehende Funktionen, andererseits beinhalten sie übergreifende Funktionen, die innerbetrieblich nicht oder nur teilweise vorhanden sind.

▶ Eine *Supply Chain Management (SCM) Software* unterstützt als IT-Werkzeug die unternehmensübergreifende Auftragsabwicklung in den erforderlichen Funktionen und Bereichen. Operativ bildet sie das zentrale Informationsrückgrat der *unternehmensübergreifenden Kommunikation*.

Historisch gewann das Thema zum Jahrtausendwechsel an Bedeutung und entwickelt sich seitdem mit unterschiedlicher Intensität und Geschwindigkeit in den unterschiedlichen Branchen weiter. Aus heutiger Sicht geben drei Anwendungsbereiche Impulse zur Verbesserung der Logistikleistung bzw. Reduzierung der Logistikkosten von Lieferketten:

- *Forecastfunktionen* für Marktentwicklungen zur Unterstützung von Vertriebs-funktionen.
- *Optimierungsfunktionen* für übergreifende Planungs- und Steuerungsentscheidungen wie bspw. Belegungsreihenfolgen in Bandmontagen inkl. Zulieferketten. Im Vergleich zu den bisherigen ERP-basierten Methoden erreichen diese APS-Funktionalitäten deutlich kürzere Laufzeiten durch ihre Hauptspeicherresidenz sowie neue IT-Archi-tekturen.
- *Simulationsfunktionen,* die bestimmte Planungs- oder Steuerungsentscheidungen hin-sichtlich ihrer Wirkung auf Logistik- oder Kostenziele bewerten. Diese sogenannten „What-If-Analysen" erfordern ein strukturiertes Ablegen und Bewerten von Planungs-szenarien und unterstützen sowohl Betriebs- als auch Gestaltungsentscheidungen.

Einige SCM-Softwarehersteller integrierten mit der Zeit auch ERP- und CRM-Funktio-nalitäten in ihre Software. Wegen der möglichen Funktionsbreite, der unterschiedlichen Anwendungsschwerpunkte und Branchen sowie der heterogenen Lösungsangebote hat sich noch keine allgemein anerkannte Gliederung der Funktionsmodule etabliert. Zum groben Vergleich dienen unterschiedliche Aufgabenmodelle, vgl. u. a. Laakmann et al. (2003), Meyr et al. (2010), Trovarit-SCM (2013).

Auf den ersten Blick scheint der Einsatz von SCM-Werkzeugen in den Industrieunter-nehmen zögerlich: Zum einen erweiterten die ERP-Softwarehersteller die klassischen Einkaufs- und Vertriebsfunktionen schrittweise und bündeln diese heute oftmals in einem eigenständigen SCM-Modul. Zum anderen existieren branchenspezifische Planungs- und Steuerungswerkzeuge zur Überwindung der bereits ausführlich beschriebenen Schwä-chen der MRP-Planung. In beiden Fällen treten eingesetzte SCM-Werkzeuge begrifflich nicht offen zutage: im ersten Fall gelten sie als Teil der ERP-Software; im zweiten Fall werden sie auch unter dem Begriff APS zusammengefasst.

7.7   Auftragsmanagement-Einführung

Jedes Auftragsmanagement-Projekt bedeutet meist einen tief greifenden Eingriff in bis-herige Abläufe, Aufwand und Komplexität sind durchaus mit anderen Großprojekten wie der Planung einer neuen Fabrik oder Entwicklung eines neuen Produktes zu vergleichen. Ein AM-Projekt muss ausgehend von der jeweiligen Aufgabenstellung auf die unter-nehmensspezifischen Rahmenbedingungen individuell zugeschnitten werden. Dennoch lassen sich allgemeingültige Projektphasen und -bausteine definieren.

Bei Einführung eines Auftragsmanagement-Systems fließen die fachlichen Aspekte der Konfigurationslogik mit den organisatorischen Aspekten der Projektabwicklung zusammen. Ein ganzheitliches Gestaltungsvorgehen muss neben den Rahmen-bedingungen unbedingt auch die oft vernachlässigten sozial-emotionalen Auswirkungen sowohl auf das Projektteam als auch auf die von der Einführung betroffenen und an der Einführung beteiligten Mitarbeiter berücksichtigen. Viele Projekte verzögern oder verteuern sich häufig wegen nicht abgestimmter Zielsetzungen und Kompetenzen sowie offener oder versteckter Widerstände.

Einleitend beschreibt Abschn. 7.7.1 die ganzheitliche *Projektmethodik*. Der Folgeabschnitt formuliert Vorgehens- und Gestaltungsleitlinien für das Auftragsmanagement (Abschn. 7.7.2).

7.7.1 Projektmethodik

Eine *ganzheitliche Projektmethodik* beruht auf zwei methodischen Grundlagen: der bewährten Methodik des Systems Engineering, Daenzer und Huber (2002, S. 37 ff., 83 ff.) sowie der aspektweisen Analyse komplexer Probleme, dem sogenannten Vier-Felder-Kreis Schübel (2002), vgl. dazu ausführlich Wiendahl H-H (2011, S. 299 ff.) sowie die dort zitierte Literatur.

Abb. 7.39a unterteilt die Hauptphasen des Systems Engineering (Projektdefinition, -durchführung und -abschluss) für das Auftragsmanagement in sechs Phasen:

- Die *Projektdefinition* umfasst die erforderlichen Vorarbeiten für ein Projekt und schließt den meist unstrukturierten Projektanstoß ab. Ergebnis ist ein Projektantrag, der bei Genehmigung durch die Geschäftsleitung in einen Projektauftrag mündet.

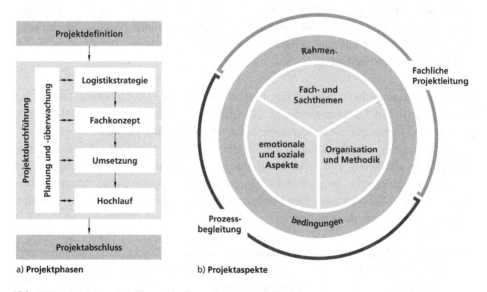

Abb. 7.39 Projektmethodik von Auftragsmanagement-Projekten. (Nach H-H Wiendahl, H-R Schübel)

- Die *Logistikstrategie* erarbeitet die grundlegende logistische Ausrichtung des Unternehmens und orientiert sich am Beitrag der Logistik zum Unternehmenserfolg. Sie definiert die logistischen Zielprioritäten, ggf. differenziert nach den logistischen Geschäftsarten, vgl. Abschn. 7.2.4. Das Ergebnis muss die Geschäftsleitung genehmigen.
- Das *Fachkonzept* konkretisiert die Logistikstrategie und formuliert Leitlinien für die laufende Planung und Steuerung. Hier sind Funktions- und Ablauflogik sowie die softwaretechnische Umsetzung zu beschreiben (Abb. 7.3), eine Unterteilung in Grob- und Feinkonzept hat sich bewährt. Das Ergebnis sollten die Fachführungskräfte prüfen. Die Geschäftsleitung muss das Konzept genehmigen und die anschließende Umsetzung unterstützen, oft über sogenannte Projektpaten.
- Die *Umsetzung* detailliert das Fachkonzept bis zur Umsetzungsreife; hierzu gehört auch die Prozess- und Arbeitsablaufdokumentation mit Schulungsunterlagen sowie die Softwaredokumentation mit Benutzerhilfen. Die Freigabe zum operativen Systembetrieb muss durch die Anwender erfolgen, die in den Projektgruppen bzw. Entscheidungsgremien vertreten sind. Ergebnis ist ein funktionsfähiges und betriebsbereites Auftragsmanagement-System.
- Der *Hochlauf* setzt das konzipierte Auftragsmanagement-System organisatorisch und softwaretechnisch in Betrieb, häufig beginnend in Pilotbereichen. Auftretende Schwierigkeiten dürfen die bereits unter den neuen Bedingungen laufende Auftragsabwicklung nicht gefährden. Ergebnis ist ein unter fachlichen Gesichtspunkten stabiler Systembetrieb, bei dem auch die organisatorisch-emotionalen Rückstellkräfte überwunden sind.
- Der *Projektabschluss* beendet das Gestaltungs- und Einführungsprojekt mit der Erfolgskontrolle unter fachlichen, organisatorischen und atmosphärischen Gesichtspunkten. Ergebnis ist ein vom Projektteam erstellter Abschlussbericht – idealerweise mit Hinweisen für künftige Verbesserungen (Lessons Learned). Dieser ist durch den Auftraggeber abzunehmen.

Die Projektplanung und -überwachung begleitet die gesamte Durchführung hinsichtlich Budget-, Zeit- und Funktionserfüllung. Abweichungen werden im Lenkungskreis vorgetragen und führen ggf. zu Sondermaßnahmen oder Projektkorrekturen.

Die zweite methodische Grundlage bildet der sogenannte *Vier-Felder-Kreis*. Hier sind fachliche Projektleitung und Prozessbegleitung als Moderation von Gruppenprozessen zu trennen, idealerweise nehmen diese beiden Rollen unterschiedliche Personen wahr. Abb. 7.39b zeigt die relevanten Gestaltungsaspekte sowie deren Aufteilung der Leitungsaufgaben auf die genannten Rollen:

- Die *Rahmenbedingungen* (Was kann oder soll das Projekt nicht beeinflussen?) beziehen sich auf das Projekt (Betrachtungs- und Gestaltungsgegenstand) und auf das Unternehmen (Vision, Strategie, aktuelle Situation).
- Die *Fach- und Sachthemen* ergeben sich aus den Projektinhalten (Worum geht es im Projekt?), hier also aus den Freiheitsgraden in der Auftragsmanagement-Gestaltung. Diese verantwortet der fachliche Projektleiter.

- Demgegenüber betrachten die *emotionalen und sozialen Aspekte* die Atmosphäre und Stimmung im Projekt bzw. Unternehmen sowie die informellen Beziehungen zwischen den Akteuren (Wie gehen die Akteure miteinander um?). Ihre angemessene Berücksichtigung liegt in der Verantwortung des Prozessbegleiters.
- Die *Organisation und Methodik* ist für das Projekt ebenfalls festzulegen (Wie wird vorgegangen?). Um sowohl fachliche als auch sozial-emotionale Aspekte zu berücksichtigen, sind hier der fachliche Projektleiter und der Prozessbegleiter gemeinsam verantwortlich.

Ein solcher Ansatz erweitert die Perspektive und betrachtet neben fachlichen, auch methodische und atmosphärische Qualitätskriterien. Außerdem schärft er den Blick der Beteiligten auf die eigenen Rollenverpflichtungen.

7.7.2 Vorgehens- und Gestaltungsleitlinien

Zur erfolgreichen Auftragsmanagement-Einführung dienen Leitlinien. Dabei sind Vorgehens- von Gestaltungsleitlinien zu unterscheiden; zur Detailerläuterung siehe: Wiendahl H-H (2011, S. 407 ff.) und die dort zitierte Literatur.

Vorgehensleitlinien

Auftragsmanagement-Projekte sind im Kern Veränderungsprojekte. Ist ein solches Projekt initialisiert, liegt die Herausforderung darin, den eigentlichen Veränderungsprozess inhaltlich erfolgreich und organisatorisch nachhaltig zu gestalten. Dazu dient die angemessene Beteiligung der Betroffenen. Deshalb gliedern sich die Vorgehensleitlinien anhand der beschriebenen vier Projektaspekte. Sie sind als Erfolgsfaktoren einer akteursorientierten Umgestaltung zu verstehen:

- *Rahmenbedingungen:* Zunächst sind die Rahmenbedingungen von Projekt und Unternehmen sorgfältig zu identifizieren: Unbeeinflussbare Rahmenbedingungen sind zu akzeptieren, bestehende Einflussmöglichkeiten zu erkennen und konsequent zu nutzen. Hier liegt die Verantwortung des Projektleiters darin, erfüllbare von nicht erfüllbaren Aufgaben zu unterscheiden und letztere – inhaltlich substanziell begründet – abzulehnen.
- *Fach- und Sachthemen:* Eine Fachstrukturierung der Inhalte bildet die Basis, um vom Groben zum Detail arbeiten zu können.
- *Organisation und Methodik:* Ein Arbeiten mit Zielen und Erfolgskontrolle sowie adäquater Vor- und Nachbereitung der Projekttreffen bildet die Grundlage jeglicher effektiven und effizienten Projektarbeit.
- *Emotionale und soziale Aspekte*: Grundlage einer angemessenen Projektatmosphäre bilden die für alle Beteiligten vereinbarten Spielregeln. Oft belasten hier versteckte Machtfragen, auch die Gruppendynamik ist zu berücksichtigen.

Eine solche Logik folgt dem Grundgedanken eines *vorbeugenden Brandschutzes:* Er wirkt unspektakulär, ist aber meist effektiver als dramatische Feuerwehraktionen im Projektverlauf.

Gestaltungsleitlinien

Die logistisch-fachliche Gestaltung eines AM-Systems ist aus Außen- und Innensicht zu betrachten:

- Aus der *Außensicht* ist das Auftragsmanagement anforderungsgerecht zu gestalten; hierfür dienen die situationsabhängigen Gestaltungsleitlinien.
- Aus der *Innensicht* muss das Auftragsmanagementdesign hinsichtlich der Ziele, Verfahren und Verantwortlichkeiten konsistent sein. Daraus resultieren situationsunabhängige Leitlinien.

Abb. 7.40 detailliert die situationsunabhängigen Leitlinien anhand der AM-Gestaltungsaspekte. Sie sind als formale Anforderungen zu verstehen:

Aspekt	Gestaltungsphase	Betriebsphase
Ziele	■ Zielprioritäten konsistent vorgeben ■ Ziele realistisch vereinbaren	■ Zielakzeptanz, -erreichung überprüfen ■ Realisierbarkeit der Ziele hinterfragen
Funktion	■ Funktionen und Methoden korrekt modellieren	■ Funktionen zweckgemäß nutzen ■ eingesetzte Methoden parametrieren
Objekt	■ Planungsobjekte geeignet detailliert modellieren	■ Datenqualität laufend überprüfen ■ Stamm- und Bewegungsdaten pflegen
Prozess	■ Prozesse und Regelkreise angemessen detailliert beschreiben	■ Prozesse zweckgerichtet anwenden ■ Entscheidungen konsequent umsetzen
Stelle	■ Bereiche eindeutig abgrenzen ■ Leistungsanforderungen identifizieren	■ Handlungskompetenz vermitteln ■ Logistikverständnis schulen
Werkzeug	■ passende und ergonomische Werkzeuge bereitstellen	■ Werkzeuge korrekt verwenden und mit den Standardwerkzeugen arbeiten

Abb. 7.40 Situationsunabhängige Gestaltungsleitlinien.

- *Notwendige Bedingung* für ein erfolgreiches Auftragsmanagement ist seine konsistente, an den Zielen ausgerichtete Gestaltung, Abb. 7.40 linke Spalte
- *Hinreichende Bedingung* für ein schlüssiges Auftragsmanagement ist die konsequente Umsetzung der beschriebenen Gestaltungsregeln im laufenden Betrieb, Abb. 7.40 rechte Spalte.

In der Betriebsphase ist besonders darauf zu achten, dass die Anwender notwendige Verbesserungen in den eingesetzten Standard-Werkzeugen aufzeigen und nicht ‚am System vorbei‘ arbeiten.

7.8 Ausblick

Heute ist allgemein anerkannt, dass sich das Auftragsmanagement mit seiner Funktions- und Ablauflogik an wechselnde Unternehmensanforderungen anpassen muss. Dies ist vor allem bei Umgestaltungen der Wertschöpfungsketten sowie bei neuen Produktionskonzepten der Fall.

Die erste Anforderung beschreibt die schnelle *Anpassbarkeit* (auch Wandlungsfähigkeit) an geänderte Rahmenbedingungen. Die Praxis klagt traditionell über die Starrheit der Softwarewerkzeuge: Die Unternehmen passen ihre Geschäftsprozesse regelmäßig an, aber die zeitnahe IT-technische Umsetzung der Anforderungen gestalten sich erfahrungsgemäß schwierig.

Aus *IT-technischer Sicht* stellt die Informatik unterschiedliche Ansätze zur Erhöhung der Wiederverwendung und Anpassung bereit. Von denen erscheinen zwei bedeutsam:

- Zum einen sind hier objektorientierte Programmiersprachen wie C++ oder JAVA zu erwähnen. Der seit vielen Jahren bekannte Grundgedanke der Objektorientierung nimmt reale Objekte als Ausgangspunkt und fördert so eine für den Anwender verständliche Modellierung.
- Zum anderen verspricht eine dienstorientierte IT-Gestaltung eine höhere Flexibilität. Service-orientierte Architekturen (SOA) folgen dem Gedanken der verteilten Systeme und bilden gekapselte Softwarebausteine (sog. Services). Die sog. Orchestrierung fasst dann Services niedriger Abstraktionsebenen recht flexibel unter größtmöglicher Wiederverwendbarkeit zu Services höherer Abstraktionsebenen zusammen. Sogenannte Microservices entwickeln diesen Grundgedanken weiter.

Agile Softwareentwicklungsmethoden sollen diese Anpassbarkeit über ein iteratives Vorgehen mit schneller Bereitstellung für den Anwender testfähiger Software unterstützen.

Aus *produktionstechnischer Sicht* diskutiert die Forschung dieses Thema seit Ende der 1990er Jahre. Hier sind vor allem die eher abstrakten *Wandlungsbefähiger* relevant: Zunächst für die Fabrikplanung entwickelt, wurden sie auf andere Teilgebiete übertragen und erweitert, vgl. Wiendahl H-P (2007), ElMaraghy (2009). Für die Planung und Steuerung sind insbesondere die Befähiger Anpassbarkeit, Neutralität, Skalierbarkeit, Modularität und Kompatibilität relevant, aus denen sich Bausteine der Wandlungsfähigkeit ableiten lassen, vgl. Wiendahl H-H (2009).

Die zweite Anforderung bilden die neuen Produktionskonzepte. Aktuell diskutieren Forschung und Praxis diese unter dem Oberbegriff Industrie 4.0, vgl. dazu auch Bauernhansl et al. (2014) sowie Abschn. 1.3.2.4: Sogenannte Cyberphysische Systeme kombinieren die physischen Produktionsobjekte mit Sensoren, Aktoren und Softwarekomponenten so, dass sie mit ihrer Umgebung kommunizieren können und eine lokale Intelligenz mit Entscheidungsvermögen besitzen. Für die Planung und Steuerung ergeben sich daraus bedeutsame Änderungen:

- Zum Ersten ermöglicht eine sensorgestützte Fortschrittserfassung aktuelle und vor allem korrekte Rückmeldungen in Echtzeit. Dies verspricht die Verbesserung der oftmals unzureichenden Rückmeldequalität und sollte in der Folge auch die Planungs- und Steuerungsqualität verbessern.
- Zum Zweiten erlaubt eine Kapselung eine verteilte Erfassung und Pflege der Bewegungs- und Stammdaten am Cyberphysischen Objekt selbst. Mit Blick auf die bereits erläuterte serviceorientierte Softwarestruktur eröffnet sich die Chance, Datenhaltung und Funktion stärker zu trennen. In der Konsequenz bricht das die heute üblichen, hochintegrierten Softwarewerkzeuge auf, da Services über Informationsplattformen kommunizieren können.
- Zum Dritten unterstützt die lokale Intelligenz in den Produktionsobjekten Auftrag und Produktionseinheit Steuerungskonzepte mit verteilten Entscheidungen. Eine solche dezentrale Selbststeuerung ist die Vision vieler Fachexperten. Sie erhoffen sich dadurch ein deutlich robusteres Systemverhalten.

Welche Rolle der Menschen in einer solchen digitalisierten Fabrik einnehmen wird, ist noch Gegenstand kontroverser Diskussionen.

Generell gelten für die Planung und Steuerung der inner- und überbetrieblichen Auftragsabwicklung einer Produktionskette folgende Aussagen und es erscheinen folgende Tendenzen absehbar:

- Mit Angleichung der Produktfunktionalitäten wird die Logistik zum Wettbewerbsfaktor – sie kann die Wettbewerbsstellung von Industrieunternehmen in Hochlohnländern sichern.
- Die grundlegenden Planungs- und Steuerungsfunktionen sind nach wie vor erforderlich; die Tendenz zu verringerten Wertschöpfungstiefen rückt die Frage der Aufgabenverteilung in Produktions- und Lieferantennetzen in den Vordergrund.

- Die logistische Beherrschung der Auftragsabwicklung erfordert ein fundiertes logistisches Grundverständnis der Wirkzusammenhänge zwischen den wesentlichen Logistikzielen.

- Auftragsmanagement-Systeme sind komplexe Konstruktionen mit einer großen Anwenderzahl, deshalb bergen unbedachte lokale Veränderungen große Risiken. Umgestaltungen erfordern eine professionelle Projektorganisation; diese teilt die Projektverantwortung auf, fordert eine hohe Projektdisziplin und bezieht die Systemnutzer rechtzeitig ein. Vorgehens- und Gestaltungsleitlinien bieten hierzu Hilfestellung.

- Die Digitalisierung in der Auftragsabwicklung führt zu einer stärkeren Automatisierung von Routineentscheidungen – insbesondere in komplexen Entscheidungssituationen können Assistenzsysteme unterstützen, vgl. dazu u. a. Wiendahl H-H (2016).

Disziplin im Tagesgeschäft und gegenseitiges Vertrauen der Beteiligten in der Wertschöpfungskette bilden die Basis einer erfolgreichen operativen Planung und Steuerung. Der Mensch spielt also nach wie vor die entscheidende Rolle im Erreichen gesetzter Logistikziele. Ein Berücksichtigen dieser Erkenntnis für Gestaltung und Betrieb führt zu einer nachhaltigen logistischen Exzellenz und macht diese ungeachtet des hohen Bekanntheitsgrades aller Methoden zu einem schwer kopierbaren Erfolgsfaktor.

7.9 Lernerfolgsfragen

Fragen

1. Nennen Sie wesentliche Entwicklungsphasen der Logistik.
2. Nennen Sie die Vorteile und Nutzenerwartungen einer überlegenen Logistikleistung.
3. Nennen Sie die Gestaltungsaspekte im Auftragsmanagement und nennen Sie die hierzu passende Leitfrage.
4. Nennen Sie die Prozesselemente und Prozessarten des SCOR-Modells.
5. Skizzieren Sie das Portfolio der logistischen Geschäftsarten. Anhand welcher Kriterien ist es gegliedert?
6. Beschreiben Sie die Bevorratungsstrategie und ihre typischen Ausprägungsformen. Welche Zielgrößen gelten in den jeweiligen Abschnitten?
7. Nach welchen Kriterien lassen sich Logistikkennzahlen gliedern?
8. Definieren Sie die vier Kennzahlenkategorien allgemein und nennen Sie jeweils Beispiele.
9. Welche Arten von Durchlaufdiagrammen kennen Sie? Nennen Sie die dazu korrespondierende Sichtweise.
10. Beschreiben Sie das logistische Zielsystem. Gehen Sie dabei auf die unterschiedlichen Sichten (Marktsicht – Unternehmenssicht) ein.

11. Welche logistischen Systemgrößen stellt die Produktionskennlinie zusammen-hängend dar? Was beschreiben diese?

12. Beschreiben Sie den logistischen Idealprozess Produktion.

13. Leiten Sie die Produktionskennlinie grafisch ab und nennen Sie die Elementar-parameter.

14. Beschreiben Sie das Durchlaufzeit- und Zuverlässigkeitsverhalten einer Produk-tion bei einem stationären Betriebszustand. Was gilt für Bestand sowie Zu- und Abgangskurven? Welche Formeln gelten?

15. Beschreiben Sie den logistischen Idealprozess Lagern.

16. Leiten Sie die Lagerkennlinie grafisch ab und nennen Sie die Elementarpara-meter.

17. Beschreiben Sie das Durchlaufzeit- und Zuverlässigkeitsverhalten eines Lagers bei einem stationären Betriebszustand. Was gilt für Bestand sowie Zu- und Abgangskurven? Welche Formeln gelten?

18. Zur Planung und Steuerung werden SOLL-, PLAN- und IST-Termine unter-schieden. Beschreiben Sie Terminierungsrichtung und Anforderungen an den jeweiligen Terminkreis.

19. Nennen Sie die PPS-Objekte und Bedarfsarten.

20. Skizzieren Sie das Zusammenwirken der Materialplanungsfunktionen. Nennen Sie die wichtigsten Eingangs- und Ausgangsgrößen.

21. Erläutern Sie Zweck und Ergebnis einer ABC- und einer XYZ-Analyse.

22. Skizzieren Sie das Zusammenwirken der Termin- und Kapazitätsplanungs-funktionen für die Eigenfertigung. Nennen Sie die wichtigsten Eingangs- und Ausgangsgrößen.

23. Nennen Sie die drei Schwierigkeiten, die Zusammenwirken und Wirksamkeit der Termin- und Kapazitätsplanung theoretisch und praktisch beeinträchtigen und erläutern Sie diese.

24. Welche vier Funktionen unterscheidet das Fertigungssteuerungsmodell von Löd-ding? Welche Empfehlungen leiten sich aus dem Modell für die Gestaltung der Fertigungssteuerung und ihrer Methoden ab?

25. Nennen sie zwei Fertigungssteuerungsmethoden und erläutern Sie ihre jeweilige Grundidee.

26. Nennen Sie die den überbetrieblichen Planungs- und Steuerungsmethoden zugrunde liegenden Grundprinzipien. Welche Art von Informationen können aus-getauscht werden?

27. Nennen Sie jeweils ein Beispiel für eine typische Ineffizienz in der inner- und überbetrieblichen Planung und Steuerung.

28. Erläutern Sie Ursachen und Gegenmaßnahmen des Fehlerkreises der Fertigungs-steuerung.

29. Erläutern Sie Ursachen und Gegenmaßnahmen des Bullwhip-Effektes.

30. Nennen Sie die in der Industrie typischerweise eingesetzten IT-Werkzeuge und beschreiben Sie grob ihren Anwendungsschwerpunkt.
31. Welche Planungslogik dominiert die verfügbare PPS- und ERP-Software bis heute? Was bedeutet dies für die SCM- und MES-Software?
32. Nennen Sie die Projektphasen eines Auftragsmanagement-Projektes. Welche Bearbeitungsschwerpunkte bzw. -aspekte sind zu beachten?
33. Skizzieren Sie den Vier-Felder-Kreis der Projektabwicklung. Welche Leitfragen beschreiben die relevanten Gestaltungsaspekte im Projekt?
34. Nach welchen Aspekten sind die Vorgehensleitlinien zur Auftrags-management-Gestaltung gegliedert? Nennen Sie für jeden Aspekt zwei Beispiele.
35. Nach welchen Aspekten sind die (situationsunabhängigen) Gestaltungsleit-linien zur Auftragsmanagement-Gestaltung gegliedert? Nennen Sie für zwei aus-gewählte Aspekte Beispiele.
36. Warum ist Logistikexzellenz als Erfolgsfaktor so schwer kopierbar?

Literatur

Aldinger L (1985) Leitstandunterstützte kurzfristige Fertigungssteuerung bei Einzel- und Klein-serienfertigung. Diss. Springer, Berlin. ISBN 3-540-15903-7

Andler K (1929) Rationalisierung der Fabrikation und optimale Losgröße. Diss., Uni Stuttgart

Augustin S, Frühwald C, Kannt C (2001) Entwurf eines Beschreibungs-Modells für Weltklasse-Logistik mit Ausprägung auf den After Sales Service. In: Göpfert I (Hrsg) Logistik der Zukunft – Logistics for the Future, 3. Aufl. Gabler, Wiesbaden, S 179–193

Balla J, Layer F (2010) Produktionsplanung mit SAP® APO. 2., aktual. und erw. Aufl. Galileo Press, Bonn. ISBN 978-3-8362-1602-9

Bauernhansl T, ten Hompel M, Vogel-Heuser B (Hrsg) (2014) Industrie 4.0 in Produktion, Auto-matisierung und Logistik. Springer, Wiesbaden. ISBN 978-3-658-04682-8

Baumgarten H (2008) Das Beste in der Logistik – Auf dem Weg zur logistischen Exzellenz. In: Baumgarten H (Hrsg) Das Beste der Logistik: Innovationen, Strategien, Umsetzungen. Sprin-ger, Berlin

Bechte W (1984) Steuerung der Durchlaufzeit durch belastungsorientierte Auftragsfreigabe bei Werkstattfertigung. Düsseldorf: VDI-Verlag (Fortschritt-Berichte VDI-Z, Reihe 2, Nr.70). Zugl. Diss. Uni Hannover 1980

Becker T (2002) Supply Chain Prozesse: Gestaltung und Optimierung. In: Busch A, Dangelmaier W (Hrsg) Integriertes Supply Chain Management: Theorie und Praxis effektiver unternehmens-übergreifender Geschäftsprozesse. Gabler, Wiesbaden, S 63–87. ISBN 3-409-11958-2

Bolstorff PA, Rosenbaum RG, Poluha RG (2007) Spitzenleistungen im Supply Chain Manage-ment: Ein Praxishandbuch zur Optimierung mit SCOR. Springer, Dordrecht. ISBN 978-3-540-71183-4

Burbidge JL (1996) Period batch control. Oxford University Press, Oxford

Busch A, Dangelmaier W (Hrsg) (2002) Integriertes Supply Chain Management: Theorie und Pra-xis effektiver unternehmensübergreifender Geschäftsprozesse. Gabler, Wiesbaden. ISBN 3-409-11958-2

Buse HP, Philippson C, Luczak H, Pfohl H-C (1996) Organisation der Logistik. In: Dangelmaier W (Hrsg) Vision Logistik – Logistik wandelbarer Produktionsnetze zur Auflösung ökonomischökologischer Zielkonflikte. Forschungszentrum Karlsruhe Technik und Umwelt Wissenschaftliche Berichte; PFT-Bericht, FZKA-PFT 181; Karlsruhe S 13–35

Corsten D, Gabriel C (2004) Supply-Chain-Management erfolgreich umsetzen. Grundlagen, Realisierung und Fallstudien, 2. Aufl. Springer, Berlin

Corsten H, Gössinger R (2008) Einführung in das Supply Chain Management, 2. Aufl. Oldenbourg, München. ISBN 978-3-486-58461-5

Daenzer WF, Huber F (Hrsg) (2002) Systems Engineering: Methodik und Praxis, 11. Aufl. Verlag Industrielle Organisation, Zürich

Dickersbach JT, Keller G (2014) Produktionsplanung und -steuerung mit SAP ERP, 4. Aufl. Galileo Press, Bonn. ISBN 978-3-8362-2708-7

Drexl A, Fleischmann B, Günther H-O, Stadtler H, Tempelmeier H (1994) Konzeptionelle Grundlagen kapazitätsorientierter PPS-Systeme. zfbf 46:1022–1045

Duden – Bedeutungswörterbuch (1985) 2. Aufl. Dudenverlag, Mannheim. ISBN 3-411-20911-9

Eidenmüller B (1989) Die Produktion als Wettbewerbsfaktor. Industrielle Organisation, Köln

ElMaraghy HA (Hrsg) (2009) Changeable and reconfigurable manufacturing systems. Springer, London

Faßnacht W, Frühwald C (2001) Controlling von Logistikleistung und -kosten. In: Baumgarten H, Becker J, Wiendahl H-P, Zentes J (Hrsg) Logistik-Management – Band 2: Strategien, Konzepte, Praxisbeispiele. Springer, Berlin (Losebl.-Ausg., Lfg. 2/01 Stand: Januar 2001, Kap. 5 03 03, Springer Experten System)

Forrester JW (1958) Industrial dynamics – a major breakthrough for decision maker. Harv Bus Rev 36(4):37–66

Fox B (1982) MRP, Kanban or OPT. What's best? In: Inventories & Production 2 (1982) 4, S 4–11 (Part I of: OPT, An Answer for America). OPT, An Answer for America; Part II; In: Inventories & Production 2 (1982) 6, S 10–19

Glaser H, Geiger W, Rohde V (1992) PPS – Produktionsplanung und -steuerung: Grundlagen – Konzepte – Anwendungen, 2. Aufl. Gabler, Wiesbaden

Gläßner J (1995): Modellgestütztes Controlling der beschaffungslogistischen Prozesskette. Düsseldorf: VDI-Verlag, (Fortschritts-Berichte VDI; Reihe 2, Nr. 337). Zugl. Hannover, Univ., Diss., 1994

Goldratt EM (1990) What is this thing called theory of contraints and how should it be implemented? North River Press, Croton-on-Hudson

Goldratt EM, Cox J (1984) The goal: a process of ongoing improvement. Gower, Aldershot

Gronau N (2014) Enterprise Resource Planning: Architektur, Funktionen und Management von ERP-Systemen, 3. Aufl. De Gruyter Studium, Berlin. ISBN 978-3-486-75574-9

Gulyássy F, Vithayathil B (2014) Kapazitätsplanung mit SAP, 1. Aufl. Galileo Press, Bonn. ISBN 978-3-8362-1975-4

Gutenberg E (1951) Grundlagen der Betriebswirtschaftslehre. Bd 1: Die Produktion, 1. Aufl. Springer, Berlin

Hackstein R (1989) Produktionsplanung und -steuerung, 2. Aufl. VDI Verlag, Düsseldorf. ISBN 978-3184009243

Harris FW (1913) How many parts to make at once. Factory 10(2):135–136, 152

Hartmann H (2005) Materialwirtschaft: Organisation, Planung, Durchführung, Kontrolle, 9. Aufl. Deutscher Betriebswirte-Verlag, Gernsbach. ISBN 978-3-88640-118-5

Hautz E (1993) PPS und Logistik, zukünftig ein Widerspruch. In: Wiendahl H-P (Hrsg) IFA-Kolloquium 1993 – Neue Wege der PPS Innovative Konzepte, Praxislösungen und Forschungsansätze zur durchgängigen Steuerung und Überwachung einer kundenorientierten Produktion. gmft, München, S 11–30

Heinemeier W (1988) Produktionsplanung und -steuerung mit Fortschrittszahlen für die inter-dependenten Fertigungs- und Montageprozesse; Kennziffer 6060. In: Baumgarten H et al (Hrsg) RKW-Handbuch Logistik/14.Lfg. XII/88. Schmidt, Berlin (1981, lfd. ergänzt)

Heinzel H (2001) Supply Chain Management und das SCOR-Modell – Ein Methodenframework für wettbewerbsfähige Netzwerke. In: Arnold U, Mayer R, Urban G (Hrsg) Supply Chain Management: Unternehmensübergreifende Prozesse, Kollaboration, IT-Standards. Lemmens, Bonn. ISBN 3-932306-39-2S 49–68

Hellingrath B, Hieber R, Laakmann F, Nayabi K (2002) Die Einführung von SCM-Software-systemen. In: Busch A, Dangelmaier W (Hrsg) Integriertes Supply Chain Management: Theorie und Praxis effektiver unternehmensübergreifender Geschäftsprozesse. Gabler, Wiesbaden, S 187–211. ISBN 3-409-11958-2

Herlyn W (2012) PPS im Automobilbau, Produktionsprogrammplanung und -steuerung von Fahrzeugen und Aggregaten. Hanser, München. ISBN 978-3446413702

Hippler W (1921) Arbeitsverteilung und Terminwesen in Maschinenfabriken. Springer, Berlin

Hoekstra S, Romme JHJM (Hrsg) (1985) Op weg naar integrale logistieke structuren. Kluwer, Deventer

Jünemann R (1989) Materialfluß und Logistik: Systemtechnische Grundlagen mit Praxisbeispielen. Springer, Berlin. ISBN 3-540-51225-X

Kettner H, Bechte W (1981) Neue Wege der Fertigungssteuerung durch belastungsorientierte Auftragsfreigabe. VDI-Z 123(11):459–465

Kletti J (Hrsg) (2006) MES – Manufacturing Execution System. Springer, Berlin

Knackstedt R (2016) Supply Chain Typologien. In: Gronau N, Becker J, Kurbel K, Sinz E, Suhl L (Hrsg) Enzyklopädie der Wirtschaftsinformatik – Online Lexikon http://www.enzyklopaedie-der-wirtschaftsinformatik.de/. Zugegriffen: 18. Sept. 2016

Kuhn A, Hellingrath B (2002) Supply Chain Management: Optimierte Zusammenarbeit in der Wertschöpfungskette. Springer, Berlin. ISBN 3-540-65423-2

Kurbel K (2016) Enterprise Resource Planning und Supply Chain Management in der Industrie, 8., vollst. überarb. und erw. Aufl. Oldenbourg, München. ISBN 978-3-11-044168-0

Mandel J (2011) Modell zur Gestaltung von Build-to-Order-Produktionsnetzwerken Stuttgart Fraunhofer Verlag. Zugl. Diss Uni Stuttgart

Laakmann F, Nayabi K, Hieber R (2003) Marktstudie Supply Chain Management Software: Planungssysteme im Überblick; Ergebnisse einer Gemeinschaftsaktivität der Partner des Supply Chain Management Competence & Transfer Center (SCM-CTC). Fraunhofer IRB Verl., Stuttgart. ISBN 3-8167-6256-5

Lee LH, Padmanabhan V, Whang S (1997) The bullwhip effect in supply chains. Sloan Manage Rev 28:93–102

Lödding H (2016) Verfahren der Fertigungssteuerung – Grundlagen, Beschreibung, Konfiguration, 3. Aufl. Springer Vieweg, Berlin. ISBN 978-3-662-48458-6

Luczak H, Becker J (Hrsg) (2003) Workflowmanagement in der Produktionsplanung und -steuerung – Qualität und Effizienz der Auftragsabwicklung steigern. Springer, Berlin. ISBN 978-3-540-00577-3

Luczak H, Wiendahl H-P, Weber J (2004) Logistik-Benchmarking, 2. Aufl. Springer-VDI Verlag, Düsseldorf

Lutz S (2002) Kennliniengestütztes Lagermanagement. Düsseldorf: VDI Verlag (Fortschritt-Berichte VDI: Reihe 13, Nr. 53). Zugl. Hannover, Univ., Diss. 2002

Lutz S, Lödding H, Wiendahl H-P (2001) Kennliniengestützte logistische Lageranalyse: ein neuer Ansatz zur Positionierung im Dilemma zwischen Bestand und Servicegrad. ZWF Zeitschrift für wirtschaftlichen Fabrikbetrieb 92(9):550–553

Mertens P (1996) Funktionen und Phasen der Produktionsplanung und -steuerung. In: Eversheim W, Schuh G (Hrsg) Betriebshütte Produktion und Management, Teil 2, 7. völlig neu bearb. Aufl. Springer, Berlin, S 14-11–14-60

Mertens P, Meier MC (2009) Integrierte Informationsverarbeitung 2: Planungs- und Kontrollsysteme in der Industrie, 10. vollst. überarb. Aufl. Springer-Gabler, Wiesbaden

Meyr H, Stadtler H (2010) Types of supply chains. In: Stadtler H, Kilger C (Hrsg) Supply chain management and advanced planning: concepts, models, software and case studies. Springer, Berlin, S 65–80. ISBN 978-3-642-14130-0

Meyr H, Wagner M, Rohde J (2010) Structure of advanced planning systems. In: Stadtler H, Kilger C (Hrsg) Supply chain management and advanced planning: concepts, models, software and case studies. Springer, Berlin, S 109–115. ISBN 978-3-642-14130-0

Nyhuis P (1991) Durchlauforientierte Losgrößenbestimmung. Düsseldorf: VDI-Verlag (Fortschritts-Berichte VDI; Reihe 2, Nr. 225). Zugl. Hannover, Univ., Diss., 1991

Nyhuis P (2002) Grundgesetze der Beschaffungslogistik. Arbeitspapier Supply Chain Consulting (SPLS). Siemens, München

Nyhuis P (2008) Produktionskennlinien – Grundlagen und Anwendungsmöglichkeiten. In: Nyhuis P (Hrsg) Beiträge zu einer Theorie der Logistik. Springer, Berlin, S 185–218

Nyhuis P, Wiendahl H-P (1999) Logistische Kennlinien: Grundlagen, Werkzeuge und Anwendungen. Springer, Berlin

Nyhuis P, Wiendahl H-P (2007) Ansätze einer Logistiktheorie. In: Hausladen I (Hrsg) Management am Puls der Zeit. Strategien, Konzepte und Methoden. Festschrift für Univ.-Prof. Dr. Dr. h.c. mult. Horst Wildemann zum 65. Geburtstag. TCW Transferzentrum, München, S 1015–1045

Nyhuis P, Wiendahl H-P (2012) Logistische Kennlinien: Grundlagen, Werkzeuge und Anwendungen, 3. Aufl. Springer VDI-Buch, Berlin. ISBN 978-3540437000

Ohno T (1988) Toyota production system. Productivity Press, Cambridge

Poluha R (2014) Anwendung des SCOR-Modells zur Analyse der Supply Chain: Explorative empirische Untersuchung von Unternehmen aus Europa, Nordamerika und Asien. 6. Aufl. Eul Verlag, Lohmar. ISBN 978-3-8441-0343-4

Rohde J, Meyr H, Wagner M (2000) Die Supply Chain Planning Matrix. PPS-Management 5(1):10–15

SCC (2010) Supply Chain Council: Supply Chain operations Reference (SCOR®) model: Overview – Version 10.0. Supply Chain Council, Inc., Cypress

Scheer A-W (1994) Wirtschaftsinformatik. Springer, Berlin

Scholz-Reiter B, Jakobza J (1999) Supply Chain Management: Überblick und Konzeption. In: Hildebrand K, Meinhardt S (Hrsg) Supply Chain Management (HMD 207). dpunkt.verlag, Heidelberg, S 7–15

Schomburg E (1980) Entwicklung eines betriebstypologischen Instrumentariums zur systematischen Ermittlung der Anforderungen an EDV-gestützte Produktionsplanungs- und -steuerungssysteme im Maschinenbau. Aachen, RWTH, Diss., 1980

Schönsleben P (2000) Integrales Logistikmanagement – Planung und Steuerung von umfassenden Geschäftsprozessen, 2. Aufl. Springer, Berlin

Schönsleben P (2016) Integrales Logistikmanagement. Operations und Supply Chain Management innerhalb des Unternehmens und unternehmensübergreifend, 7. Aufl. Springer, Heidelberg. ISBN 978-3-662-48333-6

Schönsleben P, Hieber R (2002) Gestaltung von effizienten Wertschöpfungspartnerschaften im Supply Chain Management. In: Busch A, Dangelmaier W (Hrsg) Integriertes Supply Chain Management: Theorie und Praxis effektiver unternehmensübergreifender Geschäftsprozesse. Gabler, Wiesbaden, S 45–62. ISBN 3-409-11958-2

Schotten M et al (1998) Grundlagen der Produktionsplanung und -steuerung. In: Luczak H, Eversheim W (Hrsg) Produktionsplanung und -steuerung: Grundlagen, Gestaltung und Konzepte, 1. Aufl. Springer, Berlin, S 9–258

Schübel HR (2002) Optimierung interdisziplinärer Kooperation in der Umweltforschung durch psychologische Prozessbegleitung. In: Müller K et al (Hrsg) Wissenschaft und Praxis der Landschaftsnutzung: Formen interner und externer Forschungskooperation. Markgraf, Weikersheim, S 308–316

Schuh G (Hrsg) (2006) Produktionsplanung und -steuerung – Grundlagen, Gestaltung und Konzepte, 3. Aufl. Springer, Berlin

Schuh G, Stich V (Hrsg) (2012) Produktionsplanung und -steuerung – Grundlagen, Gestaltung und Konzepte, 4. Aufl. Springer, Berlin

Schuh G, Hering N, Brunner A (2013) Einführung in das Logistikmanagement. In: Schuh G, Stich V (Hrsg) Logistikmanagement, Handbuch Produktion und Management 6, Springer, Berlin. ISBN 978-3-642-28992-7

Specht G (1994) Portfolioansätze als Instrument zur Unterstützung strategischer Programmentscheidungen. In: Corsten H (Hrsg) Handbuch Produktionsmanagement. Gabler, Wiesbaden, S 93–114

Spencer MS, Cox JF (1985) Master production scheduling development in a theory of constraints envirionment. Prod Inventory Manage 36(1):14–80

Stadtler H, Kilger C (Hrsg) (2010) Supply chain management and advanced planning: concepts, models, software and case studies, 4. Aufl. Springer, Berlin. ISBN 978-3-642-14130-0

Steven M, Krüger R (2002) Advanced Planning Systems – Grundlagen Funktionalitäten, Anwendungen. In: Busch A, Dangelmaier W (Hrsg) Integriertes Supply Chain Management: Theorie und Praxis effektiver unternehmensübergreifender Geschäftsprozesse. Gabler, Wiesbaden, S 169–186. ISBN 3-409-11958-2

Sydow J (1992) Strategische Netzwerke, Evolution und Organisation. Gabler, Wiesbaden

Sydow J et al (1995) Organisation von Netzwerken, Strukturationstheoretische Analysen der Vermittlungspraxis in Versicherungsnetzwerken. Westdeutscher Verlag, Opladen

Taylor FW (1909) Die Betriebsleitung insbesondere der Werkstätten (Shop Management). Springer, Berlin

Taylor FW (1913) Die Grundsätze wissenschaftlicher Betriebsführung (The Principles of Scientific Management). Raben Verlag, München

Trovarit-ERP: Trovarit AG, Schuh G, Stich V (Hrsg) (2017) Marktspiegel Business Software – ERP/PPS 2017/2018, 9. Aufl. Aachen

Trovarit-MES: Trovarit AG, Wiendahl H-H, Kluth A, Kipp R (2019) Marktspiegel Business Software: MES – Fertigungssteuerung 2019/2020, 7. Aufl. Aachen

Trovarit-SCM: Trovarit AG, Eisele M et al (2013) Marktspiegel Business Software: supply Chain Management 2013/2014: Anbieter, Systeme, Projekte, 2., vollst. überarb. Aufl. Aachen. ISBN 978-3-938102-24-4

VDI-Gesellschaft Produktionstechnik (ADB) (1974) Fertigungsterminplanung und -steuerung (VDI-Taschenbücher, 23), 2. Aufl. VDI-Verl, Düsseldorf

VDI – Verein Deutscher Ingenieure (1992) Lexikon der Produktionsplanung und -steuerung/VDI-Gesellschaft Produktionstechnik (ADB) u. AWF. VDI-Verlag, Düsseldorf

VDI – Verein Deutscher Ingenieure (2017) Fertigungsmanagementsysteme, Manufacturing Execution Systems (MES). VDI-Richtlinie 5600 Blatt 1. Düsseldorf (1. Version 2007)

von Wedemeyer H-G (1989) Entscheidungsunterstützung in der Fertigungssteuerung mit Hilfe der Simulation. Düsseldorf: VDI Verlag, (Berichte aus dem Institut für Fabrikanlagen der Universität Hannover). Zugl. Hannover, Univ., Diss. 1989

Warnecke H-J, Aldinger L (1983) Werkstattsteuerung – ein Einsatzgebiet für Interaktive Graphische Farbmonitorsysteme. In: CAMP '83: Computer Graphics; Anwendungen für Management und Produktivität. Dokumentation, Berlin, 14.–17.3.1983. Berlin; Offenbach: VDE Verlag, S 78–91

Westkämper E, Zahn E (Hrsg) (2009) Wandlungsfähige Produktionsunternehmen – Das Stuttgarter Unternehmensmodell. Springer, Berlin. ISBN 978-3-642-63072-9

Wiendahl H-H (2002) Situative Konfiguration des Auftragsmanagements im turbulenten Umfeld. Heimsheim: Jost-Jetter. (IPA-IAO – Forschung und Praxis, Nr. 358). Zugl. Stuttgart, Univ., Diss., 2002

Wiendahl H-H (2009) Adaptive production planning and control – elements and Enablers of Changeability. In: ElMaraghy HA (Hrsg) Changeable and Reconfigurable Manufacturing Systems. Springer, London, S 197–212

Wiendahl H-H (2011) Auftragsmanagement der industriellen Produktion – Grundlagen, Konfiguration, Einführung. Springer VDI-Buch, Berlin. ISBN 978-3642191480

Wiendahl H-H (2016) Auftragssteuerung bei der SMS Group: Grenzen automatisierter Entscheidungsfindung. In: Verein zur Förderung produktionstechnischer Forschung; Fraunhofer-Institut für Produktionstechnik und Automatisierung IPA: 3. MES-Forum: Potenziale im Unternehmen richtig nutzen.

Wiendahl H-H, Kluth A (2017) APS-Werkzeuge als Enabler für Industrie 4.0: Wo sie nützen, wo sie schaden. In: IT-Matchmaker.guide, Industrie 4.0-Lösungen, S 16–19. Trovarit, Aachen

Wiendahl H-P (1987) Belastungsorientierte Fertigungssteuerung: Grundlagen, Verfahrensaufbau, Realisierung. Hanser, München

Wiendahl H-P (Koordinator) (1996) Produktionsplanung und -steuerung. In: Eversheim W, Schuh G (Hrsg) Produktion und Management »Betriebshütte« Teil 2. Springer, Berlin, S 14-1–14-130. ISBN 3-540-59360-8

Wiendahl H-P (1997) Fertigungsregelung: logistische Beherrschung von Fertigungsabläufen auf Basis des Trichtermodells. Hanser, München

Wiendahl H-P (2014) Betriebsorganisation für Ingenieure, 8. Aufl. Hanser, München. ISBN 978-3446418783

Wiendahl H-P, H-H (2020) Betriebsorganisation für Ingenieure, 9. Aufl. Hanser, München. ISBN 978-3-446-44661-8

Wiendahl H-P, Höbig M, Yu K-W (1998) Einführung eines PPS-Controlling. In: Luczak H, Eversheim W, Schotten M (Hrsg) Produktionsplanung und -steuerung: Grundlagen, Gestaltung und Konzepte. Springer VDI-Buch, Berlin

Wiendahl H-P et al (2007) Changeable manufacturing – classification, design and operation. CIRP Ann Manufact Technol 56(2):783–809

Wochinger T, Kluth A (2014) Kein Maßanzug im Standardangebot – Worauf bei Auswahl und Konfiguration eines MES achten? QZ – Qualität und Zuverlässigkeit 59(4):32–35

Yu K-W (2001) Terminkennlinie: eine Beschreibungsmethodik für die Terminabweichung im Produktionsbereich. VDI-Verlag (Fortschritts-Berichte VDI; Reihe 2, Nr. 576), Düsseldorf. Zugl. Hannover, Univ., Diss., 2000

Zäpfel G (1994) Entwicklungsstand und -tendenzen von PPS-Systemen. In: Corsten H (Hrsg) Handbuch Produktionsmanagement. Gabler, Wiesbaden, S 719–745

Zimmermann G (1979) Grundkonzeption einer integrierten, dialogisierten Produktionsplanung und -steuerung, Auftragsabwicklung und Beschaffung. In: Scheer A-W (Hrsg) Produktionsplanung und -steuerung im Dialog. Physica-Verlag, Würzburg, S 83–96

Weiterführende Literatur

Goldratt EM, Cox J (2001) Das Ziel: Ein Roman über Prozessoptimierung. Campus, Frankfurt. ISBN 3-593-36701-7

Luczak H, Eversheim W (1999) Produktionsplanung und -steuerung; Grundlagen, Gestaltung und Konzepte. Springer, Berlin. ISBN 9783540655596

Ganzheitliche Produktionssysteme

8

Maren Röhm, Hans-Hermann Wiendahl, Timo Denner
und Oliver Schöllhammer

Zusammenfassung

Dieses Kapitel behandelt Ganzheitliche Produktionssysteme (GPS) als zentralen Baustein der operativen Führung produzierender Unternehmen. Die Kapitelstruktur folgt den Fragen Wozu?, Womit? und Wie?: Eine inhaltliche Einführung mit kurzem historischem Abriss erklärt das ‚*Wozu* sind Ganzheitliche Produktionssystem notwendig?‘ sowie die für das Verständnis notwendigen Begriffsdefinitionen. Aufbauend auf den Grundüberlegungen zur *Führung in Ganzheitlichen Produktionssystemen* sowie Kennzahlen als Führungsinstrument beschreiben die *GPS-Prinzipien und -Methoden*, also das ‚*Womit* wird gearbeitet?‘. Das *Einführungsvorgehen* (*Wie* kann ein GPS eingeführt werden?) sowie ein *Ausblick* schließen das Kapitel.

Im Wertschöpfungsmodell der Produktion (Kap. 2) behandeln GPS die Ebenen vom Arbeitssystem bis zur Fabrik (Strukturperspektive). GPS führen die Wertschöpfung operativ, gehören also zu den Führungsprozessen (Prozessperspektive). GPS beziehen sich zunächst auf den Betrieb, durch die Verbesserungsaktivitäten schließen diese außerdem auch die Produktionsgestaltung mit ein (Systemperspektive). Abb. 8.1 visualisiert den Betrachtungsgegenstand.

M. Röhm · H.-H. Wiendahl (✉) · T. Denner · O. Schöllhammer
Fraunhofer-Institut für Produktionstechnik und Automatisierung IPA, Stuttgart, Deutschland
E-Mail: hans-hermann.wiendahl@ipa.fraunhofer.de

© Springer-Verlag GmbH Deutschland, ein Teil von Springer Nature 2020
T. Bauernhansl (Hrsg.), *Fabrikbetriebslehre 1*,
https://doi.org/10.1007/978-3-662-44538-9_8

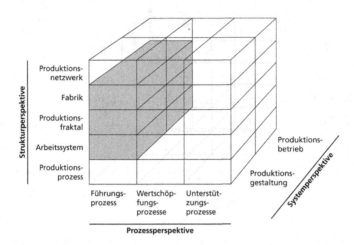

Abb. 8.1 Einordnung Ganzheitliche Produktionssysteme im Wertschöpfungsmodell der Produktion

8.1 Lernziele

▶ Nach dem Lesen dieses Kapitels, kennen/können/haben Sie…

- den Begriff des Ganzheitlichen Produktionssystems (GPS) erläutern.
- den sozio-technischen Ansatz von GPS verstanden.
- die Entwicklung von Ganzheitlichen Produktionssystemen (GPS).
- die wichtigsten Einflussgrößen auf GPS.
- Perspektiven und Elemente eines GPS erläutern.
- die wesentlichen Aspekte der Führung innerhalb eines GPS.
- die wesentlichen Anforderungen an ein Kennzahlensystem.
- das Vorgehen zum Aufbau eines Kennzahlensystems beschreiben.
- die Systematik TEEP zur Verbesserung der Anlageneffektivität.
- die GPS-Gestaltungsprinzipien und können ausgewählte Methoden erläutern.
- kennen die Verschwendungsarten.

8.2 Einführung und Definitionen

Langfristig wettbewerbsfähige Unternehmen reagieren hochflexibel und robust auf veränderte Rahmenbedingungen in Markt und Wettbewerb. Kurze Reaktionszeiten auf
Veränderungen, eine konsequente Ausrichtung der Wertschöpfungsprozesse auf den

Kundennutzen und das Vermeiden von Verschwendung bilden hier entscheidende Erfolgsfaktoren.

Als eines der erfolgreichsten Instrumente zur nachhaltigen Zielerreichung in produzierenden Unternehmen hat sich das Lean Management etabliert. Das damit verbundene *Ganzheitliche Produktionssystem* (GPS) mit seinen Analyse-, Gestaltungs- und Führungsbausteinen ist heute allgemein anerkannt. Viele Unternehmen implementierten ein auf ihre Rahmenbedingungen zugeschnittenes GPS und erzielten damit erhebliche Erfolge: Typische Erfolgsmeldungen sind eine Verdoppelung der Produktivität, eine Halbierung der Durchlaufzeiten sowie die Senkung der Ausschussraten um bis zu 75 %. Heute existiert eine Vielzahl an Best-Practice-Beispielen und Handlungshilfen zur Einführung und Anwendung sowie zahlreiche Studien zu den Umsetzungserfolgen, vgl. dazu ausführlich: Spath (2003), VDI 2870 (2012), Liker (2006, S. 300), Westkämper (2006, S. 25 ff.), Ohno (1993), Takeda (2008) sowie die dort zitierte Literatur.

Im Kern bildet das GPS ein unternehmenseigenes Regelwerk zur Ausrichtung auf die oben beschriebenen Ziele. Wichtig ist hier die Integration, also die Selektion und Synchronisation der Konzepte und Methoden und ihre wirksame hierarchieübergreifende Verankerung. Ein isolierter Einsatz von Einzelmethoden greift zu kurz und führt oft zu Enttäuschungen, da die notwendige kulturelle Veränderung fehlt. Deshalb benötigt eine erfolgreiche Umsetzung Zeit; sie erfordert einen aufwändigen und langfristigen Veränderungsprozess.

Das Kapitel führt zunächst historisch und fachlich in das Themengebiet ein und klärt die Fragen ,*Wozu* sind Ganzheitliche Produktionssysteme notwendig?', ,Wie sind sie historisch entstanden und welche Kernelemente beinhalten sie?' (Abschn. 8.2). Darauf aufbauend behandeln die Folgeabschnitte das ,*Womit* wird gearbeitet?': Abschn. 8.3 beschreibt die Führung in Ganzheitlichen Produktionssystemen, also das zugrundliegende Führungsverständnis, die hierfür notwendigen Kommunikationsgrundlagen sowie den Einsatz von Kennzahlen als Führungsinstrument. Abschn. 8.4 gibt einen Überblick über die eingesetzten GPS-Prinzipien und -Methoden und beschreibt ausgewählte Methoden. Das Kapitel schließt mit Handlungsempfehlungen zur Einführung, ,*Wie* wird ein GPS eingeführt?' (Abschn. 8.5) sowie einem Ausblick auf zukünftige Entwicklungen (Abschn. 8.6).

8.2.1 Einführung

Im deutschsprachigen Raum implementieren die Unternehmen seit den 1990er Jahren GPS. Als Auslöser gilt die von Womack, Jones und Roos veröffentlichte Studie des Massachusetts Institute of Technology (MIT) zum Vergleich von Produktionsprinzipien, vgl.

dazu ausführlich Womak et al. (1991). Die Forscher fassten die bei Toyota in Perfektion angewandten Methoden und Prinzipien unter den Begriffen „lean production/lean management" zusammen (Schlanke Produktion/Schlankes Management). Dies führte zu einer Debatte über das Toyota Produktionssystem, welches als Ursprung der Ganzheitlichen Produktionssysteme gilt.

Inhaltlich fußen Ganzheitliche Produktionssysteme auf Elementen des Taylorismus, der innovativen Arbeitsformen sowie der Lean Production. Abb. 8.2 gibt einen Überblick über die drei Wurzeln sowie deren Inhalte, vgl. dazu ausführlich: Liker (2006), Bullinger et al. (2009), Dombrowski et al. (2006). Diese bieten einen umfangreichen Methodenbaukasten zur unternehmenseigenen Ausgestaltung: Jedes GPS passt dabei vorhandene Elemente unternehmensspezifisch an oder entwickelt sie weiter. Idealerweise kombiniert ein so gestaltetes GPS Stärken und räumt Schwächen aus, um Produktivitäts-, Qualitäts- und Zeitziele zu erreichen.

Die historischen Wurzeln reichen allerdings weiter, nämlich bis ins 18. Jahrhundert: Damals sollten Kriegsgerät und dessen Ersatzteileaustausch standardisiert und damit leicht reproduzierbar sein. Abb. 8.3 gibt einen Überblick über wesentliche Entwicklungsschritte der Produktion.

| 1910 | 1930 | 1950 | 1970 | 1990 | 2010 |

Taylorismus

Taylor 1911: „The Principles of scientific management"

■ Anweisung und Leistungsdruck

■ Trennung von Planung und Ausführung

■ Standardisierung und Arbeitsteilung

Innovative Arbeitsformen

u. a. Volvo, Daimler ab ca. 1920: Konzepte innovativer Arbeitsformen

■ Variabilität (Job Enlargement, Job Enrichment)

■ Kooperation (z. B. Gruppenarbeit)

■ Selbstorganisation (Job Enrichment)

Lean Production

Ohno ab 1950: „Toyota seisan hishiki", 1988 "The TPS"

■ Vermeidung von Verschwendung (Muda)

■ Kontinuierliche Verbesserung (Kaizen)

■ Pull- und Just-In-Time-Steuerung

Ganzheitliches Produktions-System

Kombination der Stärken zur Nutzung von Synergien hinsichtlich

■ Produktivität

■ Qualität

■ Sicherheit

■ Schnelligkeit

■ Flexibilität

■ Motivation

Abb. 8.2 Entwicklungspfade zum Ganzheitlichen Produktionssystem

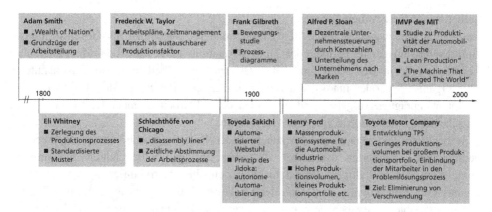

Abb. 8.3 Entwicklungsschritte der Produktion.
(Trautner, IPA)

Die folgenden Abschnitte erläutern die inhaltlichen Kernideen knapp, vgl. dazu auch Taylor (1909, 1913), Smith (2005).

Taylorismus

Als der Ingenieur Frederick W. Taylor Ende des 19. Jahrhundert das Konzept des Scientific Management entwickelte, war die damalige Industrie geprägt durch stabil wachsende Absatzmärkte, einen begrenzten Wettbewerb und große Arbeitskräfteressourcen. Taylors Ziel war daher die Maximierung der Produktionsmenge durch Produktivitätsverbesserung. Aufbauend auf den volkswirtschaftlichen Theorien von Adam Smith, entwickelt Taylor Arbeitsstandards, nach welchen sich die Arbeiter zu richten hatten. Taylor trennte nicht nur die planende von der ausführenden Arbeit, sondern teilte komplexe Arbeitsvorgänge in viele kleine standardisierte Arbeitsschritte, sodass Arbeiter schnell eingelernt werden konnten.

▶ Frederick W. Taylor prägte die Prinzipien Arbeitsteilung und Standardisierung.

Henry Ford entwickelte Taylors Ideen zu Beginn des 20. Jahrhunderts weiter, indem er sein Ford T-Modell in Großserie produzierte. Hierfür detaillierte er die von Taylor geprägte Idee der Standardisierung und führte neue Gestaltungsprinzipien für den Produktionsablauf ein: Er ordnete Arbeitsgänge nach der Verrichtungsreihenfolge und implementierte somit das Fließprinzip. Transportbänder befördern die Teile nach der Bearbeitung an den nächsten Arbeitsplatz. Um die so entstandene Fließbandfertigung stabil zu halten, standardisierte er Prozesse und Teile.

▶ Henry Ford entwickelte Taylors Prinzipien der Arbeitsteilung und Standardisierung zum Prinzip der Fließfertigung weiter.

Selbstorganisierte Arbeitsformen

Zu Beginn der zwanziger Jahre des 20. Jahrhunderts entstanden als Gegenströmung zum Taylorismus erste Formen der Human-Relations-Lehre, die den Menschen als Leistungsträger in den Mittelpunkt des Unternehmens stellten. Diese sogenannten selbstorganisierten oder innovativen Arbeitsformen erweiterten die durch Taylor sehr monoton geprägten Aufgaben und gestanden den Mitarbeitern mehr Beteiligung und Entscheidungsspielraum zu, vgl. u. a. Antoni 1996.

Neben dem Wertewandel und der zunehmenden Forderung nach humaneren Arbeitsbedingungen, erforderten dann aber vor allem ab den 1970er Jahren zunehmend komplexere und vielfältigere Produkttechnologien eine Restrukturierung der Arbeitsorganisation: Eine Integration dezentraler Strukturen und Gruppenarbeitsformen führte zu einer flexiblen Aufgabenbearbeitung bei verbesserter Qualität. Erweiterte Entscheidungs- und Tätigkeitsumfänge der Mitarbeiter ermöglichten den Einsatz von Kreativität und steigerten die Motivation zur Produktivitätsverbesserung. Dezentrale Strukturen und flachere Hierarchien verbesserten den Informations- und Kommunikationsfluss und damit die Flexibilität bezüglich Veränderungen.

Heute existieren viele verschiedene Formen der Gruppenarbeit. So fließen Rotations-, KVP- und Projektgruppen, teilautonome Arbeitsgruppen, Fertigungsinseln oder Qualitätszirkel in den Methodenbaukasten eines GPS. Der Handlungsspielraum eines Mitarbeiters wird dabei einerseits durch Variationen der Tätigkeiten (Job Enlargement) und andererseits durch mehr Entscheidungs- und Kontrollfreiheit (Job Enrichment) erweitert.

▶   Selbstorganisierte Arbeitsformen bieten dem Mitarbeiter mehr Beteiligungs-
    und Tätigkeitsspielraum und ermöglichen die flexible Bearbeitung unter-
    schiedlicher Aufgaben.

Toyota Produktionssystem

Die Japaner Eiji Toyoda und Taiichi Ohno entwickelten das Toyota Produktionssystem (TPS) nach dem zweiten Weltkrieg. Zu dieser Zeit verfügte Japan nur über knappe Ressourcen. Das TPS verbessert das Massenproduktionskonzept von Ford und setzt auf die konsequente Vermeidung von Verschwendungen bezüglich Zeit, Material und Mitarbeiterkompetenzen. Erste Lean-Prinzipien gehen auf die 1920er Jahren und galten für die von Toyoda hergestellten Webstühle: Der automatische Stopp bei Fadenrissen wurde später zum Jikoda-Prinzip und auf den Automobilbau übertragen.

Lean Production ist eines der wichtigsten Glieder der GPS-Gestaltung. Der Begriff grenzt die japanischen Erfolgsprinzipien des Toyota Produktionssystems vom klassischen – auf Masse und Skaleneffekte setzenden – Produktionsverständnis ab. Die Betrachtung weitete sich schrittweise auf vor- und nachgelagerte Bereiche der Produktion aus; heute ist der Begriff „Lean Management" üblich. Primäres Ziel ist die Kundenorientierung; idealerweise wird exakt das produziert und geliefert, was der Kunde bestellt hat. Das Attribut „lean" steht dabei für effiziente und stabile Prozesse, fehlerfreie Produkte sowie für Präzision bei Aufgabenplanung und -synchronisation entlang der gesamten Wertschöpfungskette.

▶ Das Lean-Prinzip zielt auf hohe Lieferperformance durch eine Beseitigung von Verschwendung, fehlerfreie Prozesse und kontinuierliche Verbesserung.

Ganzheitliche Produktionssysteme

Das von Taiichi Ohno entwickelte Toyota Produktionssystem (TPS) beinhaltet neben den Lean-Konzepten auch selbstorganisierte Arbeitsformen sowie tayloristische Elemente und gilt daher als der Urvater Ganzheitlicher Produktionssysteme. Viele Unternehmen adaptierten es an die eigenen Rahmenbedingungen. Eine Vielzahl an Veröffentlichungen detailliert und ergänzt die TPS-Methoden und gibt Implementierungshinweise:

- Begann die GPS-Einführung in den 1990er Jahren in der Automobilindustrie, führen heute Unternehmen aus unterschiedlichsten Branchen GPS ein. Takedas Synchrones Produktionssystem (2008), Rothers und Shooks Wertstrommethode (2000), welche Erlach (2007) weiterentwickelte und detaillierte, oder Likers The Toyota Way (2004) bieten eine Best-Practice-Sammlung und Implementierungshilfen für die Einführung von Lean-Prinzipien. Auch Spaths Ganzheitlich Produzieren (2003) oder die VDI-Richtlinie 2870 zeigen die Struktur und Bestandteile von GPS auf und bieten Unternehmen Unterstützung bei der Einführung von GPS.
- Westkämper und Zahn (2009) greifen im Stuttgarter Unternehmensmodell den in den letzten Jahren immer wichtiger werdenden Aspekt der Dynamik mit auf und beschreiben ein Produktionssystem, welches hinreichend agil ist, eine schnelle und verlustfreie Anpassung an neue Umweltbedingungen ermöglicht und den Aspekt der Wandlungsfähigkeit integriert.

Ein GPS von heute fokussiert nicht mehr nur auf den Produktionsbereich, sondern vielmehr auf die Gestaltung des gesamten Wertschöpfungssystems. Dies schließt z. B. den Prozess der Produktentwicklung, nachgelagerte Serviceprozesse und alle indirekten den Wertschöpfungsprozess stützende Prozesse mit ein. Diese Ausweitung auf das Gesamtunternehmen führt zum *Lean Enterprise* oder zum *Prozessorientierten Unternehmenssystem* (PUS), vgl. u. a. Winnes (2002), Dombrowski und Mielke (2015).

▶ Heute finden sich in unterschiedlichen Branchen GPS, welche unternehmensweite Prozesse berücksichtigen und auf sich ändernde Bedingungen reagieren können.

Ganzheitliche Produktionssysteme zeichnen sich durch ihre Individualität in der Umsetzung aus. Jedes Unternehmen hat sein eigenes Produktionssystem, das bestmöglich an dessen Aufgaben und Rahmenbedingungen angepasst ist.

Business-Exzellenz

Nicht immer verlaufen Einführungen von Ganzheitlichen Produktionssystemen erfolgreich: Ein zentraler Grund ist das Vernachlässigen der Langfristperspektive mit der Ausgestaltung eines ganzheitlichen Handlungs- und Orientierungsrahmen für die Organisation.

Oftmals richten die Verantwortlichen das Einführungsvorhaben projektbezogen stark auf Unternehmensbrennpunkte aus und arbeiten stark methodenzentriet. Dies birgt die Gefahr, die notwendige Langfristperspektive sowie die Veränderung in der Unternehmenskultur zu verfehlen, sodass die Verbesserungen nach der Anfangseuphorie mittelfristig versanden.

Der Business-Excellence-Ansatz will dabei helfen, diesen Fehler zu vermeiden. Eines der bekanntesten Operational-Excellence-Ansätze ist das EFQM-Modell. Es verfolgt das Ziel, mit einer branchenneutralen umfassenden Management-Modellbeschreibung eine nachhaltigen Unternehmens- und Organisationsentwicklung sicherzustellen. Das Modell beschreibt acht Grundwerte unternehmerischen Handelns, neun notwendige Rahmen-kriterien (Befähiger- und Ergebniskriterien) und eine Bewertungsmethodik (Radar-Logik).

Der Ansatz unterstützt das Management bei der systematischen, strukturierten Unter-nehmensausrichtung und hilft bei der Beschreibung eines unternehmenseinheitlichen Entwicklungsgrundverständnisses und dessen Kommunikation über das ganze Unter-nehmen hinweg. Führungskräfte können dadurch verstehen, wo die Organisation aktu-ell steht und wie weit sie bspw. von formulierten Visionen und Strategien entfernt ist. Handlungsempfehlungen zur Verbesserung organisationaler Belange lassen sich dabei gut ableiten.

In Kombination mit dem Ganzheitlichen Produktionssystem ergeben sich dann Ant-worten auf die beiden Fragen „Was muss getan werden?" und „Wie muss es getan werden?". Neben der Operationalisierung und des Nachweises der Anwendungswirk-samkeit des Ganzheitlichen Produktionssystems wird das Fundament für die langfristige und nachhaltige Unternehmensentwicklung durch den Business-Excellence-Ansatz gelegt.

Basierend auf den Entwicklungen beschreibt der Folgeabschnitt nun die notwendigen Grundbegriffe zum Verständnis des Themengebiets.

8.2.2 Grundbegriffe

Ganzheitliche Produktionssysteme bilden eine geordnete Menge stark voneinander abhängiger Einzelfunktionen, die gemeinsam der Herstellung von Produkten und Dienst-leistungen dienen. Hierzu formulieren Unternehmen Regelwerke, die durch Festlegung und Verknüpfung von Methoden und Werkzeugen, Handlungsanleitungen zur Leistungserstellung bieten. Sie berücksichtigen die auftretenden Wechselwirkungen zwischen den organisato-rischen Aspekten von Mensch und Technik und verfolgen demnach den sozio-technischen Ansatz, vgl. Abschn. 1.2. Viele Veröffentlichungen konzentrieren sich auf notwendige Tech-niken und Methoden und vernachlässigen die ebenso wichtige Unternehmenskultur und -philosophie. Letzteres ist aber das entscheidende Erfolgsrezept von Toyota, vgl. dazu aus-führlich Liker (2006, S. 29 ff.), Hummel et al. (2009, S. 29 ff.), Springer R (2002).

▶ *Ganzheitliche Produktionssysteme* (GPS) sind unternehmensspezifische, methodische Regelwerke und Handlungsanleitungen zur umfassenden und durchgängigen Gestaltung von Prozessen, die der Leistungserstellung dienen. Sie berücksichtigen technische und soziale Aspekte und repräsentieren damit ein sozio-technisches Systemverständnis der Wertschöpfung, nach VDI 2870 (2012).

Neben den genannten Merkmalen sind die einem Produktionssystem zugrunde liegenden Perspektiven bzw. Denkansätze entscheidend: Abb. 8.4a zeigt die drei Perspektiven eines Produktionssystems am Beispiel des Toyota-Produktionssystems. Mit dem Menschen im Mittelpunkt ergibt sich eine – ggü. dem klassischen Verständnis – abweichende Grundhaltung zum Vermögenswert: lernende Menschen steigern den Unternehmenswert und abgeschriebene Maschinen führen hier zum Wertverlust. Der langfristige Vermögenswert ist also wesentlich durch die erlernten Fähigkeiten bestimmt, vgl. Liker (2006, S. 253 ff.).

Die Perspektive *Philosophie* oder Unternehmenskultur beschreibt Einstellung und Verhalten der Mitarbeiter. Sie gibt vor, wie im Unternehmen gearbeitet werden soll. Beispielsweise gilt für Toyota:

- Der Kunde steht an erster Stelle; an ihm ist das Unternehmen auszurichten.
- Im Unternehmen bilden die Mitarbeiter den größten Vermögenswert. Als Instrumentarium soll das TPS deshalb in erster Linie den Mitarbeitern die Arbeit erleichtern und ihre Gesundheit und Sicherheit nicht beinträchtigen.
- An dritter Stelle steht das Erreichen von Produktionszielen.

Die Perspektive *Management* oder Führung beschreibt, wie die Führungskräfte im Unternehmen agieren, die Mitarbeiter in ihrer Entwicklung unterstützen und die Unternehmensziele erreichen. Das ‚genchi genbutsu‘ (geh, und sieh selbst) ist hier elementar: Es holt die Führungskräfte an den Ort der Wertschöpfung, um gemeinsam mit den Mitarbeitern Problemlösungen zu erarbeiten und somit das Unternehmen dauerhaft auf Erfolgskurs bringt.

Die Perspektive *Techniken* beschreibt die zur Umsetzung notwendigen Prinzipien und Methoden. Diese legen Vorgehensweisen zur Problemerkennung und -lösung sowie Prozessgestaltung und -führung fest.

Abb. 8.4b verdeutlicht den Aufbau und die Elemente des TPS, vgl. u. a. Liker (2006, S. 64 ff.), Ohno (1993), Oeltjenbruns (2000). Die hier gewählte, gegenüber der klassischen Darstellung des Tempelmodells leicht abgewandelte Form bietet eine kondensierte, strikter systematisierte Gliederung der Elemente eines Produktionssystems, Erlach (2010, S. 301 ff.):

- Das *Fundament* des Produktionssystems bildet die absolute Zuverlässigkeit aller Produktionsprozesse und -abläufe. Standardisierung aller Arbeitsabläufe und kontinuierliche Verbesserung mit den Mitarbeitern direkt an den Betriebsmitteln (KVP oder Kaizen) bilden hier die wesentlichen Ansatzpunkte. Diese Standards bilden die Grundlage für Schulung und Verbesserung.

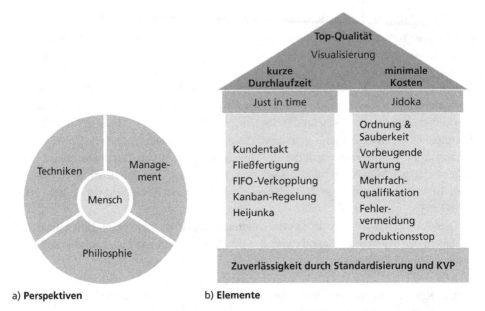

a) **Perspektiven**   b) **Elemente**

Abb. 8.4 Toyota Produktionssystem.
(Convis/Liker, Erlach)

- Die *Säulen* zeigen die Methoden zur Vermeidung von Verschwendung:
  - Die linke, *logistische* Säule umfasst Methoden, die Verschwendung in den Produktionsabläufen vermeiden sollen. Kernidee ist eine zeitgerechte Produktion ohne Überproduktion (Just in time), die bei einer gleichmäßigen und ausgeglichenen Produktionsnachfrage (durch Heijunka geglättet) erreichbar ist. Hier befinden sich die in den Gestaltungsrichtlinien des Wertstromdesigns festgelegten Methoden der Produktionsablaufgestaltung, vgl. dazu ausführlich Abschn. 9.5.
  - Die rechte, *technologische* Säule umfasst Methoden, die Verschwendung in den Produktionsprozessen vermeiden sollen. Kernidee ist die prozessimmanente Qualität an jeder Arbeitsstation (Jikoda, dt. Autonomation), die bei Abweichungen nur durch einen unmittelbaren Produktionsstopp erreichbar ist. Dieser erfolgt idealerweise durch intelligente Automatisierung oder durch ein Andon-Signal der Mitarbeiter (Fehlersignal, welches die Bearbeitung stoppt und die Verantwortlichen zur sofortigen Problemlösung auffordert). Weitere produktionsprozessbezogene Methoden sind die Shopfloor-Gestaltung nach Kriterien der Ordnung und Sauberkeit, die konsequente vorbeugende Wartung (Total Productive Maintenance, Abschn. 8.4.2), die Mehrfachqualifikation der Mitarbeiter für einen flexiblen Einsatz sowie die Fehlervermeidung durch narrensichere Gestaltung von Vorrichtungen und Bedienelementen (Poka Yoke).

- Das *Dach* schließlich bilden die bekannten drei Produktionsziele: Top-Qualität, kurze Durchlaufzeiten und minimale Kosten. Die Visualisierung der Regelabläufe in der Produktion sowie der Produktionsergebnisse in aus Kennzahlen erzeugten grafischen Darstellungen macht die Zielerreichung transparent.

Die unternehmensspezifischen Produktionssysteme zeichnen sich in der Regel durch einen höheren Detaillierungsgrad aus: Dabei ist das Säulenmodell mit Dach und Sockel die am weitesten verbreitete grafische Darstellung. Die Anzahl der Säulen, ihre Gruppierung, die Bezeichnung als Produktionsprinzip oder Methode, die Zahl der berücksichtigten Methoden und Werkzeuge und die Zuordnung zu Sockel, Säule oder Dach ist jeweils deutlich verschieden. Eine allgemeine, schlüssig abgeleitete Grundstruktur zeigt sich bislang nicht.

Beispiel

Ein Beispiel ist das Ganzheitliche Produktionssystem von Mercedes-Benz: Es beschreibt als integriertes System, wie Prozesse innerhalb der Mercedes-Benz-Produktion gestaltet, implementiert und aufrechterhalten werden sollen. Es gilt als Regelwerk zur Produktion von Aggregaten und Fahrzeugen und gibt Orientierung bei der täglichen Arbeit. Abb. 8.5 zeigt die Struktur des Mercedes-Benz-Produktionssystems, vgl. Stühmeier und Stauch (2002, S. 95). Es setzt sich aus drei Ebenen zusammen:

- Die Ebene 1 definiert die sogenannten Subsysteme. Diese sind Arbeitsstrukturen und Gruppenarbeit, Standardisierung, Qualität und robuste Prozesse/Produkte, Just in Time sowie Kontinuierliche Verbesserung.
- Die Ebene 2 unterteilt die Subsysteme in Produktionsprinzipien. Insgesamt ergeben sich 15 Prinzipien. Ebene 1 und 2 sind in allen Daimler-Produktionswerken weltweit einheitlich.
- Die Ebene 3 besteht aus 92 Produktionsmethoden, die zu 90 % standortunabhängig sind. Produktionsmethoden sind beispielsweise Gruppengespräche, Gruppentafeln sowie der One-Piece-Flow.

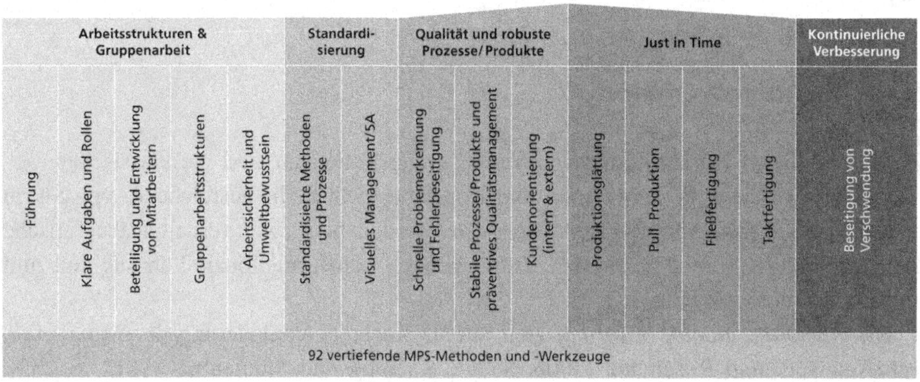

Abb. 8.5 Mercedes-Benz-Produktionssystem (Daimler). (Stühmeier und Stauch)

Der Folgeabschnitt beschreibt zentrale Führungsregeln und -aspekte, die für den Betrieb Ganzheitlicher Produktionssysteme erforderlich sind.

8.3 Führung in Ganzheitlichen Produktionssystemen

Der Begriff „Führung" beinhaltet nach Rosenstiel (vgl. Rosenstiel et al. 2014) mehrere Aspekte: Zunächst sind aufgabenbezogene Aspekte, vor allem das Definieren von Zielen und das Entscheiden, relevant. Außerdem sollen Mitarbeiter im Rahmen von Werteorientierung inspiriert und beeinflusst werden. Schließlich geht es um das Beurteilen mit Führungsmethoden und den zu erwartenden Führungserfolg. Nach Hofbauer und Kauer (2014) haben alle Erklärungen zwei wesentliche Inhalte.

1. Führung beeinflusst Einzelpersonen und Gruppen.
2. Führung soll Ziele – über diese Beeinflussung von Menschen – erreichen.

Neben den Aufgaben erweiterte Aretz (2007) den Führungsbegriff um den Begriff Kommunikation. Führung ist demnach die zielbezogene Einflussnahme auf Einstellung und Verhalten von Individuen und Gruppen zum Erreichen von Zielen durch Kommunikationsprozesse.

Im Kontext Ganzheitlicher Produktionssysteme bedeutet dies, dass der Führungserfolg an den Resultaten der jeweiligen Verbesserungsinitiativen messbar ist. Dieser drückt sich unter anderem in einer ökonomischen Effizienz, einer Leistungserstellungs- sowie Personeneffizienz aus. Neben den persönlichen Eigenschaften der Führungskraft beeinflussen sowohl das gezeigte Führungsverhalten als auch die jeweilige Führungssituation den Führungserfolg.

Dieser Abschnitt beschreibt einleitend die Aspekte Führungsverhalten Abschn. 8.3.1 und Führungssituationen Abschn. 8.3.2. Führung ist Kommunikation; deshalb beschreibt Abschn. 8.3.3 die notwendigen Grundlagen hierfür. Zentrales Führungsinstrument bilden Kennzahlen, die Abschn. 8.3.4 bezüglich Merkmale, Zweck und Aufbau von Kennzahlensystemen abschließend beschreibt.

8.3.1 Führungsverhalten

Zur erfolgreichen Durchführung von Verbesserungsinitiativen sind die klassischen Verhaltensformen wie z. B. Anweisung und Kontrolle nicht mehr ausreichend, vgl. Sturm et al. (2011, S. 59). Als ergänzende Ansätze werden hier zwei verhaltenstheoretische Konzepte als zielführend angesehen. Zum einen die transformationale Führung und zum anderen die dienende Führung:

Die *transformationale Führung* zielt auf die mentale Veränderung der Mitarbeiter, vgl. Neubauer und Rosemann (2006, S. 37), Kanning und Staufenbiel (2012, S. 253).

Im Vordergrund steht die Beeinflussung von Überzeugungen bei den Mitarbeitern durch gemeinsame Motive, Bedürfnisse und einer emotionalen Ansprache. Um dies zu erreichen, nimmt die Führungskraft unterschiedliche Rollen ein:

- Zum einen ist er *inspirierender Visionär.* Die Führungskraft vermittelt realistische Visionen enthusiastisch und glaubwürdig und soll so Motivation bei seinen Mitarbeitern erzeugen.
- Zum zweiten ist er aufrüttelnder und *partizipativer Problemlöser:* So aktiviert er die Mitarbeiter und hinterfragt die in seinem Verantwortungsbereich vorhandenen Prozess aktiv. Dazu fordert er von seinen Mitarbeitern offen z. B. Kritik, andere Perspektiven und Lösungsvorschläge ein.
- Schließlich ist er *Mentor* (auch Coach): Hier setzt er sich wertschätzend mit den Bedürfnissen des einzelnen Mitarbeiters auseinander. Ermutigend wirkt die Führungskraft durch Anerkennung und konstruktive Kritik. Jeder einzelne Mitarbeiter wird dadurch in seiner persönlichen Weiterentwicklung unterstützt.

Die Herausforderung für die Führungskraft besteht nun darin, diese Rollen situations- und mitarbeiterangemessen einzusetzen.

Nach Liker und Hoseus (2009) ist die *dienende Führung* ein zentraler Ansatz der Toyota Philosophie und fester Bestandteil der dortigen Führungskultur. Der Grundgedanke ist hierbei, diejenigen bestmöglich zu unterstützen, die wertschöpfende Tätigkeiten ausführen – Führungskräfte erzeugen nämlich nach diesem Grundverständnis keine eigenen Werte.

Ausgehend vom Wertstrom geben die jeweiligen Führungskräfte den Mitarbeitern Orientierung durch formulierte Ziele, und zwar über die Hierarchieebenen hinweg kaskadierend. Die Mitarbeiter erhalten ein klares Verständnis über die Erwartungshaltung an sie. Dies erreicht die Führungskraft u. a. durch die eindeutige Verteilung und Zuweisung von Rollen, Aufgaben und Verantwortlichkeiten, durch die transparente Darstellung von standardisierten Abläufen und Prozessen sowie das Vorleben einer offenen Kommunikation und des respektvollen, geduldigen Umgangs.

Die Führungskraft muss die Rahmenbedingungen schaffen, damit die Mitarbeiter eigenverantwortlich ihre Aufgaben- und Verantwortungsbereiche wahrnehmen und weiterentwickeln können. Zur Weiterentwicklung gehört, dass die Mitarbeiter eigene Ideen einbringen, neue Möglichkeiten und Lösungen finden.

Um die Mitarbeiter dabei zielgerichtet und partizipativ zu unterstützen, muss die Führungskraft alle Arbeitsprozesse innerhalb des Verantwortungsbereiches verstehen. Nur so ist es für sie möglich, bei Abweichungen von gesetzten Standards und Erwartungshaltungen z. B. Problemlösungsprozesse zu initiieren, die Mitarbeiter bedarfsgerecht zu befähigen bzw. notwendige Arbeitsmittel zu Verfügung zu stellen.

Zentrales Element ist die Vorbildfunktion der Führungskraft: Für die Mitarbeiter muss die Bereitschaft der Führungskraft erkennbar sein, seinen Verantwortungsbereich kontinuierlich verbessern zu wollen. Vertrauensbildend wirken auch das Nachhalten von formulierten Zielen und deren aktive Steuerung zur Zielerreichung. Maßgeblich für die Motivation und Aktivierung der Mitarbeiter ist, dass die Führungskraft die gesteckten Erwartungshaltungen an andere auch selbst erfüllt.

Abb. 8.6 stellt das beschriebene dienende Führungsverständnis dem klassischen gegenüber:

- Wie beschrieben wirkt im dienenden Verständnis eine Unterstützungskaskade, sie geht vom Bedarf des Wertstroms aus.
- Demgegenüber verteilt der Vorgesetzte nach klassischem Verständnis Aufgaben an (seine) Mitarbeiter und letztere arbeiten ihm zu.

Diese Umkehrung der Pyramide gegenüber dem klassischen Verständnis bildet einen Schlüssel für den Erfolg Ganzheitlicher Produktionssysteme.

8.3.2 Führungssituation

Führung erfolgt spezifisch in bzw. für eine Situation. Deshalb ist ein Beachten der Führungssituationsbedingungen so zentral: Diese wirken als Moderationsvariablen auf alle Interaktionsbeziehungen zwischen der Führungskraft und den Geführten ein. Konkret bedeutet dies, dass je nach Situation das Führungsverhalten in Abhängigkeit der Aufgabe, der Geführten und der Situation verändert und unterschiedliche Führungsstile verwendet werden müssen, vgl. u. a. Rosenstiel (2007, S. 337), Staehle et al. (1999, S. 348).

Im Kontext Ganzheitlicher Produktionssysteme sind im Wesentlichen zwei Führungssituationen zu unterscheiden: Die des operativen Tagesgeschäfts und die der kontinuierlichen Verbesserung. In beiden Situationen muss Glaubwürdigkeit und Authentizität der Führungskraft durch konsequentes „lean-spezifisches" Verhalten entstehen; nur so ist sie

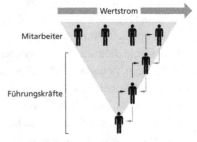

⌐ verteilt Aufgabe ⌐ arbeitet zu
a) Klassisches Verständnis
Vorgesetzter verteilt Aufgaben und überwacht Erledigung

⌐ meldet Bedarf ⌐ unterstützt
b) Toyota-Verständnis
Vorgesetzter entwickelt und unterstützt die Mitarbeiter

Abb. 8.6 Arten von Führungsverständnis.
(Nach Stauffen)

für die Mitarbeiter situationsunabhängig als Vorbild wahrnehmbar. Im Grunde bilden die beiden Situationen also „zwei Seiten derselben Medaille". In diesem Kontext sind für das Führungsverhalten fünf Aspekte relevant. Sie sind jeweils an einem Beispiel erläutert:

1. *Verbesserungskompetenz*
   Beispiel: Die Führungskraft überprüft Prozesse durch Prozesskennzahlen und -standards und erkennt somit Fehlentwicklungen, greift steuernd ein und stellt die Wiederholhäufigkeiten fest. Dieses Wissen bildet die inhaltliche Basis für das Initiieren eines kontinuierlichen, an der Sache orientierten Verbesserungsprozesses.
2. *Entscheidungs-, Informations- und Kommunikationsverhalten*
   Beispiel: Durch die Führungskraft getroffene Entscheidungen sind für die Mitarbeiter nachvollziehbar. Dabei trifft sie das richtige Maß zwischen dem Eingehen auf individuelle Bedürfnisse und Ansichten anderer, Überzeugungskraft und Durchsetzungsvermögen. Wesentlich ist die Verantwortungsübernahme der Entscheidungskonsequenzen durch die Führungskraft.
3. *Vertrauens- und Glaubwürdigkeit*
   Beispiel: Die Führungskraft lebt die Dinge selbst vor, die sie von anderen einfordert; Reden und Handeln stimmt also überein.
4. *Zielorientiertes Denken und Handeln*
   Beispiel: Die durch die Führungskraft gestellten Aufgaben dienen den im Vorfeld formulierten Zielen (und stehen im Einklang mit der Unternehmensstrategie). Die Führungskraft unterstützt die Aufgabenstellungen dabei durch genaue Anweisungen zur Arbeitsweise und -gestaltung.
5. *Prozess- und Kundenorientierung*
   Beispiel: Der Führungskraft sind die Kunden-Lieferantenbeziehungen der von ihr verantworteten Prozesse bekannt. Dabei ist erkennbar, dass er alle seine Aktivitäten auf die Bedürfniserfüllung dieser Beziehungen und die Funktionsfähigkeit der Prozesse ausrichtet.

Situationsschnittstelle zwischen operativem Tagesgeschäft und kontinuierlicher Verbesserung ist das Sammeln von wiederholt auftretenden Problemen bzw. Fehlern: Ziel ist ein nachhaltiges Abstellen, indem die Ursachen bekämpft werden. Aus der Situationsperspektive ist es hier notwendig, dass die Führungskraft Probleme in aller Regel als Verbesserungschance wahrnimmt, sich für Prozessschwachstellen interessiert, dies aktiv von allen Beteiligten einfordert, diese thematisiert und gegen Verschleierung angeht.

Sowohl methodisch als auch fachlich muss die Führungskraft hierbei auch in der Lage sein, Probleme auf ihre Ursachen hin zu analysieren und deren Bedeutsamkeit zu bewerten – bzw. einen solchen Prozess zu moderieren. Hierzu gehört die Gestaltung der Lösungsfindung, die Lösungsbewertung, die Initiierung und Begleitung notwendiger Maßnahmen. Abgerundet wird das „lean-spezifische" Verhalten durch konsequentes Nachhalten (Steuerung und Kontrolle) des Problemlösungsprozesse und regelmäßiger Information und Kommunikation während des Problemlösungsprozesses.

8.3.3 Grundlagen der Kommunikation

Dies rückt den Kommunikationsprozess und seine Wirkungen stärker in die Betrachtung. Generell ist Kommunikation ein Prozess der Informationsübertragung, bei dem die Äußerung des Senders von einem Empfänger wahrgenommen wird. Schulz von Thun ordnet in diesem Zusammenhang einer Nachricht vier Seiten zu, Schulz von Thun F (2006). Abb. 8.7 verdeutlicht die Aspekte aus Sender- und Empfängersicht.

Die Deutungshoheit der Botschaft liegt beim Empfänger (Hörer, Leser). Funktionierende Kommunikation (verbal und nonverbal) bedarf eines gemeinsamen Verständnisses (Code) und muss auf der gleichen Seite stattfinden. Für eine erfolgreiche Kommunikation muss sich der Sender also rückversichern, ob seine Botschaft verstanden wird.

Informationen stehen heute permanent und in größter Menge zur Verfügung. Für eine zielführende Informationsübertragung sollten die Kommunikationsmittel nach dem Individualisierungsgrad und der Feedbackmöglichkeit des Empfängers und den entsprechenden Kommunikationsstrukturen (Kette, Stern, Netz) ausgewählt sein. Abb. 8.8 zeigt beispielhafte Kommunikationsmittel.

8.3.4 Kennzahlen als Führungsinstrument

Soll Führung das Verhalten von Menschen in einem Zielbezugssystem beeinflussen, sind (mitarbeiterbezogen) formulierte Ziele notwendig. Die Grundidee besteht darin, die strategischen Unternehmensziele vom Management über Organisationseinheiten bis auf Mitarbeiterebene herunter zu brechen und durch Controllingmaßnahmen (gemeinsame Reflexion der Zielerreichung) zu flankieren.

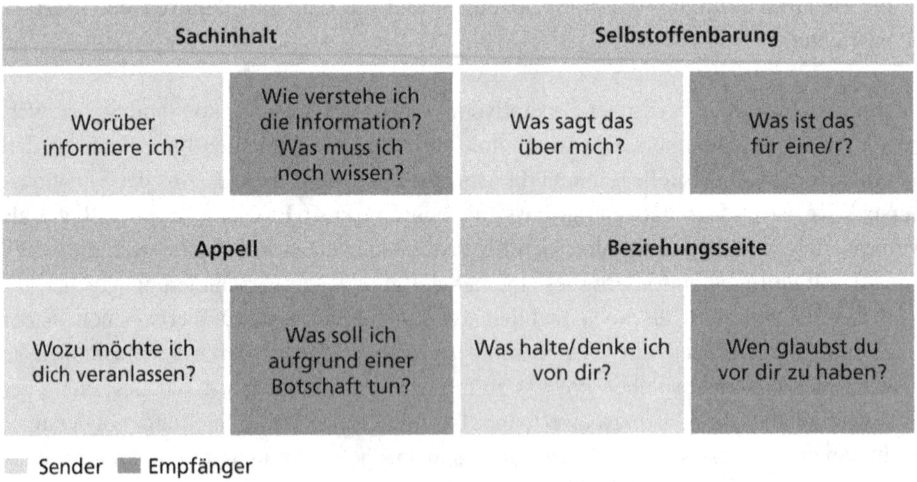

Sachinhalt		Selbstoffenbarung	
Worüber informiere ich?	Wie verstehe ich die Information? Was muss ich noch wissen?	Was sagt das über mich?	Was ist das für eine/r?
Appell		**Beziehungsseite**	
Wozu möchte ich dich veranlassen?	Was soll ich aufgrund einer Botschaft tun?	Was halte/denke ich von dir?	Wen glaubst du vor dir zu haben?

▨ Sender ▪ Empfänger

Abb. 8.7 Die vier Seiten einer Botschaft. (Schulz von Thun)

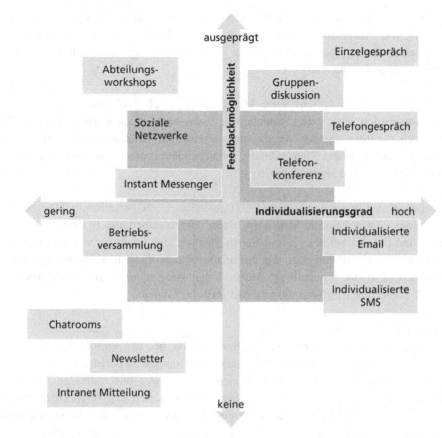

Abb. 8.8 Beispielhafte Kommunikationsmittel

Dies geschieht typischerweise über sogenannte *Zielvereinbarungen* in den Kategorien *aufgabenbezogene Ziele, Verhaltensziele* und *Entwicklungsziele*. Eine Leistungsbelohnung soll die Zielorientierung der Mitarbeiter fördern. Im Rahmen der Zielvereinbarung gestaltet der Mitarbeiter oder das Team die entsprechenden Ziele und den Beurteilungsmaßstab aktiv mit.

Die für das Team oder den einzelnen Mitarbeiter gültigen Ziele sollten nach Doran S.M.A.R.T. formuliert sein. Hierbei geht es im Wesentlichen um die Konkretheit in der Formulierung von Zielen, um Missverständnisse zwischen Sender und Empfänger zu vermeiden. Doran (1981) nennt hierfür fünf Merkmale eines Ziels.

S – Specific – dt. spezifisch (genau abgegrenzt und verständlich)
M – Measurable – dt. messbar (die Zielerreichung kann geprüft werden)
A – Achievable – dt. erreichbar (keine Über- oder Unterforderung)
R – Relevant – dt. relevant (wichtig im Gesamtkontext)
T – Timed – dt. (zeitlich klar) terminiert

Aufgabe des Managements ist die Realisierung wirtschaftlicher Ziele und damit die Umsetzung von Maßnahmen zur Erreichung dieser Ziele. Ein Ziel ist ein Zustand und damit in einem Bezugssystem messbar. Die Zustandsänderung wird durch Messgrößen bzw. Kennzahlen dokumentiert.

▶ Kennzahlen sind hoch verdichtete Messgrößen, die als Verhältnis- oder Absolut-zahlen konzentriert über einen zahlenmäßig erfassbaren Sachverhalt berichten. Es handelt sich um Informationen, die die Struktur eines Unternehmens oder Teile davon sowie die sich in diesem Unternehmen vollziehenden Prozesse und Entwicklungen beschreiben, nach Westkämper (2006, S. 42).

In Anlehnung an Küpper und Weber (1997) unterstützen geeignete Kennzahlensysteme die führungsverantwortlichen Stellen in einem Unternehmen durch das Controlling (Steuern und Regeln) bei der zielorientierten Planung und Steuerung von Maßnahmen. Gegenstand des Controllings ist die Informationsbeschaffung und die Informations-koordination, also die Beschaffung, Aufbereitung, Analyse und Kommunikation von Daten zur Vorbereitung zielsetzungsgerechter Entscheidungen.

Zweck von Kennzahlen

Grundsätzlich objektivieren Kennzahlen Sachverhalte bei der Entscheidungsfindung. Hierzu sind komplexe Sachverhalte verständlich und transparent darzustellen: Einerseits vergleichen Kennzahlen über zeitliche Dimensionen hinweg und treffen so Aussagen zu Entwicklungstendenzen. Andererseits dienen sie zum Leistungsvergleich ähnlicher Prozesse oder Standorte oder bewerten Zustände (relativ oder absolut). So unterstützen Kennzahlen das Formulieren von Zielen und Prognosen, machen Leistungen und Ver-besserungspotenziale messbar, ermöglichen Trendbeobachtungen und unterstützen im kontinuierlichen Verbesserungsprozess.

Beispiel

Ein Produktionsmitarbeiter kann seinen direkten Output beeinflussen. Eine hierfür relevante Kennzahl wäre die Produktivität: Sie vergleicht die Zielausbringungsmenge mit der tatsächlich ausgebrachten Menge. Die Zielerreichung sollte im unmittelbaren Umfeld visualisiert sein, um Handlungsnotwendigkeit direkt aufzuzeigen:

- Erbringt der Mitarbeiter seine Soll-Leistung, ist keine weitere Maßnahme erforderlich.
- Ein Unterschreiten der Soll-Menge erfordert Zusatzaufwands des Mitarbeiters.

Ein Produktionsleiter kann erkennen, dass der Gesamtaufwand im letzten Monat den erwarteten Wert um 10 % übertroffen hat. Dieser Wert aggregiert sich aus vielen Teil-werten und lässt sich nicht unmittelbar beeinflussen. Die Auswertung der Teilwerte ermittelt Aufwandstreiber und analysiert Ursachen. Die Auswertung sollte Sonder-aufwand vom kontinuierlichen Aufwand unterscheiden. Zur Aufwandsreduktion sind dann geeignete Maßnahmen einzuleiten.

Kennzahlen sollten nicht singulär zur Erfassung eines Sachverhalts sondern kontextbezogen in der Wechselwirkung mit anderen Kennzahlen auf Gesamtprozessebene betrachtet werden. Dies soll eine Optimierung lokaler Kennzahlen mit gegebenenfalls negativen Auswirkungen auf das Gesamtsystem vermeiden. Zur Bewertung dieser Zusammenhänge dienen Kennzahlensysteme.

Aufbau von Kennzahlensystemen

Die Ableitung einer Kennzahl bzw. eines Kennzahlensystems umfasst mehrere Schritte, Abb. 8.9:

1. *Ziel definieren:* Kennzahlen sind zweckgebunden. Deshalb ist zunächst der Zweck der Kennzahl bzw. des Kennzahlensystems zu bestimmen. Die zu treffenden Aussagen bestimmen die grundsätzlich benötigten Informationen.
2. *Erfolgsfaktoren ableiten:* Im Folgeschritt sind die Indikatoren zu erarbeiten, die den Erfolg beschreiben. Hierbei sind Zielrichtung bzw. Zielmerkmal eindeutig und präzise zu beschreiben.
3. *Kennzahlen definieren:* Die Bewertung oder Messung der Zielerreichung erfolgt über Kennzahlen, die eine sinnvolle Messgröße für die Verbesserung des jeweiligen Erfolgsfaktors darstellen. Für jede Kennzahl sind Mess- und Berechnungsvorschrift festzulegen, also v. a. *Einheit*, geeigneter *Ermittlungszyklus, Erhebungsart* bzw. *Datenbasis* und *Berechnungsformel* festzulegen. Darüber hinaus sind *Ziel-Sollwert* und *-Korridor* (zulässige Zielabweichung oder Toleranz) sowie die Visualisierungsform zu vereinbaren. Idealerweise erfolgen Datenerfassung (Berechnung und

Schritt	Beschreibung
1. Ziel definieren	▪ Welche Aussagen sollen getroffen werden? ▪ Welche Informationen werden benötigt?
2. Erfolgsfaktoren ableiten	▪ Welche Indikatoren beschreiben den Erfolg? ▪ Welche(s) Zielrichtung (Zielmerkmal) ist relevant?
3. Kennziffer definieren	▪ Messgrößen und Datenermittlung bestimmen ▪ Ziel-Sollwert und -Korridor vereinbaren
4. Kennzahlensystem kopieren	▪ Kennzahlen festlegen (inkl. Soll-/Zielwerten) ▪ Kennzahlensystem bilden/entwickeln
5. Kommunikations- und Umsetzungskonzept erarbeiten	▪ Kommunikationskanäle ▪ Visualisierung
6. Maßnahmen/KVP ableiten	▪ Maßnahmendefinition und -durchführung ▪ Erfolgskontrolle

Abb. 8.9 Schritte zum Aufbau eines Kennzahlensystems. (IPA)

Visualisierung) automatisiert durch den Abgriff von Prozessereignissen und -zuständen. Um eine hohe Konsistenz zu erhalten, ist eine *eindeutige Verantwortung* der Datenquellen sicherzustellen.

4. *Kennzahlensystem konzipieren:* Die inhaltlichen Beeinflussungsmöglichkeiten und inhaltlichen Abhängigkeiten führen zum Kennzahlensystem. Es erfolgt die Spezifikation nach *Stellgröße* (beeinflusst den Erfolgsfaktor direkt) oder *Indikator* (auch Regelgröße, drückt einen Zustand aus, der über eine Stellgröße beeinflusst wird). Hieraus ist abzuleiten, ob die Kennzahl zur Steuerung oder zur Verbesserung einsetzbar ist. Weiterhin ist die Art und Weise der Wechselwirkungen zwischen den einzelnen Kennzahlen zu bestimmen.

5. *Kommunikations- und Umsetzungskonzept erarbeiten:* Das hierauf aufbauend festgelegte Kommunikationskonzept beschreibt, wie und durch welche Kennzahlen Informationen weitergetragen werden und definiert weiterführende Maßnahmen. Aus Mitarbeitersicht hängt die Akzeptanz einer Kennzahl vor allem vom persönlichen Einfluss im Rahmen seiner Arbeitsaufgabe ab. Hierauf aufbauend ist das Umsetzungskonzept zu erarbeiten.

6. *Maßnahmen/KVP ableiten:* Vor der eigentlichen Einführung sollte außerdem eine Vorstellung von grundlegenden Maßnahmen zur Zielerreichung sowie ein Vorgehen zur kontinuierlichen Verbesserung (KVP) festgelegt werden.

Beispiel

Abb. 8.10 konkretisiert das Vorgehen vom Erfolgsfaktor bis zur Datenquelle anhand eines Praxisbeispiels.

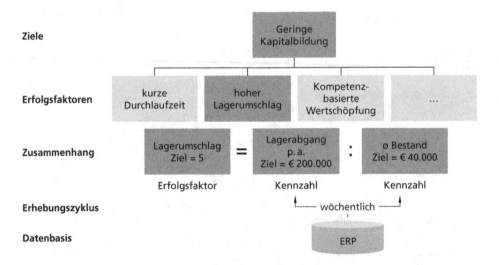

Abb. 8.10 Vom Erfolgsfaktor zur Datenquelle. (Praxisbeispiel)

Ausgangspunkt bildet das Ziel (geringe Kapitalbildung), welches hier über drei Erfolgsfaktoren konkretisiert wurde. Aus dem so abgeleiteten Erfolgsfaktor mit Zielrichtung (hoher Lagerumschlag) ergeben sich aufgrund der inhaltlichen Abhängigkeiten zwei Kennzahlen (Lagerabgang und Bestand). Diese sind zu konkretisieren, mit Zielwerten zu versehen. Zudem sind Erhebungszyklus (wöchentlich) und Datenbasis (ERP) festzulegen und bis auf Feldebene zu konkretisieren.

Für die Berechnung des IST-Wertes gilt nun: Liegt der durchschnittliche Lagerbestand bei 60.000 € und der Lagerabgang pro Jahr bei 180.000 €, wird das Lager dreimal umgeschlagen: Der IST-Lagerumschlag = 3.

Komplexität Kennzahl

Beim Aufbau eines Kennzahlensystems sind die unterschiedlichen Zielgruppen zu beachten. Hierbei sind Anzahl und Komplexität der Kennzahlen relevant vgl. u. a. Adolf und Thieme (2014). Erfahrungsgemäß sind diese im mittleren Management – bspw. einer Produktions- oder Abteilungsleitung – am höchsten, Abb. 8.11.

> **Beispiel**
>
> Ein Beispiel für ein **Kennzahlensystem** zur Leistungsbetrachtung von Maschinen und Anlagen bildet die TEEP *(Total Effective Equipment Productivity)*. Die TEEP betrachtet sowohl geplante als auch nicht geplante Stillstände und ist die wichtigste Kennzahl zur Leistungssteuerung eines Fertigungsprozesses, da sie die wesentlichen Einflussfaktoren auf Prozess und Investitionsgut erfasst und nach dem Verursachungsprinzip eindeutig zuordnet.

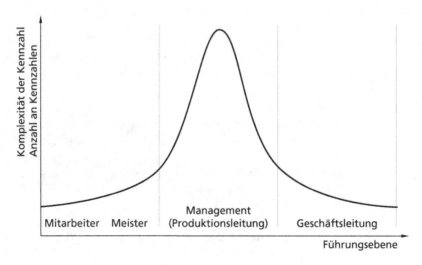

Abb. 8.11 Komplexitätsverteilung der Kennzahlen nach Führungsebenen

Der Prozessschritt mit der geringsten Leistung bestimmt die Leistungsfähigkeit der gesamten Prozesskette. Eine Optimierung des Fertigungsprozesses sollte daher an diesem Engpass ansetzen, vgl. u. a. Goldratt und Cox 1995. Nicht-Engpässe zu optimieren verursacht Mehrkosten, die die Leistung der Prozesskette nicht steigern (aber evtl. die Prozesssicherheit erhöhen und die Steuerungsnotwendigkeit reduzieren).

Das TEEP-Kennzahlensystem ist hierarchisch aufgebaut, Abb. 8.12. Insgesamt vier Schritte berechnen die netto tatsächlich verfügbare bzw. genutzte Zeit zur Produktion, Shirose (1992, S. 53):

- Die *Anlagenauslastung* (AA) bewertet den Anteil geplanter Stillstände an der Arbeitszeit; Ergebnis ist die Laufzeit in Stunden.
  Dazu setzt sie die tatsächliche Laufzeit mit der insgesamt zur Verfügung stehenden Arbeitszeit (bspw. 7 Tage à 3 Schichten) ins Verhältnis.
  Dabei reduziert die Zeit in der nicht produziert wird (z. B. Wochenende, Nachtschichten, Feiertage) die Arbeitszeit; man spricht von geplantem bzw. bewusst in Kauf genommenem Stillstand.
- Die *Anlagenverfügbarkeit* (AV) bewertet den Anteil von Ausfallzeiten an der Laufzeit; Ergebnis ist die Nettobetriebszeit in Stunden.
  Dazu setzt sie Nettobetriebszeit mit der Laufzeit ins Verhältnis.
  Die Ausfallzeit summiert sich aus den beiden Kategorien (technische) Störungen und Rüstzeiten. Zu den Störungen zählen bspw. Ausfall, Fehlen von Bestandteilen, Differenzen zwischen Soll- und Ist-Parametern, das Blockieren und die

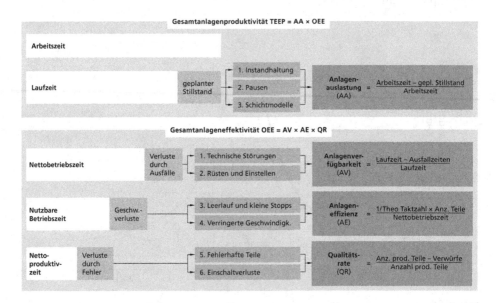

Abb. 8.12 Aufbau der TEEP.
(Shirose)

Nichtfunktion von Maschinen und Anlagen. Jeder Auftragswechsel verursacht Umstellungsaufwand in Form von Rüsten. Die Rüstzeit bezeichnet die Stillstandzeit vom letzten Gutteil des gefertigten Loses/Auftrags bis zum ersten Gutteil des folgenden Loses/Auftrags.

- Die *Anlageneffizienz* (AE) bewertet den Anteil von Geschwindigkeitsverlusten an der Nettobetriebszeit (theoretisch mögliche Ausbringung je Zeiteinheit); Ergebnis ist die nutzbare Betriebszeit (tatsächliche Ausbringung in Stunden). Dazu setzt sie nutzbare Betriebszeit mit der Nettobetriebszeit ins Verhältnis.

Ungeplante Faktoren der Leistungsminimierung im Fertigungsprozess sind verringerte Geschwindigkeit des Prozesses sowie Leerlauf und kleine Stopps. Hier lassen sich typische Problemstellungen wie fehlerhafte Vorgaben, zusätzlich notwendige Bearbeitungsstufen, Auswahl anderer Fertigungsparameter aufgrund schlechterer Materialqualität oder das Herabsetzen von Parametern wie bspw. beim Einfahren und in der Prototypenherstellung, finden. Konkret heißt das, die Bearbeitungszeit ist länger als geplant. Leerlauf und Stopps drücken sich in Form von Wartezeiten auf Personal, Materialwechsel, Messen und Prüfen aus. Insbesondere bei hoch verketteten Anlagen wirken sich ungenügende Austaktung bzw. fehlende Synchronizität bei der Nutzung gemeinsamer Ressourcen drastisch auf die Anlageneffizienz aus. Jede Produktion erzeugt Fehler. Je robuster ein System ist, desto weniger Fehler erzeugt es. Wenn Fehler entstehen, geht die eingesetzte Produktionskapazität verloren, welche dann in der Regel neu zur Verfügung gestellt werden muss, z. B. über zusätzliche Schichten an Wochenenden.

- Die *Qualitätsrate* (QR) bewertet den Anteil an Verlusten durch Fehler an der nutzbaren Betriebszeit. Ergebnis ist die Nettoproduktivzeit in Stunden.

Dazu setzt sie die Nettoproduktivzeit mit der nutzbaren Betriebszeit ins Verhältnis. Fehler bezeichnen Mengen außerhalb der Spezifikation und Verluste lassen sich in Form von Einfahrteilen bzw. -mengen bis ein Prozess eingeschwungen ist, messen.

Somit berechnet sich die *Gesamtanlageneffektivität* (OEE) als Produkt von AV, AE und QR. Die *Gesamtanlagenproduktivität* (TEEP) resultiert als Produkt von Auftragsabwicklung und OEE. Abb. 8.12 ordnet darüber hinaus die sechs beeinflussbaren Verlustquellen den jeweiligen Kennzahlen zu.

Der **TEEP-Regelkreis** optimiert im Rahmen der kontinuierlichen Verbesserung Engpassressourcen. Er besteht aus vier Bausteinen, die zu einer systematischen und zielgerichteten Steigerung der TEEP beitragen. Sie beinhalten:

- das Messen der TEEP,
- die Ursachenanalyse,
- die Potenzialbewertung (Zeit, Kosten, Nutzen) sowie
- einen Projektplan und die Umsetzung.

Auswertungen über die Auslastung, Verfügbarkeit, Effizienz und Qualität einer Anlage identifizieren bzw. lokalisieren Engpässe, Störungen oder Verluste und schärfen den Blick für etwaige Verbesserungspotenziale. Bspw. sucht die Analyse nach der Ursache für Stillstände oder Störungen und erarbeitet dann Vorschläge zur dauerhaften Problemlösung. Kosten-Nutzen-Betrachtungen sowie Wirksamkeitsbewertungen geben Entscheidungshilfen.

Im letzten Schritt legt ein Projektplan Maßnahmen, Termine und Verantwortliche der Umsetzung fest. Eine erneute TEEP-Messung kontrolliert die Prozessverbesserung und stößt den Regelkreis erneut an.

Der Folgeabschnitt erläutert die GPS-Prinzipien und -Methoden.

8.4 GPS-Prinzipien und -Methoden

Das Grundgerüst Ganzheitlicher Produktionssysteme besteht aus Zielen, Unternehmensprozessen, Gestaltungsprinzipien, Methoden und Werkzeugen, wobei der Aufbau an die Unternehmen und deren Kontext angepasst ist. Die klassischen Zieldimensionen sind Qualität, Kosten und Zeit. Deren Ausprägungen sind an bestimmte Unternehmensprozesse gekoppelt, welche den Zielkriterien entsprechend gestaltet werden müssen. Letztere erfolgt mithilfe dafür entwickelter Methoden und Werkzeuge.

Im Folgenden erläutert Abschn. 8.4.1 die GPS-Prinzipien – orientiert an der VDI-Richtlinie. Aufbauend auf einem Methodenüberblick beschreibt Abschn. 8.4.2 ausgewählte GPS-Methoden.

8.4.1 GPS-Prinzipien

Eine stark empirisch getriebene Entstehung von Produktionssystemen einerseits sowie der Anspruch ihrer unternehmensspezifischen Anwendung andererseits, führte bislang zu keiner allgemeinen, schlüssig abgeleiteten Grundstruktur eines GPS bezüglich seiner Prinzipien, Methoden und Techniken: So unterscheidet bspw. die VDI-Richtlinie 8 Gestaltungsprinzipien, während Liker diese stärker in 14 ausdifferenziert, vgl. VDI 2870 (2012), Liker (2006, S. 29 ff.). Auch die Unterscheidung zwischen Prinzipien, Methoden und Techniken erscheint nicht trennscharf und vermischt sich teilweise auch.

Die nachfolgenden Abschnitte erläutern die einzelnen Gestaltungsprinzipien knapp.

① Vermeidung von Verschwendung
Gedanklicher Ausgangspunkt der Prozessgestaltung ist die Vermeidung von Verschwendung (japanisch *Muda*). Zur Identifikation unterteilt Ohno den Arbeitsprozess in drei Teile, Ohno (1993, S. 86 f.):

- *Wertschöpfend:* Dies umfasst alle Tätigkeiten, die den Wert des Produkts erhöhen und für die der Kunde bereit ist zu zahlen oder die der Information des Kunden dienen.
- *Verdeckte Verschwendung:* Diese nicht-wertschöpfenden aber notwendigen Tätigkeiten bringen zwar keinen Wertzuwachs, sind aber unter gegebenen Umständen notwendig (beispielsweise Transportvorgänge). Sie gilt es zu reduzieren.
- *Offensichtliche Verschwendung:* Diese nicht-wertschöpfenden Tätigkeiten erzeugen keinen Mehrwert und sind auch nicht notwendig. Sie sind daher zu eliminieren.

▶ **Wichtig**
Verschwendung tritt in sieben Arten auf, Ohno (1993, S. 153):

- *Überproduktion* (Over-Production): Übererfüllung, also die Produktion von Teilen, die zum aktuellen Zeitpunkt nicht benötigt werden. Dies kann ein Überschuss der produzierten Menge sein oder aber die Produktion von Produktmerkmalen, die der Kunde nicht fordert. Bezogen auf Informationsflüsse ist hier auch die Überinformation gemeint. Diese offensichtliche Verschwendung ist zu eliminieren.
- *Bestände* (Inventory): Die Lagerung von Teilen ist in der Regel nicht wertschöpfend; Ausnahmen sind hier bspw. Reifeprozesse von Wein oder Käse. Darüber hinaus verdecken sie den Blick auf die eigentlichen Probleme, was nach dem GPS-Verständnis entscheidender Hinderungsgrund für Verbesserungen bildet. Deshalb gilt sie als offensichtliche Verschwendung und ist zu eliminieren.
- *Transport* (Transportation): Innerbetriebliche Materialbewegungen erzeugen für sich genommen noch keinen Mehrwert. Daher gilt es, Transportwege kurz zu halten und Leerfahrten zu vermeiden. Diese verdeckte Verschwendung ist zu reduzieren .
- *Fehler* (Defects): Diese erzeugen Ausschuss bzw. Korrekturen (also Nacharbeit), was zu Kundenreklamationen und zu langen Warte- oder Stillstandzeiten sowie Materialverschwendungen führt. Diese offensichtliche Verschwendung ist zu eliminieren.
- *Bewegungen* (Motion): Hiermit sind nicht an das Produktionsmaterial gebundene Bewegungen im Arbeitsprozess gemeint, die nicht der Wertsteigerung dienen. Typisch hierfür sind Nebentätigkeiten, die aus einer ineffizienten Arbeitsplatzgestaltung resultieren. So ist beispielsweise das Greifen zum Werkzeug ein notwendiger Schritt, um den nachfolgenden Arbeitsschritt ausführen zu können. Jedoch kann eine geeignete Arbeitsplatzorganisation auch diese Tätigkeiten verbessern und Suchzeiten verringern. Diese verdeckte Verschwendung ist zu reduzieren.
- *Wartezeiten* (Waiting): In diesen Zeiten warten Mitarbeiter auf etwas, wie bspw. fehlendes Material und Werkzeug, Maschinenausfall und Störungen verursachen ebenfalls Wartezeiten. Diese offensichtliche Verschwendung ist zu reduzieren. Einige Autoren zählen hierzu auch Wartezeiten

aufgrund schlecht ausgetakteter Prozesslinien, Rüstvorgänge oder anderer prozessbedingter Randbedingungen. Diese verdeckte Verschwendung gilt es zu reduzieren.

- *Verarbeitung* (Over-Processing): Hiermit sind ungeeignete oder unnötige Prozesse sowie die Verwendung ungeeigneter Methoden oder Betriebsmittel gemeint, die entsprechend unnötigen Zusatzaufwand erzeugen. Daher ist es sehr wichtig, einzelne Arbeitsschritte regelmäßig zu standardisieren und zu verbessern, um Prozesse effizient zu gestalten; idealerweise werden einfache und zuverlässige Hilfsmittel eingesetzt.

Die genannten Verschwendungsarten bedingen einander, sodass eine Verschwendungsart eine andere verursacht. Bspw. verursacht Überproduktion zu hohen Lagerbestände und damit überflüssige Transporte bei Produktion und Abruf der zu viel produzierten Teile.

Das Vermeiden von Verschwendung erhöht also den Wertschöpfungsanteil im Prozess. Diese Unterscheidung in wertschöpfende und nicht wertschöpfende Tätigkeiten bildet die Grundlage für eine sinnvolle Standardisierung.

② Standardisierung

Eine Standardisierung legt Ablauf und Handlungsverantwortliche eines sich wiederholenden organisatorischen oder technischen Vorgangs verbindlich fest. Standards lassen Abweichungen und damit Verschwendungen erkennen, um diese schrittweise zu eliminieren. Dieses Gestaltungsprinzip betrifft nicht nur die Standardisierung operativer Arbeitsabläufe und Fertigungsschritte sondern auch indirekte Bereiche wie beispielsweise die Planung.

▶ Ein nützliches Werkzeug der Standardisierung ist die 6S-Methode, Takeda (2006, S. 30 f.). Sie bildet die Grundlage für jede Optimierungs- und Veränderungstätigkeit, da ihr Einsatz Transparenz, Ordnung und eine sinnvolle Anordnung der Betriebs- und Hilfsmittel schafft:

- *Seiri* (Sortieren bzw. Aussortieren): Aussortieren aller nicht benötigten Teile eines Arbeitsplatzes.
- *Seiton* (Systematisieren): Aufräumen und geeignete Anordnung der benötigten Teile.
- *Seisô* (Reinigen): Reinigen der benötigten Teile und des zugehörigen Platzes.
- *Seiketsu* (Standardisieren): Standards definieren, welche den optimalen Zustand eines Arbeitsplatzes beschreiben.
- *Shitsuke* (Disziplin): Disziplin des Mitarbeiters, den Arbeitsplatz den definierten Standards entsprechend gereinigt und geordnet zu halten.
- *Shûkan* (Gewöhnung): Verinnerlichung durch ständiges und praktisches Wiederholen.

Die Standardisierung zielt also auf stabile, planbare Prozesse durch vereinheitlichtes Arbeiten. Dies unterstützt den anschließend erläuterten „Null-Fehler"-Anspruch. Wie bereits erwähnt, bilden so erarbeitete Standards einerseits die Grundlage für die Schulung der Mitarbeiter, also die Aus- und Weiterbildung. Andererseits bilden sie auch die Grundlage für die kontinuierliche Verbesserung, also die schrittweise Reduzierung von Verschwendung.

③ Null-Fehler-Prinzip

Die ideale Produktion funktioniert fehlerfrei ohne Nacharbeit oder Ausschuss. Dabei kommen verschiedenste Methoden zur Sicherstellung einer hohen Prozess- und Produktqualität zum Einsatz:

- *Jidoka* ist die autonome Automation von Prozessen (Autonomation). Hier erkennen Maschinen Anomalien im Prozess und schalten sich daraufhin selbst ab, was die Weitergabe fehlerhafter Teile vermeidet. Diese integrierte Qualitätskontrolle durch die Maschine ersetzt die Qualitätssicherung durch den Menschen. Sensoren erkennen Abweichungen vom definierten Toleranzbereich, übermitteln Warnmeldungen und stoppen die Bearbeitung. Die autonome Qualitätskontrolle erlaubt dem Mitarbeiter, mehrere Maschinen gleichzeitig zu bedienen und seine Fähigkeiten sinnvoll für andere wichtige Aufgaben einzusetzen. Die Mehrmaschinenbedienung erfordert ein Layout, bei dem keine weiten Wege zurückgelegt werden müssen, wie z. B. das U-Layout.
- Eine weitere Methode für die Null-Fehler-Produktion ist *Poka Yoke*. Dieser japanische Begriff bedeutet *Fehlhandlungssicherheit*. Narrensichere Handhabungseinrichtungen sorgen dafür, dass Fehler gar nicht erst entstehen können. Fehlerquellen werden zunächst identifiziert und systematisch durch technische Einrichtungen und Vorkehrungen neutralisiert. Zum Beispiel vermeiden asymmetrische Formen und spezifizierte Konstruktionen Montagefehler.

Für eine erfolgreiche Umsetzung dieses Prinzips ist die zugrunde liegende Fehlerkultur entscheidend: Im GPS-Verständnis gelten Fehler als Verbesserungschance, da sie Schwachstellen im Prozess (und auch in den Standards) identifizieren und so Lernchancen eröffnen.

Beispiel

Die Qualität des Montageprozesses ist zu verbessern und wird nach dem Null-Fehler-Prinzip gestaltet. Um fehlerhaftes Montieren zu vermeiden, konstruiert die Entwicklung gemäß der Poka-Yoka-Methode die Teile bereits so, dass es genau nur eine Möglichkeit gibt, sie zusammenzufügen, bspw. durch Formschluss.

Das Null-Fehler-Prinzip zielt also darauf, Qualität schrittweise zu erzeugen und nicht im Nachhinein durch Aussortieren fehlerhafter Teile zu „erprüfen". Zentral ist die bereits beschriebene Fehlerkultur einer vorwärts gerichteten Verbesserung statt einer rückwärts gerichteten Suche von Schuldigen.

Die folgenden beiden Prinzipien behandeln logistische Produktionsregeln für Gestaltung und Betrieb. Dies beinhaltet auch die Anbindung an den Kundenbedarf.

④ Fließ-Prinzip

Idealerweise durchfließen Materialien und Informationen die gesamte Wertschöpfungskette schnell und störungsfrei. Generell gilt: Bei geringen Umlaufbeständen warten die Werkstücke nur kurz auf die Bearbeitung, sodass kurze Durchlaufzeiten resultieren (Abschn. 7.3.4). Aus logistischer Sicht sind hierbei vier Aspekte relevant, vgl. u. a. Wiendahl H-H (2011, S. 125 ff.):

- Die *Reihenfolgeregel* beschreibt die Bearbeitungsreihenfolge der Aufträge an einer Arbeitsstation. Aus logistischer Sicht ist die Regel *FIFO* (First In First Out) anzustreben. Hier verlässt das Teil, welches eine Arbeitsstation zuerst erreicht, diese auch als erstes – und lässt sich nicht von anderen Teilen überholen. Dies vereinfacht Einplanung und Steuerung und unterstützt eine hohe Termin- bzw. Liefertreue, vgl. auch Abschn. 7.4.2.3.1.
- Die *Transportlosgröße* beschreibt die Anzahl der gleichzeitig transportierten Teile. Vereinfachend gilt: Ein One-Piece-Flow ist aus Durchlaufzeitsicht ideal, da bei einer Transportlosgröße 1 die Werkstücke unmittelbar nach der Bearbeitung weitertransportiert werden. Dies erlaubt kürzestmögliche Durchlaufzeiten, da sich letztere lediglich aus Bearbeitungs- und Transportzeit zusammensetzt. Offensichtlich begünstigen kurze Transportwege kleine Transportlosgrößen und erlauben so kurze Transportzyklen.
- Die *Bearbeitungslosgröße* beschreibt die Anzahl der unterbrechungsfrei bearbeiteten Teile. Hier sind die Zusammenhänge komplexer:
  - Zum einen die Durchlaufzeitsicht: Kleine Bearbeitungslosgrößen begünstigen kurze Durchlaufzeiten, da kleinere Losgrößen geringere Umlaufbestände ermöglichen und so die Durchlaufzeiten verkürzen. Hierbei sollten die Losgrößen (bzw. Bearbeitungszeiten) primär harmonisiert werden, vgl. dazu ausführlich Nyhuis P und Wiendahl H-P (2012, S. 124 f.). Also bildet die Bearbeitungslosgröße 1 den logistischen Grenz- oder Idealfall mit einer kürzestmöglichen Durchlaufzeit.
  - Zum anderen die Variantensicht: Üblicherweise erfordert der Wechsel von der Bearbeitung einer Variante auf eine andere Zeit für den Auftragswechsel, die sogenannte Rüstzeit. Kurze Rüstzeiten begünstigen also kleine Losgrößen, da hier ein Bearbeitungswechsel unproduktive Zeiten möglichst gering hält, vgl. auch Abschn. 7.4.2.2. Also ermöglicht eine Rüstzeit „0" eine Bearbeitungslosgröße 1 und bietet die maximale Flexibilität bzgl. Variantenreihenfolge ohne Verringerung des Nutzungsgrades bzw. der Anlagenverfügbarkeit.

- Die *Lieferfrequenz* beschreibt den Zeittakt der Kundenbelieferungen. Dieser sollte sich am sogenannten Kundentakt orientieren, der beschreibt, nach welcher durchschnittlichen Zeit der Kunde ein weiteres Stück abnimmt (vgl. Abschn. 9.3). Vereinfachend gilt: Aus der Außensicht gibt diese Zeitdauer den Produktionstakt vor, im einfachsten Fall lässt sich dieser direkt in die Innensicht, also die Transportlosgröße, umsetzen.

Aus einer Innensicht strebt ein GPS an, die Teile nach FIFO abzuarbeiten, nach One-Piece-Flow zu transportieren und in Losgröße 1 zu bearbeiten. Aus einer Außensicht strebt ein GPS die Ausrichtung am Kundentakt an; im einfachsten Fall wird die Kundenbedarfslosgröße in der vom Kunden geforderten Lieferfrequenz hergestellt.

▶   Eine kontinuierliche Fließfertigung erfordert aufeinander und am Kundentakt ausgerichtete Arbeitsinhalte sowie kurze Rüst- und Transportzeiten.

Das Fließ-Prinzip zielt also auf einen kontinuierlichen Einzelstückfluss. Dies reduziert Wartezeiten und damit auch die Durchlaufzeiten von Teilen oder Informationen und erfordert kurze Rüstzeiten.

⑤ Pull-Prinzip
Die Literatur misst der Unterscheidung von Push- und Pull-Steuerung große Bedeutung bei (vgl. dazu ausführlich Wiendahl H-H 2002, S. 60 ff. und die dort zitierte Literatur). Für die hier relevante *Produktionssteuerung* sind zunächst zwei Fertigungssteuerungsaufgaben zu betrachten, Lödding (2016, S. 7 ff.), Wiendahl H-H (2011, S. 238 f.) (vgl. auch Abschn. 7.4.2.4):

- Die *Auftragserzeugung* beschreibt, nach welchen Regeln Produktionsaufträge erzeugt werden. Aus PPS-Sicht sind die Ausprägungsformen plan-, bedarfs- und verbrauchsgesteuert zu unterscheiden.
- Die *Auftragsfreigabe* beschreibt die Regeln, nach denen Produktionsaufträge ausgelöst werden. Aus PPS-Sicht sind die Ausprägungsformen Termin und Bestand relevant.

Ganzheitliche Produktionssysteme streben eine möglichst robuste, selbststeuernde Regelung der Produktionsprozesse an. Von den resultierenden 6 möglichen Fällen realisiert Lean Production lediglich zwei:

1. Verbrauchsgesteuertes Kanban: Die Auftragserzeugung erfolgt *verbrauchsgesteuert* bevorzugt über Kanban, typischerweise mit einer terminorientierten Auftragsfreigabe (der Fertigungsauftrag wird „sofort" nach Erzeugung auch freigegeben) kombiniert. Die vorgegebene Anzahl an Kanban-Karten limitiert den Umlaufbestand in der Produktion. Diese Bestandsregelung wirkt allerdings erst zeitversetzt: Bei Kapazitätsausfällen werden zunächst weiter Kanban-Karten freigegeben, bis der Output stockt und alle Kanban-Karten in Bearbeitung sind.

2. Bedarfsgesteuertes „sequential pull": Die Auftragserzeugung erfolgt *bedarfsgesteuert* durch den Kunden. Die Auftragsfreigabe erfolgt bestandsregelnd im sogen. „sequential pull", d. h. abhängig von freier Pufferfläche. Offensichtlich begrenzt das Verhältnis von Liefer- zu Durchlaufzeit die Möglichkeiten zur Kapazitätsglättung. Eine Abarbeitung nach FIFO stellt die angestrebten stabile Durchlaufzeiten sicher.

Das GPS-Verständnis begrenzt das Pull-Prinzip also auf den Aspekt der *Bestandsregelung*. Sie koppelt den Input an den Output, im Fall 1 mit einer zeitversetzten Bestandsregelung über die verbrauchsorientierte Auftragserzeugung oder im Fall 2 mit einer bestandsregelnden Auftragsfreigabe. Die zusätzlich angestrebte Kapazitätsflexibilität entschärft auftretende Bedarfsschwankungen.

Beide Fälle realisieren die angestrebte robuste, selbststeuernde Regelung: Eine Kundennachfrage löst entwedur mittelbar verbrauchsgesteuert (Fall 1) oder unmittelbar bedarfsgesteuert (Fall 2) einen Produktionsauftrag aus und limitiert somit den Bestand in der Fertigung auf die nachgefragte Menge. Allerdings lastet eine geringe Nachfrage die Kapazitäten unter Umständen nicht voll aus; zudem erfordert das robuste Prozesse, die im Fluss verkoppelt sind und eine schnelle und flexible Lieferung der Kundennachfrage gewährleisten.

Das Pull-Prinzip zielt also auf eine durch echte Nachfrage ausgelöste Produktion (anstatt einer Auslösung, die auf einer Marktprognose basiert). Dies kann bedarfsorientiert im Kundenauftrag oder verbrauchsorientiert als Lagernachfüllauftrag geschehen.

Die folgenden beiden Prinzipien behandeln Prozesskontrolle und die Rolle des Mitarbeiters.

⑥ Visuelles Management

Ein zentrales prozesskontrollierendes Prinzip ist die Visualisierung. Es stellt die Informationen über Arbeitsabläufe und -ergebnisse bildlich dar und erzeugt so Transparenz über Prozesse, Ziele und Leistungen. Hierzu dienen verschiedene Werkzeuge. Meist zeigen akustische oder optische Signale Ausnahmensituationen der Linie an (bspw. ein Andon-Board). Hierdurch unterstützt das visuelle Management die bereits beschriebenen Prinzipien Standardisierung, Null-Fehler-, Fließ- und Pull-Prinzip.

Das visuelle Management macht also Probleme für Mitarbeiter und Vorgesetzte sichtbar, sodass notwenige Maßnahmen unmittelbar eingeleitet werden können.

⑦ Mitarbeiterorientierte Führung

Im Gegensatz zur tayloristischen strikten Trennung von Hand- und Kopfarbeit, gelten in einem GPS die Mitarbeiter als wichtigste Quelle von Verbesserungsideen. Eine mitarbeiterorientierte Führung mit Methoden wie beispielsweise Gruppenarbeit soll Mitarbeiter fördern und motivieren und so eine Kultur der Fehler- und Verschwendungsvermeidung Hierarchie übergreifend etablieren.

Eine mitarbeiterorientierte Führung arbeitet mit Zielen und Kennzahlen, deren Erreichen durch die Mitarbeiter beeinflussbar sein muss, vgl. Abschn. 8.3.4. Akzeptieren die Mitarbeiter die kennzahlengestützte Darstellung als faire Objektivierung des Ist-Zustandes, entsteht eine wirkungsvolle Grundlage für eine kontinuierliche Verbesserung.

⑧ Kontinuierliche Verbesserung

Ein Kerngedanke des Ganzheitlichen Produktionssystems ist das unablässige Streben nach Perfektion. Diesem liegt die Vorstellung zugrunde, dass ab dem Einrichten jedes System Effizienzverlusten und Veralterung unterliegt. Also muss es stetig erneuert und verbessert werden. Hieraus resultiert die Notwendigkeit eines *Kaizen* (japanisch), zusammengesetzt aus den Worten Kai (= Veränderung, Wandel) und Zen (= zum Besseren). Das Hauptbestreben von Kaizen ist, dass im Unternehmen kein Tag ohne eine Verbesserung verstreichen soll. Es sind viele kleine Schritte, die zur Verbesserung führen. Der Verzicht auf größere Verbesserungsschritte ist bewusst: Diese werden häufig komplex, da viele Bereiche und Personen gleichzeitig in den Veränderungsprozess einzubinden sind. Kleine Veränderungen verringern diese Risiken, da die Auswirkungen nicht so weit greifen.

Im Sinne des japanischen Unternehmensgedankens hat jeder einzelne Mitarbeiter die Verantwortung für kontinuierliche Verbesserungen, denn er kann das Verbesserungspotenzial seines Arbeitsplatzes am besten abschätzen. Damit optimiert er langfristig nicht nur seine eigene Situation, sondern auch die des Unternehmens. Ausgesetzte Prämien für Verbesserungsvorschläge dienen als Motivation, Kaizen stetig durchzuführen.

Die kontinuierliche Verbesserung strebt also nach Perfektion durch ständiges Hinterfragen der bestehenden Prozesse und Abläufe.

Die Beschreibungen verdeutlichen, dass sich die Prinzipien ergänzen und einander zum Teil bedingen. Hierauf ist bei der Gestaltung und Einführung zu achten.

Dies schließt die Beschreibung der acht Gestaltungsprinzipien. Der Folgeabschnitt erläutert ausgewählte Methoden.

8.4.2 GPS-Methoden

Wie bereits abschnitteinleitend erwähnt, ist eine schlüssig hergeleitete Grundstruktur der GPS-Methoden und -Techniken bislang nicht erkennbar. Hier erfolgt die Gliederung nach zwei Aspekten:

- Zum einen anhand der acht Gestaltungsprinzipien nach VDI 2870.
- Zum anderen nach der Methodenart in vier Kategorien: Es werden Methoden zur Problemerkennung und -lösung sowie Prozessgestaltung und -führung unterschieden.

Abb. 8.13 zeigt die so resultierende Systematik und ordnet ausgewählte Methoden ein; zur ausführlichen Methodendarstellung vgl. u. a. Spath (2003), VDI 2870 (2012), Liker (2006), Takeda (2008), Ohno (1993), Erlach (2010), Roth und Steege (2014), Dombrowski et al. (2006).

Im Folgenden werden vier ausgewählte Methoden, das Shopfloor Management, Six Sigma, Instandhaltungsmanagement sowie Rüstzeitreduzierung erläutert.

Methodenart / Gestaltungsprinzip	Problem		Prozess	
	Erkennung	Lösung	Gestaltung	Führung
1. Vermeidung von Verschwendung			Chaku-Chaku, TPM, Low-Cost-Automation	Verschwendungsbewertung
2. Standardisierung			Prozess-Standardisierung	5S
3. Null-Fehler-Prinzip	5 × Warum, Ishikawa-Diagramm	8D Methode	Poka Yoke, Autonomation, kurze Regelkreise	Six Sigma, SPC, Werkerselbstkontrolle
4. Fließ-Prinzip	Wertstromanalyse		One-Piece-Flow, WSD, Schnellrüsten, U-Layout	FIFO
5. Pull-Prinzip			JST/JIS, Nivellierung, Supermarkt	Kanban, Milkrun
6. Visuelles Management	ANDON	Shopfloormeeting		ANDON, Shopfloormeeting
7. Mitarbeiter-orientierte Führung				Hancho, Zielmanagement
8. Kontinuierlicher Verbesserungsprozess	Benchmarking		Cardboard Engineering	PDCA, Audit, Ideenmanagement

FIFO First In First Out, **JST/JIS** Just in Time/Sequenze, **PDCA** Plan Do Check Act, **WSD** Wertstromdesign, **SPC** Statistische Prozessregelung (statistical process control), **TPM** (Total Productive Maintenance)

Abb. 8.13 Systematik der GPS-Methoden

Shopfloor Management

Shopfloor Management (SFM) zielt auf ein wirksames Führen am Ort der Wertschöpfung. Die Präsenz der Führungskräfte in den Produktionsbereichen soll notwendige Entscheidungen deutlich beschleunigen und dazu beitragen, Lösungen direkt umzusetzen. SFM beinhaltet vier Säulen, vgl. u. a. Peters (2009, S. 39 ff.):

- *Vor Ort führen* erlaubt den Führungskräften, am Ort des Geschehens ihre eigenen Eindrücke zu gewinnen und auch für den Mitarbeiter sichtbar Entscheidungen zu treffen. Kurze tägliche Regelmeetings unterstützen außerdem kurze Zeiten zur Problemerkennung und Umsetzung von Verbesserungen.
- *Abweichungen erkennen:* Die Regelmeetings selbst folgen einem definierten Standard mit definierten Rollen bzw. Zuständigkeiten. Typische Leitfragen sind:
  - Was wurde in der letzten Schicht abgearbeitet? Was waren die Top-Themen?
  - Welche Sonderaufgaben stehen an? Welche Probleme gibt es hierbei?
  - Welche Kennzahlen fallen aus dem Soll-Bereich? Was sind die Ursachen?
  - Wie ist der Arbeitsstand der angestoßenen Problemlösungen?
    Wo müssen Führungskräfte unterstützen?
- *Probleme nachhaltig lösen:* Dies erfordert zum einen eine entsprechende Denkweise im Management und zum anderen ein strukturiertes Problemlösen – auch bei Kleinigkeiten. Hierbei steht der Gedanke des Ausprobierens im Vordergrund: Wenn etwas nicht klappt, bekommt man ja unmittelbar Rückmeldung und kann entsprechend anpassen. Dieses Vorgehen zielt darauf ab, die Probleme tatsächlich abzustellen und nicht lediglich die Symptome zu beseitigen.

- *Ressourceneinsatz optimieren:* SFM stärkt die Steuerungs- und Entscheidungsverantwortung der Meister und Vorarbeiter. Die Steuergrößen sind die operativen Ressourcen, also Mitarbeiter und Maschinen sowie die Zeit. Transparenz unterstützt das Erkennen von Verschwendung, das Einbinden der Mitarbeiter bei der Problemlösung erhöht nicht nur die Akzeptanz sondern entschärft auch Kapazitätsengpässe in der Umsetzung. Somit wird das Zeitmanagement zur Schlüsselqualifikation.

Ein solches Vorgehen unterstützt das Erkennen von Abweichungen sowie aktuellen Themen und schafft Klarheit über den Bearbeitungsstand anstehender Aufgaben. Abb. 8.14 zeigt links die notwendigen Schritte im SFM und rechts den Aufbau eines Shopfloor Points in der Produktion.

Shopfloor Management zielt also darauf ab, durch strukturierte Regelmeetings vor Ort, mit den Entscheidern kurzzyklisch den Prozesszustand zu erfassen, um unmittelbar und wirksam steuernd und verbessernd einzugreifen. Die Beteiligung aller Betroffenen macht diesen für alle transparent.

Six Sigma
Six Sigma zielt darauf ab, durch sichere Prozesse Produktionsfehler bzw. Ausschuss zu vermeiden. Es bildet eine Methodensammlung zur Anwendung in Verbesserungsprojekten. Das Kernelement von Six Sigma ist die Beschreibung, Messung, Analyse, Verbesserung und Überwachung von Prozessen mit statistischen Mitteln. Die Methodik Six Sigma wurde 1986 erstmals von Motorola angewandt und später von General Electric erweitert und ausgebaut, vgl. dazu Pande et al. (2000, S. 7). Der Fokus auf die statistischen Methoden schränkt die Anwendbarkeit oftmals auf die Serienfertigung ein, denn meist ist nur hier die erforderliche Wiederholhäufigkeit sichergestellt.

Six Sigma – 6σ – beschreibt die Prozessfähigkeit bzw. -qualität. Bei Herstellungsprozessen weisen die Abweichungen vom geplanten Sollwert näherungsweise eine Normalverteilung (auch Gaußverteilung oder Glockenkurve) auf. Zu Beschreibung dienen zwei Größen:

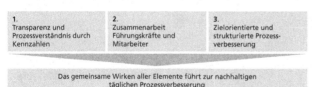

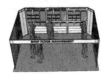

Abb. 8.14 Kernelemente des Shopfloor Managements.
(Nach Festo, Ogatex)

- Die *Varianz* bestimmt das Maß für die Abweichung einer Zufallsvariablen X von ihrem Erwartungswert.
- Die *Standardabweichung* σ als Quadratwurzel der Varianz macht die Abweichung zum Mittelwert vergleichbar.

Bei 6σ liegen die Toleranzgrenzen sechs Standardabweichungen über dem Erwartungswert. Das entspricht einer Fehlerrate von 3,4 ppm (parts per million). Die Methode Six Sigma verfolgt also das Ziel einer hohen Prozessqualität mit Abweichungen vom Ziel- bzw. Erwartungswert nicht höher als sechs Standardabweichungen.

Um die statistischen Qualitätsziele von 6σ durch ein Verbesserungsprojekt zu erreichen, hat sich der Six-Sigma-Regelkreis als am häufigsten angewandte Six-Sigma-Methode etabliert. Die Vorgänge „Define", „Measure", „Analyse", „Improve" und „Control" bilden die Kernelemente (deshalb auch DMAIC-Zyklus), vgl. Bergman et al. (2003), Magnusson et al. (2004, S. 109 ff.), Smith B (1993), Hahn (2000, S. 317 f.). Abb. 8.15 visualisiert den Six-Sigma-Regelkreis:

1. Anforderungen ermitteln (**Define**)
   Das *Ziel* besteht darin, die zu erfassenden Daten festzulegen und die Datenerfassung zu strukturieren.
   Wichtige *Methoden* sind Projektkarten (beschreibt die Projektaktivitäten), SIPOC-Darstellungen (Supplier, Input, Output, Customer) zur strukturierten Prozessanalyse oder VoC-Methoden (Voice of the Customer) zur Analyse der Kundenanforderungen.
2. Prozessfähigkeit messen und analysieren (**Measure**)
   Das *Ziel* besteht in der Datenbereitstellung in der notwendigen Qualität und ihrer Analyse.
   Eine wichtige *Methode* ist die Messsystemanalyse (MSA). Sie soll die Eingangsdatenqualität sicherstellen (Beeinflussung, Ursachen, Repräsentativität, Vollständigkeit, Ausreißer), um dann mit statistischen Auswertungen Ursachen zu analysieren.
3. Prozesse auf Fehlerursachen analysieren (**Analyse**)
   Das *Ziel* besteht im Erkennen von Ursache- Wirkungs-Zusammenhängen.

Abb. 8.15 Six Sigma Regelkreis. (Nach Mangusson et al.)

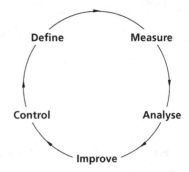

Hier dominieren statistische *Methoden* wie Multi-Vari-Analyse (grafische Methode zur Ermittlung des Einflusses), Hypothesentests, Varianzanalyse, Regressionsanalyse, statistische Versuchsplanung (Design of Experiments).

4. Prozesse verbessern und Fehlerursachen eliminieren **(Improve)**
Das *Ziel* besteht im Finden von Lösungen, die die Ursachen nachweislich beseitigen.
Hier sind vor allem *Kreativitätsmethoden* wie Brainstorming, Brainwriting, Methode 6-3-5 (6 Personen, 3 Ideen, 5 min) oder Affinitätsdiagramme (ordnet Ideen und Lösungen) wichtig.

5. Prozesse überprüfen und regeln **(Control)**
Das *Ziel* besteht im Messen der Wirkung.
Wichtige *Methoden* sind Regelkarten oder Kontrollpläne.

Eine längere Überwachung – ggf. bei höheren Prozessanforderungen – identifiziert möglicherweise weitere Prozessunzulänglichkeiten und leitet so einen weiteren Durchlauf ein.

Six Sigma zielt also auf eine hohe Prozessqualität und unterstützt so das Null-Fehler-Prinzip.

Instandhaltungsmanagement (TPM)
Eine Methode zur Verbesserung der Anlagenverfügbarkeit TEEP ist das vorbeugende Instandhaltungsmanagement – auch Total Productive Maintenance (TPM). Es verbessert als Instandhaltungskonzept durch die Integration von Produktion und Instandhaltung die Leistungsfähigkeit des gesamten Anlagenmanagements. Taiichi Ohno bemerkte dazu: „Toyotas Stärke kommt nicht von seinen Heilungsprozessen! Sie kommt von präventiver Instandhaltung (TPM)."

Die fünf Bausteine von TPM
Das TPM-Konzept basiert auf fünf Bausteinen:

Baustein 1 – Beseitigung von Schwerpunktproblemen
Störungen und Verschleiß können systematische Ursachen haben und daher häufig wiederkehrend auftreten. Im ersten Schritt gilt es, solche Schwerpunktprobleme zu beseitigen.

Baustein 2 – Autonome Instandhaltung
Bei der autonomen Instandhaltung spielen die Anlagenbediener die entscheidende Rolle. Die Implementierung erfolgt in sieben Stufen, wobei das schrittweise Vorgehen den Mitarbeitern an der Anlage spezifische Fähigkeiten und Fertigkeiten vermitteln soll, vgl. Al Rhadhi, Heuer (1995, S. 58 ff.). Abb. 8.16 zeigt die sieben Schritte zur autonomen Instandhaltung:

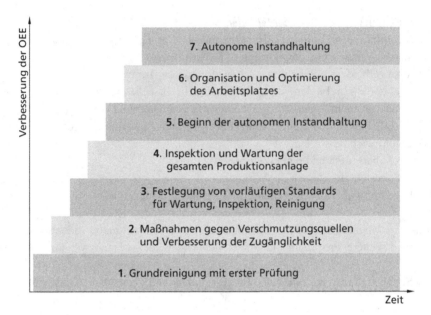

Abb. 8.16 Die 7 Schritte zur autonomen Instandhaltung.
(Al Rhadhi, Heuer)

1. Die Anlagenbediener führen gemeinsam eine Grundreinigung (Säubern, Schmieren, …) mit einer ersten Überprüfung durch. Hierzu gehört auch das Beheben aller sichtbaren Mängel.
2. Dieser Schritt beseitigt Fehlerquellen der Verschmutzung: Dies beinhaltet einerseits ein Ermitteln der Ursachen für die entstandenen Verschmutzungen und wenn möglich das Beseitigen. Andererseits schafft eine leichtere Zugänglichkeit der Maschine oder Anlage die Grundlage für effiziente und effektive Reinigungsarbeiten.
3. Vorläufige Standards für Wartung, Inspektion und Reinigung sollen den einmal erreichten Zustand nun erhalten. Zum einen umfasst das vorläufige Wartungspläne mit Vorgaben und Checklisten für Reinigung und Schmierung. Zum anderen betrifft dies Standards für Ordnung und Sauberkeit.
4. Eine Gesamtüberprüfung der gesamten Produktionsanlage vermittelt den Anlagenbedienern das notwendige Wissen zur selbstständigen Übernahme von Instandhaltungsaufgaben durch Unterweisungen und Trainings.
5. Erst dieser Schritt markiert den Beginn der autonomen Instandhaltung durch die Anlagenbediener. Die Anlagenchecks basieren auf den bereits unter 3. erläuterten Methoden und legten die Verantwortlichkeiten fest. Sie sind allerdings durch die Mitarbeiter selbst erarbeitet.

6. Die Anlagenbediener optimieren „ihren" gesamten Arbeitsplatz im Hinblick auf Sauberkeit, Ordnung und möglichst geringe Verluste, bspw. mit der 5S-Methode.

7. Hier gilt die autonome Instandhaltung als eingeführt. Zentral für den nachhaltigen Erfolg ist die bereits mehrfach erwähnte Grundhaltung der Verbesserung, sich nicht auf Erfolgen der Vergangenheit auszuruhen. Spätestens hier ist eine systematische Aufzeichnung und Analyse von Verlustzeiten hilfreich.

Baustein 3 – Geplantes Instandhaltungsprogramm
Das geplante Instandhaltungsprogramm beinhaltet unterschiedliche Instandhaltungsstrategien:

- Bei einer *Ausfallstrategie* findet eine Instandsetzung grundsätzlich erst nach einem Ausfall statt. Den Vorteilen der maximalen Reserveausnutzung der Anlage und dem geringen Planungsaufwand stehen die oft hohen Ausfallkosten gegenüber.
- Im Gegensatz dazu, führt die *präventive zeitbasierte Instandhaltungsstrategie* die Instandsetzung in regelmäßigen Intervallen durch. Ein ebenfalls geringer Planungsaufwand und die im Vergleich geringen Ausfallkosten sind mit einer Verschwendung von Abnutzungsvorrat abzuwägen.
- Der Abnutzungsvorrat steht im Fokus der *präventiv zustandsorientierten Instandhaltungsstrategie.* Die Instandsetzung findet in Abhängigkeit des Zustands statt. Dies erzielt geringe Ausfallkosten und eine hohe Ausnutzung des Abnutzungsvorrats. Nachteilig sind allerdings der hohe Inspektionsaufwand und die damit verbundenen Kosten.
- Die *risikobasierte Instandhaltungsstrategie* steht in Abhängigkeit zum Budget. Sie zielt auf eine optimale Strategie für ein gegebenes Budget. Allerdings erfordert sie einen hohen Aufwand zur Risikoermittlung.

Baustein 4 – Schulung und Training
TPM sieht Schulung und Training von Mitarbeitern über alle Hierarchieebenen hinweg als Erfolgsfaktor. Neben der Qualifikation – ersichtlich durch Objektorientierung, Anlagenverantwortung und Anlagenoptimierung – und der Entwicklung – gegeben durch eine funktionsübergreifende Ausbildung, Personalschulungen, Job-Rotation und dem organisierten Wissenstransfer – bilden die Motivation und die Teamfähigkeit der Mitarbeiter sowie die Kreativität wichtige Elemente einer Unternehmung.

Baustein 5 – Instandhaltungsprävention
Die gelebte Instandhaltungs-Prävention stellt einen Regelkreis dar und bildet den letzten Baustein des TPM-Konzepts.

TPM zielt auf eine zuverlässige und maximal hohe Anlagenverfügbarkeit und vermeidet so Verschwendung. Dies betrifft vor allem die beiden Verschwendungsarten Wartezeiten (wg. Maschinenausfall) und Fehler. Hierbei ist die Integration der Anlagenbediener entscheidend: Erfahrungsgemäß setzt ihre Identifikation mit der Maschine bzw. dem Arbeitsplatz neue Kräfte und ein erhebliches Kreativitätspotenzial frei, welches ansonsten ungenutzt bleibt. Die Integration ist Aufgabe der Führungskraft, die einerseits dienen und andererseits inspirieren soll (vgl. Abschn. 8.3.1).

Rüstzeitreduzierung

Zum Verständnis der Methode SMED (Single Minutes Exchange of Die) sind Ziele und Vorgehen zu unterscheiden , Andrew und Shingo (2012). Diese sind im Folgenden erläutert.

Das *Ziel* der SMED-Methode ist es, durch reduzierte Rüstzeiten die Flexibilität eines Systems (v. a. über kürzere Durchlaufzeiten) zu erhöhen bzw. zusätzliche Maschinenverfügbarkeit (und damit eine höhere Outputmöglichkeit) zu generieren:

- Im *Ausgangszustand* sind rüstbedingter Maschinenstillstand und Rüstdauer typischerweise gleich.
- Im *Zielzustand* ist der rüstbedingte Maschinenstillstand drastisch reduziert und die Rüstdauer verkürzt. Darüber hinaus verkürzen hauptzeitparallele Rüstaktivitäten die Stillstandszeit.

Diese Reduzierung verkürzt Fertigungssequenzen: Abb. 8.17 stellt die damit verbundene Verbesserung der Verfügbarkeit bzw. die Senkung der Fertigungskosten dar. Die Verringerung der Rüstzeiten ermöglicht kleinere Lose: Zum einen reduzieren Rüstzeitverkürzungen die Stückkosten (Abschn. 7.4.2.2.1). Zum anderen reduzieren Rüstzeitverkürzungen bei gleicher Losgröße den Kapazitätsbedarf und schaffen so freie Kapazitäten (Abb. 8.17 Mitte). Eine entsprechend reduzierte Losgröße verringert die maximale Wiederbeschaffungszeit für eine Variante (Abb. 8.17 rechts). Das ermöglicht wiederum geringere Umlaufbestände bzw. kürzere Durchlaufzeiten im Prozess (Abschn. 7.3.4).

Zum Grundverständnis ist es wichtig, zwei Ansätze gedanklich streng zu trennen: Die Maßnahmen der Rüstzeitreduzierung zielen auf einen verringerten Kapazitätsbedarf. Dem gegenüber stehen Maßnahmen zur Erhöhung des Kapazitätsangebots einer Anlage, wie bspw. eine Steigerung der OEE (Abb. 8.12). Letztere eröffnen natürlich ebenfalls entsprechende Handlungsmöglichkeiten.

Das *Vorgehen* zur Rüstzeitreduzierung durchläuft nach Shingo fünf Schritte wiederkehrend:

1. Trennung von internen und externen (hauptzeitparallele) Rüstvorgängen.
2. Überführung von internen in externe Rüstvorgänge.
3. Optimierung und Standardisierung von internen und externen Rüstvorgängen.
4. Beseitigung von Justierungsvorgängen.
5. Parallelisierung von Rüstvorgängen.

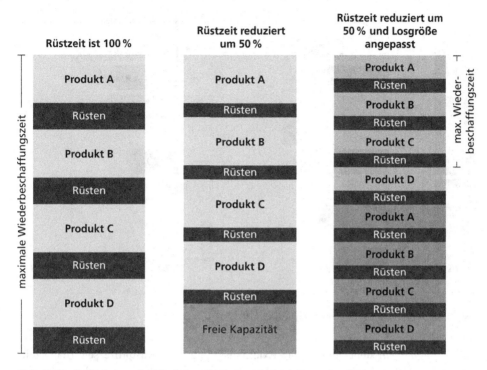

Abb. 8.17 Reduzierung der Wiederbeschaffungszeit durch Rüstzeitreduzierung

Doch dieses Vorgehen unterstützt in erster Linie Engpassressourcen mit einem ein-
gegrenzten Teilespektrum und variantenarmen Rüstprozessen. Deshalb ist eine
Erweiterung sinnvoll, die Engpässe und Nicht-Engpässe unterscheidet. Grundsätzlich
gilt, dass der Engpasscharakter der Ressource die Sinnhaftigkeit des *externen Rüstens*
bestimmt:

- Bei *Engpassressourcen* steht die *Durchsatzmaximierung* im Vordergrund. Deshalb ist ein hauptzeitparalleles Rüsten dringend zu empfehlen, da dies den rüstzeit-
  bedingten Maschinenstillstand unmittelbar reduziert und so der Durchsatz steigt. Ggf.
  erhöht zusätzliches Personal die Engpasskapazität. (Insbesondere hier sind natürlich
  ergänzende Maßnahmen zur Steigerung der OEE sinnvoll, da sie den Engpass ent-
  schärfen.)
- Bei *Nicht-Engpassressourcen* steht die *Verschwendungsreduzierung* im Vordergrund.
  Dies gilt insbesondere, wenn Maschinenbediener und Umrüster dieselbe Person sind.

Abb. 8.18 stellt die beiden Vorgehensweisen Engpass – Nicht-Engpass gegenüber und
visualisiert jeweils die Wirkung auf den rüstbedingten Maschinenstillstand in zwei
Stufen:

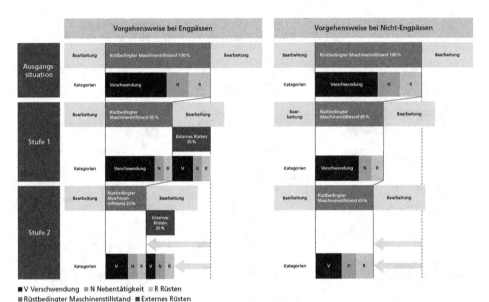

■ V Verschwendung ■ N Nebentätigkeit ■ R Rüsten
■ Rüstbedingter Maschinenstillstand ■ Externes Rüsten

Abb. 8.18 Vorgehen zur Rüstzeitreduzierung

- Bei *Engpässen* steht immer die Externalisierung von Rüstprozessen (hauptzeit-
  parallelem Rüsten) in Stufe 1 im Vordergrund. Das reduziert den rüstbedingten
  Maschinenstillstand unmittelbar und erhöht die Verfügbarkeit; so steigt der Durchsatz.
- In Stufe 2 erfolgt entsprechend SMED das Eliminieren von Verschwendung.

Grundsätzlich besteht durch den schnellen Erfolg in Stufe 1 die Gefahr, dass die Optimierung in Stufe 2 in den Hintergrund tritt bzw. vernachlässigt wird.

Demgegenüber hat bei *Nicht-Engpässen* eine Externalisierung keinen Effekt in Bezug
auf Durchsatzsteigerung. Deshalb sollte hier in jeder Stufe das Eliminieren von Verschwendung im Fokus stehen.

Ansätze zur Rüstzeitreduzierung sind in vielen Unternehmen verbreitet. Oft sind
technische Maßnahmen (Schnellspannsysteme, Werkzeugwechsler etc.) zur Rüstzeit-
verkürzung etabliert, während organisationale Maßnahmen (Standardisierung, Verschwendung eliminieren etc.) weit weniger konsequent umgesetzt sind. Wegen der
komplexeren Rahmenbedingungen hat sich eine analytische Vorgehensweise zur Rüstzeitreduzierung bewährt:

Zunächst zeigt sie Potenziale auf, entwickelt dann Lösungen mit enger Einbindung
der beteiligten Mitarbeiter, initiiert und setzt Verbesserungsmaßnahmen um. Sie kombiniert etablierte SMED- Ansätze, Analysen und Projektmanagement.

Das Vorgehen ist in vier Schritte gegliedert:

Schritt 1: Datenaufnahme

Die Rüstprozessaufnahme erfolgt im Regelfall videobasiert. Wichtigstes Ergebnis ist ein *Spaghettidiagramm*. Es dokumentiert den gesamten Prozess zeitlich und inhaltlich; Bewegungen, Tätigkeiten und Regelabweichungen jedes Beteiligten sind separat aufgenommen. Das Diagramm beinhaltet also alle Wege und Positionsveränderungen. Abb. 8.19 zeigt ein Beispiel. Inhalt und Umfang der videobasierten Aufnahme sind eng mit der Mitarbeitervertretung abzustimmen: Hier ist die Vereinbarung wichtig, daraus keine Leistungsbewertung abzuleiten. Die Datenaufnahme sichtet auch die zur Verfügung stehenden Dokumente und Unterlagen und bewertet sie hinsichtlich Eignung (Aktualität, Konsistenz, Inhalt).

Schritt 2: Datenanalyse

Ziel der Datenanalyse ist es, den Rüstprozess mittels videobasierter Aufnahme in die Bestandteile Wechseln, Nebentätigkeit und Verschwendung zu gliedern. Die Analyse ermittelt, welche Prozessschritte extern also hauptzeitparallel und welche nur während des Maschinenstillstands durchführbar sind.

Eine sinnvolle Ergänzung ist die Einteilung in Tätigkeitsklassen, die spezifische Problemstellungen messbar machen. Die vorgestellten Tätigkeitsklassen können die von Taiichi Ohno eingeführten *sieben Arten der Verschwendung,* Ohno (1993), Abschn. 8.4.1 enthalten und mit prozessspezifischen bzw. unternehmensspezifischen Tätigkeiten ergänzt werden.

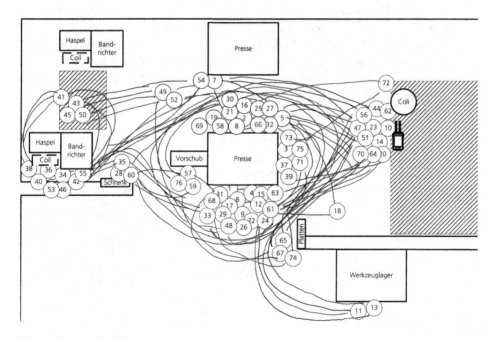

Abb. 8.19 Spaghettidiagramm.
(Praxisbeispiel)

- Als Verschwendungsart *Bestand* gilt dabei zu viel Werkzeug, zu viel Auftragsvorrat, zu viel Information durch unspezifische Unterlagen.
- Offensichtlich sind die Zeitanteile für *Warten, Gehen* und *Suchen.* Erfahrungsgemäß haben diese Tätigkeiten hohe Verschwendungsanteile beim Rüsten.
- Verschwendung in Form von *Justieren* und *Einstellen* ist weit verbreitet. Mitarbeiter sehen diese Tätigkeiten oft als *originäre Rüstaufgabe* an und identifizieren insbesondere die auftragsspezifisch notwendige Konfiguration für Werkzeuge und Vorrichtungen als unabdingbar.
- Allgemeinere Tätigkeitsarten sind *Umbauen, Montieren* und *Reinigen.* Diese beinhalten sowohl Verschwendungsanteile als auch Rüst- und Nebentätigkeitsanteile.
- Spezifische Tätigkeitsarten können unter vielen anderen *Schrauben, Dokumentieren, Messen, Programmieren* oder *Kennzeichnen* sein.

Beispiel

Ein Praxisbeispiel verdeutlicht das Vorgehen und notwendige Maßnahmen:

Zunächst visualisiert das Spaghettidiagramm ca. 130 Positionswechsel und eine zurückgelegte Wegstrecke von ca. 1100 m, Abb. 8.19. Dies entspricht einem Zeitanteil „Gehen" aus der Datenanalyse von 17,5 min.

Abb. 8.20 bewertet die Zeitanteile der Tätigkeiten nach unterschiedlichen Sichtweisen:

- Das linke Diagramm unterteilt die Tätigkeiten klassisch nach internem und externem Rüsten. Demnach birgt der Prozess das Potenzial, durch externes (hauptzeitparalleles) Rüsten nahezu ¾ der Stillstandszeit zu vermeiden. Wegen der leichten Umsetzbarkeit richtet die Praxis ihre Bemühungen erfahrungsgemäß auf diese Verbesserungsmöglichkeiten, ist mit einem so erreichten Ergebnis zufrieden und stellt danach weitere Verbesserungsmaßnahmen ein.

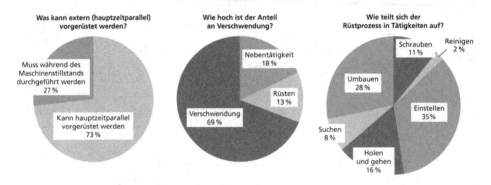

Abb. 8.20 Kategorisierungsmöglichkeiten von Rüstprozessen. (Praxisbeispiel)

- Das mittlere Diagramm unterteilt alle Rüstprozesse nach Wechsel, Nebentätigkeit und Verschwendung. Auch diese Sicht identifiziert mit knapp 70 % Verschwendungsanteil Verbesserungspotenzial. Eine Verbesserung ist hier schon schwieriger, meist reicht aber das Einbeziehen der direkt Beteiligten zur Analyse und Verbesserung aus.

- Das rechte Diagramm zeigt die Aufteilung in die oben beschriebenen Tätigkeitsklassen: Das *Einstellen* macht 34 % der Rüstzeit aus. Demnach sind auftragsspezifische Konfigurationen für Werkzeuge und Vorrichtungen notwendig. Dies stellt ein bedeutendes Potenzial dar. Die Vermutung liegt nahe, dass konstruktionsseitig ein geringes Maß an Standardisierung besteht. Das Heben dieser Potenziale ist erfahrungsgemäß am anspruchsvollsten. Hier sind alle am Abwicklungsprozess Beteiligten in die Analyse, Maßnahmenableitung und Umsetzung einzubeziehen.

Schritt 3: Schulung und Qualifikation der Mitarbeiter, Maßnahmenplanung
Grundlagenschulungen des SMED (5S, Erkennen von Verschwendung) sensibilisieren die Mitarbeiter. Anhand der videobasierter Aufnahme nehmen alle Beteiligten eine Vogelperspektive ein und wenden am konkreten Beispiel die gewonnen Erkenntnisse an. Die Datenanalyse unterstützt dabei, konkret erarbeitete Maßnahmen kennzahlenbasiert (Zeiteinsparung) zu bewerten. Dies stellt sicher, dass alle Beteiligten das Einsparpotenzial anerkennen. Das dann gebildete Team stellt einen Umsetzungszeitplan auf und definiert Maßnahmenverantwortliche.

Schritt 4: Validierung/Review
Nach vier bis acht Wochen erfolgt das Review der beschlossenen Maßnahmen mit Bewertung des Zielerreichungsgrades. Darauf aufbauend können Korrekturmaßnahmen und Terminanpassungen vorgenommen werden. Die gewonnenen Erfahrungen fließen als Lessons Learned in weitere Projekte ein.

Die Rüstzeitreduzierung zielt also darauf ab, durch kurze Rüstzeiten sowohl die Produktivität zu erhöhen als auch die Flexibilität. Letztere betrifft sowohl die Bearbeitungsreihenfolge von Varianten als auch die Möglichkeit, kleinere Losgrößen zu ermöglichen und somit die Durchlaufzeiten zu verkürzen und Umlaufbestände zu senken. Wie bei allen anderen Veränderungsmaßnahmen ist auch hier die Akzeptanz für eine wirkungsvolle und nachhaltige Umsetzung notwendig.

8.5 GPS-Einführung

Wie bereits erwähnt, ist die Einführung Ganzheitlicher Produktionssysteme ein länger währender Prozess, dessen Wirksamkeit sich erst schrittweise entfaltet.

Einführungsempfehlungen

Der Aufbau eines Ganzheitlichen Produktionssystems erfordert einen Veränderungsprozess, dessen Erfolg viele Faktoren bestimmen. Die Umsetzung bedingt eine aktive Führung, die das Projekt über die gesamte Laufzeit begleitet, überzeugte und motivierte Mitarbeiter, die von der Notwendigkeit eines GPS überzeugt sind, sowie eine straffe Organisation mit klaren Zielen und Transparenz. Im Grundsatz lassen sich die in Abschn. 7.7 für Auftragsmanagement-Projekte beschriebenen methodischen Grundlagen auch hier übertragen bzw. anwenden. Weitergehende Erläuterungen finden sich in der einschlägigen Literatur, vgl. u. a. Oeltjenbruns (2000), Spatz (2003), Peters (2009).

Wie bereits mehrfach erwähnt, ist die Integration der Mitarbeiter entscheidend: Erfahrungsgemäß setzt ihre Identifikation mit dem Arbeitsplatz neue Kräfte und ein erhebliches Kreativitätspotenzial frei, welches ansonsten ungenutzt bleibt. Außerdem ist das veränderte Verständnis von den Aufgaben einer Führungskraft wichtig: Kernpunkt ist hier die „Umkehr der Pyramide", also das Verständnis vom dienenden Vorgesetzten, die ihre Mitarbeiter entwickeln und unterstützen (vgl. Abb. 8.6).

Generell gilt: Kurzfristige Erfolge wirken motivierend. Sie ersetzen jedoch nicht die Notwendigkeit von Kennzahlen, die Ziele langfristig objektiviert beobachten. Kleine Schritte in abgegrenzten Bereichen erleichtern die Einführung, für jede Implementierungsphase ist ausreichend Zeit einzuplanen. Die Implementierung eines GPS kann fünf bis zehn Jahre in Anspruch nehmen.

Anwendungserfolge

Durch die Anwendung der erläuterten Methoden erfassen und optimieren Unternehmen die Effizienz ihrer betrieblichen Abläufe. So bieten sich für Unternehmen durch die Implementierung eines kontinuierlichen Flusses oder durch die Realisierung von Ordnung und Sauberkeit an den Arbeitsplätzen (6S) das Potenzial, Durchlaufzeiten deutlich zu reduzieren und damit den Umlaufbestand in ihrer Produktion zu senken. Das frei gewordene Kapital ist für innovative und effiziente Fertigungsverfahren nutzbar. Der Einsatz von Poka Yoke kann in der Entwicklung und Konstruktion die Qualität und Liefertermintreue deutlich verbessern, indem er eine effiziente, fehlerfreie und damit zeitgerechte Montage der Produkte unterstützt.

So zeigen sich zahlreiche Beispiele für Unternehmen, die mit der Einführung eines GPS sehr gute Resultate erzielen konnten. Tab. 8.1 stellt die Erfolgskennzahlen einiger Unternehmen dar, die seit den neunziger Jahren GPS implementiert haben und über mehrere Jahre hinweg Vergleichswerte für ihre Messkennzahlen heranziehen konnten, vgl. Spath (2003, S. 122 ff.).

Tab. 8.1 Erfolgskennzahlen aus der Praxis (Spath)

Unternehmen	Ziel	Verbesserung
Trumpf	Reduktion der Durchlaufzeit in der Montage	−63 %
	Steigerung der Flächenproduktivität	+40 %
Valeo	Reduktion der Durchlaufzeiten	−25 %
	Reduktion der Lagerbestände	−30 %
	Reduktion der Kundenreklamationen	−90 %
Festool	Reduktion der Durchlaufzeiten	−90 %
	Reduktion der Rüstzeiten	Von 2 h auf 10 min
	Reduktion der Produktionsfläche	−10 %
	Reduktion der Bestände	−40 %
	Steigerung der Produktivität	+100 %
Siemens	Reduktion der Durchlaufzeiten	−60 %
	Reduktion der Produktionsfläche	−30 %
	Reduktion der Bestände	−40 %
Suspa	Reduktion der Durchlaufzeiten	−40 %
	Steigerung der Produktivität	+35 %

8.6   Ausblick

Ganzheitliche Produktionssysteme etablieren sich zunehmend als Industriestandard. Allerdings variiert insbesondere die Umsetzungsqualität stark, sodass nach wie vor deutliche Unterschiede in der operativen Exzellenz des jeweiligen Unternehmens wahrnehmbar sind. Die nachhaltig erfolgreiche Einführung von GPS erfordert einen fundamentalen Veränderungsprozess, der viel Zeit benötigt; Toyota gilt nach wie vor als führend in dieser Hinsicht.

Die grundsätzliche Notwendigkeit Ganzheitlicher Produktionssysteme mit ihren operativen Führungsaufgaben ist offensichtlich. Solange eine Produktion besteht, ist diese operativ zu führen und kontinuierlich zu verbessern. Aktuell erscheinen zwei Entwicklungstendenzen erkennbar, die zu Veränderungen und Erweiterungen führen:

Zum einen wirkt die *Digitale Transformation* in die Produktion hinein. Diese unter dem Stichwort Industrie 4.0 zusammengefasste Entwicklung lässt auch bezogen auf GPS eine stärkere Digitalisierung erwarten: So erscheint es bspw. sinnvoll, bereits elektronisch verfügbare Kennzahlen auch digitalisiert auf Shopfloor Boards darzustellen, anstatt sie bspw. täglich aus ERP- oder MES-Werkzeugen manuell abzuschreiben. Auch ist die Nutzung von Data-Analytics-Methoden zur Problemanalyse denkbar.

Die enge Vernetzung von Produkt und Produktionsverhalten in Echtzeit wird unter dem Begriff *Digitaler Schatten* zusammengefasst. Grundsätzlich ermöglicht ein solcher Ansatz die echtzeitnahe Reaktion auf Veränderungen. Im Grundsatz zielt GPS auf selbstlernende Systeme mit Soll-Werten und Eingriffsgrenzen. Selbstlernende Algorithmen folgen diesem Grundgedanken und lassen weitere Verbesserungsimpulse erwarten.

Zum anderen ist die Ausweitung des Grundgedankens auf das Gesamtunternehmen relevant. Sie führt von der operativen Exzellenz in der Produktion zur *Business-Exzellenz*. Dies umfasst einerseits die inhaltliche Ausweitung des Betrachtungsgegenstands von der eigenen Produktion auf das gesamte Wertschöpfungssystem. Andererseits geht es aber auch darum, die notwendige Kulturveränderung im Unternehmen nachhaltig zu verankern. Hierzu erscheinen Business-Exzellenzmodelle hilfreich, die diese notwendigen Zusammenhänge zwischen Strategie, Organisationsentwicklung und operativen Managementmethoden explizit beschreiben, vgl. dazu ausführlich Roth und Steege (2014). Das einführend beschriebene EFQM-Modell ist ein Beispiel hierfür, vgl. Abschn. 8.2.1.

Deshalb gilt: Die Kernelemente – hohe Disziplin im täglichen Arbeiten und die Grundhaltung stetig zu verbessern – werden, trotz der absehbaren Veränderungen, nach wie vor als entscheidender Erfolgsfaktor bestehen bleiben.

8.7   Lernerfolgsfragen

Fragen

1. Definieren Sie den Begriff Ganzheitliches Produktionssystem.
2. Benennen Sie die zwei Säulen des Toyota Produktionssystems.
3. Was verstehen Sie unter Führung?
4. Welche vier Seiten einer Botschaft unterscheidet Schulz von Thun?
5. Stellen Sie das klassische und Toyota-Verständnis zur Führung gegenüber.
6. Was bedeutet es, Ziele „SMART" zu formulieren?
7. Wozu benötigt man Kennzahlen?
8. Nennen Sie die Schritte zum Aufbau eines Kennzahlensystems und beschreiben Sie diese.
9. Was gilt für die Kennzahlen im mittleren Management erfahrungsgemäß?
10. Welche vier Faktoren bilden die TEEP?
11. Benennen Sie die sechs beeinflussbaren Verlustquellen im Rahmen von TEEP.
12. Nennen Sie die acht GPS-Prinzipien nach VDI 2870, erläutern Sie zwei davon beispielhaft.
13. Benennen Sie die sieben Verschwendungsarten.
14. Überlegen Sie, mit welchen Gestaltungsprinzipien die Verschwendungsarten eliminiert oder reduziert werden können.
15. Beschreiben Sie die Schritte der 6S-Methode.
16. Erläutern Sie Fließ- und Pull-Prinzip: was strebt ein GPS jeweils an und warum?
17. Erläutern Sie die Elemente des Shopfloor Managements.
18. Was versteht man unter Six Sigma? Nennen Sie die Schritte des Six Sigma Regelkreises.
19. Nennen Sie TPM-Bausteine sowie die Schritte zur autonomen Instandhaltung.

20. Warum sollten Rüstzeiten reduziert werden? Warum ist hierbei zwischen Engpässen und Nicht-Engpässen zu unterscheiden?
21. Was muss bei der Einführung eines GPS beachtet werden?

Literatur

Adolf T, Thieme P (2014) Vorgehensweise zum Aufbau eines Kennzahlensystems. In: Verl A, Bauernhansl T (Hrsg) Effiziente Kennzahlensysteme für die Produktion: Seminar. SPA, Stuttgart

Al Rhadhi M, Heuer J (1995) Total Productive Maintenance: Konzept, Umsetzung, Erfahrung. Hanser, München

Andrew P, Shingo S (2012) A revolution in manufacturing: the SMED system. Productivity Press, Cambridge

Aretz W (2007) Subjektive Führungstheorien und die Umsetzung von Führungsgrundsätzen im Unternehmen. Eine Analyse bisheriger Forschungsansätze, Modellentwicklung und Ergebnisse einer empirischen Untersuchung. Zugl.: Bonn, Universität, Dissertation, Kölner Wiss.-Verl., Köln

Bergman B, Kroslid D, Magnusson K (2008) Six Sigma umsetzen: Die neue Qualitätsstrategie für Unternehmen. Hanser, München

Bullinger H, Spath D, Warnecke H, Westkämper E (2009) Handbuch Unternehmensorganisation. Springer, Berlin

Dombrowski U, Mielke T (2015) Einleitung und historische Entwicklung. In: Dombrowski U, Mielke T (Hrsg) Ganzheitliche Produktionssysteme – aktueller Stand und zukünftige Entwicklungen. Springer, Berlin, S 1–24

Dombrowski U, Hennersdorf S, Schmidt S (2006) Grundlagen Ganzheitlicher Produktionssysteme. ZWF 101(4):172–177

Doran G (1981) There's a S.M.A.R.T. way to write management's goals and objectives. Manag Rev 70(11):35–36 (AMA FORUM)

Erlach K (2007) Wertstromdesign: Der Weg zur schlanken Fabrik. Springer, Berlin

Erlach K (2010) Wertstromdesign: Der Weg zur schlanken Fabrik, 2. Aufl. Springer, Berlin

Goldratt EM, Cox J (1995) Das Ziel. Höchstleistung in der Fertigung. McGraw-Hill, London

Hahn GJ, Doganaksoy N, Hoerl R (2000) The evolution of six sigma. Qual Eng 12(3):317–326

Hofbauer H, Kauer A (2014) Einstieg in die Führungsrolle. Praxisbuch für die ersten 100 Tage. 5., erw. Aufl. Hanser, München. http://sub-hh.ciando.com/book/?bok_id=1399574

Hummel V, Rönnecke T, Westkämper E (2009) Ganzheitliche Produktionssysteme. In: Westkämper E, Zahn E (Hrsg) Wandlungsfähige Produktionsunternehmen: Das Stuttgarter Unternehmensmodell. Springer, Berlin, S 25–46

Kanning UP, Staufenbiel T (2012) Organisationspsychologie, 1. Aufl. Hogrefe, Göttingen

Küpper H-U, Weber J (1997) Taschenlexikon Controlling. Schäffer-Poeschel, Stuttgart

Liker JK (2004) The Toyota way – 14 management principles from the world's greatest manufacturer. McGraw-Hill, New York

Liker JK (2006) Der Toyota Weg – 14 Managementprinzipien des weltweit erfolgreichsten Automobilkonzerns, 1. Aufl. FinanzBuch, München

Liker JK, Hoseus M (2009) Die Toyota Kultur, 1. Aufl. FinanzBuch, München

Lödding H (2016) Verfahren der Fertigungssteuerung – Grundlagen, Beschreibung, Konfiguration, 3. Aufl. Springer Vieweg, Berlin. ISBN 978-3-662-48458-6

Magnusson K, Kroslid D, Bergmann B (2004) Six Sigma umsetzen. Die neue Qualitätsstrategie für Unternehmen; mit neuen Unternehmensbeispielen, 2. Aufl. Hanser, München

Neubauer W, Rosemann B (2006) Führung, Macht und Vertrauen in Organisationen, 1. Aufl. Kohlhammer, Stuttgart

Nyhuis P, Wiendahl H-P (2012) Logistische Kennlinien: Grundlagen, Werkzeuge und Anwendungen, 3. Aufl. Springer, Berlin ISBN 978-3540437000

Oeltjenbruns H (2000) Organisation der Produktion nach dem Vorbild Toyotas. Analyse, Vorteile und detaillierte Voraussetzungen sowie die Vorgehensweise zur Einführung am Beispiel eines globalen Automobilkonzerns, 3. Aufl. Shaker, Aachen ISBN 3-8265-7966-6

Ohno T (1993) Das Toyota Produktionssystem. Campus, Frankfurt a. M.

Pande PS, Neuman RP, Cavanagh RR (2000) The six sigma way. McGraw-Hill, New York

Peters R (2009) Shopfloor-Management. Führen am Ort der Wertschöpfung. LOG_X, Stuttgart

Roth NG, Steege C (2014) Excellent lean production – the way to business sustainability, 3. Aufl. MTM, Hamburg ISBN 978-3-9809466-6-7

Rother M, Shook J (2000) Sehen lernen. Mit Wertstromdesign die Wertschöpfung erhöhen und Verschwendung beseitigen. LogX, Stuttgart

Schulz von Thun F (2006) Langer, I; Schulz von Thun, F.; Tausch, R.: Sich verständlich ausdrücken, 8. Aufl. Reinhardt, München

Shirose K (1992) TPM for workshop leaders. Productivity Press, Inc., Cambridge

Smith A (2005) An inquiry into the nature and causes of the Wealth of Nations. 1776 (dt.: Untersuchung über Wesen und Ursachen des Reichtums der Völker), UTB. ISBN 3-8252-2655-7

Smith B (1993) Six-sigma design (quality control). IEEE Spectr 30(9):43–47

Spath D (2003) Ganzheitlich produzieren. LOG_X, Stuttgart

Springer R (2002) Ganzheitliche Produktionssysteme. In: Institut für angewandte Arbeitswissenschaft (Hrsg) Ganzheitliche Produktionssysteme – Gestaltungsprinzipien und deren Verknüpfung. Wirtschaftsverlag Bachem, Köln, S 14–17

Staehle WH, Conrad P, Sydow J (1999) Management. Eine verhaltenswissenschaftliche Perspektive, 8., überarbeitete Aufl. Vahlen, München

Stühmeier W, Stauch V (2002) Mercedes-Benz-Produktionssystem – Implementierung und Controlling in der Produktion A-Klasse-Motoren. In: Institut für angewandte Arbeitswissenschaft e. V. (Hrsg) Ganzheitliche Produktionssysteme – Gestaltungsprinzipien und deren Verknüpfung. Wirtschaftsverlag Bachem, Köln, S 93–125

Sturm A, Opterbeck I, Gurt J (2011) Organisationspsychologie, 1. Aufl. Springer, Wiesbaden

Takeda H (2006) Das synchrone Produktionssystem. mi-Verlag, Landsberg

Takeda H (2008) Das System der Mixed Production. FinanzBuch, München

Taylor FW (1909) Die Betriebsleitung insbesondere der Werkstätten (Shop Management). Springer, Berlin

Taylor FW (1913) Die Grundsätze wissenschaftlicher Betriebsführung (The principles of scientific management). Salzwasser, Paderborn

VDI 2870 (2012) Ganzheitliche Produktionssysteme – Grundlagen, Einführung und Bewertung. Beuth, Berlin

von Rosenstiel L (2007) Grundlagen der Organisationspsychologie, Basiswissen und Anwendungshinweise, 6., überarbeitete Aufl. Schaeffer-Poeschel, Stuttgart

von Rosenstiel L, Regnet E, Domsch ME (Hrsg) (2014) Führung von Mitarbeitern. Handbuch für erfolgreiches Personalmanagement, 7., überarbeitete Aufl. Schäffer-Poeschel, Stuttgart

Westkämper E (2006) Einführung in die Organisation der Produktion. Springer, Berlin

Westkämper E, Zahn E (2009) (Hrsg) Wandlungsfähige Produktionsunternehmen: Das Stuttgarter Unternehmensmodell. Springer, Berlin

Wiendahl H-H (2002) Situative Konfiguration des Auftragsmanagements im turbulenten Umfeld. Jost-Jetter, Heimsheim (IPA-IAO – Forschung und Praxis, Nr. 358). Zugl. Stuttgart, Universität, Dissertation

Wiendahl H-H (2011) Auftragsmanagement der industriellen Produktion. Springer, Berlin ISBN 978-3-642-19148-0

Winnes R (2002) Die Einführung industrieller Produktionssysteme als Herausforderung für Organisation und Führung. TH Karlsruhe, Karlsruhe

Womack J, Jones D, Roos D (1991) Die zweite Revolution in der Autoindustrie. Campus, Frankfurt

Weiterführende Literatur

Ankele A, Staiger T, Koch T (2008) Chefsache Produktionssystem. LOG_X, Stuttgart

Antoni H (Hrsg) (1996) Gruppenarbeit in Unternehmen. Konzepte, Erfahrungen, Perspektiven. Beltz Psychologie Verlags Union, Weinheim

Barthel J, Baust H, Beutel T et al (2002) Ganzheitliche Produktionssysteme. Wirtschaftsverlag Bachem, Köln

Dobler T (1998) Kennzahlen für die erfolgreiche Unternehmenssteuerung. Schäffer-Poeschel, Stuttgart

Eidenmüller B (1995) Die Produktion als Wettbewerbsfaktor. Das Potential der Mitarbeiter nutzen – Herausforderung an das Produktionsmanagement. Verlag TÜV Rheinland, Köln

Hungenberg H, Wulf T (2001) Grundlagen der Unternehmensführung. Springer, Berlin

Nerdinger F, Blickle G, Schaper N (2011) Arbeits- und Organisationspsychologie. Springer Medizin, Berlin

Uygun Y (2011) GPS-Diagnose – Diagnose und Optimierung der Produktion auf Basis Ganzheitlicher Produktionssysteme. ZWF 1/2:55–58

Wertstromanalyse und Wertstromdesign

9

Klaus Erlach

Zusammenfassung

Dieses Kapitel stellt die Grundzüge der Wertstrommethode vor, beginnend mit einer Einführung in die Besonderheiten der Wertstromperspektive. Der Abschnitt zur Wertstromanalyse zeigt, wie der Ist-Zustand einer Fabrik sehr effizient ermittelt, dargestellt und bewertet werden kann. Der Abschnitt zur Wertstromdesign zeigt, wie nach acht Gestaltungsrichtlinien systematisch ein idealer Soll-Zustand konzipiert werden kann. Der Abschnitt zur wertstromorientierten Layoutplanung zeigt, wie nach zwei Strukturierungsrichtlinien ein wertstromorientiertes Layout entwickelt werden kann. Der Ausblick geht kurz auf die künftige Bedeutung der Methode ein.

Bezogen auf das in Kap. 2 vorgestellte Wertschöpfungsmodell analysiert und gestaltet die Wertstrommethode die Wertschöpfungsprozesse sowie die dazu gehörenden, operativen Planungs- und Steuerungsprozesse (Führungsprozesse). Dabei liegt der Schwerpunkt auf den Ebenen Arbeitssystem und Produktionsfraktal (Abb. 9.1).

K. Erlach (✉)
Fraunhofer-Institut für Produktionstechnik und Automatisierung IPA,
Stuttgart, Deutschland
E-Mail: klaus.erlach@ipa.fraunhofer.de

© Springer-Verlag GmbH Deutschland, ein Teil von Springer Nature 2020   345
T. Bauernhansl (Hrsg.), *Fabrikbetriebslehre 1*,
https://doi.org/10.1007/978-3-662-44538-9_9

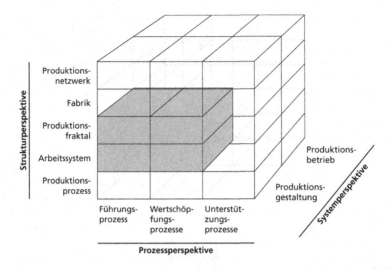

Abb. 9.1 Einordnung Wertstromanalyse und -design im Wertschöpfungsmodell der Produktion

9.1 Lernziele

▶ Nach dem Lesen dieses Kapitels, können Sie…
- die Vorgehensweise der Wertstrommethode beschreiben.
- die Kennzahlen und Zeichnungssymbole der Wertstromanalyse nennen.
- einen gegebenen Wertstrom verstehen.
- die zehn Gestaltungsrichtlinien des Wertstromdesigns erläutern.
- den Flussgedanken in einer wertstromorientierten Layoutplanung umsetzen.

9.2 Einführung und Definitionen

Wozu benötigt man eine Wertstromdarstellung? In der Regel beantwortet das Fabrik-layout die Frage, wie eine Fabrik aussieht. Damit sind aber lediglich Teilaspekte der Fabrik dargestellt: Hauptsächlich nämlich die Bezeichnungen der maschinellen Ein-richtungen sowie ihre Größe und räumliche Anordnung. Das lässt jedoch nur wenige Rückschlüsse auf den Produktionsablauf zu und erlaubt gar keinen Schluss auf die Güte der Fabrik. Eine Verbesserung der *Fabrikvisualisierung* erzielt man durch Einzeichnung des Materialflusses. Allerdings wird bei komplexen Abläufen die Darstellung der über-lagerten Materialflüsse schnell unübersichtlich. Außerdem bleibt eine wichtige Frage unbeantwortet. Man sieht zwar im Materialfluss, dass sich etwas bewegt, nicht aber, wes-halb dies geschieht, welcher Informationsfluss also die Produktionsabläufe veranlasst.

Hier liegt nun der große Vorteil der Wertstrommethode. Neben *Produktions-prozessen* und *Materialfluss* visualisiert sie auch den *Informationsfluss* – und zwar gemeinsam innerhalb einer Darstellung. Zusätzliche Flussdiagramme von Geschäfts-prozessen sind damit lediglich zur Detaillierung erforderlich. Die Auftragsbe-arbeitung ist in der Wertstromdarstellung verankert, die Schnittstellen zwischen Produktionsprozessen und Geschäftsprozessen werden deutlich. Ressourcen mit ähnlicher Funktion werden in der Darstellung zu Produktionsprozessen zusammen-gefasst. Die Abstraktionsleistung der *Wertstromdarstellung* erhöht gegenüber den zahl-reichen im Layout angeordneten Einzelmaschinen die Transparenz der abzubildenden Produktionsabläufe. Verloren geht die räumliche Anordnung der Betriebsmittel. Eine Fabrik konzipieren, planen und darstellen wird man daher zunächst als Wertstrom und anschließend als Layout.

▶ Der *Wertstrom* umfasst alle Tätigkeiten, die zur Wandlung eines Rohmaterials in ein Produkt notwendig sind:

- Das sind erstens die unmittelbar produzierenden Tätigkeiten, also Aktivitäten, die die Merkmale des jeweiligen Materials verändern. Das sind die sechs Hauptgruppen der Fertigungsverfahren nach DIN 8580, nämlich Urformen, Umformen, Trennen, Fügen, Beschichten und Stoffeigenschaft ändern.
- Es sind zweitens all jene logistischen Tätigkeiten, die der Handhabung, dem Transport, der Lagerung, der Bereitstellung und Kommissionierung dienen.
- Und es sind drittens die gemeinhin als indirekt bezeichneten Tätigkeiten der arbeitsvorbereitenden Planung und Steuerung sowie der Instand hal-tenden Pflege, Wartung und Reparatur der benötigten Maschinen und Anlagen sowie des Arbeitsplatzes.

Die *Wertstromperspektive* einzunehmen heißt nun, alle diese Tätigkeiten als Ganzes in den Blick zu nehmen. So können in einzelnen Produktionsprozessen erreichte Verbesserungen komplett verpuffen, wenn sie nicht mit Bezug auf den gesamten Produktionsablauf geplant und umgesetzt werden. Ein Unternehmen kann erst erfolgreich sein, wenn alle Produktionsprozesse gut aufeinander abgestimmt und logistisch in geeigneter Weise ver-knüpft sind. Die Wertstromperspektive richtet ihre Aufmerksamkeit gerade auf diesen über-geordneten Aspekt des Zusammenhangs der einzelnen Produktionsprozesse.

Die Wertstrommethode ist ein Element des bereits in der 1950er Jahren entwickelten Toyota Produktionssystems, wurde in diesem Rahmen aber nur am Rande als eine Methode unter hundert anderen behandelt. Erst im Jahr 1999 veröffentlichte Mike Rother unter dem Titel *Learning to See* die erste Monografie zum Thema, die dann im Jahr 2000 am Fraunhofer-Institut für Produktionstechnik und Automatisierung IPA in Stuttgart ins Deutsche übersetzt wurde und als sehr praxisnahes Handbuch *Sehen lernen* erschienen ist. Die folgenden Ausführungen geben einen systematischen Überblick über die Basismethode und zeigen auch einen Teil der inzwischen erarbeiteten Erweiterungen.

Nach dieser Einführung in die Besonderheiten der Wertstromperspektive behandelt das Kapitel zunächst die Wertstromanalyse (Abschn. 9.3) und die darauf aufbauende Potenzialermittlung (Abschn. 9.4). Der Folgeabschnitt Wertstromdesign (Abschn. 9.5) erläutert den Weg zu einer schlanken Fabrik anhand von acht Gestaltungsrichtlinien. Anschließend wird gezeigt, wie man über zwei Strukturierungsrichtlinien zu einem wertstromorientieren Layout kommt (Abschn. 9.6). Ein Ausblick (Abschn. 9.7) schließt das Kapitel[1].

9.3   Wertstromanalyse: Die transparente Fabrik

Zentrale Grundidee der Wertstromanalyse ist es, immer die *Kundensicht* einzunehmen. Denn diese bestimmt die Anforderungen an die Produktion im Ganzen sowie an jeden einzelnen Produktionsprozess. Die Kundensicht sollte ausgehend vom Versand Schritt für Schritt den Materialfluss entlang flussaufwärts an die Produktionsprozesse herangetragen werden. Eine Wertstromanalyse wird also nicht, wie sonst üblich, entlang des Materialflusses (beginnend bei der Anlieferung beziehungsweise dem Wareneingangslager) durchgeführt. Indem man so den Materialfluss von hinten her aufrollt, kann man am besten die Kundenanforderungen in die Produktion tragen. Die technische Frage nach dem Wie? – „Wie produziert man dieses Teil?" – leitet bei der Wertstromanalyse wie ein Ariadne-Faden durch die Produktion. Für externe Besucher erlaubt diese Vorgehensweise ein erleichtertes Verständnis, da man vom jeweiligen Ergebnis eines Produktionsprozesses her leichter nach dem ‚Wie' der Herstellungsweise fragen kann, da das ‚Wozu' jeder technischen Bearbeitung ja bereits bekannt ist. Außerdem trägt man so die jeweiligen Kundenerwartungen Schritt für Schritt durch die Produktion hindurch. Während man bei der umgekehrten Betrachtungsweise überlegt, wie der Kundenprozess mit den angelieferten Materialien am besten zurechtkommt, fragt man hier, wie der Lieferprozess sein muss, damit der Kundenprozess in idealer Weise bedient werden kann.

Die Durchführung der Wertstromanalyse für ein produzierendes Unternehmen erfolgt in vier Schritten (Abb. 9.2).

1. Die Wertstromanalyse beginnt mit der Gliederung des gesamten Produktspektrums in Produktfamilien entsprechend der Unterschiede im Produktionsablauf. Für jede Produktfamilie ist ein eigener Wertstrom aufzunehmen.
2. Anschließend erfolgt die Modellierung des Kundenbedarfs für die gewählte Produktfamilie in Form des Kundentaktes. Geeignete Datenbasis sind hierbei die Verkaufszahlen des abgelaufenen Geschäftsjahres.

---

[1]Der Text entstammt überwiegend dem Buch von K. Erlach: *Wertstromdesign. Der Weg zur schlanken Fabrik*. Springer, Berlin 2010.

Abb. 9.2 Vorgehensweise bei der Wertstromanalyse

3. Mit dem Rundgang durch die Fabrik erfolgt die eigentliche Wertstromaufnahme. Der Wertstrom wird im Ist-Zustand gezeichnet. Dabei werden alle wichtigen Kennwerte des Produktionsprozesses und der Logistik mit Material- und Informationsfluss erfasst.
4. Mit dem Verhältnis der Bearbeitungszeiten zur ermittelten Produktionsdurchlaufzeit sowie mit der Stimmigkeit der einzelnen Produktionsprozesse untereinander kann die Güte des erfassten Wertstroms beurteilt werden. Dies gibt abschließend einen Hinweis auf die Verbesserungspotenziale für den betrachteten Wertstrom.

9.3.1 Produktfamilienbildung und Kundenbedarf

Vor dem eigentlichen Beginn der Wertstromanalyse ist der Produktbezug festzulegen. Ein Wertstrom bezieht sich im Prinzip immer auf die Verknüpfung aller Produktionsprozesse für genau ein Produkt. Damit eine Wertstromanalyse Aussagekraft gewinnt, muss sie jedoch einen relevanten Teil der Gesamtproduktion abdecken. Daher sind ähnliche Produkte, die homogene technologische Anforderungen an die Produktion stellen, zu *Produktfamilien* zusammenzufassen.

Wie Abb. 9.3 zeigt, erfolgt die Bildung einer Produktfamilie top-down in zwei Schritten, Erlach (2010): Zunächst sind entsprechend der benötigen Produktionsprozesse sowie ihrer Abfolge *Produktionsablaufschemata* zu bilden. Anschließend sind diese Produktionsabläufe mithilfe von *spezifischen Merkmalen* der bearbeiteten Rohmaterialien, Teile und Produkte so weit zu untergliedern, bis daraus einheitliche Anforderungen an die Betriebsmittel abgeleitet werden können. Ferner ist zu beachten:

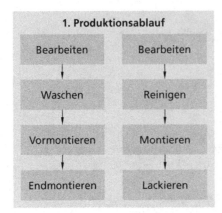

Abb. 9.3 Top-Down Produktfamilienbildung

- Die Definition einer Produktfamilie ist schriftlich festzuhalten.
- Innerhalb einer Produktfamilie werden alle *Varianten* so behandelt, als wären sie das gleiche Produkt.
- Ein für die Produktfamilie typisches Produkt fungiert als *Repräsentant* und ermöglicht so die Behandlung von konkreten Einzelfragen nach Zeiten, Abmessungen und anderen produktbezogenen Parametern. Die jeweiligen Erkenntnisse werden auf die anderen Produkte innerhalb der Familie übertragen.

Nach Festlegung der betrachteten Produktfamilie ist das erste im Rahmen der Wertstromanalyse zu erfassende Element der *Kunde*. Als Konsument erhält er als Symbol ein Haus, in das die betrachtete Produktfamilie und ihr Repräsentant einzutragen ist. Die Anzahl der zugehörigen Varianten gibt an, wie heterogen diese Produktfamilie ist. Abb. 9.4 zeigt das Kundensymbol nach Erlach (2010).

Abb. 9.4 Kundensymbol mit Datenkasten

Kunden(gruppe)	
PF	Produktfamilie
# Var	Anzahl Varianten
Rep	Repräsentant
Stck	Jahresstückzahl
FT	Fabriktage
AZ	Arbeitszeit
KT	Kundentakt
LZ	Lieferzeit
LT	Liefertreue

Der *Kundenbedarf* einer Produktfamilie wird unterhalb des Kundensymbols in einem eigenen Datenkasten notiert. Angegeben wird normalerweise die Jahresabsatzmenge des zurückliegenden Geschäftsjahres. So werden saisonale Schwankungen automatisch abgedeckt und man erhält eine prägnante Mittelwertbetrachtung. Setzt man hier Planzahlen für das kommende Jahr ein, dann zeigt das Analyseergebnis, ob die Produktion auch auf künftige Anforderungen passend eingerichtet ist.

▶ Der Kundentakt ist die wichtigste *Kennzahl* eines Wertstroms. Er drückt die von der Fabrik geforderte Leistung aus und ist damit Dimensionierungsgrundlage für alle Ressourcen.

Es ist allgemein üblich, beispielsweise mit der täglich oder monatlich produzierten Menge Auskunft über die Leistungsfähigkeit einer Produktion zu geben. Diese Betrachtungsweise hat allerdings einen entscheidenden Nachteil: Sie trifft keine unmittelbare Aussage darüber, in welchem Tempo man arbeiten sollte, um dem durchschnittlichen Kundenbedarf zu entsprechen. Indem man den Kehrwert der Produktionsmenge pro Zeiteinheit bildet, erhält man eine Produktionsrate in Zeitdauer pro Stück. Diese Produktionsrate heißt *Kundentakt* (KT). Der Kundentakt errechnet sich wie folgt:

$$KT = \frac{\text{verfügbare Betriebzeit pro Jahr}}{\text{Kundenbedarf pro Jahr}} = \frac{FT \times AZ}{\text{Stck}} = \frac{AZ}{TB}$$

mit KT   Kundentakt [Zeiteinheit/Stk.]
     FT   Fabriktage [d/a]
     AZ   tägliche Arbeitszeit [Zeiteinheit/d]
     Stck   Jahresstückzahl [Stk./a]
     TB   Tagesbedarf [Stk./d]

Die Kenntnis des Kundentaktes hilft bei der Abstimmung des Produktionsrhythmus auf den Verkaufsrhythmus. Der Kundentakt ist die vom Markt vorgegebene Schlagzahl, mit der die Produktion idealerweise arbeitet. Arbeitet jeder an der Auftragsabwicklung beteiligte Prozess im Unternehmen genau in diesem Rhythmus, dann entspricht das Unternehmen exakt den Marktanforderungen, das heißt die Produktion ist *kundenorientiert* ausgerichtet.

Beispiel

Die *Liquipur AG* möchte die Produktfamilie ‚Ölfilter für Busse' in einer Wertstromanalyse näher untersuchen. Die Ölfilter werden in vier Varianten in einer Jahresstückzahl von 192.000 produziert. Die gesamte Produktion arbeitet im Dreischichtbetrieb mit einer Stunde Pause je Schicht an 240 Tagen im Jahr.

$$KT = \frac{FT \times AZ}{\text{Stck}} = \frac{240\,\text{d} \times 21\,\text{h}}{192.000\,\text{Stk.}} = 94,5\,\text{s/Stk}$$

9.3.2 Erfassung der Produktion

Die Erfassung der Produktion erfolgt als *Momentaufnahme,* die einen typischen Zustand in der Fabrik repräsentiert. In zwei aufeinanderfolgenden Durchgängen werden in der Fabrik jeweils ausgehend vom Kunden zunächst der Produktionsfluss und dann der Auftragsfluss durch Befragen, Messen und Zählen erfasst. Die Ist-Aufnahme des Wertstroms findet immer in der Fabrik *vor Ort* statt, das heißt auf dem Shopfloor an den Betriebsmitteln und in den Meisterbüros sowie in den Büros der Produktionsplaner. Die benötigten Hilfsmittel sind DIN A3-Papier, Bleistift, Radiergummi, Stoppuhr und im Nachgang ein Taschenrechner. Der Zeitaufwand der Methodenanwendung ist relativ zu anderen Erfassungsmethoden sehr gering.

Die Analyse umfasst die drei Aspekte Produktionsprozesse, Materialfluss und Informationsfluss. Sie sind im Folgenden erläutert.

Produktionsprozesse

Der Wertstrom mit den wichtigsten Kennwerten der Prozesse wird per Hand strukturiert und übersichtlich angeordnet mit den in den folgenden Abschnitten erläuterten *Symbolen* auf einem DIN A3-Papier skizziert. Im Verlauf der Aufnahme wird man dabei immer wieder Korrekturen vornehmen müssen, da wichtige Sonderfälle vergessen oder Details missverstanden wurden. Manches ist auch detaillierter darzustellen als zunächst gedacht. Aus diesen Gründen hat sich die vor Ort erstellbare und korrigierbare Bleistiftskizze bewährt. Ein guter Radiergummi ist oft das wichtigste Werkzeug bei der Wertstromanalyse. Zentrales Ergebnis einer Wertstromanalyse ist also eine mit Symbolen erstellte *Wertstromzeichnung.* Zur Dokumentation ist jede Wertstromzeichnung zu datieren. Im Verlauf eines Restrukturierungsprojektes bleibt dieses Blatt mit der Wertstromdarstellung ständiger Begleiter zur Gedächtnisstütze und auch zur Ergänzung von Details, die sich im Projektverlauf als wichtig herausstellen.

Abb. 9.5 zeigt links das Symbol für den *Produktionsprozess* nach Erlach (2010). Dieses ist ein einfaches Rechteck, das oben die Prozessbezeichnung trägt. In den Prozesskasten werden zur groben Kapazitätsangabe ferner die beiden wichtigsten

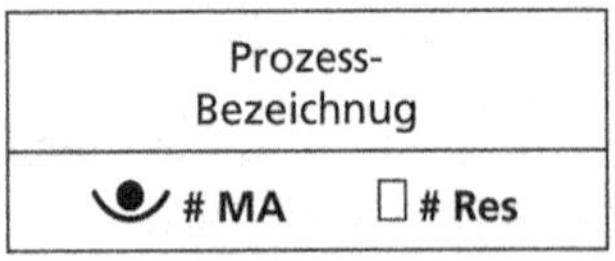

Prozess-Bezeichnug	BZ	Bearbeitungszeit	RZ	Rüstzeit
	PZ	Prozesszeit	LG	Losgröße
	PM	Prozessmenge	# Var	Anzahl Teile-Varianten
☺ # MA ☐ # Res	# T	Anzahl Teile/Produkt	V	Verfügbarkeit [%]
	ZZ	Zykluszeit	EPEI	EPEI-Wert

MA Anzahl Mitarbeiter, # Res Anzahl Ressourcen

Abb. 9.5 Symbol des Produktionsprozesses mit Datenkasten

Grundparameter eines Produktionsprozesses eingetragen. Es hat sich bewährt, auch diese beiden Parameter mit einem kleinen Symbol zu kennzeichnen:

1. Die Anzahl der diesem Prozess zugeordneten *Mitarbeiter* pro Schicht. Die Mitarbeiter sind symbolisiert mit stilisiertem Kopf und Armen.
2. Die Anzahl der dem Prozess zur Verfügung stehenden alternativen *Betriebsmittel,* hier bezeichnet als Ressourcen. Die Ressourcen sind symbolisiert mit einem kleinen, senkrecht stehenden Rechteck.

Jedem Produktionsprozess werden nun in einem Datenkasten wesentliche *Kennwerte* und die daraus abgeleiteten *Kennzahlen* zur Prozessbeschreibung hinzugefügt. Grundlegende Idee bei der Ermittlung der Kennwerte ist es, die in der Fabrik tatsächlich bestehenden Gegebenheiten zu erfassen. Daher sollten auch nicht die Vorgabezeiten aus dem Arbeitsplan in die Wertstromzeichnung übertragen werden. Die Zeiten misst der Wertstromerfasser selbst mit einer Stoppuhr.

Der erste im Datenkasten des Produktionsprozesses einzutragende Kennwert ist das Grunddatum eines Produktionsprozesses schlechthin: die *Bearbeitungszeit* (Abb. 9.5, Mitte). Sie gibt an, wie lange ein Teil im Produktionsprozess bearbeitet wird. Diese Zeit beinhaltet sowohl den manuellen Arbeitsinhalt des Mitarbeiters als auch die Laufzeit des Betriebsmittels. Die Prozesszeit gibt an, wie lange sich Teile im jeweiligen Produktionsprozess befinden. Wird genau ein Teil bearbeitet, sind Bearbeitungs- und Prozesszeit gleich, wobei dann letztere nicht eigens ausgewiesen wird. Befinden sich mehrere Teile gleichzeitig im Produktionsprozess, dann erfasst man die *Prozesszeit.* Derart in *Chargen* oder alternativ im *kontinuierlichen Durchlauf* arbeiten in der Regel Prozesse, die im weitesten Sinne auf die Werkstoffeigenschaften einwirken, also beispielsweise Wärmebehandeln, Lackieren oder Sandstrahlen. Ergänzend zur Prozesszeit ist immer auch die Anzahl der Teile in einer Charge mit der *Prozessmenge* anzugeben. Beim Härten beispielsweise kann das die Teileanzahl pro Korb, beim Durchlaufofen die Anzahl der Teile im Ofen sein. Zuweilen liefert ein Produktionsprozess mehrere *Gleichteile* für jeweils ein Endprodukt. Deren Anzahl ist ebenfalls zu erfassen, weil sie den Zeitbedarf für die Bearbeitung erhöht.

Spezifisch für die Wertstrommethode ist die Kennzahl der *Zykluszeit,* die aus den genannten Angaben resultiert. Diese Zeit gibt an, nach welchem Zeitintervall ein Teil oder ein Produkt in einem Produktionsprozess fertiggestellt wird. Steht nur ein Betriebsmittel zur Verfügung, dann ist die Zykluszeit gleich der Bearbeitungszeit. Falls, wie jeweils im Prozesskasten eingetragen, mehrere alternative Ressourcen zu Verfügung stehen, dann erhöht das die Ausbringung des Prozesses, da mehrere Teile gleichzeitig bearbeitet werden können. Dadurch verringert sich die Zykluszeit; sie ergibt sich durch Division von Bearbeitungszeit durch Ressourcenanzahl (Gl. links). Wenn beispielsweise ein Monteur zehn Minuten für die Montage eines Produktes benötigt, dann wird auch alle zehn Minuten ein Produkt fertiggestellt. Bei zwei Monteuren halbiert sich die Zykluszeit auf fünf Minuten. Die Zykluszeit eines Durchlauf- oder Chargenprozesses ergibt sich als Quotient der Prozesszeit und der Prozessmenge (Gl. rechts). Insgesamt ergibt sich zur Berechnung der Zykluszeit:

$$ZZ = \frac{BZ \times \#T}{\#Res} \quad \text{oder:} \quad ZZ = \frac{PZ \times \#T}{PM \times \#Res}$$

mit: ZZ   Zykluszeit [Zeiteinheit/Stk.]
     BZ   Bearbeitungszeit [Zeiteinheit/Stk.]
     PZ   Prozesszeit [Zeiteinheit]
     ; PM   Prozessmenge bei Chargen oder im Durchlauf [Stk.]
     # T   Anzahl Gleichteile pro Endprodukt
     # Res Anzahl gleicher Ressourcen

▶   Die Zykluszeit gibt die *Leistungsfähigkeit* des Produktionsprozesses in Zeit-
einheiten bei kontinuierlichem Betrieb ohne rüst- oder störungsbedingte
Unterbrechungen wieder. Die Zykluszeit beschreibt das Kapazitätsangebot
eines Produktionsprozesses und gibt an, welcher Kundentakt unter idealen
Bedingungen noch unterschritten werden kann, um den entsprechenden
Kundenbedarf zu erfüllen.

Sind bei der Produktion von Varianten oder kundenspezifischen Erzeugnissen Rüstvorgänge notwendig, sinkt das Kapazitätsangebot eines Produktionsprozesses entsprechend.
Zunächst wird die Zeitdauer pro Rüstvorgang mit der *Rüstzeit* im Datenkasten angegeben
(Abb. 9.5, rechts). Die *Losgröße* gibt im Datenkasten ferner an, wie viele Gleichteile in
direkter Abfolge im Produktionsprozess bearbeitet werden. Sie ist von der Prozessmenge
dadurch unterschieden, dass die Teile im Los nicht gleichzeitig bearbeitet werden.

    Bisher noch nicht berücksichtigt sind Einschränkungen des Kapazitätsangebots durch
geplante und ungeplante Stillstände der Betriebsmittel. Der verbleibende Leistungsgrad
der Produktionsprozesse wird im Datenkasten mit dem Wert der *technischen Verfügbarkeit* angegeben. Damit wird in einem summarischen Zahlenwert berücksichtigt, dass
eine Ressource nicht die komplette Arbeitszeit verfügbar ist, sondern entweder geplant
durch Wartung und Instandhaltungsarbeiten oder ungeplant durch technische Störungen
mit Ausfall oder reduzierter Leistung nicht genutzt werden kann. Führt man Instandhaltungsarbeiten gezielt außerhalb des im Kundentakt berücksichtigten Arbeitszeit-
modells durch, also beispielsweise bei einem Fünfzehnschichtmodell am Samstag, dann
haben sie keinen negativen Einfluss auf die Verfügbarkeit.

    Mit den logistischen Kennwerten des Produktionsprozesses kann nun seine *Varianten-
flexibilität* berechnet werden. Diese ist in der Wertstrommethode definiert als der Zeitraum, der benötigt wird, um die Rüstfolge über alle Varianten einmal komplett zu
durchlaufen und heißt *EPEI-Wert*. EPEI ist das Akronym von „Every Part – Every Inter-
val". Mit der Anzahl der Teile-Varianten erhält man auch die Anzahl der Rüstvorgänge,
die erforderlich sind, um alle Varianten genau einmal als Los aufzulegen. Die Abfolge
aller Varianten mit der jeweiligen Bearbeitungszeit pro Los und den dazwischenliegenden
Rüstzeiten lässt sich sehr anschaulich in einem Kreisdiagramm auftragen (Abb. 9.6,
rechts). Den EPEI-Wert erhält man durch Division der Summe aller Losbearbeitungs-
zeiten und Rüstzeiten durch die zur Verfügung stehende Zeit. Bearbeiten mehrere

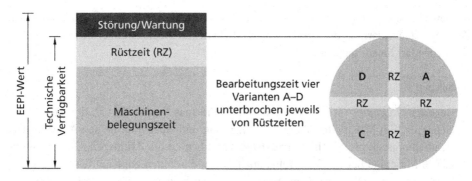

Abb. 9.6 Schematische Darstellung der Berechnung des EPEI-Wertes

Betriebsmittel unterschiedliche Varianten parallel, dann verringert sich der EPEI-Wert. Ist die Verfügbarkeit eingeschränkt, dann erhöht er sich. Die Gleichung gibt zusätzlich die Berechnung für den einfachen Fall gleicher Losgrößen und Rüstzeit je Variante an.

$$EPEI = \frac{\sum BZ + \sum RZ}{\# Res \times V \times AZ} = \frac{\# Var}{\# Res \times V} \times \frac{((LG \times BZ) + RZ)}{AZ}$$

mit: V   Verfügbarkeit [%]

     # Var Anzahl der Varianten

     # Res Anzahl gleicher Ressourcen

     LG   Losgröße (Durchschnitt) [Stk.]

     BZ   Bearbeitungszeit pro Stück (Durchschnitt) [Zeiteinheit/Stk.]

     RZ   Rüstzeit [Zeiteinheit]

     AZ   tägliche Arbeitszeit [Zeiteinheit/d]

▶ Der EPEI-Wert im Ist-Zustand eines Produktionsprozesses ergibt sich aus der Summe der Bearbeitungszeit für alle Produktvarianten in den jeweils vorgegebenen Losgrößen zuzüglich der notwendigen Rüstzeiten sowie geplanter und ungeplanter Stillstände. Dieser Wert besagt, wie lange es unter den aktuellen Bedingungen dauert, bis alle Varianten einmal produziert worden sind. Im Unterschied zu der bloßen Angabe von Rüstzeiten und Losgrößen kann man aus diesem Wert sehr leicht ablesen, wie *flexibel* ein Produktionsprozess momentan ist. Er beschreibt auch die mittlere Zeitdauer, bis zu dem eine Variante neu gefertigt wird, also quasi die Wiederbeschaffungszeit.

Neben Rüstzeiten und begrenzter Verfügbarkeit führen auch Qualitätsmängel zu Leistungsverlusten in der Produktion. Entsprechende Qualitätsdaten werden mit den Kennzahlen der *Gutausbeute* respektive des *Ausschusses* sowie der *Nacharbeitsquote* des jeweiligen Produktionsprozesses erfasst. Entsprechend deren Prozentsatz erhöht sich der Kapazitätsbedarf, da die tatsächlich zu bearbeitende Stückzahl über den eigentlichen Kundenbedarf hinaus ansteigt.

Beispiel

Bei der *Liquipur AG* bearbeiten zwei Fräsmaschinen die Rohgussteile des Gehäuses. Ein Mitarbeiter übernimmt Handling und Rüsten an beiden Anlagen. Die Bearbeitungszeit pro Stück beträgt 164 s, damit beträgt die Zykluszeit 82 s. Die Rüstzeit je Maschine beträgt 2 h, wobei auf beiden Maschinen zugleich das gleiche Los bearbeitet wird. Die Losgrößen betragen für die beiden stückzahlstarken Varianten je 3600 Stück, für die dritte Variante 1440 Stück und für die exotische Variante 720 Stück. Die Verfügbarkeit beträgt 85 %. Der EPEI-Wert beim Fräsen errechnet sich folgendermaßen zu knapp 11 Tagen:

$$EPEI_F = \frac{((2 \times 3600 + 1440 + 720) \times 164\text{s}) + 4 \times 2 \times 2\,\text{h}}{2 \times 85\,\% \times 24\,\text{h/d}} = \frac{260\,\text{h}}{24\,\text{h/d}} \approx 10,8\,\text{d}$$

Materialfluss

Produktionsprozesse sind durch den *Materialfluss* logistisch verkettet. Der Materialfluss setzt sich aus den drei Komponenten Transportieren, Handhaben und Lagern zusammen:

- *Lagern* meint das zeitweilige Liegen von Materialien, Teilen und Erzeugnissen in einer entsprechenden Lagereinrichtung.
- *Transportieren* meint das Fortbewegen von Material, Teilen und Erzeugnissen zur Bereitstellfläche am nachfolgenden Produktionsprozess oder zu einem Lager.
- *Handhaben* meint die beim Ein- und Auslagern erforderlichen manuellen Tätigkeiten. Fallen diese in einem nennenswerten Umfang an, sind sie in einer Wertstromanalyse als eigener logistischer Prozess zu berücksichtigen.

Das *Transportieren* von einem Produktionsprozess zum jeweiligen Nachfolgeprozess wird mit Pfeilen dargestellt. Der mit den Materialflusspfeilen symbolisierte Transport kann hinsichtlich der Transportmittel spezifiziert werden. Es sind die drei grundsätzlichen Möglichkeiten werksexterner Lkw-Transport, werksinterner Gabelstapler-Transport und Fördertechnik zu unterscheiden (Abb. 9.7). Der Transport erfolgt in Ladeeinheiten auf Ladungsträgern. Falls hinsichtlich der Transportmengen gewisse Standards bestehen, kann man den Materialflusspfeil ferner mit einem Behältersymbol, ein oben offenes Rechteck, ergänzen und die jeweilige *Gebindemenge* eintragen.

Die *Lagerfunktion* wird von einem aufrecht stehenden, gleichseitigen Dreieck symbolisiert. Wichtigstes produktionsablaufbezogenes Merkmal eines Lagers ist der *Bestand*. Zum Bestand gezählt werden die zu allen Varianten der betrachteten Produktfamilie gehörenden Vorfertigungs-Teile. Nach Möglichkeit sollten hier nicht lediglich die im EDV-System erfassten Mengen abgefragt werden, sondern der Wertstromer-

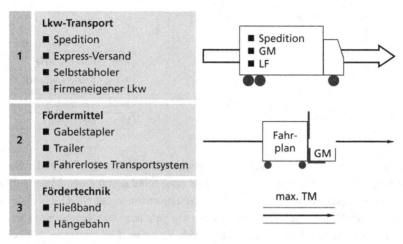

GM Gebindemenge, LF Lieferfrequenz, TM Teilemenge

Abb. 9.7 Materialflusspfeile mit Darstellung der Transportmittel

fasser sollte selbst zählen, die Gegebenheiten vor Ort – wie bei der Zeitaufnahme – mit eigenen Augen erfassen. Dadurch lassen sich einerseits Datenfehler erkennen, andererseits gibt es oftmals bisher unbekannte Lagerorte zu entdecken und der Bestand wird in seinen realen Auswirkungen, in Platzbedarf, Anordnung, Verteilung und Zugänglichkeit spürbar. Die gezählten Mengen werden mit der Bestandsmenge angegeben.

Die für die Wertstromanalyse entscheidende Aussage liegt nun in der Zeitdauer, für die der Bestand zur Erfüllung des durchschnittlichen Kundenbedarfs ausreichend ist. Die *Reichweite* des jeweiligen Bestandes in Tagen berechnet man durch einfache Division der Bestandsmenge durch den Tagesbedarf. Die Reichweite verringert sich allerdings um den Materialschwund, der durch den Ausschuss bei den jeweils nachfolgenden Produktionsprozessen hervorgerufen wird. Außerdem ist zu berücksichtigen, wie viele Gleichteile je Produkt benötigt werden:

$$RW = \frac{BM \times \uparrow}{TB \times \#T}$$

mit: RW Reichweite [d]

BM Bestandsmenge [Stk.]

TB Tagesbedarf [Stk./d]

↑ Gutausbeute [%]

T Anzahl Gleichteile pro Produkt

Der Materialflusspfeil des außerbetrieblichen Transportes verbindet die innerbetrieblichen Abläufe des betrachteten Wertstroms mit den werksexternen Quellen und Senken von

Abb. 9.8 Lieferantensymbol
mit Datenkasten

Lieferant(en)	
RM	Roh-Material
# Typ	Anzahl Typen
WBZ	Wiederbeschaffungszeit
LT	Liefertreue

Material und Produkten. Der letzte Produktionsprozess im Wertstrom ist in der Regel das ‚Verladen & Versenden' und wird mit dem Kundensymbol durch einen Materialflusspfeil verbunden. Der erste Produktionsprozess im Wertstrom ist in der Regel das ‚Waren Vereinnahmen'. Der Materialflusspfeil der Anlieferung geht aus vom Symbol des Lieferanten – dargestellt als Fabrikhalle mit Scheddach (Abb. 9.8). Das *Lieferantensymbol* beinhaltet den Namen des oder der Lieferanten für ein bestimmtes Material, gegebenenfalls mit jeweiligem Standort. Hinzu kommen die Bezeichnung des gelieferten Rohmaterials beziehungsweise der gelieferten Kaufteile sowie die Anzahl der unterschiedlichen Typen dieser Materialien. Da es mitunter sehr viele Lieferanten für sehr viele verschiedene Materialarten gibt, werden nur diejenigen Lieferanten berücksichtigt, die Kaufteile und Rohmaterialien von einer für den jeweiligen Wertstrom zentralen Bedeutung liefern. Zur Beschreibung der Lieferantenleistung dient ein Datenkasten. Die Verfügbarkeit der Einkaufsteile wird hauptsächlich bestimmt durch ihre *Wiederbeschaffungszeit*. Die Qualität des Lieferanten wird mit der erreichten Liefertreue gemessen.

Beispiel

Bei der *Liquipur AG* befindet sich vor dem Vormontieren ein Bestand von etwa 3800 Stück bearbeiteten Gehäuseteilen in allen vier Varianten. An den zugehörigen Vormontageplätzen kommen noch einmal 400 Stück hinzu. Bei einem Tagesbedarf von 800 Ölfiltern entspricht das dann einer Reichweite von 5,25 Tagen.

Informationsfluss

Zur Darstellung der Auftragsabwicklung beinhaltet die Wertstromanalyse die beiden Komponenten Geschäftsprozess und Informationsfluss. *Geschäftsprozesse* erzeugen, verarbeiten und speichern Informationen, die zur Erfüllung von Kundenaufträgen sowie zur Planung und Steuerung der Produktion benötigt werden. Sie werden durch ein Rechteck symbolisiert und mit der Geschäftsprozessbezeichnung identifiziert. Ziel der Geschäftsprozessaufnahme ist nicht so sehr die detaillierte Darstellung des gesamten Arbeitsablaufes auf Einzelschrittebene (Auftrag anlegen, Artikelnummern eingeben und prüfen, Lieferadresse aufrufen, Verfügbarkeit prüfen und Liefertermin eintragen, Druck Auftragsbestätigung auslösen), sondern vielmehr die übersichtliche Darstellung des Gesamtablaufs. Im Beispiel der Auftragserfassung würde demnach ein Prozesskasten ausreichen, ähnlich wie auch Produktionsprozesse immer mehrere Tätigkeiten zusammenfassen. Jeder Geschäftsprozess sollte durch die wichtigsten zu erledigenden Aufgaben in einer Aufgabenliste näher beschrieben werden.

Der *Informationsfluss* übermittelt Daten und Dokumente zwischen den Geschäftsprozessen, zu Kunden und Lieferanten sowie zu den Produktionsprozessen. Die Verknüpfungen des Informationsflusses werden mit einem einfachen, dünnen Pfeil symbolisch dargestellt (Abb. 9.9). Für die Betrachtung des Produktionsablaufes ist wichtig, welche Informationen in welchem Format übermittelt werden. Es hat sich bewährt, dies in jeweils eigenen Symbolen anzugeben. Diese Symbole werden dann auf den jeweils zugehörigen Informationsflusspfeil gezeichnet. Datensätze werden in Anlehnung an Flussdiagramme mit einem Parallelogramm symbolisch dargestellt; zugehörige Schnittstellen zwischen unterschiedlichen EDV-Anwendungen mit einem durchgekreuzten Kreis. Sind die auftragsspezifischen Daten in Formulare eingetragen, so erhält man Dokumente; symbolisiert durch ein Rechteck mit geschwungener Unterkante. Listen verschaffen einen Überblick über die zu einem Geschäftsfall gehörenden Dokumente. Ferner können sie auch Reihenfolgen, Prioritäten oder andere Klassifizierungen der Geschäftsvorfälle angeben. Typische Beispiele sind hier Produktionspläne, Abarbeitungslisten für die einzelnen Produktionsprozesse, Kommissionierlisten, Versandlisten und Ladelisten. Symbolisch dargestellt werden diese Listen als Rechteck mit doppeltem Rand. Listen können wie die Dokumente als Ausdruck verteilt oder auf einem Anzeigegerät zugänglich gemacht werden.

▶   Die wesentlichen Fragen zur Erfassung des IST-Zustandes an den einzelnen Produktionsprozessen:

- Wie groß ist die Anzahl der Mitarbeiter?
- Wie groß ist die Anzahl ähnlicher Betriebsmittel?
- Wie groß sind die Bearbeitungszeit und/oder die Prozesszeit?
- Wie groß sind die Rüstzeiten an der Maschine bzw. Anlage?
- Wie groß sind die Prozessmengen, die Losgrößen sowie die Behältergrößen?

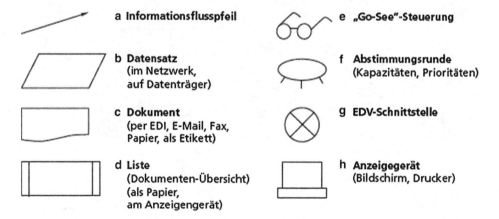

Abb. 9.9 Symbole für die Darstellung des Informationsflusses

- Wie groß ist die Anzahl der zu rüstenden Varianten?
- Wie hoch ist die Verfügbarkeit der Maschine?
- Wie hoch sind Gutausbeute bzw. Ausschussrate und Nacharbeitsrate?
- Wie weiß der Mitarbeiter am Produktionsprozess, wann er was produzieren soll?
- In welchem Schichtmodell arbeitet der Produktionsprozess?
- Wie hoch sind die bereitgestellten und gelagerten Bestände?

9.4 Potenzialermittlung

Mit Fertigstellung der Wertstromaufnahme ist die Wertstromanalyse noch nicht abgeschlossen. Die Wertstromdarstellung zeigt außerdem Verbesserungspotenziale für den Produktionsablauf auf. Grundlage dafür ist zunächst einmal die *Zeitlinie,* die unterhalb der Wertstromdarstellung eingetragen wird. Zunächst zeichnet man eine Sprunglinie mit zwei Niveaus – das obere Niveau der Linie gehört zum Materialfluss mit den jeweiligen Lägern oder Puffern, das untere Niveau der Linie gehört zu den Produktionsprozessen. Auf der so gezeichneten Zeitlinie werden nun jeweils entweder die Reichweite oder die Bearbeitungszeit notiert. Da sich die Prozesszeiten in ihrer Dauer meist deutlich von den Bearbeitungszeiten unterscheiden, aus simultan bearbeiteten Chargen bestehen und keine Mitarbeiterzeit umfassen, sollte man sie getrennt wie in der Abbildung gezeigt unter der Zeitlinie einzeichnen. So erhält man im Ganzen eine Zeitlinie mit drei Niveaus (Abb. 9.10). Die Summe aller Reichweiten ergibt die *Durchlaufzeit.* Deren Vergleich mit der Summe aller Bearbeitungs- und Prozesszeiten erlaubt eine erste Bewertung des

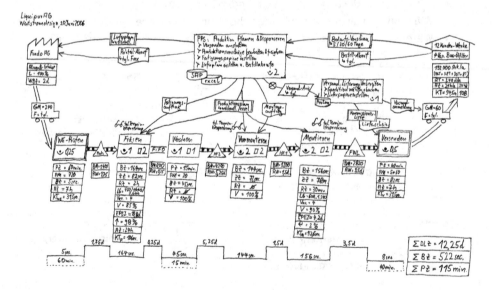

Abb. 9.10 Praxisbeispiel Wertstromanalyse – Darstellung mit Zeitlinie

Produktionssystems. Aus dem Verhältnis dieser beiden Werte, dem *Flussgrad,* lässt sich ableiten, wie träge eine Produktion ist. Stellen mit hohen Bestandsreichweiten identifizieren die großen Staustufen im Produktionsfluss.

Ferner zeigt die Betrachtung der Leistungsfähigkeit einzelner Produktionsprozesse, wie gut oder schlecht zueinander und zum Kundenbedarf passend die verfügbaren Betriebsmittel ausgelegt sind. Ein ideales und einfaches Werkzeug hierzu ist das *Taktabstimmungsdiagramm* (TAD, Abb. 9.11). Das Auftragen der Zykluszeiten stellt den gesamten Wertstrom mit seinem Kapazitätsangebot in einem Balkendiagramm dar. Der Verlauf des Kapazitätsangebots über den Wertstrom hinweg zeigt das *Kapazitätsprofil* des Wertstroms. Der höchste Balken ist der *Engpass* des Wertstroms, der den maximal erreichbaren Gesamtausstoß bestimmt. Er sollte nicht über dem Kundentakt liegen, da sonst während der normalen Arbeitszeit der Kundenbedarf nicht gedeckt werden kann. Die niedrigeren Balken, also die schnellen Prozesse, zeigen die jeweilige Höhe der *Abtaktungsverluste.* Aus Sicht der Lean Production liegt hier eine Verschwendung vor – gerade bei den schnellen, also besonders leistungsfähigen Produktionsprozessen. Eine Abschätzung des Verbesserungspotenzials lässt sich mit einer Berechnung der durchschnittlichen Auslastung der Produktionsprozesse im Wertstrom durch Division der Zykluszeiten durch den Kundentakt als *Auslastungsgrad* ermitteln.

▶ Die *Zeitlinie* zeigt, an welchen Engstellen im Produktionsfluss Stauungen des Materials entstehen und wie hoch das Potenzial zur Verkürzung der Durchlaufzeit ist – letzteres bemessen auch im *Flussgrad*. Das *Taktabstimmungsdiagramm* zeigt, wie gut die Leistungsfähigkeit der Produktionsprozesse aufeinander und bezogen auf den Kundenbedarf abgestimmt ist – letzteres bewertet auch mit dem *Auslastungsgrad*.

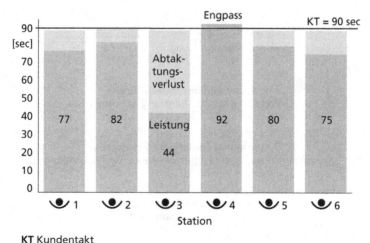

Abb. 9.11 Taktabstimmungsdiagramm

9.5   Wertstromdesign: Die schlanke Fabrik

Ziel der Wertstrommethode ist die Gestaltung einer wertstromoptimierten Fabrik. Bei der zunächst durchgeführten Wertstromanalyse orientiert man sich am gegenwärtigen Zustand der Produktion. Wenn es nun im Wertstromdesign um die Neugestaltung dieser Produktion geht, dann muss man sich ins Offene eines noch zu entwickelnden Zielzustandes begeben. Dabei ist ein Leitfaden überaus hilfreich. Genau diesen liefert die Methode des Wertstromdesigns mit einem festgelegten und geordneten Set an *Gestaltungsrichtlinien,* die es im Zuge der verbessernden Umgestaltung der Produktion mit Geschick anzuwenden gilt. Sie bestehen aus einfachen und bewährten Lösungsbausteinen für den Produktionsablauf. Das Wertstromdesign visualisiert die Auswirkungen dieser Lösungsbausteine auf den Gesamtablauf der Produktion durch die grafische Darstellung mit Symbolen besonders deutlich. Die Grundidee des Wertstromdesigns ist die *Vermeidung von Verschwendung* im Produktionsablauf (Ohno 2009).

Die Durchführung des Wertstromdesigns für ein produzierendes Unternehmen zur Neugestaltung der Fabrik erfolgt in vier Schritten, Abb. 9.12. Erst wenn ein Produktionsablauf in dieser Weise fertig konzipiert ist, erfolgt die Planung von Fabriklayout und Fabrikgebäude:

1. Zunächst ist die Produktionstechnik zu gestalten. Dazu werden die einzelnen Produktionsprozesse kapazitativ ausgelegt, technologisch entsprechend der Erfordernisse des Gesamtablaufes möglichst integrativ umgestaltet und am Kundentakt ausgerichtet.
2. Anschließend ist mit dem Produktionsablauf die logistische Verknüpfung der Produktionsprozesse zu gestalten. Damit wird der Materialfluss aus den Elementen

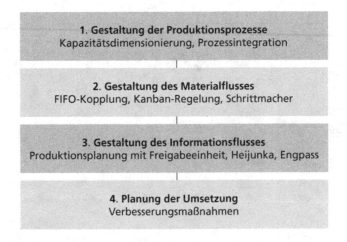

Abb. 9.12 Vorgehensweise beim Wertstromdesign

FIFO-Kopplung und Kanban-Regelung aufgebaut sowie passend dazu der angesteuerte Produktionsprozess als Schrittmacher für den Wertstrom festgelegt.

3. Abschließend ist die Produktionsplanung und -steuerung zu gestalten. Dazu werden Produktionsaufträge als einheitliche Freigabeeinheiten festgelegt und nach definierten Reihenfolgeregeln freigegeben. Zudem sind ggf. Engpässe zu berücksichtigen.

4. Die Konzeption schließt ab mit der Definition von konkreten Verbesserungsmaßnahmen zur Erreichung des konzipierten Soll-Zustandes für den Wertstrom, ergänzt um die zugehörige Umsetzungsplanung.

9.5.1 Kapazitative Dimensionierung der Ressourcen

Im Wertstromdesign legt der Kundentakt die Zielvorgabe zur *Kapazitätsdimensionierung* der Ressourcen fest. Das Taktabstimmungsdiagramm zeigt dann, wie gut gelungen die kapazitative Dimensionierung einer Produktion, gemessen am Maßstab des Kundentaktes, ist. Allgemein gilt, dass die Zykluszeiten möglichst gleich groß sein und den Kundentakt nie überschreiten sollen. Der Kundentakt als Bewertungsmaßstab liefert die erste Gestaltungsrichtlinie für einen optimalen Wertstrom:

▶ **Gestaltungsrichtlinie 1: Ausrichtung am Kundentakt**
  Das Kapazitätsangebot einer Produktion ist durchgängig am Kundentakt auszurichten.

Da Betriebsmittel in ihrem Kapazitätsangebot *sprungfix* skaliert sind, entstehen durch das erforderliche Aufrunden Überkapazitäten, sodass das Ideal einer exakt abgestimmten Produktion kaum zu erreichen sein wird. Allerdings gibt es einige Ansatzpunkte zu Feinjustierung:

- Erhöhung der spezifischen Leistungsfähigkeit der jeweiligen Betriebsmittel durch Reduktion der Bearbeitungszeiten je Teil.
- Verwendung von älteren Maschinen mit geringerem Automatisierungsgrad oder Beschaffung leistungsschwächerer, billigerer Maschinen, die besser zum Kapazitätsbedarf passen
- Verbesserung der technischen Verfügbarkeit, meist erreichbar durch eine effizientere Wartung, die gut organisiert schneller durchgeführt wird und Störungen besser vorbeugt.
- Deutliche Senkung der Rüstzeiten, durch technische und organisatorische Maßnahmen wie hauptzeitparalleles Rüsten, rüstfreundliche Vorrichtungen und/oder vergrößertes Werkzeugmagazin.

- Erhöhung der Betriebszeit einer Ressource gegenüber der ursprünglichen Berechnungsgrundlage, beispielsweise durch Wochenendschichten oder durchgearbeitete Pausen.
- Zuordnung einer Produktvariante zu einer anderen Produktfamilie in einem anderen Segment und damit Verschiebung des Ressourcenbedarfs in ein Segment mit Überkapazität.

9.5.2 Prozessintegration und kontinuierliche Fließfertigung

Eine *ideale Produktion* verbindet die Vorteile industrieller Arbeitsteilung mit handwerklicher Einzelfertigung. Sie realisiert einerseits die mit Strukturierung der Arbeitsaufgabe und Spezialisierung der Arbeitsmittel und Arbeitskräfte gewonnenen Produktivitätsgewinne. Sie erreicht andererseits exakt den Kundenwunsch dadurch, dass jeweils das benötigte Produkt einzeln produziert werden kann. Dieses Ideal ist mit dem *Flussprinzip* tatsächlich erreichbar, sofern die *Integration* vormals getrennter Produktionsprozesse gelingt. Erste Gestaltungsaufgabe bei der Entwicklung des Soll-Zustands einer Produktion ist daher die Zusammenfassung möglichst vieler Prozessschritte in einem *integrierten Produktionsprozess* oder in einer *kontinuierlichen Fließfertigung,* deren jeweilige Kapazität dem Kundentakt entspricht. Folgende Gestaltungsrichtlinie führt zur ideal gestalteten Produktion:

▶ **Gestaltungsrichtlinie 2: Prozessintegration**
Produktionsprozesse sind soweit möglich in einem integrierten Produktionsprozess oder in einer kontinuierlichen Fließfertigung zusammenzufassen.

Es lassen sich zwei grundlegende Ansätze der Prozessintegration unterscheiden – ein technologisch geprägter in der Fertigung sowie ein arbeitsablauforientierter in der Montage:

- Die technologische Integration erfolgt durch eine Zusammenfassung mehrerer Bearbeitungsverfahren wie beispielsweise der drei spanabhebenden Verfahren Bohren, Fräsen und Drehen in einem automatisierten, mehrachsigen Bearbeitungszentrum. So ersetzt die *Komplettbearbeitung* auf einer einzelnen Maschine die Abfolge von Drehen und Fräsen in zwei Aufspannungen und Bohren über mehrere Werkzeugmaschinen hinweg.
- Der zweite Fall fasst mehrere Montageschritte und Baugruppenmontagen in einer kontinuierlichen *Fließmontage* zusammen. Dieser Ansatz steigert die Arbeitseffizienz durch Verbesserung eines stark manuell geprägten Arbeitsablaufes. Durch Einbindung einzelner teilautomatischer Bearbeitungsmaschinen wandelt sich die Fließmontage zur Fließfertigung.

9.5.3 Direkte Verkopplung von Produktionsprozessen

Gelingt die Integration von Produktionsprozessen in einer Fließfertigung nach Gestaltungsrichtlinie 2 nicht, lassen sich getrennte Produktionsprozesse auch als Reihenfertigung verkoppeln. Die Verkopplung erfolgt durch eine FIFO-Bahn („First In – First Out"). Diese Regel stellt die Einhaltung der einmal festgelegten Reihenfolge von Produktionsaufträgen auf dem Shop Floor über alle Produktionsprozesse hinweg und damit auch stabile Durchlaufzeiten sicher. Das zweite wesentliche Merkmal der FIFO-Bahn ist ihre durch einen zulässigen Maximalwert begrenzte Länge Folgende Gestaltungsrichtlinie ist zur Verkopplung getrennter Produktionsprozesse anzuwenden:

▶ **Gestaltungsrichtlinie 3: FIFO-Verkopplung**
Aufeinanderfolgende Produktionsprozesse, die aus technologischen oder organisatorischen Gründen nicht zur Fließfertigung integriert werden können, sind soweit möglich in einer Reihenfertigung mit Bestandsobergrenze zu verkoppeln.

Das Symbol einer FIFO-Bahn sind zwei parallele Linien, die zwischen die verkoppelten Produktionsprozesse gezeichnet werden. Ein mittig eingezeichneter Pfeil mit dem Akronym FIFO gibt die Richtung an und zeigt, dass die einmal festgelegte Reihenfolge im Wertstrom erhalten bleiben soll (Abb. 9.13). Bei der Produktionsprozess-Verkopplung mit einer FIFO-Bahn gibt der Folgeprozess ein *Freigabesignal* an den Vorgängerprozess, sobald er ein Erzeugnis der FIFO-Bahn entnimmt. So wird der maximale Bestand nie überschritten. Der Steuerimpuls ist ein Pfeil – der Übersichtlichkeit halber in den schematischen Darstellungen mit gestrichelter Linie. Das Signal wird symbolisiert durch einen Kreis, hier mit ‚ConWIP' bezeichnet. Dieses Akronym steht für ‚Constant Work in Process'. Die sich auf dem Shopfloor in Arbeit

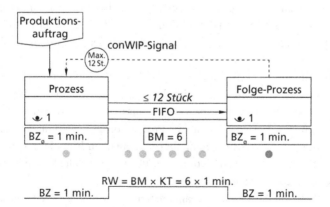

$$RW = BM \times KT = 6 \times 1 \text{ min.}$$

KT Kundentakt, **BZ** Bearbeitungszeit, **BM** Bestandsmenge, **RW** Reichweite

Abb. 9.13 Die FIFO-Verkopplung

befindlichen Teile sollen also einem konstanten Arbeitsvorrat entsprechen. Als Steuergröße wird die Bestandsobergrenze als ‚Max. *Stck*' im Kreissymbol eingetragen. Der vorgelagerte Produktionsprozess erhält neben der Freigabe durch das ConWIP-Signal auch den eigentlichen *Produktionsauftrag*. Darin ist festgelegt, welche Variante als nächstes entsprechend der Vorgaben der Produktionsplanung zu produzieren ist. Dabei ist sowohl die Freigabe von Einzelteilen als auch die Freigabe eines Produktionsloses je Produktionsauftrag möglich – je nach den Anforderungen und der entsprechenden Gestaltung der Produktionsplanung.

Im einfachsten Fall überwindet die FIFO-Verkopplung größere räumliche Distanzen zwischen zwei Produktionsprozessen. Als *Puffer* überbrückt die FIFO-Verkopplung alle Abweichungen vom Idealablauf, die im Produktionsalltag vorkommen können: Taktzeitdifferenzen, unterschiedliche Rüstzeiten und Ausfallzeiten durch Störungen.

9.5.4 Verbrauchsorientierte Kanban-Regelung

Die Reihenfertigung verkoppelt die Produktionsprozesse fest. Dadurch ist die Sequenz der Varianten über den ganzen Wertstrom hinweg fix. Dies bedeutet auch, dass man entsprechend früh wissen muss, welche Variantenabfolge benötigt wird. Dies erhöht insbesondere bei Wertströmen mit vielen Produktionsprozessen und vergleichsweise langen Bearbeitungszeiten die Gefahr, dass die Produktion nicht schnell genug auf den Kundenbedarf reagieren kann. Daher wird man insbesondere bei einer variantenreichen Produktion vorarbeiten, was eine *Entkopplung* der vorgelagerten von den nachgelagerten Produktionsprozessen erfordert (vgl. Abschn. 7.2.5).

Bei den Prozessen des Fügens, typischer Weise also in der Montage, fließen meist mehrere Wertstromzweige zusammen, die die zu fügenden Eigenfertigungsteile liefern. Zudem sind hier die benötigten Kaufteile beizustellen. In diesen Fällen ist eine *Synchronisation* der zu verschiedenen Zeiten in unterschiedlichen Mengen eintreffenden und in der jeweils richtigen Variante zu kommissionierenden Teile erforderlich, die durch eine FIFO-Verkopplung in der Regel nicht gelingt oder nur sehr aufwendig und damit teuer zu realisieren ist.

Die Reihenfertigung ist ferner am besten geeignet für Produktionsprozesse, die rüstfrei oder rüstarm (Die Rüstzeit ist deutlich kleiner als die Bearbeitungszeit eines Teils) sind. Bei verkoppelten Produktionsprozessen muss die Losgröße überall gleich sein. Sie orientiert sich aus Kostengründen am Produktionsprozess mit der längsten Rüstzeit. Dabei sollten jedoch die Rüstzeiten aller verkoppelten Produktionsprozesse in etwa gleich groß sein. Nun weisen Produktionen in der Regel Produktionsprozesse mit stark unterschiedlich langen Rüstzeiten auf. In diesen Fällen ist man aus Gründen der Auslastung einerseits sowie der Flexibilität andererseits gezwungen, Wiederholteile in Losen zu produzieren, und zwar je nach Prozessschritt in *unterschiedlichen Losgrößen*. Auch dann ist eine Verkopplung wie bei der Reihenfertigung nicht mehr realisierbar.

Die einfachste Steuerungsform für eine *Losfertigung* bildet die sogenannte Kanban-Regelung, vgl. auch Abschn. 7.4.2. Ihre erfolgreiche Einführung setzt allerdings eine hohe Disziplin voraus. Methodisches Hilfsmittel dieser automatisch ablaufenden Regelung bilden *Regelkarten* (mit dem Japanischen ‚Kanban' bezeichnet). Die Regelung entspricht dem Funktionsprinzip eines Supermarktes, bei dem die Entnahme von Produkten aus dem Supermarktregal automatisch das Auffüllen des Regals aus dem Lagerraum oder die Nachbestellung beim Zentrallager beziehungsweise direkt beim Lieferanten auslöst. Dabei orientiert man sich oft an Verpackungseinheiten, bestellt also nicht jede Zahnpastatube einzeln, sondern nach Verkauf jeder zehnten Tube wieder eine Packung mit zehn Tuben. Diese Prinzipien finden sich in der Kanban-Regelung wieder.

Die *Kanban-Regelung* setzt die beiden verknüpften Produktionsprozesse in ein fabrikinternes Kunden-Lieferanten-Verhältnis. Hierbei löst die Entnahme von Teilen aus dem Supermarkt-Lager durch den Kundenprozess eine Nachproduktion dieser Teilevariante in der gleichen Menge beim Lieferprozess aus. So wird erreicht, dass immer nur die Menge nachproduziert wird, die zuvor verbraucht worden ist. Dies vermeidet Planungsfehler und verhindert auch in der Losfertigung eine Überproduktion. Vorausgesetzt sind dabei die richtige Auslegung des Kanban-Systems und dessen regelmäßige Pflege. Zusammenfassend lautet die Gestaltungsrichtlinie:

▶ **Gestaltungsrichtlinie 4: Kanban-Regelung**
   Produktionsprozesse, die aus technologischen Gründen Rüstzeiten aufweisen, sind bei Wiederholteilen über eine Losfertigung mit Supermarkt-Lägern zu verknüpfen.

Beim *Produktions-Kanban* befindet sich zwischen den beiden verknüpften Produktionsprozesses ein Supermarkt-Lager. Dieses Lager bevorratet immer alle vom Lieferprozess hergestellten Varianten, um eine ständige Versorgungssicherheit für den Kundenprozess zu erreichen. Das Symbol des Supermarkt-Lagers bildet ein stilisiertes Regal mit drei Fächern (Abb. 9.14, oben). Die Fächer sind nach links hin offen zum Lieferprozess, da dieser die mit dem Bestand sicherzustellende Materialverfügbarkeit verantwortet. Zwei Pfeile stellen den verbindenden Materialfluss dar:

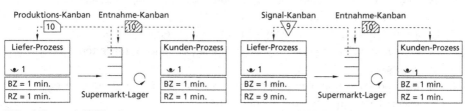

BZ Bearbeitungszeit, RZ Rüstzeit

Abb. 9.14 Kanban-Regelung

- das Nachfüllen durch den Lieferprozess mit einem nach jeweiliger Fertigstellung in das Lager ‚schiebenden' geraden Pfeil;
- die Entnahme durch den Kundenprozess mit einem nach Bedarf aus dem Regal ‚ziehenden' kreisförmig gebogenen Pfeil.

Im Englischen spricht man daher vom ‚replenishment pull system'. Ausgelöst durch eine bedarfsmengengerecht ziehende Entnahme wird der Lagerbestand verbrauchsbezogen nachgefüllt.

Das Kanban regelt den Materialfluss zwischen den Prozessen. Ein Kanban wird symbolisiert als Rechteck mit abgeschnittener rechter oberer Ecke. Jedes Kanban bezieht sich auf eine Bestelleinheit, die in das Kanban-Symbol einzutragen ist. Ein Pfeil zeigt an, von wo nach wo der vom Kanban übermittelte Steuerimpuls fließt. Im Standardfall sind zwei Kanban-Typen erforderlich:

- Das *Entnahme-Kanban* löst den Transport eines Behälters vom Supermarkt-Lager zum Kundenprozess aus.
- Das *Produktions-Kanban* löst beim Lieferprozess die Produktion von Teilen aus, die im Supermarkt-Bestand durch die vorherige Entnahme fehlen.

Zur Unterscheidung wird das Symbol des Entnahme-Kanban schraffiert. Beim Lieferprozess wird in der Reihenfolge des Eintreffens der Produktions-Kanban nachproduziert, die der Reihenfolge der Entnahme entspricht. Damit entspricht die *Losgröße* der Kanban-Menge. Vor dem Lieferprozess bildet sich eine Warteschlange der noch abzuarbeitenden Kanban. Um konstante Wiederbeschaffungszeiten zu gewährleisten, dürfen sie nicht umsortiert werden. Jedes Kanban bezieht sich normalerweise auf genau einen *Behälter*. Die *Gebindemenge* entspricht demnach der Kanban-Menge. Die einheitliche Verwendung definierter, teilespezifischer Gebindemengen erreicht eine hohe Standardisierung der Abläufe. Die Gebindemenge ist zudem mit der Freigabemenge der Aufträge abzustimmen.

▶   Folgende Kanban-Regeln sind zu beachten:
1. Produziert wird ausschließlich bei Vorliegen eines Produktions-Kanban in der jeweils angegebenen Losgröße.
2. Es wird in der Reihenfolge der Entnahme durch den Kundenprozess produziert, sofern nicht andere Prioritätsregeln definiert sind.
3. Jeder gefüllte Behälter muss mit einem Kanban versehen sein.
4. Kanban-Behälter werden nur an festgelegten und adressierten Plätzen abgestellt.
5. Der Logistiker übernimmt den Transport von Material und Kanban nach festem Fahrplan auf vorgegebener Route.
6. Die Anzahl der im Umlauf befindlichen Kanban ist regelmäßig (monatlich) zu überprüfen.

Beliefern Produktionsprozesse mit vergleichsweise großen Rüstzeiten Prozesse mit kleineren Rüstzeiten, sind prozessübergreifend einheitliche Losgrößen beim Produktions-Kanban nicht mehr sinnvoll: Entweder müsste der Lieferprozess dann zeitanteilig zu viel rüsten oder der Kundenprozess müsste in deutlich größeren Losen arbeiten, als eigentlich erforderlich. Dies erhöht die Bestände und der Kundenprozess wird unflexibler.

Dieses Abstimmungsproblem lässt sich sehr einfach lösen: Man sammelt mehrere Produktions-Kanban, bevor man sie als ein Los dem Lieferprozess zur Nachproduktion übergibt. Dieses Vorgehen heißt *Signal-Kanban*. Ein auf der Spitze stehenden Dreieck symbolisiert es und ersetzt das entsprechende Produktions-Kanban (Abb. 9.14, unten). Im Dreieck wird die *Losgröße der Kanban* eingetragen – im Zahlenbeispiel steht ein Signal-Kanban für neun Produktions-Kanban à zehn Stück; die Losgröße im Lieferprozess beträgt also 90 Stück.

9.5.5 Produktionssteuerung am Schrittmacher-Prozess

Kontinuierliche Fließfertigung, FIFO-Verkopplung und Kanban-Regelung sind die drei Gestaltungsrichtlinien, die für einen schlanken Materialfluss benötigt werden. Mit ihnen kann der Materialfluss für beliebige Produktionen von Stückgut *vollständig* aufgebaut werden. Es sind keine weiteren Grundprinzipien erforderlich. Aufbauend hierauf ist nunmehr festzulegen, wie der gesamte Wertstrom zu steuern ist. Im Unterschied zu den prognosebasierten Steuerungen gilt hier die Richtlinie, dass es für den Gesamtablauf eines jeden hergestellten Produktes nur genau *einen Einsteuerungspunkt* geben darf. Die zugehörigen Produktionsprozesse werden dann abhängig von diesem Einsteuerungspunkt über die genannten Verkopplungsprinzipien geregelt.

Der ausschlaggebende Vorteil dieser eindeutigen Festlegung des Einsteuerungspunktes ist, dass dadurch sich widersprechende Steueranweisungen, die unweigerlich zu Beständen und Fehlmengen führen, vermieden werden. Die Produktionssteuerung sollte also nur an einer Stelle im Wertstrom eingreifen. Im Regelfall – wenn alle Produkte einer Produktfamilie gleich gesteuert werden – gibt es damit in jedem Wertstrom genau einen Produktionsprozess, der gesteuert wird, während alle anderen Produktionsprozesse dieses Wertstroms davon abhängig geregelt werden. Dieser Prozess ist der *Schrittmacher-Prozess,* der für alle Prozesse des Wertstroms den Takt und damit den Produktions-Rhythmus vorgibt. Für die Steuerung eines Wertstroms gilt damit folgende Gestaltungsrichtlinie:

▶ **Gestaltungsrichtlinie 5: Schrittmacher-Prozess**
Jeder Wertstrom ist an genau einem, eindeutig festgelegten Schrittmacher-Prozess im Kundentakt zu steuern.

Die Produktionsplanung wandelt die Kundenaufträge in Produktionsaufträge um, die dann am Schrittmacher-Prozess eingesteuert werden. Am Schrittmacher-Prozess liegt damit zugleich auch der *Kundenentkopplungspunkt.* Dieser trennt die kundenanonyme

Vorproduktion von der kundenauftragsbezogenen, nachgelagerten Produktion, vgl. Abschn. 7.2.5. Daher können ausschließlich am Schrittmacher-Prozess oder weiter flussabwärts Erzeugnisse mit kundenspezifischen Eigenschaften produziert werden. Je nach Lage des Schrittmachers im Wertstrom können damit unterschiedliche Produktionstypen realisiert werden.

Allgemein gilt, dass die kundenanonymen Vorprozesse über Kanban-Regelkreise und die kundenauftragsbezogenen Folgeprozesse über FIFO-Verkopplungen verknüpft werden. Flussabwärts vom Schrittmacher (nach rechts) findet sich also immer eine Abfolge von einem oder mehreren Produktionsprozessen, die über eine FIFO-Bahn angekoppelt werden. Flussaufwärts (nach links) hingegen kann eine Abfolge von mehreren, gegebenenfalls mit unterschiedlichen Losgrößen arbeitenden Produktionsprozessen nur über Kanban angebunden werden. In einem Sonderfall kann hierbei allerdings eine Kanban-Schleife zwei über FIFO verkoppelte Produktionsprozesse umgreifen, siehe Abb. 9.15, Galvanisieren und Schleifen der D-Teile.

Der Versandprozess selbst kann kein Schrittmacher sein, da er den gleichmäßigen Produktionsfluss von Schwankungen beim Kundenbedarf und den Restriktionen der Versandlogistik abschirmen muss. Es lassen sich grundsätzlich zwei *Versandprinzipien* unterscheiden:

- Bei einer *Lagerfertigung* entnimmt der Versandbereich die benötigten Produkte dem Fertigwarenlager. Eine Kanban-Regelung wickelt die Nachproduktion der entnommenen Artikel ab. Sie steuert den Schrittmacher in der Produktion an. In diesem Fall erfolgt also ein Versand aus dem Supermarkt-Lager. Diese ‚Make-to-Stock'-Lösung ist vor allem für kundenanonyme Produktion von Serienprodukten mit übersichtlicher Produktvarianz geeignet.

- Beim *Direktversand* erhält der Schrittmacher-Prozess in der Produktion den Kundenauftrag direkt, da kundenauftragsbezogen produziert wird (‚Make-to-Order'). Der Versandprozess wird dann über einen Bereitstellpuffer bedient.

Beispiel

Ein Armaturenhersteller hat drei Produktfamilien, für die jeweils ein Repräsentant angegeben ist. Dies zeigt die drei Produktionstypen der Serien, Varianten- und Einzelfertigung als wertstromoptimierte Prinziplösung idealtypisch auf:

- Die *Serienprodukte* aus dem Katalog wie verchromte Badarmaturen werden täglich in größeren Stückzahlen mit kurzer Lieferzeit versendet. Hier lohnt sich ein Fertigwarenlager (Abb. 9.15, oben). Über einen Kanban-Regelkreis werden in der Montage feste Losgrößen nachbestellt. Die beim Montieren verbrauchten galvanisierten Teile werden ebenfalls über Kanban in ihrer Nachproduktion ausgelöst. Die einfachen, rotationssymmetrischen Drehteile werden direkt beim Schleifen bestellt. Hier können Schleifroboter quasi rüstzeitfrei das teilespezifische Programm laden.

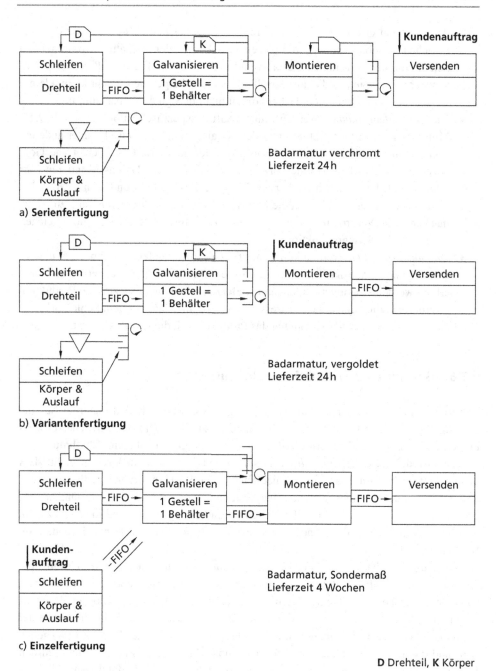

a) **Serienfertigung**

Badarmatur verchromt
Lieferzeit 24 h

b) **Variantenfertigung**

Badarmatur, vergoldet
Lieferzeit 24 h

c) **Einzelfertigung**

Badarmatur, Sondermaß
Lieferzeit 4 Wochen

D Drehteil, **K** Körper

Abb. 9.15 Die drei Produktionstypen am Beispiel der Sanitärarmaturen

Anschließend erfolgt die Galvanisierung in den gleichen Losgrößen wie das vorhergehende Schleifen. Die komplexen Gusskörper der Armatur erfordern beim Schleifen einen sehr hohen Rüstaufwand und damit große Losgrößen. Beim Galvanisieren hingegen ist die am Gestell orientierte Chargenmenge sehr klein, kleiner sogar als bei den Drehteilen. Daher kommt hier ein Signal-Kanban zum Einsatz.

- Die *Variantenprodukte* werden kundenauftragsspezifisch montiert (Abb. 9.15, Mitte). Der Variantenreichtum unter den Katalogprodukten entsteht unter anderem auch durch erheblich teurere und damit seltener geordnete Oberflächen wie Gold oder Platin. Trotzdem ist eine kurze Lieferzeit gefordert. Da das Montieren sehr schnell geht, kann man hier aber auf Fertigware verzichten und damit verstaubte Kartons verhindern sowie sich die Mehrfachverwendung der teuren Teile zu Nutze machen. Die Vorproduktion der galvanisierten Teile erfolgt nach der gleichen Logik wie die Serienproduktion.

- Die *Sonderprodukte* werden kundenauftragsspezifisch gefertigt (Abb. 9.15, unten). Bestellt der Kunde nach Sondermaßen – ein Auslauf soll verlängert, ein Sockel erhöht werden – dann ist bei längerer Lieferzeit eine kundenspezifische Produktion erforderlich, die beim ersten Prozess einsetzt – dem Löten vor dem Schleifen – und dann über eine FIFO-Verkopplung das Produkt durch die Fabrik schleust.

9.5.6 Glättung des Produktionsvolumens

Vorrangige Zielsetzung der Produktionsplanung ist es, durch die Auftragsfreigabe eine gleichmäßig fließende Produktion zu erreichen. Dazu sollte dem Schrittmacher-Prozess immer nur ein genau definiertes Arbeitsvolumen in gleichmäßigem Rhythmus freigegeben werden. Die *Glättung des Produktionsvolumens* wird dadurch erreicht, dass nicht je Produktionsauftrag unterschiedliche Losgrößen in unterschiedlichen Zeitabständen, sondern immer gleiche Mengeneinheiten in gleichen Zeitabständen eingesteuert werden. In einfachen Fällen gleicher Bearbeitungszeiten sind die Stückzahlen als Mengenbasis ausreichend. Andernfalls bezieht man sich auf den Kapazitätsbedarf am Schrittmacher-Prozess.

Die Definition einer einheitlichen *Freigabeeinheit* zur Steuerung des Wertstroms legt den Zeitrahmen für die Produktionsplanung und -steuerung fest. Gebräuchlich hierfür ist auch die englische Bezeichnung ,Pitch', die nach der neunten Knickerbocker Baseball-Regel die Art des Balleinwurfs zum Start des Spiels festlegt. Dabei sollte die Größe der Freigabeeinheit, die in regelmäßigen Abständen am Schrittmacher-Prozess freigegeben wird und damit den Produktionsstart festlegt, möglichst klein gewählt werden, um den Prozessen ein gutes ,Kundentakt-Gefühl' zu vermitteln. Die zur Produktionsnivellierung gehörige Gestaltungsrichtlinie lautet:

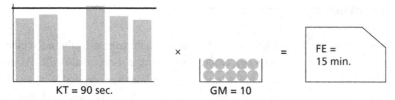

KT Kundenktat, **GM** Gebindemenge, **FE** Freigabeinhalt

Abb. 9.16 Berechnung der Freigabeeinheit in der Serienfertigung

▶ **Gestaltungsrichtlinie 6: Festlegung der Freigabeeinheit**
Die Freigabe von Produktionsaufträgen hat in kleinen, einheitlich dimensionierten
Umfängen zu erfolgen und so für ein gleichmäßiges Produktionsvolumen zu sorgen.

Mit Festlegung der Freigabeeinheit als ganzzahliges Vielfaches des Kundentaktes erreicht
man eine geeignete Anbindung an den Kundenbedarf. Die einfachste Berechnung der
Größe einer Freigabeeinheit erfolgt demgemäß durch Multiplikation von Kundentakt
und Gebindemenge (Abb. 9.16). Dies entspricht der Standardauslegung in der Serienfertigung. Im Zahlenbeispiel ergibt sich bei einem Kundentakt von 90 s und einer
Freigabemenge von 10 Stück, die genau einem Gebinde entspricht, ein Freigabeintervall
von 15 min. Varianten- und Einzelfertigung erfordern komplexere Berechnungen.
Die Glättung der Kundennachfrage-Schwankungen erfolgt entweder durch den zeitlichen Puffer der Produktionsaufträge in der Warteschlange vor dem Schrittmacher oder
aber durch den Fertigwarenbestand im Supermarkt-Lager:

• Die Produktionsglättung in der Warteschlange benötigt man beim Direktversand. Hier
  bedingt dann die gleichmäßige Freigabe einheitlicher Produktionsmengen bei einem
  schwankenden Kundenbedarf eine jeweils unterschiedlich lange *Warteschlange* der
  Produktionsaufträge. Liegt die Kundennachfrage unter dem Durchschnittsbedarf,
  dann produziert der Schrittmacher schneller und verkürzt die Warteschlange. Bei starker Kundennachfrage laufen die Aufträge wieder auf und die Warteschlangenlänge
  steigt. Auf diese Weise kann die Belastung der Produktion auf dem Durchschnittsbedarf konstant gehalten werden.
• Beim Versenden aus dem Fertigwarenlager übernimmt dieses zugleich die
  Produktionsglättung; es puffert die Bedarfsschwankung ab. Wird der *Fertigwarenbestand* nicht überschritten, kann der schwankende Kundenbedarf sofort gedeckt werden. Die Auslieferung erzeugt entsprechend der Kanban-Logik Produktionsaufträge.
  Diese werden nun nicht direkt nach Lagerentnahme zum Schrittmacher gebracht, sondern erst in einer Warteschlange gesammelt und dann im festen Rhythmus intervall-
  weise freigegeben. Das führt zu einer gleichmäßigen Belastung der Produktion.

9.5.7 Ausgleich des Produktionsmix

Die Produktionsplanung hat, sofern es mehr als eine Produktvariante gibt, noch eine zweite Aufgabe, nämlich die Festlegung der Auftragsreihenfolge. Sofern also die Produktionsaufträge nicht alle identisch sind, muss auch ihre Reihenfolge geplant werden. Bei dieser *Reihenfolgebildung* der Freigabeeinheiten geht es in der Regel um die Festlegung der Abfolge unterschiedlicher Produktvarianten. Zielsetzung hierbei ist es, mit der Reihenfolgebildung einen *Produktionsausgleich* zu erreichen. Ausgleich des Produktionsmix heißt, nach jedem Freigabeintervall die Variante zu wechseln. Die Gestaltungsrichtlinie zur Reihenfolgebildung lautet entsprechend:

▶ **Gestaltungsrichtlinie 7: Produktionsmix-Ausgleich**
Die Reihenfolge von Produktionsaufträgen ist hinsichtlich der Varianten gut zu durchmischen.

Die unmittelbare Auswirkung des Produktionsausgleichs ist eine möglichst schnelle Erfüllung von Bedarfen, die die gerade nicht produzierte Variante betreffen. So kann im Prinzip nach jeder Freigabeeinheit wieder etwas anders produziert werden. Die möglichst gleichmäßige Durchmischung der Varianten lässt die Sammlung von Produktionsaufträgen für gleiche Varianten zu Losen nicht zu. Eine Freigabeeinheit entspricht also der exakt einzuhaltenden Losgröße jeder Variante am Schrittmacher-Prozess. Damit sind dann die entsprechenden Anforderungen an die Rüstzeit gestellt: Sie muss zur Länge des Freigabeintervalls passen.

Der Ausgleich des Produktionsmix *vergleichmäßigt* die *Belastung* der Produktionsprozesse. Ist am Schrittmacher-Prozess die Bearbeitungszeit nicht für alle Varianten exakt gleich, sondern schwankt um einen Mittelwert, wird dies mit der Durchmischung der Varianten automatisch ausgeglichen. Zudem wird die variantenbezogene Nachfrage von Teilen bei den jeweiligen Lieferprozessen vergleichmäßigt. Dies wirkt dem ein-

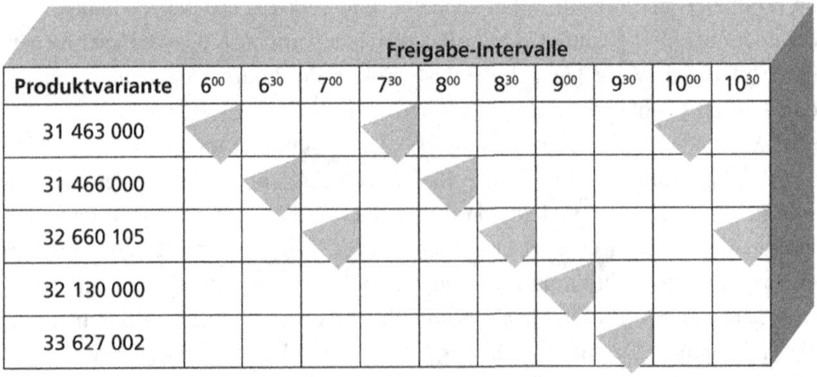

Produktvariante	6⁰⁰	6³⁰	7⁰⁰	7³⁰	8⁰⁰	8³⁰	9⁰⁰	9³⁰	10⁰⁰	10³⁰
31 463 000										
31 466 000										
32 660 105										
32 130 000										
33 627 002										

Abb. 9.17 Ausgleichskasten

seitigen Aufschaukeln von Bedarfen entsprechend des ‚Bullwhip-Effektes‘ (Kap. 7) entgegen. Unterschiedliche Materialien werden abwechselnd nachgefragt und alternative Lieferketten werden abwechselnd mit Bedarfen belastet.

Die Reihenfolge der Produktionsaufträge kann mithilfe des *Ausgleichskastens* – japanisch auch ‚Heijunka-Box‘ genannt – nivelliert werden. Der physisch realisierte Ausgleichskasten besteht beispielsweise aus Fächern, deren Anordnung in Spalten die jeweilige Freigabeeinheit und deren Zeile die jeweilige Produktvariante festlegen. In diesen Fächern können nun die Produktionsauftragskarten – das können auch Kanban sein – gleichmäßig verteilt werden (Abb. 9.17). Die Verwendung eines Ausgleichskastens beziehungsweise einer entsprechenden Planungslogik setzt den Bezug auf einen bestimmten Zeitraum voraus, den *Freigabehorizont*. Der Produktionsausgleich erfolgt dann über diesen Zeitraum, beispielsweise über eine Schicht. Für jede Freigabeeinheit innerhalb des so festgelegten Planungshorizontes wird ein Produktionsauftrag eingeplant, wobei die Reihenfolge eine möglichst gleichmäßige Verteilung der Varianten über die Schicht gewährleisten muss. Der Freigabehorizont bildet die ‚Frozen Zone‘ der Auftragsreihenfolge, die nicht mehr geändert werden sollte. Als Symbol für den Ausgleich des Produktionsmix verwendet man die rechteckig umrandete, doppelte Abfolge von O und X in Verbindung mit einem Informationsflusspfeil. Direkt daneben trägt man die Größe des Freigabehorizontes ein.

9.5.8 Steuerung von kapazitativen und restriktiven Engpässen

Mit Nivellierung des Produktionsvolumens und Ausgleich des Produktionsmix ist die Planungslogik für Produktionen mit gleichem Kapazitätsangebot an jedem Produktionsprozess komplett. Jedoch kennzeichnet viele Produktionen ein mehr oder weniger unterschiedliches Kapazitätsangebot an jedem Produktionsprozess. Daraus ergibt sich eine weitere Aufgabe für die Produktionsplanung. Die Frequenz der Auftragsfreigabe muss sich am Produktionsprozess mit der kleinsten Kapazität orientieren, damit es zu keinen Stauungen im Produktionsfluss kommt. Falls dieser leistungsschwächste Prozess zugleich der Schrittmacher-Prozess ist, sind keine weiteren Planungsaufgaben erforderlich. In allen anderen Fällen liegt im Wertstrom ein *Engpass* vor, der bei der Steuerung zu berücksichtigen ist:

- Entweder begrenzt der Engpass das maximal mögliche Stückzahlvolumen im Wertstrom rein *kapazitativ*.
- Oder aber der Engpass bestimmt *restriktiv* prozesstechnisch bedingte Regeln für die Reihenfolgebildung. Typischerweise führt deren Nichteinhaltung zu nennenswerten Auslastungs- oder Gutausbeuteverlusten.

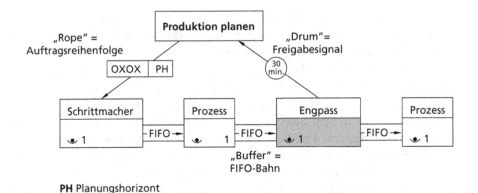

Abb. 9.18 Engpass-Steuerung

In allen Fällen löst erst das Vorliegen eines Freigabesignals vom Engpass-Prozess den nächsten geeigneten Auftrag aus. Die Gestaltungsrichtlinie zur Engpass-Steuerung lautet entsprechend:

▶ **Gestaltungsrichtlinie 8: Engpass-Steuerung**
Die Freigabe von Produktionsaufträgen ist gegebenenfalls abhängig von nachgelagerten kapazitativen oder restriktiven Engpass-Prozessen hinsichtlich Menge oder Reihenfolge zu steuern.

Aufgabe der Engpass-Steuerung ist die Anpassung des Freigabevolumens an die Kapazität des vom Schrittmacher-Prozess aus gesehen flussabwärts liegenden kapazitativen Engpasses. Die Engpass-Steuerung ist auch als *Drum-Buffer-Rope-Steuerung* (Goldratt 1995) bekannt und lässt sich in ihrer Funktionsweise mit der Wertstromsymbolik sehr gut darstellen (Abb. 9.18):

- Der Engpass – in der Abbildung grau hinterlegt – übernimmt hier gewissermaßen als *Trommel'* die Rolle des Taktgebers. Jeweils nach Fertigstellung eines Produktionsauftrags gibt der Engpass-Prozess ein Signal, symbolisiert durch den ConWIP-Kreis, an die Produktionsplanung. Das Vorliegen dieses Signals gestattet dann die Freigabe des nächsten Auftrages. So wird Überproduktion an den leistungsfähigeren Prozessen verhindert.
- Die auf Freigabe in Warteschlange und Freigabehorizont wartenden Aufträge hängen am *Strang'*, den die Engpass-Steuerung hinter sich herzieht. Das OXOX-Ausgleichssymbol stellt die entsprechende Auftragsreihenfolge unter Angabe des zugehörigen Freigabehorizonts dar.

- Die freigegebenen Aufträge gelangen schließlich über FIFO-Bahnen zum Engpass-Prozess und stauen sich im *Puffer* vor dem Engpass. Dies gewährleistet, dass dem Engpass immer Material zur Bearbeitung zur Verfügung steht.

Zielsetzung der Engpass-Steuerung ist es, eine möglichst hohe *Auslastung* am Engpass zu erreichen. Jede dort verlorene Fertigungsminute fehlt der ganzen Produktion. Ein Leerlauf am Engpass bedeutet im Grunde, die Fabrik kurzzeitig stillzulegen.

▶ Folgende *zehnstufige Vorgehensweise* für das Wertstromdesign hat sich in zahlreichen Industrieprojekten bewährt:

1. Ermittlung des Kundentaktes für den Wertstrom
2. Zusammenfassung von Produktionsprozessen soweit möglich durch technische Integration oder Einführung von Fließfertigung
3. Verkopplung der Produktionsprozesse beginnend beim Versenden flussaufwärts soweit möglich mit der FIFO-Logik
4. Anbindung der Produktionsprozesse für Wiederholteile, die eine Losfertigung erfordern, mit der Supermarkt-Pull-Systematik
5. Festlegung des Versandprinzips auf Direktversand oder Versand aus einem Fertigwaren-Supermarkt passend zu Produkt und Lieferzeit
6. Definition von geeigneten Kanban-Mengen und Behältergrößen sowie von Losgrößen an rüstintensiven Produktionsprozessen sowie Dimensionierung der Puffer und der Läger
7. Festlegung des Schrittmacher-Prozesses und damit Festlegung des Kundenentkopplungspunktes, falls es kein Fertigwarenlager gibt
8. Festlegung der Freigabeeinheit zur Produktionsnivellierung bei der Auftragsfreigabe
9. Definition von Regeln zur Reihenfolgebildung und gegebenenfalls Kampagnenbildung sowie Festlegung des Freigabehorizonts für den Ausgleich des Produktionsmix
10. Berücksichtigung von kapazitativen und restriktiven Engpässen in der Steuerungslogik.

9.5.9 Umsetzungsplanung

Nach Verabschiedung des Soll-Konzeptes für den zukünftigen Wertstrom ist ein Umsetzungsplan zu erarbeiten. In der Wertstromdarstellung der neugestalteten Produktion sind alle Produktionsprozesse und logistischen Verknüpfungen mit den künftig erforderlichen Parametern zu Zykluszeiten, Rüstzeiten, Losgrößen, Behältergrößen und anderem mehr eingezeichnet. Diese technologischen und organisatorischen Veränderungen setzen entsprechende Verbesserungen an den Prozessen voraus, die erst noch

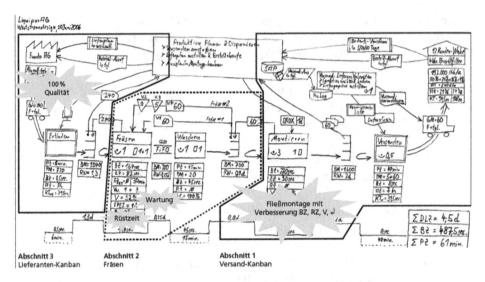

Abb. 9.19 Praxisbeispiel Wertstromdesign – Kaizen und Umsetzungs-Abschnitte

erreicht werden müssen. Die zu diesem Zweck jeweils notwendigen Verbesserungsmaßnahmen werden mit einem Blitz symbolisiert. Diese in Anlehnung an die japanische Bezeichnung für den kontinuierlichen Verbesserungsprozess in der Produktion als ,Kaizen'-Blitze titulierten Symbole zeichnet man im Soll-Konzept an den entsprechenden Stellen ein, Abb. 9.19.

Sind nun alle Verbesserungsmaßnahmen definiert, wird der Wertstrom zur schrittweisen Umsetzung in Abschnitte zerlegt. In einem Maßnahmenplan sind klar beschriebene Meilensteine, die jeweiligen Endtermine und vor allem die Verantwortlichkeiten festzulegen. Die Umsetzung der zum Soll-Zustand hinführenden Maßnahmen sollte schrittweise direkt in der laufenden Produktion erfolgen, denn nur durch kurze Feedbackzyklen können Lösungen erprobt und verbessert und so in die richtige Richtung gelenkt werden. Da der Schrittmacher-Prozess den Wertstrom mit seinen Eigenschaften am stärksten prägt, sollte er zuerst entsprechend des Soll-Konzeptes gestaltet werden. Anschließend werden zunächst alle Folgeprozesse flussabwärts (also in Kundenrichtung) und danach alle vorgelagerten, kundenanonym produzierenden Wertstromabschnitte (also in Lieferantenrichtung) umgestaltet.

9.6   Wertstromorientierte Layoutplanung

Sind die Produktionsabläufe definiert – steht also die Logik des Produzierens fest – beginnt die Planung der physischen Umsetzung mit den bereits dimensionierten Ressourcen sowie deren Anordnung. Dies ist das ursprüngliche Feld der Fabrikplanung, bei dem man häufig vor allem an *Fabriklayout* und *Fabrikgebäude* denkt. Die Grundsätze der Wertstrommethode auch auf Aspekte des Fabriklayouts und der Gebäudegestaltung anzuwenden, ist das Anliegen einer *wertstromorientierten Fabrikplanung.*

9.6.1 Funktionale Flächenstruktur

Grundidee bei der Flächenplanung in einer schlanken Fabrik ist die *strikte räumliche und personelle Trennung von Produktionsprozess und Materialfluss* auf dem Shopfloor:

- Die *produzierenden Mitarbeiter* sind dann ausschließlich verantwortlich für Tätigkeiten, die der wertschöpfenden Veränderung der Teile und Produkte mithilfe der Produktionsprozesse dienen.
- Die *logistischen Mitarbeiter* sind dagegen ausschließlich verantwortlich dafür, dass sich die produzierenden Mitarbeiter auf ihre wertschöpfende Tätigkeit konzentrieren können, dazu immer ausreichend Material zur Verfügung haben und sich auch nicht um den Abtransport von Fertigteilen kümmern müssen.

Die Arbeitsbereiche von beiden sollten daher deutlich räumlich voneinander getrennt sein. Die zugehörige Gestaltungsrichtlinie lautet:

▶ **Gestaltungsrichtlinie 9: Trennung von Produktionsprozess und Materialfluss**
Wertschöpfende Tätigkeiten im Produktionsprozess sind von den unterstützenden, logistischen Tätigkeiten räumlich und personell abzutrennen.

Die Vermischung von bearbeitenden und logistischen Tätigkeiten bei traditionell gestalteten Arbeitsabläufen führt in der Regel zu Verschwendungen, die, weil sie notwendig erscheinen, in der Regel im Arbeitsalltag gar nicht auffallen. Die klare Aufgabenteilung zwischen den sehr unterschiedlichen Tätigkeiten Produzieren und Transportieren nach dem Verständnis von Lean Production ermöglicht eine voneinander unabhängige

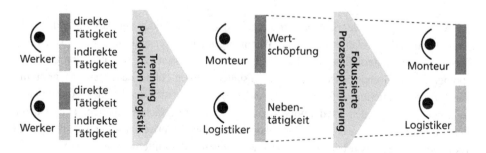

Abb. 9.20 Fokussierte Prozessoptimierung durch separierte Tätigkeitsarten

Gestaltung und Optimierung der jeweiligen Arbeitsabläufe. Da bei getrennter Betrachtung die jeweiligen spezifischen Anforderungen besser berücksichtigt werden können, erleichtert dieses Vorgehen die Steigerung der Effizienz (Abb. 9.20).

9.6.2 Ideallayout

Nach Abschluss der Flächenbedarfsermittlung kann die räumliche Anordnung aller Betriebsmittel im Fabriklayout erfolgen. Gestaltungsregel der klassischen Fabrikplanung ist es, kreuzungsfreie Materialströme zu erreichen, also ein *materialflussgerechtes* Layout zu entwerfen. Ein Teil dieser Arbeit ist mit der Wertstromdarstellung bereits erledigt, indem nämlich die Abfolge der Produktionsprozesse festgelegt und die jeweils gewählten Betriebsmittel eindeutig zugeordnet sind. Ein flussorientiertes Ideallayout erhält man durch einfaches Anordnen der Betriebsmittel entsprechend des im Wertstrom dargestellten Materialflusses. Somit lautet die entsprechende Gestaltungsrichtlinie:

▶ **Gestaltungsrichtlinie 10: Flussorientiertes Ideallayout**
Die Betriebsmittel in einer Fabrik sind möglichst eng entsprechend ihrer Abfolge im Wertstrom nebeneinander anzuordnen.

Eine unmittelbare Umsetzung der Wertstromdarstellung in ein Layout würde zu einer *Linienanordnung* führen. Das muss nicht immer die bestmögliche Anordnung sein, schon allein wegen der *Verschachtelungsverluste* durch stark unterschiedliche Flächenbedarfe benachbarter Produktionsprozesse. Daher empfiehlt es sich, bei der Konzeption die unterschiedlichen *Grundstrukturen* des Materialflusses zu berücksichtigen:

- Bei verzweigten Wertströmen bietet sich eine Parallelstruktur an.
- Bei einer Linienanordnung mit volumenstarkem Kaufteilezufluss an mehreren Stellen bietet sich ein parallel zur produzierenden Linie geführter Logistikbereich an.
- Werden mehrere Teil-Wertströme zusammengeführt, ist im Regelfall die Spine-Struktur die am besten geeignete Form.

Die Abweichung von der Linienanordnung in der U-Form oder der Eck-Struktur ergibt jeweils eine andere relative Lage von Wareneingang und Versand zueinander. Auf diese Weise kann der Materialfluss innerhalb eines Gebäudes passend zu Vorgaben von Geländetopologie oder Grundstückserschließung gestaltet werden, ohne dass man dadurch die Materialflussorientierung aufgeben muss. Außerdem ergeben sich durch andere Anordnungsstrukturen zwischen den Produktionsprozessen veränderte Nachbarschaften. Dies ist vor allem wichtig, wenn aus technologischen oder organisatorischen Gründen bestimmte Produktionsprozesse nah beieinander oder weit voneinander entfernt liegen sollten. So stören sich viele Produktionsprozesse durch Lärm, Schmutz, Wärme, Vibrationen oder andere Emissionen gegenseitig, manche kritische Medien sollten nach Möglichkeit nur Produktionsprozesse versorgen, die am Hallenrand liegen und manche Technologien erfordern spezielle Mitarbeiterqualifikationen, die man möglichst gebündelt anordnen möchte.

9.7 Ausblick

Da die Wertstrommethode ursprünglich in der Automobilindustrie – namentlich bei der Firma Toyota – entwickelt und angewendet wurde, stellt sich immer wieder die Frage, ob und wie die Methode in anderen Branchen anwendbar ist. Daher wurde häufig nach Grenzen der Anwendbarkeit gesucht und gar von einem „Beyond Lean" gesprochen. Bei letztgenanntem Stichwort stellt sich die prinzipielle Frage, ob es sinnvoll sein kann, das „Schlanke", also Effiziente und Verschwendungsarme, hinter sich zu lassen. Vielmehr wird auch eine „Fabrik der Zukunft" eine schlanke Fabrik sein, wenn auch zusätzlich wandlungsfähig, menschengerecht automatisiert und ressourceneffizient. Bei den Grenzen der Anwendbarkeit bringt es nun nicht viel, über die Bedingungen des Scheiterns zu räsonieren. Die je vorläufigen Grenzen stellen vielmehr eine Herausforderung dar, die es durch Weiterentwicklung der Methode zu überwinden gilt.

Die Praxis hat gezeigt, dass die Wertstrommethode durchaus universell anwendbar ist, wenn man sie denn sinngemäß weiterentwickelt und an die spezifischen Bedingungen der jeweiligen Produktion adaptiert. So konnte insbesondere für die Prozessindustrie der aus der Stahlbranche bekannte Lösungsansatz der Kampagnenbildung in die Wertstromlogik integriert werden (Erlach 2010). Letztlich ist dieser Lösungsansatz sogar sehr gut auf Variantenfertiger aller Branchen übertragbar. Insofern zeigt sich die Wertstrommethode nicht auf eine Branche beschränkt, sondern im Gegenteil als Mittel des branchenübergreifenden Transfers von Lösungsansätzen.

Trotzdem gibt es noch zahlreiche offene Fragen, die in der künftigen Methodenentwicklung bearbeitet werden können und das Thema weiterhin von Interesse sein lassen. Die Anwendung im Bergbau hat beispielsweise gezeigt, dass schon wegen der damit verbundenen Kuppelproduktion die Gestaltungsrichtlinien anzupassen sind (Erlach und Sheehan 2017). Außerdem ist die Funktion der Bestände anders zu bewerten. Ähnlich wie die Einzelfertigung lässt sich auch die personalisierte Produktion gut mit der Wertstromlogik konzipieren. Die Anwendung der Wertstrommethode speziell in der Werkstattfertigung hat gezeigt, dass sie – allerdings nur mit hohem konzeptionellem Aufwand – eine verbesserte Strukturierung ermöglicht und durch Ergänzung verschiedener mathematischer Methoden auch eine Produktionssteuerung im Sinne der Lean-Prinzipien erlaubt. Durch die neuen datenbasierten Möglichkeiten steuernder Eingriffe in Echtzeit, die im Rahmen der Industrie 4.0-Ansätze entwickelt werden, wird die Flexibilität im Produktionsablauf, die die klassische Werkstatsteuerung im Unterschied zu schlanken Fließfertigungen bietet, wieder zu einem zunehmend reizvollen Lösungsansatz. Wenn sich hier die Fabrikziele ändern, werden auch die Gestaltungsrichtlinien anzupassen sein.

9.8   Lernerfolgsfragen

Fragen

1. Nennen Sie die Grundmerkmale und Hauptziele bei der Durchführung der Wertstrommethode.
2. In welcher Richtung erfasst man den Wertstrom? Nennen Sie die Gründe.
3. Wie berechnet man den Kundentakt? Was sagt er aus?
4. Welche Daten werden bei der Prozessaufnahme im Wertstrom erfasst?
5. Welche Verbesserungspotenziale werden grundsätzlich aus der Wertstromanalyse abgeleitet?
6. Nennen Sie kurz die zehn Gestaltungsrichtlinien des Wertstromdesigns.
7. Erläutern Sie die Bedeutung des Schrittmacherprozesses. Was passiert, wenn der Schrittmacher- Prozess nicht gleich dem Engpass ist?

Literatur

Erlach K (2010) Wertstromdesign: Der Weg zur schlanken Fabrik. Springer, Berlin

Erlach Klaus, Sheehan Erin, Hartleif Silke (2017) Die Wertstrommethode in der Prozessindustrie. Weiterentwicklung der Wertstrommethode zur Anwendung in der Kuppelproduktion. wt Werkstattstechnik online 107: 231–234

Goldratt Eliyahu M, Cox J (1995) Das Ziel. Höchstleistung in der Fertigung. McGraw-Hill, New York

Ohno T (2009) Das Toyota Produktionssystem. Campus, Frankfurt

Rother M, Shook J (2000) Sehen lernen. Mit Wertstromdesign die Wertschöpfung erhöhen und Verschwendung beseitigen. LogX, Stuttgart

Stichwortverzeichnis

© Springer-Verlag GmbH Deutschland, ein Teil von Springer Nature 2020
T. Bauernhansl (Hrsg.), *Fabrikbetriebslehre 1*,
https://doi.org/10.1007/978-3-662-44538-9

Printed in the United States
By Bookmasters